DEUXIÈME ÉDITION
CONSIDÉRABLEMENT AUGMENTÉE

TRAITÉ PRATIQUE

DE L'ENTRETIEN

ET

DE L'EXPLOITATION

DES

CHEMINS DE FER

PAR

CH. GOSCHLER

ANCIEN ÉLÈVE DE L'ÉCOLE CENTRALE DES ARTS ET MANUFACTURES
et successivement :
INGÉNIEUR AUX CHEMINS DE FER D'ALSACE, INGÉNIEUR PRINCIPAL AUX CHEMINS DE FER DE L'EST,
DIRECTEUR GÉNÉRAL DU CHEMIN DE FER HAINAUT ET FLANDRES,
DIRECTEUR DU CONTRÔLE DE LA CONSTRUCTION DES CHEMINS DE FER DE LA TURQUIE D'EUROPE,
DIRECTEUR DES ÉTUDES ET DE LA CONSTRUCTION DES CHEMINS DE FER EN TURQUIE D'EUROPE,
CONSEILLER TECHNIQUE DU GOUVERNEMENT OTTOMAN

TOME QUATRIÈME

SERVICE DE LA LOCOMOTION

SECONDE SECTION

TRACTION

AVEC UN SUPPLÉMENT AU TOME III

DEUXIÈME ÉDITION
Considérablement augmentée

1959

PARIS
LIBRAIRIE POLYTECHNIQUE
J. BAUDRY, LIBRAIRE-ÉDITEUR
RUE DES SAINTS-PÈRES, 15
LIÈGE, MÊME MAISON

1881

TRAITÉ PRATIQUE

DE L'ENTRETIEN ET DE L'EXPLOITATION

DES

CHEMINS DE FER

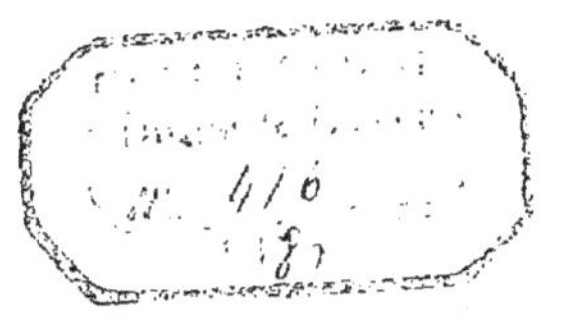

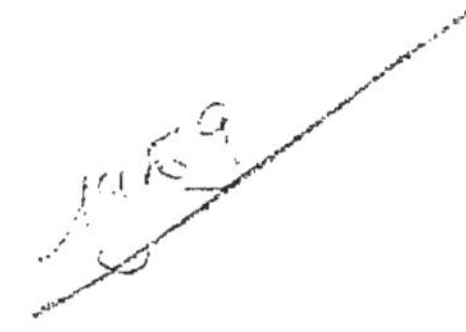

TRAITÉ PRATIQUE

DE L'ENTRETIEN
ET
DE L'EXPLOITATION
DES
CHEMINS DE FER

PAR

CH. GOSCHLER

ANCIEN ÉLÈVE DE L'ÉCOLE CENTRALE DES ARTS ET MANUFACTURES
et successivement :
INGÉNIEUR AUX CHEMINS DE FER D'ALSACE, INGÉNIEUR PRINCIPAL AUX CHEMINS DE FER DE L'EST,
DIRECTEUR GÉNÉRAL DU CHEMIN DE FER HAINAUT ET FLANDRES,
DIRECTEUR DU CONTRÔLE DE LA CONSTRUCTION DES CHEMINS DE FER DE LA TURQUIE D'EUROPE,
DIRECTEUR DES ÉTUDES ET DE LA CONSTRUCTION DES CHEMINS DE FER EN TURQUIE D'EUROPE,
CONSEILLER TECHNIQUE DU GOUVERNEMENT OTTOMAN

TOME QUATRIÈME

SERVICE DE LA LOCOMOTION

SECONDE SECTION

TRACTION

AVEC UN SUPPLÉMENT AU TOME III

DEUXIÈME ÉDITION
Considérablement augmentée

PARIS
LIBRAIRIE POLYTECHNIQUE
J. BAUDRY, LIBRAIRE-ÉDITEUR
RUE DES SAINTS-PÈRES, 15
LIÈGE, MÊME MAISON

1881

SECONDE PARTIE

SERVICE DE LA LOCOMOTION

PREMIÈRE SECTION

MATÉRIEL DE TRANSPORT

SUPPLÉMENT AU TOME III

NOTES PRISES A L'EXPOSITION UNIVERSELLE DE 1878.

1. Considérations générales. — La plus grande partie des Administrations de chemin de fer continuent à construire et à employer des voitures à compartiments isolés et, comme conséquence, on voit se multiplier les attentats contre les voyageurs et les accidents dont les agents des trains sont victimes.

Comme nous le verrons plus loin, il y a une tendance sur quelques points de l'Europe à revenir aux voitures à circulation intérieure ; mais c'est encore l'exception.

Ces réserves de principe étant posées, nous constatons que la caractéristique de l'Exposition, en ce qui touche le matériel affecté au transport des voyageurs, c'est la recherche du confort. A ce point de vue, les administrations font des efforts très marqués, et dirigés principalement sur les voitures à places de luxe.

Exception faite de l'étude des procédés appliqués par M. l'ingénieur Bricogne, pour la vérification et le montage de la suspension des voitures. — tome V, chap. X — 513 et suiv. — La plupart des améliorations remarquées à l'Exposition ont déjà été signalées par nous — (tome III, chap. II) —.

a) Augmentation de l'espace dévolu à chaque voyageur.

b) Améliorations dans la construction des caisses, de la suspension, de l'attelage, des châssis et des roues.

c) Chauffage.

d) Freins continus.

Dans les vagons à marchandises, nous ne pouvons rien signaler de nouveau qui n'ait déjà été décrit (tome III, chap. III et suivants).

Nous allons passer en revue les véhicules et objets qui nous ont paru les plus intéressants, en rattachant cette revue aux divers chapitres du tome III. — SERVICE DE LOCOMOTION. MATÉRIEL DE TRANSPORT.

CHAPITRE II.

CONSTRUCTION DES VOITURES.

---

§ I.

VOITURES A COMPARTIMENTS ISOLÉS.

2. VOITURE A 4 COMPARTIMENTS DE 1re CLASSE — OUEST. — (Fig. 4 et 5, pl. XL.)

Cette voiture est munie du frein à air comprimé Westinghouse, en vue du service des trains rapides.

Des bandes de caoutchouc sont interposées entre la caisse et le châssis, et les ressorts sont montés avec anneaux de suspension.

Les portières sont encastrées dans les brancards, et leur joint inférieur est garni de moquette.

Châssis de glaces à baguettes garnies de velours ; ventilateur fixe : double plancher et double plafond remplis de warech.

Le ressort d'attelage a une bande initiale de 2 060 kilogrammes, et l'attelage se fait au moyen de 4 tours du tendeur environ, produisant une tension de 2 400 kilog. Un trait de repère gravé sur la tige du tampon, indique le moment où la tension voulue est obtenue.

Lampes d'intérieur de grand diamètre.

Dimensions principales et poids.

1° CHASSIS.

Brancards en fer, traverses en bois.

Longueur de dehors en dehors des tampons		9m,250
d° d° d° des traverses extrêmes.		8 ,150
Écartement intérieur des brancards		1 ,820
Longueur des traverses extrêmes.		2 ,630
Profil du fer des brancards.. (Fer en [ )		235×90×10
Équarrissage du bois des traverses extrêmes		250×100
Ressorts de suspension.	Nombre de feuilles	14
	Largeur et épaisseur des feuilles	90,10
	Longueur de la maîtresse-feuille d'axe en axe des points de suspension	2m,000
	Flexibilité par 1 000 kilog.	90 m/m
Ressorts de choc.	Nombre de feuilles	13
	Largeur et épaisseur des feuilles	75,11
	Longueur de la maîtresse-feuille	1m,750
	Flexibilité par 1 000 kilog.	75 m/m
Ressorts de traction.	Nombre de feuilles. (Formé par les ressorts de choc conjugués)	»
	Largeur et épaisseur des feuilles	»
	Longueur de la maîtresse feuille	»
		1m,000
	Flexibilité par 1 000 kilog.	0 ,0125

2° CAISSE.

Longueur maxima de la caisse suivant l'axe longitudinal.	8m,270
Largeur d° d° au milieu de sa longueur.	2 ,690
d° d° d° au bout de la voiture.	2 ,660
Hauteur de la caisse du plancher au plafond, au milieu de sa largeur	1 ,950
Nombre de compartiments	4
Nombre de places par compartiment.	8
Nombre total des places disponibles.	32
Surface du plancher	19mc,95
Nombre de voyageurs par mètre carré	1,6
Poids de la voiture vide	9t,700

Maximum du chargement (le voyageur avec ses bagages de route étant compté pour 75 kilog.) . . .	$2^t,400$
Prix à l'usine (y compris le frein Westinghouse) . .	$15,200^f$
Poids de la voiture par voyageur	375^k
Prix d° d°	475^f

3° ESSIEUX MONTÉS.

Fusée.	Diamètre		100m/m
	Longueur		180
Corps de l'essieu	Diamètre au milieu		130
	Diamètre près de la portée de calage		145
	d° de la portée de calage. . .		150
Roue. Centre .	Type Mansell (moyeu en fer) . .		
	Longueur du moyeu.		170
	Diamètre à la jante.		920
Roue. Bandage.	Nature du métal (acier).		
	Diamètre au contact des rails . .		$1^m,030$
Rapport du diamètre de la fusée au diamètre de la roue.			0 ,0970
Poids moyen d'un essieu monté			930^k
Nombre d'essieux			2
Ecartement des essieux			$5^m,500$
Charge maxima par essieu			$6^t,050$

3. VOITURE MIXTE POUR PETITS EMBRANCHEMENTS — OUEST. —(Fig. 1 à 4, pl. XLI.) La donnée générale de ce véhicule était d'offrir, avec un écartement maximum d'essieux de $3^m,75$ (pour tourner sur plaques de $4^m,50$), des places de toutes classes et un compartiment à bagages; en outre, ce véhicule devait pouvoir être attelé à l'arrière d'un train, et décroché mécaniquement au passage, sans arrêt, à une gare de jonction d'un petit embranchement

Ce programme est réalisé par la voiture exposée, qui contient des places de toutes classes, un compartiment à bagages, et qui est munie à chaque extrémité d'un tendeur à déclanchement manœuvré de la guérite du frein — 1re sect., chap. V, § III, — 383 —.

Un escalier double permet de monter à la vigie, indifféremment de l'un ou de l'autre côté.

La niche à chiens est placée sous la voiture, du côté de la vigie.

Les portières et les châssis de glaces sont disposés comme dans la voiture précédente.

Dimensions principales et poids.

1° CHASSIS.

Brancards en fer, traverses en bois.

Longueur de dehors en dehors des tampons		8^m,220
d° d° d° des traverses extrêmes		6 ,800
Écartement intérieur des brancards		1 ,820
Longueur des traverses extrêmes		2^m,630 côté du frein 2 ,450 opposé au f.
Profil des brancards (Fer en ⌊)		250×90×10
Équarrissage des bois des traverses		250×100
Ressorts de suspension.	Nombre de feuilles	12
	Largeur et épaisseur des feuilles	90/10
	Longueur de la maîtresse-feuille d'axe en axe des points de suspension	1,540
	Flexibilité par 1 000 kilog.	$55^{m/m}$
Ressorts de choc.	Nombre de feuilles	13
	Largeur et épaisseur des feuilles	75/11
	Longueur de la maîtresse-feuille	1,750
	Flexibilité par 1 000 kilog	$75^{m/m}$
Ressorts de traction.	Nombre de feuilles (Formé par les ressorts de choc conjugués)	»
	Largeur et épaisseur des feuilles (Formé par les ressorts de choc conjugués)	»
	Longueur de la maîtresse feuille (Formé par les ressorts de choc conjugués)	1^m,000
	Flexibilité par 1 000 kil. (Formé par les ressorts de choc conjugués)	0 ,0125

2° CAISSE.

Longueur maxima de la caisse suivant l'axe longitudinal		7^m,000
Largeur d° d° au milieu de sa longueur		2 ,690
d° d° d° au bout de la voiture		2 ,660
Hauteur de la caisse du plancher au plafond, au milieu de sa largeur		1 ,935
Nombre de compartiments.	De 1re classe	1
	De 2e d°	1
	De 3e d°	2
	De bagages	1

Nombre de places par compartiments.	De 1re classe	4
	De 2e d°	10
	De 3e d°	20
Nombre total des places disponibles		34
Surface du plancher.	Compartiments. 13mc,82 / Bagages 3 ,42	17mc,24
Nombre de voyageurs par mètre carré		2
Poids de la voiture vide		8t ,300
Maximum du chargement.	Le voyageur avec ses bagages de route étant compté pour 75 kilog. 2,550k / Chargement du compartiment de bagages à raison de 50k par voyageur 1,700	4t ,25
Prix à l'Usine		10000f
Poids de la voiture par voyageur		252k
Prix d° d°		294f

3° ESSIEUX MONTÉS.

Fusée.		Diamètre	80m/m
		Longueur	160
		Diamètre au milieu	115
Corps de l'essieu.		Diamètre près de la portée de calage.	125
		d° de la portée de calage	130
Roue.	Centre.	Type : Centre plein en fer	
		Longueur du moyeu	160
		Diamètre à la jante	920
	Bandage.	Nature du métal : acier	
		Diamètre au contact des rails. mèt	1,030
Rapport du diamètre de la fusée au diamètre de la roue.			0,077
Poids moyen d'un essieu monté			900k
Nombre d'essieux			2
Ecartement des essieux mèt.			3,75

§ II.

VOITURES A CIRCULATION INTÉRIEURE.

1. VOITURES DE LA KAISER-FERDINANDS-NORDBAHN. — (Fig. 7 à 9, pl. XLIII.) Depuis que les trains à long parcours ont in-

troduit dans la circulation la suppression des arrêts prolongés aux stations secondaires, les voitures à compartiments isolés ne présentent plus la commodité désirable. Il faut avoir recours dans ce cas aux voitures à circulation intérieure. En utilisant toute la largeur disponible et en adoptant une longueur convenable, l'administration de la Kaiser-Ferdinands-Nordbahn a construit des voitures à circulation intérieure très spacieuses, offrant le même nombre de places que les voitures à compartiments séparés, et qui présentent tout autant, sinon plus de confortable que ces dernières.

Chacune des places de 1re et de 2e classe de ces voitures peut, avec celle qui lui fait vis-à-vis, être utilisée comme lit. Dans plusieurs de ces vagons, des cloisons ménagées permettent un isolement complet pour un ou deux voyageurs. Tous les vagons portent un water-closet, et tous ceux de 1re et de 2e classe un lavabo. Tous également sont munis de l'éclairage au gaz, du chauffe par l'air chaud, de la ventilation et enfin du télégraphe à air pour l'appel, en cas urgent, des conducteurs du train. Les véhicules sont à 4 roues. A l'une des extrémités se trouve un escalier d'entrée et de sortie, avec une plate-forme sur laquelle donne le couloir de circulation. Sur cette plate-forme on trouve une porte pour permettre la communication au véhicule avec le véhicule voisin et une porte qui ferme le couloir ; de telle sorte qu'on peut passer d'une extrémité à l'autre du train par l'intérieur des véhicules.

La caisse des voitures est formée de montants portés par des consoles en fonte, auxquels montants sont fixés les deux parois en bois qui forment l'enveloppe de la caisse. Les tôles employées jusqu'ici pour garnir l'enveloppe extérieure ne sont plus employées. La caisse repose sur des coussinets de caoutchouc qui interceptent les trépidations.

Les voitures de 1re classe ont doubles fenêtres ; les fenêtres des voitures de 1re et de 2e classe sont munies de contre-poids réunis aux châssis par des cordons qui forment garde-tête, lorsque le châssis est abaissé ; disposition qui empêche les voyageurs de sortir la tête hors de la voiture. Le même résultat est obtenu dans les voitures de 3e classe, au moyen de barreaux fixes, mis en travers des baies des fenêtres. Les voitures de 1re classe comportent 18 sièges ainsi que l'indique la fig. 9, pl. 43. Les voitures de 2e classe sans guérite de garde portent 24 places, celles à guérite 22. Ces places se trouvent réparties de chaque côté du couloir et divisées en 3 cabines ou compartiments.

Les voitures de 3e classe portent 37 sièges lesquels sont séparés en trois compartiments par deux cloisons qui permettent d'isoler d'une part les dames, d'autre part les non fumeurs.

5. VOITURE AVEC COMPARTIMENTS A LITS. — *Compagnie française de matériel de chemin de fer.* — (Fig. 1 et 2, pl. XLIII.) Cette voiture renferme 22 places de 1re classe, dont 10 sont des places de luxe, réparties dans trois compartiments isolés, savoir : un à deux places et deux à quatre places pouvant se transformer en deux lits.

Aux extrémités de la voiture, deux terrasses permettent aux voyageurs de circuler librement pendant le trajet.

Un cabinet de toilette avec water-closet se trouve à la disposition des voyageurs.

6. VOITURE POUR VOIE ÉTROITE. — (Même Compagnie), (fig. 10, pl. XLIII.) Cette voiture est construite pour les chemins à voie étroite de 0m,75. — Comme les voitures de tramways, elle renferme deux banquettes longitudinales. Ces banquettes, renfermées dans une caisse de 3m,650 de longueur sur 1m,920 de largeur, sont partagées en 2 compartiments : l'un de 1re classe, l'autre de 2e classe, qui donnent chacun sur une plate-forme.

L'attelage et le tamponnement se font sur le même appareil, représenté par la fig. 13, pl. XLV. Cet appareil se compose : 1° d'une pièce A mobile autour de la tige B et maintenue dans l'axe du châssis par deux lames de ressorts en acier C; — 2° d'un ressort en volute D qui reçoit la pression de la tige F du tampon E, guidée dans la pièce A : — 3° de la tige F qui porte un balancier G muni d'un évidement H à l'une de ses extrémités, et d'un crochet d'attelage T à l'autre.

Complété par l'addition de deux chaînes de sûreté, l'appareil est bien disposé de façon à permettre aux véhicules de s'inscrire dans des courbes raides, sans séparer leurs tampons.

7. VOITURE A VAPEUR DE L'ÉTAT BELGE (pl. XXVI). — Cette voiture est décrite au chap. VI. (Traction) § V. 304.

8. VOITURES A PLATE-FORME-VÉRANDA *(Chemin de fer Impératrice Elizabeth)*. — Ces voitures sont disposées spécialement en vue de laisser aux voyageurs la faculté de voir le pays parcouru par le train.

Le premier type, construit en 1875, se compose d'une caisse fermée, suivie à l'arrière d'une véranda ou plate-forme couverte, mais ouverte sur ses trois faces libres. Elle a une plate-forme avec escalier d'accès par où l'on peut entrer dans la voiture. La caisse fermée a 3m,45 de longueur sur 2m,750 de largeur, elle renferme 6 sièges à 2 places; — une porte sur chacune des deux faces transversales permet de circuler depuis la plate-forme d'accès, dans toute la longueur de la voiture.

La plate-forme ouverte, de 3m,60 de longueur, peut contenir 12 à 18 voyageurs, assis sur des tabourets et fauteuils en fer mobiles. Il s'y trouve 3 petites tables pliantes.

La caisse a une longueur totale, non compris la plate-forme d'accès, de 7m,250 — avec la plate-forme d'accès, 8m,00 : — sa largeur est de 3m,050; — hauteur de la corniche au-dessus du rail 3m,460. — Portée sur essieux espacés de 4,100, elle pèse 8 650 kil.

La Compagnie du chemin de fer Impératrice Elizabeth a construit huit voitures de ce type pour ses lignes si pittoresques de Salzbourg-Tyrol. Ce nombre est devenu insuffisant; tant était grande la préférence des voyageurs pour ce type de véhicules. — Pour satisfaire le public, la Compagnie a décidé la construction de nouvelles voitures; mais comme il n'est pas possible d'atteler au train deux voitures du typevéranda sans enlever aux voyageurs de la première, la vue libre et commode, la Compagnie a fait construire un second type, mais à caisse complétement découverte dont les dimensions, en plan, sont semblables à celles du premier type. — Ses bords pleins ont $0^m,950$ de hauteur — une main courante les surmonte à $1^m,120$ au-dessus du plancher. — Elle contient 24 places sur 12 sièges répartis en 6 rangs séparés par un passage central ; les dossiers mobiles, à l'américaine.

Les deux voitures sont munies de freins à main, à huit sabots.

§ III.

VOITURE AVEC PLACES DE LUXE.

9. VOITURE DE 1re CLASSE A SALON ET WATER-CLOSET — EST. — Les coupés, dont les évidements fermés par de simples glaces, dans la paroi extrême de la voiture, en diminuent la solidité, sont les plus exposés en cas d'accident. Les mouvements divers résultant de la marche de la voiture, et qu'il est impossible d'annuler complétement, s'y font sentir avec le plus d'intensité. Ces deux raisons ont fait choisir le compartiment central pour les places de luxe. Les deux compartiments extrêmes sont des compartiments de première classe (fig. 1 à 4, pl. XLII).

1° *Châssis.* — Le châssis est complétement en fer ; il est identique, comme construction, à celui que la Compagnie a adopté d'une manière générale pour ses voitures de toutes classes et ses fourgons des trains de voyageurs, il n'en diffère que par la longueur qui est, à l'extérieur des traverses extrêmes, de $7^m,50$, au lieu de 7^m, par la dimension des ressorts de suspension et aussi par la position des marchepieds.

Nous renverrons donc, pour sa description, aux indications déjà données — 1re section, chap. V, § VI. — 350 —.

Nous insisterons cependant sur la dimension des ressorts de suspension qui est de 2^m,300 d'axe en axe des rouleaux avec une flexibilité par 100 kil. de 0^m,104 et sur l'interposition de rondelles en caoutchouc entre les supports et les boulons de suspension.

2°. *Caisse.* — La caisse a reçu les dimensions transversales les plus grandes que permette le gabarit des ouvrages d'art, et d'où résulte une hauteur intérieure, telle que les voyageurs puissent, sans difficulté, se tenir debout.

La carcasse est en bois de chêne et de frêne, les frises en sapin, la toiture en zinc n° 14 ; la paroi extérieure est formée par des tôles de $1^m/_m$ 1/2, d'une seule pièce sur la hauteur de la voiture; elles sont clouées, sur tout leur pourtour, sur les montants de la carcasse, les brancards et les battants de pavillon, ce qui assure une grande solidité; les couvre-joints sont en métal ; ils sont vissés sur les montants ; les couvre-joints des angles sont en fer cornière.

Cette caisse est à double pavillon et à double plancher ; l'intervalle entre les deux planchers est rempli de warech; les plafonds sont en ébénisterie, formés d'érable et de frêne de Hongrie, avec moulures en palissandre.

Les châssis des glaces sont garnis de baguettes entourées de velours destinées à empêcher le bruit provenant des vibrations des glaces.

Les baies de côté sont munies de doubles châssis : un châssis extérieur vitré, un châssis intérieur en ébénisterie, capitonné intérieurement et destiné à garantir, l'hiver contre le froid, l'été contre la chaleur des rayons du soleil.

La caisse repose sur le châssis par l'intermédiaire de bandes en caoutchouc destinées à arrêter la transmission des sons provenant des vibrations du châssis métallique.

Elle est fixée sur le châssis par l'intermédiaire de boulons qui traversent les ailes supérieures des brancards.

Compartiments de 1re classe. — Les deux compartiments extrêmes sont des compartiments de 1re classe, du dernier modèle adopté par la Cie de l'Est, pour ses voitures de première. Le nombre de places par compartiment est de huit : la place par chaque voyageur est :

En longueur de.		1m,150
En largeur de		0 ,650
En hauteur.	Au milieu	2 ,100
	Sur les côtés	1 ,950
La surface disponible par chaque voyageur est donc.		0m²,75
Et le cube intérieur d° d° .		1m³,50

Chaque banquette est divisée en deux parties, indépendantes l'une de l'autre, qui peuvent être avancées d'une certaine quantité, de façon à donner, pour la nuit, une largeur plus grande et à pouvoir, au besoin, servir de lit ; le mouvement de tirage amène, en effet, la banquette à la position horizontale, et lui donne une largeur de 0m,700.

L'espace libre pour la circulation entre les banquettes, lorsqu'elles sont tirées, est de 0m,300.

Le mouvement de la banquette est assuré au moyen d'une coulisse qui lui sert de guide à l'arrière, et de deux bielles qui la supportent à l'avant ; une poignée placée en son milieu sert à produire le tirage ; elle commande en même temps un verrou destiné à maintenir la banquette en place lorsqu'elle est repoussée.

La garniture est en drap gris avec galons mélangés gris et marron ; le plafond est en ébénisterie ; le plancher est recouvert d'une toile cirée et d'un tapis en moquette. Les filets, destinés à recevoir les bagages à la main, sont de grandes dimensions ; toutes les garnitures intérieures sont en fer ou en laiton nickelé.

Chaque compartiment est éclairé par une lampe de grandes dimensions, consommant environ 20 grammes d'huile à l'heure, et dont la clarté est suffisante pour permettre de lire dans les angles.

Compartiment central. — Ce compartiment de grandes dimensions peut servir : le jour, de salon ; la nuit, de chambre à coucher ; un cabinet de toilette water-closet est à la disposition des voyageurs qui l'occupent. Sa longueur totale, entre les deux compartiments extrêmes, est de 3m,00, dont 0m,350 sont pris par l'épaisseur des lits relevés ; le cabinet de toilette est placé dans un tambour faisant une saillie de 0m,750 sur la cloison opposée à celle occupée par les lits. De chaque côté de ce tambour, dans les renfoncements qui en résultent, est placé un fauteuil mobile à double mouvement dont le dossier se renverse et le siège se tire de façon à former une chaise longue.

Les trois fauteuils fixes dépendants des lits peuvent se transformer à volonté, soit en fauteuils-lits en tirant les poignées placées en dessous de la banquette, soit en lits en agissant sur la poignée fixée à la partie supérieure.

Dans la première combinaison, le siège s'avance en même temps que le dossier, glissant par sa partie supérieure contre la paroi du fond, prend l'inclinaison convenable ; des pliants complètent le fauteuil-lit et lui donnent une longueur suffisante.

Dans la seconde, le siège du fauteuil s'efface et vient reposer sur le plancher, pendant que le lit se rabat et prend la position horizontale. — 1re section, chap. II. § III, 106 —.

Le lit est garni de deux matelas, un traversin et un oreiller ; sa longueur est de 2 mètres, sa largeur de 0m,600.

Une table pliante et les pliants dont il est question plus haut, emmagasinés dans le vide existant entre la cloison et les fauteuils mobiles, complètent l'ameublement de ce compartiment.

Il est éclairé la nuit par deux lampes grand modèle, placées dans la toiture.

Le cabinet de toilette water-closet a une surface de $0^{m2},75$; il est aéré à sa partie supérieure et éclairé pendant le jour par une fenêtre à tabatière placée dans la toiture ; une lampe l'éclaire pendant la nuit. Un réservoir placé sur la toiture fournit l'eau nécessaire ; il est entouré de matières mauvaises conductrices de la chaleur pour éviter la gelée.

Un ventilateur aspirant, placé sur la toiture, rejette au dehors l'air vicié qu'il prend dans le tambour en ébénisterie qui contient la cuvette du water-closet et le lavabo.

Dimensions principales.

Voiture. —	Longueur totale à l'extrémité des tampons.	8m,500
	Largeur totale à l'extérieur des marchepieds	3m,100
	d° d° d° corniches .	2m,960
	Hauteur totale du dessus de la corniche au-dessus du rail. — Côtés . .	2m,100
	— Milieu. .	2m,300
Châssis. —	Longueur totale à l'extérieur des traverses extrêmes	7m,500
	Ecartement intérieur des brancards. . .	1m,800
	Dimensions des fers en I des brancards. — Hauteur . . .	0m,220
	— Largeur des ailes	0m,100
	— Epaisseur . . .	0m,010
	Longueur des traverses extrêmes . . .	2m,660
	Dimensions des fers en [des traverses extrêmes. — Hauteur . . .	0m,220
	— Largeur des ailes	0m,070
	— Epaisseur . . .	0m,010
	Nombre des traverses intermédiaires . .	3
	Dimensions des fers en [des traverses intermédiaires. — Hauteur . . .	0m,140
	— Largeur des ailes	0m,050
	— Epaisseur . . .	0m,012
	Nombre de flèches.	3
	Dimensions des fers cornières des flèches. — Ailes de.	0m,050
		0m,080
	— Epaisseur .	0m,008
	D'axe en axe des plaques de garde et des essieux.	4m,500
	Ecartement intérieur des plaques de garde.	1m,770
	Dimensions des branches des plaques de garde. — Largeur. . .	0m,070
	— Epaisseur . .	0m,025
	Du dessus du rail au-dessus des brancards.	1m,170
	Du dessus du rail à l'axe des tampons, de la barre d'attelage, et des chaînes de sûreté.	1m,050

	Ecartement d'axe en axe des tampons. .	1m,710
	Ecartement d'axe en axe des chaînes de sûreté	0m,640
Essieux. —	Nombre d'essieux	2
Diamètre des essieux.	Au milieu du corps. . .	0m,120
	Près de la portée de calage	0m,135
	A la portée de calage. .	0m,140
	A la fusée	0m,090
	Longueur des fusées	0m,180
	Ecartement de milieu en milieu des fusées et des ressorts	1m,940
	Longueur totale des essieux	2m,156
	Poids d'un essieu	200k
Roues. —	Diamètre des roues au contact du rail . .	1m,040
	Diamètre des roues à l'extérieur de la jante tournée	0m,920
	Diamètre des roues à l'extérieur du moyeu.	0m,255
	Longueur du moyeu	0m,200
	Largeur de la jante.	0m,100
	Largeur du bandage	0m,130
	Epaisseur normale des bandages	0m,060
	Hauteur du boudin du bandage.	0m,027
	Ecartement intérieur des bandages . . .	1m,362
	Poids d'un corps de roue	190k
Roues et essieux. —	Poids moyen d'un essieu monté avec bandage	995k
	Poids d'une boîte à graisse montée, type O.	45k

Ressorts.		De suspension.	De traction.	De choc.
Acier des lames.	Largeur. . .	0m,090	0m,075	0m,075
	Epaisseur . .	0m,012	0m,012	0m,010
Nombre de feuilles.		12	5	16
Longueur de la maîtresse lame entre les points de contact . .		2m,300	1m,000	1m,750
Corde de fabrication		2m,214	0m,970	1m,560
Flèche do		0m,270	0m,100	0m,330
Flexibilité par 1000 kil		0m,104	0m,028	0m,084
Poids		143k	22k	98k

Caisse. — Longueur de la caisse en dehors des corniches		7m,940
Longueur extérieure de la caisse.	En haut	7m,800
	A la ceinture	7m,790
	En bas	7m,750
Longueur intérieure de la caisse à la ceinture		7m,660
Largeur totale extérieure de la caisse.	En haut	2m,820
	A la ceinture	2m,800
	En bas	2m,670
Largeur totale intérieure à la ceinture		2m,600
Hauteur totale extérieure de la caisse.	Sur les côtés	2m,100
	Au milieu	2m,300
Hauteur intérieure du dessus du plancher au-dessous du pavillon.	Sur les côtés	1m,950
	Au milieu	2m,100
Portes.	Largeur intérieure	0m,640
	Hauteur d°	1m,900
Nombre de compartiments.	2 de première classe; 1 à lits et water-closet.	3
Nombre de voyageurs par compartiment.	De 1re classe	8
	A lits	5

Compartiments de 1re classe.

Largeur d'un compartiment entre les cloisons	2m,300
Intervalle entre les banquettes	0m,700
Profondeur des banquettes à l'état ordinaire	0m,500
d° d° tirées pour la nuit	0m,650

Compartiments à lits.

Longueur entre les cloisons		3m,000
Largeur des fauteuils fixes entre les séparations		0m,815
Nombre de fauteuils.	Fixes	3
	Mobiles	2
Nombre de lits		3
Longueur des lits		2m,000
Largeur d°		0m,600
Longueur du cabinet de toilette et water-closet		1m,040
Largeur d° d° d°		0m,750
Largeur de la porte à 2 vantaux du cabinet		0m,550
Hauteur de la porte à deux vantaux du cabinet		2m,000
Nombre de planchers de la caisse		2

Épaisseur des tôles en fer des panneaux	0m,0015
Numéro du zinc de la toiture	N° 14
Poids de la voiture.	11500k

10. VOITURE A SALON, LITS ET WATER-CLOSET. — NORD. (Fig. 1 à 5, pl. XXXIX.) — La Compagnie du Nord attache une grande importance à ne pas exagérer le poids de ses voitures, car en économisant sur le poids-mort, on peut arriver à remorquer, à grande vitesse, et sans perte de temps, des trains qui comprennent quelquefois jusqu'à 24 véhicules.

La voiture exposée renferme deux compartiments ordinaires de 1re classe d'un côté, et de l'autre un salon avec trois lits et un cabinet de toilette, dont la fig. 3 indique l'ensemble en plan.

Les lits sont semblables à ceux que nous avons déjà décrits (tome III chap. II, § III. — 106), et reproduits dans la voiture de l'Est — (suppl. 9) —.

La hauteur de la caisse est un peu réduite; le strict nécessaire : les fenêtres sont petites, pour éviter le froid en hiver et le soleil en été, dit la Compagnie du Nord.

Cette voiture parfaitement équilibrée. est très douce à grande vitesse, même attelée à la queue du train, grâce aux procédés de vérification et de montage de M. Bricogne. — Chap. X de la traction, outillage des ateliers, 513 et suiv. — Elle pèse 8245 kilogrammes, soit 1148 kil. par place de coupé et 300 kil. par place de 1re classe.

Dans les dernières voitures du Nord, le poids-mort par place est de 308 kil. 70 pour la 1re classe; de 171 kil. pour la 2e classe et de 127 kil. pour la 3e classe.

11. VOITURE DE 1re CLASSE A COUPÉ ET LITS. — ORLÉANS. — — On s'est plaint souvent, et avec raison, de la fatigue et de l'inquiétude que causent aux voyageurs les trépidations, les secousses et le mouvement de lacet résultant ordinairement de la marche à très grande vitesse des trains de chemins de fer. (Note de la Cie à l'Expos. Univ. de 1878.)

Par suite de la création de trains rapides entre Paris et Bordeaux, il était nécessaire de construire un nouveau matériel exempt de ces inconvénients. A cet effet, la Cie a étudié un nouveau modèle de voitures de 1re classe. Les ateliers de la Compagnie ont exécuté 76 voitures de ce modèle et 20 fourgons à bagages de grandes dimensions. Ce matériel, dont font partie la voiture et le fourgon exposés, est en circulation depuis trois ans et réunit toutes les conditions de sécurité et de confort désirables pour une bonne marche à grande vitesse.

La voiture exposée est spéciale pour les trains de nuit et les voyages de long parcours. Elle est, comme les voitures de 1re classe du nouveau modèle, à 4 compartiments, mais ceux-ci diffèrent entre eux, savoir : 2 compartiments ordinaires à 8 places, un coupé à 4 places et un compartiment à trois lits de repos formant siège pour le jour, comme ceux en usage aux chemins de fer de l'Est et du Nord ; un cabinet de toilette soigneusement arrangé, avec water-closet, en complète l'installation. — 9 et 10. —

Les essieux, ainsi que les roues, sont établis de manière à éviter le faux-rond et les irrégularités d'équilibre ; ils ont $5^m,50$ d'écartement.

Les bandages des roues sont à rebord-agrafe comme ceux des locomotives et tenders et en acier demi-dur. Les essieux sont en fer fin. Les boîtes, à graissage mixte, sont montées avec la plus grande régularité ; elles sont disposées de telle façon que leur frottement contre les plaques de garde ne peut avoir lieu qu'au passage des courbes et des changements de voie.

En vue d'éviter l'augmentation de poids résultant de l'emploi du fer, toute la charpente du châssis est en bois de chêne ; les longerons sont seuls doublés d'une tôle du côté extérieur. Le bois a encore l'avantage d'amortir les vibrations de la marche qu'un châssis en fer transmettrait plus complètement.

La charpente de la caisse est en bois de teck : quelques pièces de grande longueur sont en picht-pin.

Les ressorts de suspension sont longs et flexibles. Des appareils munis de caoutchouc sont interposés entre certaines pièces de la suspension, afin d'empêcher les vibrations des ressorts de se communiquer au châssis.

En outre, la caisse repose sur le châssis au moyen de supports spéciaux munis de larges rondelles de caoutchouc. Cette amélioration, aujourd'hui très répandue en France et à l'étranger, a été appliquée pour la première fois, en 1856, aux voitures de 1re classe du chemin de fer d'Orléans [1].

Les tampons de choc ont des ressorts très rigides, à bande initiale de 2400 kilog. Un ressort de traction, avec bande initiale de 2200 kilog., est établi spécialement pour l'attelage. Cette disposition à double ressort de choc et de traction, qui facilite le passage dans les courbes, est appliquée depuis longtemps au matériel du chemin de fer d'Orléans : la voiture de 1re classe, nº 435, qui figurait à l'Exposition de 1862, en était munie.

Nous citerons encore les détails suivants qui ont pour but d'améliorer le bien-être des voyageurs.

Plancher double avec interposition de matières inertes pour amortir le bruit du roulement;

Toiture double pour atténuer, par une couche d'air, la chaleur et le froid ;

Garniture des dossiers, établie sur des ressorts à boudin en acier trempé, et coussins reposant sur des ressorts semblables, formant sommier élastique ;

Bourrelets spéciaux en laine collés dans les feuillures des portières;

Châssis de glaces garnis de velours et glissant dans des coulisses à ressort.

Chaque compartiment est éclairé par deux lanternes, et la voiture exposée porte les appareils à gaz comprimé de MM. Hugon et Compagnie. Ce système d'éclairage est actuellement en essai entre Paris et Bordeaux.

1. Nous avons indiqué cette innovation comme étant due à l'initiative de la Compagnie internationale des *Sleeping-Cars*. — 2e part. 1re sect., Chap. II, § III.

Dimensions principales et poids.

1° CHASSIS. — (*En bois de chêne, longerons doublés de tôle.*)

Longueur de dehors en dehors des tampons . . .		10m,036
Longueur — des traverses extrêmes .		9m,000
Écartement intérieur des brancards		1m,820
Longueur des traverses extrêmes		2m,600
Équarrissage des brancards . . .	Bois. . .	0m,280×0m,112
	Tôle. . .	0m,280×0m,008
— des traverses extrêmes.		0m,280×0m,120
Ressorts de suspension.	Nombre de feuilles . . .	11
	Largeur et épaisseur des feuilles	0m,090×0m,012
	Longueur de la maîtresse-feuille d'axe en axe des points de suspension .	2m,200
	Flexibilité par 1000 kil.	0m,090
Ressorts de choc . .	Nombre de feuilles . . .	18
	Largeur et épaisseur des feuilles	0m,075×0m,010
	Longueur de la maîtresse-feuille.	1m,800
	Flexibilité par 1000 kil.	0m,071
Ressorts de traction.	Nombre de feuilles . . .	7
	Largeur et épaisseur des feuilles	0m,075×0m,010
	Longueur de la maîtresse-feuille.	0m,830
	Flexibilité par 1000 kil.	0m,019

2° CAISSE.

Longueur maxima de la caisse suivant l'axe longitudinal (*corniche non comprise*)		9m,060
Largeur maxima de la caisse (*corniche non comprise*)		2m,800
Hauteur de la caisse du plancher au plafond, au milieu de sa largeur		2m,075
Nombre de compartiments	De 1re classe	2
	— à lits avec un cabinet de toilette . . .	1
	De 1re classe (coupé) . .	1

Nombre de places par compartiment.	De 1re classe	8
	— à lits avec un cabinet de toilette	3
	Du coupé	4
Nombre total des places disponibles		23
Surface du plancher		21m²,79
Nombre de voyageurs par mètre carré		0v,948
Poids vide		11000k
Maximum du chargement (le voyageur avec ses bagages de route étant compté pour 75 kil.)		1725k
Poids de la voiture par voyageur		550k

3° ESSIEUX MONTÉS.

Fusée.		Diamètre	0m,100
		Longueur	0m,200
Corps de l'essieu.		Diamètre au milieu	0m,125
		— près de la portée de calage	0m,135
		Diamètre de la portée de calage	0m,150
Roue.	*Centre.*	Type	Plein en fer
		Longueur du moyeu	0m,150
		Diamètre à la jante	0m,920
	Bandages.	Nature du métal	Acier
		Diam. au contact des rails	1m,040
Rapport du diamètre de la fusée au diamètre de la roue			$\frac{1}{10\ 4}$
Poids moyen d'un essieu monté			1000k
Nombre d'essieux			2
Écartement des essieux			5m,500
Charge maxima par essieu.		Sur les rails	6360k
		Sur les deux fusées	5360k

12. Voiture de 1re classe a coupé-lit et coupé-fauteuils-lits. (Paris-Lyon-Méditerranée.) — (Fig. 5 et 6, pl. XLI.) Ces voitures ont deux compartiments au milieu et un coupé à chaque extrémité.

L'un des coupés est muni de trois fauteuils articulés pouvant former lits.

L'autre coupé est garni d'une banquette mobile pouvant

former un seul lit avec tête relevée à l'une des extrémités au moyen d'une console ; à l'autre extrémité de la banquette se trouve un water-closet caché par un coussin.

Les deux compartiments du milieu sont de 1re classe à 8 places chacun.

Ces voitures sont à châssis en fer et comportent toutes les améliorations les plus récentes, notamment :

Attelage à double ressort qui, tout en maintenant les voitures du train solidaires les unes des autres, au point de vue des mouvements de lacet et des trépidations, laisse à tous les attelages la plus grande flexibilité pour le passage dans les courbes ;

Roues à centre équilibré supprimant le lacet propre de chaque essieu ;

Suspension de la caisse sur plaques en caoutchouc, et châssis de glaces garnis de bandes de velours, pour atténuer le bruit, pendant la marche du train.

Dimensions principales et poids.

1° CHASSIS :

Type			en fer
Longueur de dehors en dehors des tampons			8m,730
Longueur de dehors en dehors des traverses extrêmes			7 ,500
Ecartement intérieur des brancards			1 ,810
Longueur des traverses extrêmes			2 ,570
Profil du fer des brancards		en [	0 ,250
Profil du fer des traverses extrêmes		en [	0 ,250
Ressorts de suspension.	Nombre des feuilles.	milieu	7
		coupé	8
		fauteuils	9
	Largeur et épaisseur des feuilles		75/10
	Longueur de la maîtresse-feuille, d'axe en axe des points de suspension		1m,410
	Flexibilité par 1 000 kil.	milieu	0 ,080
		coupé	0 ,070
		fauteuils	0 ,0625

Ressorts de choc.	Nombre des feuilles	15
	Largeur et épaisseur des feuilles.	75/12
	Longueur de la maîtresse-feuille.	1m,746
	Flexibilité par 1 000 kil. . . .	0 ,050
Ressorts de traction.	Nombre des feuilles	10
	Largeur et épaisseur des feuilles.	75/12
	Longueur de la maîtresse-feuille.	0m,880
	Flexibilité par 1 000 kil	0 ,010

2° CAISSE :

Longueur maxima de la caisse suivant l'axe longitudinal		7m,700
Largeur maxima de la caisse au milieu de sa longueur		2 ,670
Largeur maxima de la caisse au bout de la voiture .		2m,670
Hauteur de la caisse du plancher au plafond, au milieu de sa largeur		1 ,933
Nombre de	Compartiments de 1re classe	2
	Coupé-lit	1
	Coupé fauteuils-lits . . .	1
Nombre de places par	Compartiments de 1re classe.	8
	Coupé-lit	4
	Coupé fauteuils-lits . . .	3
Nombre total des places disponibles		23
Surface du plancher.		18m²,02
Nombre de voyageurs par mètre carré		0v,832
Poids vide		10300k
Maximum du chargement (le voyageur avec ses bagages de route étant compté pour 75 k.)		1725
Poids de la voiture par voyageur		522k,826

3° ESSIEUX MONTÉS :

Fusée.		Diamètre	0m,085
		Longueur	0 ,170
Corps de l'essieu.		Diamètre au milieu.	0 ,110
		Diamètre près de la portée de calage. . en dehors	0 ,118
		Diamètre de la portée de calage . . .	0 ,125
Roues.	Centre .	Type	en fer-Arbel
		Longueur du moyeu. . .	0m,180
		Diamètre à la jante . . .	0 ,820

Roues.	Bandages.	Nature du métal	fer
		Diamètre au contact des rails.	0^{m},920
Rapport du diamètre de la fusée au diamètre de la roue.			1 ,080
Poids moyen d'un essieu monté			782^{k}
Nombre d'essieux.			3
Ecartement des essieux extrêmes			4^{m},100
Charge maxima par essieu			4008^{k}

13. VOITURE-SALON-APPARTEMENT (PARIS-LYON-MÉDITERRANÉE). (Fig. 5 et 6, pl. XLII.) — Ces voitures se composent de trois compartiments principaux : un salon au milieu et deux chambres à coucher à chaque extrémité. Ces compartiments sont garnis de fauteuils pouvant, les uns se transformer en lits, les autres s'allonger et former également lits.

Le nombre de fauteuils disponibles pour le jour est de douze. Le nombre de lits disponibles pour la nuit est de quatre, et le nombre des fauteuils-lits est de quatre.

Chacune des extrémités de ces voitures est munie d'un cabinet, l'un renfermant un water-closet et un lavabo, et l'autre des sièges pour deux domestiques.

Ces voitures sont à châssis entièrement en fer ; elles comportent toutes les améliorations les plus récentes, — suppl. 12 —.

Châssis de glace à contre-poids, d'une manœuvre facile et pouvant rester ouverts à toute hauteur.

Les poignées et autres pièces soumises au toucher sont en bronze de nickel.

Enfin, les portières ont une largeur suffisante pour permettre d'entrer un malade couché sur un lit.

Dimensions principales et poids.

1° CHASSIS :

Type.	en fer
Longueur de dehors en dehors des tampons	8^{m},730
Longueur de dehors en dehors des traverses extrêmes.	7 ,500
Ecartement intérieur des brancards	1 ,810
Longueur des traverses extrêmes	2 ,670

Profil du fer des brancards . . . . en ⌊		0m,250
Profil du fer des traverses extrêmes . . . . en [		0 ,250
Ressorts de suspension.	Nombre des feuilles . . . milieu.	8
	Nombre des feuilles . . . service	9
	Nombre des feuilles . . . lavabo	10
	Largeur et épaisseur des feuilles . .	75/10
	Longueur de la maîtresse feuille, d'axe en axe des points de suspension. .	1m,410
	Flexibilité par 1,000 kil.	0 ,0625
		0 ,0625
		0 ,056
Ressorts de choc.	Nombre des feuilles	15
	Largeur et épaisseur des feuilles . . .	75/12
	Longueur de la maîtresse-feuille . .	1m,746
	Flexibilité par 1 000 kil.	0 ,050
Ressorts de traction.	Nombre des feuilles	10
	Largeur et épaisseur des feuilles . .	75/12
	Longueur de la maîtresse-feuille . .	0m,880
	Flexibilité par 1 000 kil.	0 ,010

2° CAISSE.

Longueur maxima de la caisse suivant l'axe longitudinal		7m,700
Largeur maxima de la caisse au milieu de sa longueur		2 ,800
Largeur maxima de la caisse au bout de la voiture .		2 ,800
Hauteur de la caisse du plancher au plafond, au milieu de sa longueur		2 ,233
Nombre de compartiments.	à 4 fauteuils-lits . .	1
	à 2 lits	2
	pour domestiques . .	1
	de water-closet . . .	1
Nombre total des places disponibles	le jour	14
	la nuit	10
Surface du plancher.		18m²,54
Nombre de voyageurs par mètre carré	le jour	0,755
	la nuit	0,540
Poids vide		11 980k
Maximum du chargement (le voyageur avec ses bagages de route étant compté pour 75 k.)	jour	1050
	nuit	750

Poids de la voiture par voyageur			jour 930k 714 nuit 1275

3° ESSIEUX MONTÉS.

Fusée.	Diamètre		0m,085
	Longueur		0 ,170
Corps de l'essieu.	Diamètre au milieu		0 ,110
	Diamètre près de la portée de calage .	en dehors	0 ,118
	Diamètre de la portée de calage . . .		0 ,125
Roue.	Centre .	Type.	en fer-Arbel
		Longueur du moyeu . . .	0m,180
		Diamètre à la jante . . .	0 ,820
	Bandage.	Nature du métal.	fer
		Diamètre au contact des rails	0m,920
Rapport du diamètre de la fusée au diamètre de la roue			1 ,080
Poids moyen d'un essieu monté.			782k
Nombre d'essieux.			3
Ecartement des essieux extrêmes			4m,100
Charge maxima par essieu			4343k 333

CHAPITRE III.

CONSTRUCTION DES VAGONS.

---

§ I.

VAGONS COUVERTS.

11. FOURGON A BAGAGES — (ORLÉANS). — Ce fourgon est disposé pour être placé en tête du train. Il est employé au transport des bagages à destination des gares intermédiaires. Il possède à l'avant un compartiment pour le graisseur de route et des niches à chien. A l'arrière, existe un compartiment de 1re classe à deux places qui est en communication avec un cabinet water-closet. Ce fourgon est, en outre, pourvu d'un frein à 8 sabots auquel est appliqué le système Heberlein, dont la Compagnie fait en ce moment l'expérimentation.

Un autre modèle de fourgon, de mêmes dimensions, qui n'est pas exposé, a été établi en vue de recevoir les bagages en destination de la gare terminus. Il se place en queue du train et possède aussi l'appareil Heberlein.

Dimensions principales et poids.

1° CHASSIS. — (*En bois de chêne, les longerons doublés de tôle.*)

Longueur de dehors en dehors des tampons . . .	10m,036
— — des traverses extrêmes	8m,800
Écartement intérieur des brancards.	1m,820
Longueur des traverses extrêmes	2m,600

Équarrissage des brancards. . .	Bois . . .	$0^m,280 \times 0^m,112$
	Tôle . . .	$0^m,280 \times 0^m,008$
— des traverses extrêmes		$0^m,280 \times 0^m,120$
Ressorts de suspension.	Nombre de feuilles . . .	12
	Largeur et épaisseur des feuilles	$0^m,090 \times 0^m,012$
	Longueur de la maîtresse-feuille d'axe en axe des points de suspension .	$1^m,800$
	Flexibilité par 1000 kil.	$0^m,042$
Ressorts de choc. . . .	Nombre de feuilles . . .	18
	Largeur et épaisseur des feuilles	$0^m,075 \times 0^m,010$
	Longueur de la maîtresse-feuille.	$1^m,800$
	Flexibilité par 1000 kil.	$0^m,071$
Ressorts de traction.	Nombre de feuilles . . .	7
	Largeur et épaisseur des feuilles	$0^m,075 \times 0^m,010$
	Longueur de la maîtresse-feuille.	$0^m,830$
	Flexibilité par 1000 kil.	$0^m,019$

2° CAISSE.

Longueur maxima de la caisse suivant l'axe longitudinal (*corniche non comprise*)		$8^m,810$
Largeur maxima de la caisse (*corniche non comprise*)		$2^m,650$
Hauteur de la caisse du plancher au plafond, au milieu de sa largeur		$2^m,130$
Nombre de compartiments.	De 1re classe	[illegible]
	Water-closet	1
	Pour le graisseur . . .	1
	Guérite pour le garde-fr.	[illegible]
	Niches à chiens . . .	4
Nombre de places par compartiment de 1re classe.		2
Surface du plancher		$21^{m2},48$
Poids vide		12000^k
Maximum du chargement		6000^k

3° ESSIEUX MONTÉS.

Fusée		Diamètre	0^m,100
		Longueur	0^m,200
Corps de l'essieu		Diamètre au milieu	0^m,125
		— près de la portée de calage	0^m,135
		Diamètre de la portée de calage	0^m,150
Roue	*Centre*	Type	Plein en fer
		Longueur du moyeu	0^m,150
		Diamètre à la jante	0^m,920
	Bandage	Nature du métal	Acier
		Diam. au contact des rails	1^m,040
Rapport du diamètre de la fusée au diamètre de la roue			$\frac{1}{10,4}$
Poids moyen d'un essieu monté			1000^k
Nombre d'essieux			2
Ecartement des essieux extrêmes			5^m,500
Charge maxima par essieu		Sur les rails	9000^k
		Sur les deux fusées	8000^k

15. Fourgon lesté à marchandises. (Ouest.) — Le modèle de fourgon lesté est plus particulièrement destiné au service des trains de marchandises. Il diffère du fourgon ordinaire : 1° par l'addition d'un lest de 4 tonnes composé de plaques de fonte solidement fixées sur les châssis ; 2° par l'aménagement d'une partie de la caisse en un compartiment de 3° classe pour recevoir les toucheurs, douaniers d'escorte, etc., ce qui évite souvent l'addition d'une voiture de 3° classe, à un train de marchandises.

Les autres dispositions du fourgon et de tous ses accessoires sont identiques à celles des fourgons des trains de voyageurs, en ce qui concerne l'éclairage intérieur, les caisses à finances, les casiers.

16. Vagon pour voie de 0^m,75. (*Compagnie françcise de matériel de chemin de fer.*) (Fig. 12 et 13, pl. XLV.) — Ce vagon est couvert, mais il est disposé de manière à pouvoir être découvert, pour faciliter le chargement et le déchargement à la

grue, et pour servir au transport des bestiaux. A cet effet, la toiture est, comme on le pratique en Angleterre, formée de panneaux mobiles en bois et toile sablée, qui peuvent s'accrocher à l'avant et à l'arrière du vagon.

Ce vagon, construit pour la voie de $0^m,75$, pèse 1 140 kil.; il peut recevoir un chargement de 3 500 kil.

Dimensions principales.

Longueur de dehors en dehors des tampons	mèt.	3,730
— — — des traverses extrêmes.	—	3,100
— de la caisse	—	3,050
Largeur —	—	1,650
Hauteur —	—	1,800

§ II.

VAGONS DÉCOUVERTS.

17. VAGON A HOUILLE. (PARIS-LYON-MEDITERRANÉE.) (Fig. 9 et 10, pl. XLV.)—Ce vagon, à châssis, à charpente de caisse entièrement en fer, a une capacité de 12 mètres cubes qui rend possible un chargement de 10000 kilos de houille.

Le plancher seul de la caisse et les côtés sont en bois ; mais ces bois ne forment qu'un remplissage.

L'attelage de ces vagons est à traction et à choc élastiques. L'élasticité est obtenue par un ressort unique sur le milieu duquel s'exerce la traction, tandis que la pression des tampons de choc s'exerce sur l'extrémité du ressort.

Dimensions principales et poids.

1° CHASSIS :

Type.	fer
Longueur de dehors en dehors des tampons	$6^m,500$
Longueur de dehors en dehors des traverses extrêmes.	5 ,500
Ecartement intérieur des brancards	1 ,810
Longueur des traverses extrêmes	2 ,460
Profil du fer des brancards. . . . . en [	0,250

Profil du fer des traverses extrêmes . . . . en [		0m,250
Ressorts de suspension.	Nombre des feuilles	13
	Largeur et épaisseur des feuilles . . .	75/10
	Longueur de la maîtresse-feuille d'axe en axe des points de suspension. . .	1m,040
	Flexibilité par 1000 kilog	0 ,016
Ressorts de traction.	Nombre des feuilles	13
	Largeur et épaisseur des feuilles . . .	75/14
	Longueur de la maîtresse-feuille . . .	1m,730
	Flexibilité par 1000 kilog.	0 ,366
Ressorts de choc	Les mêmes ressorts servent pour le choc et pour la traction.	

2° CAISSE :

Longueur de la caisse intérieurement	5m,430
Largeur de la caisse intérieurement	2 ,500
Hauteur de la caisse, du plancher au dessus des bords.	0 ,900
Volume intérieur disponible	12m3,2175
Mode de construction. — Charpente en fer, plancher et frises en bois	
Frein-système-nombre de sabots	P. L. M. à vis, 2 sabots
Poids du vagon vide	5950k
Maximum du chargement.	10000k
Poids par tonne du chargement maximum.	1595k

3° ESSIEUX MONTÉS :

Fusée.		Diamètre	0m,085
		Longueur	0m,170
Corps de l'essieu.		Diamètre au milieu	0m,110
		Diamètre près de la portée de calage. (en dehors)	0m,118
		Diamètre à la portée de calage	0m,125
Roue.	Centre.	Type	en fer (Arbel)
		Longueur du moyeu	0m,180
		Diamètre de la jante	0m,820
	Bandage.	Nature du métal.	acier
		Diamètre au contact des rails.	0m,930
Rapport du diamètre de la fusée au diamètre de la roue.			1 ,080
Poids moyen d'un essieu monté			782k
Nombre d'essieux			2

Ecartement des essieux	2^m,700
Charge maxima par essieu	7 975^k

18. VAGON TOMBEREAU A FREIN — (OUEST). — Ce véhicule est à brancards en acier, il est suspendu sur des ressorts à menottes. La caisse est à paroi pleine jusqu'à la hauteur de 0^m,90 correspondant à un chargement de 10 tonnes de charbon, puis à claire-voie jusqu'à la hauteur de 1^m,46, en vue du transport des matières moins denses. — Le chargement de 10 tonnes pourrait être élevé au besoin jusqu'à 12 tonnes moyennant une légère modification des ressorts.

Le frein est pourvu d'un appareil pour limiter le nombre des tours au desserrage.

Dimensions principales et poids.

1° CHASSIS.

Type mixte (acier et bois).			
Longueur de dehors en dehors des tampons			6^m,700
d° d° d° des traverses extrêmes.			5 ,600
Ecartement intérieur des brancards			1 ,830
Longueur des traverses extrêmes			2 ,900
Profil et dimensions des brancards : acier, en I . m/m.			235×95×9
Equarrissage du bois des traverses extrêmes			265×100
Ressorts de suspension.	Nombre de feuilles.		10
	Largeur et épaisseur des feuilles . . .		90/10
	Longueur de la maîtresse-feuille d'axe en axe des points de suspension. . . .		1^m,000
	Flexibilité par 1 000 kil		0 ,018
Ressorts de traction et de choc conjugués.	Nombre de feuilles (compris la feuille additionnelle). . . .		9
	Largeur et épaisseur des feuilles.		75/15
	Longueur de la maîtresse-feuille . .	Choc . .	1^m,750
		Traction.	1 ,180
	Flexibilité par 1000 k.	Choc . .	0 ,045
		Traction.	0 ,012

2° CAISSE :

Longueur de la caisse intérieurement.	5^m,510
Largeur d° d°	2 ,600

Hauteur des bords intérieurement.	1 ,460
Volume intérieur disponible	20^{m3},900
Mode de construction (bois)	
Frein en V à 4 sabots	
Poids du vagon vide	6 ,600
Maximum de chargement	10^t
Prix à l'usine	3,700^f
Poids du vagon par tonne du chargement maximum .	660^k
Prix d° d° d° .	376^f

3° ESSIEUX MONTÉS.

Fusée		Diamètre	0 ,100
		Longueur	0 ,180
Corps de l'essieu.		Diamètre au milieu.	0 ,130
		d° près de la portée de calage	0 ,145
		d° à la portée de calage. .	0 ,150
Roue.	Centre .	Type (fer, Arbel)	
		Longueur du moyeu	0^m ,170
		Diamètre de la jante	0 ,920
	Bandage.	Nature du métal : acier	
		Diamètre au contact des rails . .	1^m ,030

Rapport du diam. de la fusée au diam. de la roue. .	0 ,0970
Poids moyen d'un essieu monté	930^k
Nombre d'essieux	2
Écartement des essieux	3^m ,000
Charge maxima par essieu	8^t 300

19. VAGON PLAT — (OUEST). — Les brancards sont en acier doux, leur section est en I;

Ressorts de suspension à menottes ;

La largeur extérieure de la caisse ayant été limitée pour pouvoir passer sur certaines lignes étrangères, les bords latéraux ont été faits en tôle, afin d'augmenter autant que possible la largeur intérieure ; la longueur a été portée à 6^m,500. On arrive ainsi à pouvoir compléter le chargement de 10^t en marchandises légères, telles que le coton.

La grande rigidité du châssis a permis de pratiquer dans les deux côtés latéraux des portes de 2^m qui facilitent le chargement des pierres de taille.

Plancher en chêne, en travers ;

Traverses assez saillantes pour permettre l'emploi des élingues et assez basses pour ne pas gêner le passage des roues des véhicules que l'on a parfois à charger sur le vagon.

Les bouts sont tombants pour permettre les chargements de grande longueur.

Frein à main pour les manœuvres de gare.

Dimensions principales et poids.

1° CHASSIS.

Brancards en acier, traverses en bois		
Longueur de dehors en dehors des tampons		7m,600
d° d° d° des traverses extrêmes.		6 ,500
Ecartement intérieur des brancards		1 ,825
Longueur des traverses extrêmes		2 ,800
Profil et dimensions des brancards (acier, en I) . m/m.		235×95×9
Equarrissage du bois des traverses extrêmes		300×100
Ressorts de suspension.	Nombre de feuilles	10
	Largeur et épaisseur des feuilles . . .	90×10
	Longueur de la maîtresse-feuille d'axe en axe des points de suspension	1m,00
	Flexibilité par 1 000 kilogrammes . . .	0m,018
Ressorts de traction et de choc conjugués.	Nombre de feuilles (compris la feuille additionnelle)	9
	Largeur et épaisseur des feuilles . . .	75×15
	Longueur de la maîtresse feuille — Choc. . .	1m,750
	Longueur de la maîtresse feuille — Traction .	1 ,180
	Flexibilité par 1 000 kilog. — Choc . . .	0m,045
	Flexibilité par 1 000 kilog. — Traction .	0 ,012

2° CAISSE.

Longueur de la caisse intérieurement.	6m,380
Largeur d° d°	2 ,788
Hauteur des bords	0 ,220
Mode de construction (bois et fer)	»
Frein à main 1 sabot	»
Poids du vagon vide.	5620k
Maximum de chargement.	10t
Prix à l'usine	2,950f

Poids du vagon par tonne du chargement maximum .	562k
Prix d° d° d° .	295f

3° ESSIEUX MONTÉS.

Fusée.	Diamètre		0m,080
	Longueur		0 ,160
Corps de l'essieu.	Diamètre au milieu.		0 ,115
	d° près de la portée de calage. . .		0 ,125
	d° à la portée de calage.		0 ,130
Roue.	Centre. .	Type : moyeu en fonte, rayon en fer	»
		Longueur du moyeu	0 ,170
		Diamètre de la jante	0 ,920
	Bandage.	Nature du métal : acier	»
		Diamètre au contact des rails . .	1m,030

Rapport du diamètre de la fusée au diamètre de la roue.	0 ,0776
Poids moyen d'un essieu monté.	875k
Nombre d'essieux	2
Ecartement des essieux	3m,500
Charge maxima des essieux.	7810k

CHAPITRE IV.

CHAUFFAGE ET VENTILATION.

20. SYSTÈME LILLIEHÖÖK. — Ce système de chauffage est représenté par les fig. 5 et 6, pl. XL. Il consiste en une circulation de vapeur qui, venant de la locomotive, passe par le tuyau de jonction *d* dans le tuyau *a a*. Ce tuyau est garni de disques en fonte qui servent à développer la surface de chauffe; il est enfermé dans une gaîne en bois *b b*, percée à sa base d'ouvertures *e, e, e* par lesquelles entre l'air frais.

En tournant autour du tuyau à vapeur *a*, cet air s'échauffe et se rend dans les compartiments de la voiture où il est distribué à l'aide de clapets dont la poignée se trouve à la disposition des voyageurs.

L'eau de condensation de la vapeur refroidie peut s'écouler par une petite soupape à ressort placée en C à l'extrémité du tuyau *a*, et que l'on peut manœuvrer, de l'extérieur, au moyen d'une poignée à levier.

Ce mode de chauffage était appliqué à une voiture à voyageurs suédoise à circulation intérieure.

Observation. — Nous avions raison de ne pas reconnaître, comme définitive, la solution du chauffage par bouillottes à eau chaude, que tous les grands réseaux français ont adoptée en 1876. —

On essaye aujourd'hui de substituer, à ce procédé encombrant et *peu efficace*, l'utilisation de la chaleur développée par les réactions chimiques de diverses substances mélangées, qui entretiendraient la température des chaufferettes, pendant un temps beaucoup plus long que l'eau chaude.

Il y a là matière à stimuler l'esprit inventif des chimistes.

CHAPITRE VI.

CONSTRUCTION DES TRAINS DE VÉHICULES.

21. CHASSIS EN BOIS. — On ne le trouve que dans les voitures du Nord (fig. 1 à 5, pl. XXXIX), dans quelques véhicules de l'Ouest et dans les châssis des Bureaux ambulants de l'Administration des Postes.

Pour les grandes longueurs, l'approvisionnement en bois de chêne devient toujours plus difficile. (Chap. VI, § I, 305). Le fer se substituera nécessairement au bois, et moyennant quelques précautions que nous avons signalées (chap. VI, § IV, 370) il ne sera pas plus incommode pour les voyageurs.

22. CHASSIS EN FER ET BOIS. — Ces châssis mixtes sont encore en usage sur les chemins de fer du Midi, d'Orléans et de l'Ouest (fig. 4 et 5, pl. XL, et fig. 1 à 4, pl. XLI).

23. CHASSIS EN FER. — Il est adopté par la plupart des chemins de fer. (P. L. M. Fig. 5 et 6, pl. XLI; P. L. M. et Est, fig. 1 à 6, pl. XLII ; Empereur-Ferdinand ; Cie française de matériels, fig. 1 à 10, pl. XLIII, fig. 9, 10 et 12, pl. XLV.)

24. ATTELAGE, DIT DE SURETÉ, SYSTÈME L. BECKER. — (Fig. 1 à 8, pl. XLV.) Ce système d'attelage a pour but d'opérer l'accouplement des véhicules, sans que les hommes d'équipe, chargés de cette manœuvre, soient forcés de s'introduire entre les tampons et de s'exposer à être écrasés.

Pour atteindre ce but, M. L. Becker, inspecteur central du

chemin de fer Empereur-Ferdinand, a modifié l'accouplement ordinaire de deux manières :

a) En accrochant seulement l'un des deux tendeurs (fig. 3 et 4, pl. XLV, matériel de transport) qui se présentent aux extrémités des deux véhicules à accoupler ;

b) En accrochant en même temps les deux tendeurs, disposition qui rend inutile l'emploi des chaînes de sûreté.

L'accouplement s'effectue à l'aide des béquilles D, D_1, adaptées sur le cliquet B et sur la tringle A, fig. 1 à 4.

La manœuvre de l'accouplement peut se faire, du dehors des tampons, au moyen d'un levier à crochet (fig. 5), qui, en s'appuyant sur un tampon, agit sur la béquille D pour accrocher ou décrocher, et enfin, sur le bras C du cliquet pour serrer ou desserrer la vis d'accouplement.

Ce mode d'attelage et d'accouplement a valu à son auteur le prix de 9000 marcs décerné le 7 juillet 1875 par l'Association des chemins de fer allemands. Malgré cela, l'Association, dans sa réunion des 18, 19 et 20 juin 1878 à Stuttgard, a reconnu, sur la question des attelages, que « des essais très complets ont été faits sur plusieurs lignes, et qu'on n'a pas trouvé une disposition pratique et efficace d'attelage, exempte de danger pour le personnel. »

§ IV.

BOITES A GRAISSAGE.

25. Boites a graissage — (Chemin de fer Impératrice-Elisabeth). — (Fig. 21, pl. XLIV). — M. Curant, chef des ateliers, à Vienne, du Chemin de fer Impératrice-Elisabeth, a exposé, conjointement avec la Cie, une boîte à graisse qui présente quelques détails intéressants, surtout comme obturation de la boîte, à l'arrière.

En général, la perte de matière grasse, par projection à l'arrière, représente à peu près les 3/4 de la matière utilement consommée.

Les obturateurs ordinaires enveloppent assez bien l'essieu (2e partie, 1re section, chap. VI, § VI, 385), mais ils ne s'opposent pas aux fuites de matière, par la rainure qui maintient l'obturateur.

Le joint de M. Curant se compose d'un disque en bois découpé en rondelles continues, dans un bloc de bois, et fendues comme les anneaux en fonte des garnitures de piston. Pour rendre étanche le joint sur l'essieu, on place une bande de feutre dans une gorge ménagée à l'intérieur de l'obturateur. Ce feutre ménage l'essieu et se remplace facilement.

Pour fermer la rainure de la boîte, on donne aux rondelles de bois une épaisseur qui dépasse de 3 à 4 millimètres la largeur de la rainure. Les rondelles formant naturellement ressort, elles pressent les bords de la rainure et ferment tout passage à la matière grasse.

Pour poser l'obturateur, on l'ouvre comme la garniture de piston et on le fait glisser le long de la fusée.

26. Boites a graissage. — (*Chemin de fer Empereur-Ferdinand*). — (Fig. 15 à 18, pl. XLIV).

La boîte à graissage, disposée pour le graissage à l'huile, peut recevoir, en route, une addition de matière lubrifiante, huile ou graisse au besoin.

Le dessus et le dessous de boîte sont réunis par quatre boulons.

Le dessus renferme 1° le coussinet composé de :

Plomb	—	50
Etain	—	25
Antimoine		25

2° Le réservoir à huile muni d'un couvercle, d'un bouchon à vis et d'un suceur.

Dans le dessous de boîte, on place des copeaux de bois de tilleul qui, dans le cas où le graisseur du dessus ferait défaut, peuvent avec la matière lubrifiante introduite par le bouchon inférieur, opérer le graissage de la fusée par dessous.

Le suceur est formé d'une douille destinée à recevoir la mèche aspirante, et placée dans un bouchon de liège que l'on enfonce dans le col de l'ouverture de communication, entre le réservoir et la fusée.

Dans le cas où la mèche ne fonctionnerait plus, on doit l'enlever avec son suceur, et la remplacer par un nouveau suceur muni de sa mèche : car, pour faire un graissage régulier et économique, celle-ci doit être toujours de même épaisseur et formée d'un même nombre de fils de même numéro.

L'arrière de la boîte à graissage est fermé par un disque en bois, en deux pièces, qui se recouvrent un peu par leurs extrémités. Insérées dans une rainure ménagée dans l'épaisseur de la boîte, ces deux demi-disques sont pressés contre l'essieu par un ressort en fil d'acier engagé dans l'épaisseur du bois.

Le remplissage périodique de l'huile a lieu toutes les quatre semaines pour les boîtes des voitures, et toutes les huit semaines pour les vagons.

La consommation s'élève à 0^k,135 d'huile pour 1000 kilomètres de parcours.

La statistique indique qu'un même véhicule donne un chauffage de boîte en 6, 3 années et qu'une boîte donne un chauffage en 25 ans.

En résumé, les obturateurs que l'on vient de décrire ne sont pas absolument étanches. La question reste ouverte.

27. Appareil a roder les coussinets. — (Fig. 11, pl. XLV). — Parmi les ingénieuses dispositions prises par M. Bricogne, ingénieur, inspecteur principal au chemin de fer du Nord, pour la vérification et le montage des trains de véhicules (2ᵉ partie, 2ᵉ section, chap. X, § II), nous signalerons le rodage préalable des coussinets, opéré par l'appareil représenté dans la fig. 11, pl. XLV. Cet appareil se compose de deux tréteaux sur lesquels on place les essieux montés, vérifiés, calibrés et munis de leurs coussinets. Au moyen d'un fléau

et d'un tendeur, on applique, sur les coussinets, une pression équivalente à celle du véhicule qu'ils transporteront ; puis pendant une heure, on imprime aux essieux, un mouvement de rotation, à l'aide de transmission de mouvement par courroies. Ce rodage préalable remplace le voyage d'essai prescrit pour tous les véhicules.

§§ VII, VIII et IX.

ESSIEUX MONTÉS

28. Diamètre des essieux. — L'essieu monté que nous avons reproduit (fig. 1 à 4 pl. XLIV) était exposé par MM. Brunon frères, à Rive-de-Gier, qui forgent à la presse hydraulique les pièces composant les trains de chemin de fer.

Les dimensions de cet essieu indiquent suffisamment qu'il ne peut être employé que sous des véhicules légers (2e partie, 1re section, chap. VI) on donne aujourd'hui aux essieux des dimensions qui sont comprises entre les limites suivantes, pour la voie de $1^m,44$:

Diamètre au milieu du corps	mèt.	0,110 à 0,130
— de la portée de calage	—	0,125 à 0,150
— de la fusée	—	0,080 à 0,120
Longueur —	—	0,160 à 0,230

Il y a tendance à augmenter la longueur de la portée de calage, en allongeant le moyeu du côté de l'axe longitudinal du véhicule.

29. Nature du métal. — En France, l'emploi de l'acier pour la fabrication des essieux n'est pas encore admis d'une manière définitive.

Au contraire, en Allemagne, en Autriche et en Hongrie, les essieux en acier, surtout en Bessemer, se généralisent. Ainsi à la fin de 1877, le chemin de fer Empereur-Ferdinand possédait :

a) Pour les locomotives et tenders 1928 essieux en fer et 1147 essieux en acier.

b) Pour les voitures et vagons 20325 essieux en fer et 10245 essieux en acier.

Depuis l'introduction des essieux en acier Bessemer, la Compagnie n'a constaté que 4 ruptures d'essieux en acier contre 96 ruptures d'essieux en fer. Il est vrai que les dernières avaient fait un plus long service que les autres et portaient des dimensions plus faibles.

L'Association Allemande des chemins de fer a d'ailleurs, dans sa réunion de 1878 déclaré, à propos de la question des fabrications des essieux et bandages, que l'expérience est, sans exception, favorable à l'emploi des divers aciers doux (au creuset, au Bessemer, au four Martin) pour la fabrication des essieux.

30. Roues. — La préférence est générale aujourd'hui pour les centres de roues en fer forgé qui doivent fonctionner sous les freins; et comme les freins tendent à s'appliquer à toutes les roues, il s'ensuit que toutes les roues devront, à l'avenir, être fabriquées en fer forgé, à l'exclusion de tout autre mode de fabrication.

L'exposition renfermait de nombreux spécimens de centres roues fabriqués par le procédé Arbel ou par le procédé Brunon (fig. 9 à 12, pl. XLIV). Comme nous le disions plus haut, on allonge le moyeu vers l'intérieur du véhicule (fig. 12), disposition qui augmente la surface du calage et la résistance de l'essieu.

31. Bandages. — Les bandages en acier ductile l'emportent sur les bandages en acier puddlé et en fer, mais le degré de dureté n'est pas encore fixé par l'expérience. L'action des freins n'est pas encore réglée de manière à éviter les détériorations que l'effet de l'enrayage apporte aux bandages en acier.

31. Liaison du bandage et de la roue. — L'exposition de 1878 présentait quatre modes de liaison, mis en expériences dans ces dernières années :

a) Le système Mansell que nous avons décrit — 2e partie, 1re section, chap. VI, § VI, 421 — ;

b) Le système à disques dans lequel le bandage et le centre de roue en fer sont réunis par ces deux disques.

c) Le système à agrafe continue en queue d'hironde formée d'un anneau en zinc coulé dans l'épaisseur du bandage et du faux-cercle. (2e partie, 2e section, chap. III, § III).

d) Divers procédés de liaison par retour d'équerre du bandage sous ou dans le faux cercle.

L'expérience n'a pas encore tranché la question sur le choix à faire entre les divers modes d'attache.

En France, jusqu'ici, l'examen fréquent des bandages en service, supplée, à peu près, aux systèmes spéciaux d'attache.

32. APPAREIL POUR LA VÉRIFICATION DES BANDAGES. — La Cie des chemins de fer de l'Ouest emploie, pour vérifier les bandages montés sur centres, un appareil qui lui rend de bons services, et la met à l'abri des ruptures subites de bandages provenant de vices de fabrication (fig. 1 et 2, pl. XXXVI et fig. 1, pl. XXXVII). — Voir 2e partie, 2e section, chap. X, § II. — Le dessinateur a désigné *par erreur* la fig. 1, pl. XXXVII sous la rubrique : *élévation*. La figure représente l'appareil en *plan*.

CHAPITRE VII.

FREINS.

---

§ III.

FREINS ROULANTS ISOLÉS.

33. Frein Lapeyrie. — Nous avons parlé des freins dont on active la mise en train au moyen d'un contre-poids que le garde laisse tomber au moment de faire agir les sabots. (Tome III, chap. VII, § III.)

M. Lapeyrie a remplacé le contre-poids de M. Bricogne par un ressort à boudin en acier qui est bandé par le garde quand il desserre les sabots. Au repos, le ressort est retenu par une roue à rochet et un cliquet. Quand le garde veut faire agir les freins, il lâche le cliquet, la roue à rochet est rendue libre, le ressort se débande et entraîne l'arbre qui aboutit au levier des freins. L'enrayage des sabots se complète par un tour du volant, à la main du garde.

Le frein à ressort Lapeyrie représenté par les fig. 1 à 3, pl. XL, est combiné avec le frein Smith dont le sac agit sur le levier des freins par la chaîne O H.

§ IV.

FREINS ROULANTS CONTINUS.

34. L'Exposition de 1878 était riche en spécimens de freins continus, les freins de l'avenir. On y trouvait 1° le frein électrique Achard ; 2° le frein à chaîne Becker ; 3° le frein à chaîne

Heberlein ; 4° le frein à air comprimé Westinghouse ; 5° le frein à air raréfié Smith-Hardy.

Nous renvoyons à la description que nous avons faite de ces différents freins, savoir :

1° Le frein électrique Achard (2e partie, 1re section, chap. VII, § IV. 453, 454.)

2° Le *Frein Becker* (fig. 1 à 8, pl. XLVI) exposé sur le vagon de la Cie du chemin de fer Empereur-Ferdinand (2e partie, 2e section chap. V, § III. 273).

3° Le frein Heberlein appliqué par la Cie d'Orléans au fourgon à bagages décrit au N° 14 de ce supplément et que nous avons exposé au N° 448 du § IV, chap. VII, 1re section de la 2e partie.

4° Le frein Westinghouse (2e partie, 1re section, chap. VII, § IV. 450, et 2e section, chap. V, § III. 264 et suivants).

5° Le frein Smith et Smith-Hardy (2e partie 1re section, chap. VII, § IV, 451 et 2e section, chap. V, § III. 261 et suivants).

L'expérience n'a pas encore indiqué s'il y a lieu de donner la préférence à l'un quelconque des systèmes connus de freins continus. Tous ceux que nous venons d'indiquer sont trop compliqués et sujets à trop d'irrégularité.

Faisons des vœux pour que la prochaine Exposition universelle amène enfin la solution si nécessaire d'un frein continu irréprochable.

Les lignes qui précèdent étaient imprimées au moment où la question des freins continus s'est présentée à la Société des Ingénieurs civils.

L'extrait qui suit, du procès-verbal de la séance où elle a été agitée, démontre que la question n'est pas encore résolue.

LES FREINS CONTINUS

A LA SOCIÉTÉ DES INGÉNIEURS CIVILS.

(Extrait du procès de la séance du 2 juillet 1880.)

Présidence de M. GOTTSCHALK.

M. le Président donne la parole à M. Achard, pour sa communication sur les freins continus à embrayage électrique, et sur la pile accumulatrice de M. Gaston Planté.

M. Achard fait connaître à la Société les perfectionnements apportés au frein continu à embrayage électrique et mis en pratique par l'initiative de M. Regray, ingénieur en chef du matériel et de la traction à la Compagnie des chemins de fer de l'Est, sur le rapide de Paris à Avricourt.

Il n'y a aucune installation sur la machine.

Tout l'appareil d'embrayage a été réduit à un seul électro-aimant tubulaire suspendu au châssis comme un pendule, parallèlement à l'un des essieux.

Deux ressorts appuyant sur l'arbre tournant de cet électro-aimant servent à le maintenir à une faible distance et donnent en même temps passage au courant électrique qui doit lui transmettre l'action magnétique.

Pendant la marche, contrairement à ce qu'on aurait pu croire, il se maintient en repos relatif et ne donne lieu à aucun tapotement.

Tous les véhicules du train étant armés de l'appareil, il suffit de faire circuler le courant électrique, pour que tous les électro-aimants, quelle que soit la vitesse, soient attirés par les essieux correspondants, qui leur transmettent instantanément leur mouvement de rotation.

Les deux chaînes attachées sur l'arbre tournant, à droite et à gauche, s'enroulent et soulèvent les leviers qui font, au moyen de transmissions continues, appuyer les sabots contre les bandages avec une force telle qu'en 1″,6 toutes les roues d'un train peuvent être complétement immobilisées.

Le train est ainsi converti en un vaste traîneau glissant sur les rails, s'arrêtant à la plus courte distance, environ 200 mètres pour une vitesse de 80 kilomètres à l'heure.

Pendant l'arrêt, il n'y a pas de réactions des véhicules les uns contre les autres, pas de chocs, parce que toutes les voitures aussi bien les dernières que les premières, quel que soit leur nombre, sont enrayées au même instant, à la même seconde, avec une simultanéité complète.

Il n'est nullement nécessaire d'immobiliser les roues de tous les véhicules. L'appareil modérateur, à fil de résistance, permet au mécanicien de régler l'intensité du courant électrique, de manière à n'exercer sur les bandages qu'une pression très voisine de celle du calage complet. L'expérience prouve qu'on obtient ainsi un arrêt plus rapide. Pour une vitesse de 80 kilomètres, le train peut être arrêté à moins de 150 mètres au lieu de 200.

Le fourgon de tête et celui d'arrière sont tous les deux munis d'un générateur d'électricité, pile accumulatrice de M. Planté ou machine dynamo-électrique, et d'un commutateur destiné à lancer le courant tout le long du train.

Cette disposition, absolument semblable aux deux extrémités du train, permet aux trois employés ordinaires, de disposer de la manœuvre complète de tous les freins avec une égale facilité :

Le mécanicien, au moyen d'un cordon de serrage et d'un cordon de desserrage aboutissant au commutateur du fourgon de tête.

Le chef de train en tête et le sous-chef de train en arrière, avec le commutateur à leur portée près de la vigie.

Ainsi, le sous-chef de train, sur le dernier véhicule, peut serrer tous les freins, compris ceux du tender et de la machine, aussi rapidement et aussi énergiquement que le mécanicien. C'est une double garantie de sécurité.

L'automaticité.

L'automaticité a une raison d'être, surtout pour les cas de rupture d'attelages. Mais on l'utilise aussi comme avertisseur pour divers systèmes de freins continus, dont certains organes ne fournissent pas toujours toutes les garanties désirables de bon fonctionnement.

C'est ainsi qu'un dérangement dans le mouvement de l'air comprimé ou de la production du vide, est signalé par l'arrêt du train pour les freins à air comprimé et les freins à vide, lorsqu'ils sont automatiques.

C'est un arrêt intempestif, une perte de temps, et, dans certains cas, une cause de dangers, par le stationnement anormal de deux tronçons du train sur une voie principale fréquentée.

Mais les employés sont avertis et sont sur leurs gardes ; ils doivent prendre toutes les mesures conservatrices nécessaires.

Sur les trains de voyageurs munis de freins ordinaires, les ruptures d'attelages sont très rares.

Sur certains réseaux, on ne se souvient pas d'en avoir vu.

Il n'en est pas toujours ainsi avec les freins continus lorsqu'ils n'agissent pas simultanément avec la même rapidité à l'arrière et à l'avant du train.

M. Marié a traité cette question avec beaucoup de lucidité dans son rapport sur les essais des freins par l'air comprimé et par le vide, à la Compagnie de Paris-Lyon-Méditerranée.

Il ne suffit pas, dit-il, page 357 de la *Revue générale des chemins de fer*, que l'action du frein soit puissante et rapide, « il faut encore qu'il n'en résulte pas de réactions insuppor- » tables pour les voyageurs et dangereuses pour le maté- » riel. Ces réactions seraient nulles si l'on pouvait arrêter » simultanément, avec la même énergie, chacune des masses » à liaisons fixes qui sont reliées l'une à l'autre par des » attaches articulées. »

Plus loin, pages 361 et 362, M. l'Ingénieur en chef de la Compagnie de Paris-Lyon-Méditerranée ajoute :

« Les freins des premières voitures sont serrés à fond alors » que les dernières sont encore libres. Les premières voitures » sont donc retardées ; l'arrière du train comprime l'avant, » et lorsque les freins des dernières voitures sont serrés » à leur tour, il résulte de la détente des ressorts, des chocs, » des réactions horizontales d'autant plus fortes et dange- » reuses que l'action initiale des freins sur les premières voi- » tures a été énergique. Les mêmes effets se produisent » exactement, même avec les triples-valves en bon état, » quand les trains sont très longs et dépassent 18 voitures » par exemple ; la vitesse de propagation devient insuffi- » sante et l'arrière est serré bien après l'avant du train.

» Lors du serrage brusque des freins, les chocs dont nous » venons de parler produisent assez souvent des ruptures » d'attelages. Dans le Westinghouse, qui est automatique, » l'arrière du train s'arrête alors de lui-même ; mais il reste » à pourvoir au danger nouveau qui résulte d'un coupon de » train arrêté brusquement et stationnant sur la voie prin- » cipale.

» Pour le *vacuum*, qui n'est pas automatique, les coupons » du train séparés continuent à marcher, ce qui peut présen- » ter des dangers sérieux pour les profils en pente. »

Ainsi qu'il a été dit, avec le frein à embrayage électrique, il n'y a pas de réactions, pas de chocs pendant le serrage, par suite pas de rupture d'attelages. (L'auteur veut dire sans doute, pas de rupture d'attelages causée par l'inégalité d'action des freins.)

C'est la conséquence de la rapidité avec laquelle le courant électrique traverse tous les électro-aimants à la fois. Tous les freins, aussi bien ceux des dernières voitures que ceux des premières, sont actionnés au même instant, à la même seconde.

Le frein électrique ne nécessite pas aussi impérieusement l'action automatique que les autres systèmes :

1° Parce que l'arrière du train, fût-il détaché, ne serait pas abandonné à lui-même. Le sous-chef du fourgon de queue peut toujours serrer et desserrer tous les freins du fourgon.

2° Parce que, dans aucun cas, il ne peut occasionner la rupture des attelages ;

3° Tous les organes dont il est composé comportent des garanties de bon fonctionnement.

Notamment, l'électro-aimant agissant comme une poulie de friction contre l'essieu, les surfaces tendent à s'ajuster plus intimement par l'espèce de rodage qui se produit à chaque serrage. De là, une augmentation d'adhérence favorisant le fonctionnement.

Les câbles électriques de transmission du courant électrique sont composés de 12 fils de cuivre de 1 millimètre, recouverts d'une couche de gutta-percha et d'une tresse serrée de toile. Ils porteraient plus de 100 kilos et ne sont soumis à aucune tension ; il n'y a pas de raison pour qu'ils se rompent.

Les crochets et les pinces d'attelage des câbles d'une voiture à l'autre sont maintenus fortement par des ressorts. On ne peut les décrocher que par un effort notable. S'ils étaient décrochés par accident ou par malveillance, le mécanicien pourrait néanmoins serrer et desserrer tous les freins de tête jusqu'au point du décrochage, et le sous-chef de train d'arrière, serrer tous les freins d'arrière jusqu'au même point.

La pile de M. Planté est un véritable accumulateur à lames de plomb, qui se charge par la décomposition de l'eau acidulée et se décharge par la recomposition de la même eau acidulée, sans aucune perte de métal ni de réactif.

Il n'y a pas de raison pour qu'il y ait dérangement.

La pile Daniell au sulfate de cuivre, qui sert à charger l'accumulateur Planté, a les meilleurs états de service ; depuis quelques vingtaines d'années, elle transmet les dépêches électriques à toutes les distances dans les bureaux de tous les Etats d'Europe.

On n'y touche qu'une fois par semaine ; elle peut fonctionner sans arrêt nuit et jour, très régulièrement pendant quinze jours, sans nettoyage et sans addition de sulfate de cuivre.

Les générateurs mécaniques de l'électricité, les machines dynamo-électriques de divers systèmes, qu'on emploie depuis longtemps dans l'industrie dans des conditions tout à fait pratiques, peuvent remplacer les piles avec de grands avantages pour la manœuvre des freins. En empruntant à l'essieu la force motrice nécessaire pour les faire mouvoir, on produit des courants de très grande intensité ne coûtant absolument rien, puisqu'on ne les fait agir qu'au moment précis où l'on veut arrêter le train pendant une vingtaine de secondes seulement.

Néanmoins, malgré toutes ces conditions pratiques de bon fonctionnement, on a dû ajouter l'automaticité au frein à embrayage électrique, pour donner satisfaction au désir de M. le Ministre des travaux publics et de plusieurs ingénieurs distingués; et surtout, parce que les mêmes dispositions qui rendent le frein électrique automatique, fournissent au mécanicien l'avantage précieux de pouvoir du même coup mettre en action le générateur d'électricité de tête et le générateur d'arrière, et de lancer ainsi à travers tous les électro-aimants deux courants électriques égaux et concordants. Tous les freins, quelle que soit la place qu'ils occupent, sont actionnés simultanément par une quantité d'électricité absolument égale. C'est dire qu'ils agissent tous avec la même énergie.

L'électricité se prête avec facilité à la production des effets automatiques.

Deux systèmes sont susceptibles de rendre automatique le frein à embrayage électrique.

Le premier est fondé sur le principe de M. Prudhomme, employé avec succès à la Compagnie du Nord et à celle de Paris-Lyon-Méditerranée, comme avertisseur en cas de rupture d'attelages et en cas d'accidents dans les voitures, pour mettre en communication les voyageurs avec les agents du train et les agents entre eux.

L'installation d'une pile et d'un électro-aimant de relais sur le fourgon à bagages de tête et celui d'arrière suffisent pour produire l'action automatique.

La pile d'avant et celle d'arrière sont reliées en opposition par des câbles électriques accolés aux câbles principaux du serrage et s'accrochent du même coup d'une voiture à l'autre à des pinces métalliques qui donnent passage au courant.

Lorsque la rupture des attelages se produit, elle entraîne forcément le décrochage des câbles conducteurs. Comme dans le système Prudhomme, les pinces métalliques, en se fermant, ferment le circuit électrique de chacune des deux piles de relais. A l'avant et à l'arrière, les deux électro-aimants de relais, devenus actifs, actionnent les deux générateurs d'électricité de serrage et les deux tronçons séparés sont enrayés aussitôt.

Le *deuxième système* comporte les mêmes installations de piles et d'électro-aimants de relais. Les mêmes câbles relient les deux piles non plus en *opposition*, mais en *tension*. Par cette disposition, le courant circule constamment pendant la marche, les armatures des électro-aimants de relais sont constamment maintenues adhérentes contre les pôles. Aussitôt qu'il y a rupture d'attelages, les câbles se décrochent et interrompent le courant électrique; les deux électro-aimants de relais abandonnent leurs armatures; ces dernières, en s'éloignant des pôles, font circuler les courants des deux générateurs et serrer les freins des deux tronçons détachés.

Ce deuxième système est plus complet. Il agit dans tous les cas de dérangements qui occasionnent l'interruption du courant des piles de relais :

1° En cas de rupture d'attelages;

2° Dans le cas de la rupture ou du décrochage accidentel de l'un des câbles conducteurs ;

3° Dans le cas de dérangement des piles de relais ;

4° Dans le cas d'incendie de l'un des véhicules du train ;

5° Les voyageurs eux-mêmes peuvent, en cas d'urgence, arrêter le train

C'est ce dernier système qui a été appliqué avec succès pendant deux ans sur les express de Paris à Strasbourg.

Application du frein électrique aux trains de marchandises.

Avec la certitude de pouvoir, au moyen des générateurs d'électricité, lancer d'un bout à l'autre du train, quelle que soit sa longueur, un courant aussi énergique qu'on veut, il ne peut rester de doute sur l'efficacité du frein électrique pour la manœuvre des trains de marchandises.

Il n'est nullement nécessaire que tous les véhicules soient armés de freins électriques. Deux groupes de 5 ou 6 freins, l'un à l'avant, l'autre à l'arrière, suffisent pour produire l'arrêt ou modérer la marche, sans réactions sensibles de la queue du train contre la tête.

On peut aussi disséminer les freins sur toute la longueur du train, de manière à égaliser la résistance au moment du serrage. Les véhicules intermédiaires, de quelque provenance qu'ils soient, livrent passage au courant électrique au moyen de câbles conducteurs portatifs, s'adaptant à toutes les dispositions des vagons. C'est là un des côtés pratiques du frein électrique.

Cette application aux trains de marchandises se traduit, comme le fait très bien remarquer M. Vicaire dans son Rapport officiel adressé au Ministre des travaux publics, par de nouvelles garanties de sécurité, non seulement pour cette catégorie de trains, mais aussi pour les trains à voyageurs. Il est à remarquer qu'il est rare qu'un accident arrive à ces derniers sans qu'un train de marchandises ne s'y trouve mêlé.

Une autre conséquence, c'est l'économie palpable de la suppression des serre-freins auxiliaires. Pour certaines Compagnies, ce sera le remboursement en deux ou trois années de tous les frais d'installation du frein continu à embrayage électrique.

En résumé :

Le frein continu à embrayage électrique est d'une grande simplicité.

Aucune pièce n'est en mouvement pendant la marche. Il peut être manœuvré (serrage et desserrage) par les trois agents du train, à l'arrière aussi bien qu'à l'avant.

Les voyageurs, en cas d'urgence, peuvent arrêter le train.

Il est automatique.

Il agit avec toute la simultanéité désirable, aussi bien sur les dernières voitures que sur les premières, quelle que soit la longueur du train.

Il est applicable aux trains de marchandises.

On peut intercaler, dans tous les trains à voyageurs et à marchandises, des véhicules de toute provenance.

La force motrice ne coûte absolument rien.

Il ne nécessite aucune installation sur la locomotive.

Son poids ne dépasse pas 500 kilogrammes.

Sa construction ne comporte aucune pièce qui ne soit métallique.

Il n'y a ni caoutchouc, ni cuir.

L'addition d'un simple levier le rend manœuvrable à la main en utilisant la force de rotation des roues.

La distance maxima des sabots est au moins de 15 millimètres.

En une seconde 6/10 les roues des dernières voitures, aussi bien que celles des premières, sont serrées à fond. On peut exercer sur les bandages une pression égale à 2 fois et même 3 fois le poids du véhicule.

On peut modérer à volonté la pression et éviter le calage complet et obtenir l'arrêt à la plus courte distance.

Le dérangement d'un ou plusieurs freins n'empêche pas les autres de fonctionner.

Aucun organe, aucune pièce de frein électrique n'exige le graissage.

L'humidité, la pluie, la boue, la poussière, les orages, la neige, la gelée n'empêchent pas les freins électriques de fonctionner.

M. le Président remercie M. Achard pour sa communication sur le frein continu électrique, qui est le vrai frein français, et qui se prête à l'application sur les trains de marchandises, tandis que les autres freins continus, sauf pourtant ceux à chaînes des systèmes Héberlein, Becker, Clarke, etc., ne sont jusqu'ici applicables qu'aux trains de voyageurs.

Personne n'ayant d'observation à faire sur la communication de M. Achard, M. le Président propose d'élargir la question et d'étendre la discussion à l'étude comparative des différents systèmes aujourd'hui en usage, de freins continus.

Il rappelle que la question des freins continus n'a pas été traitée en réunion publique en France depuis le Congrès du génie civil qui s'est réuni en 1878, et il prie M. Bandérali de vouloir bien exposer à la Société le résultat des observations qu'il a faites dans son récent voyage en Angleterre, sur les derniers perfectionnements apportés à ces freins.

M. Bandérali désire prendre part à la discussion qui aura lieu plus tard et il croit que, pour le moment, les ingénieurs représentant les freins continus les plus répandus et qui sont présents à la séance, pourraient, mieux que tout autre, exposer les derniers perfectionnements apportés à leurs freins.

M. le Président prie, en conséquence, M. Kapteyn de préciser les perfectionnements qu'a reçus, depuis 1878, le frein Westinghouse.

M. Kapteyn répond avec plaisir à l'invitation de M. le Président.

Il parlera d'abord de la triple-valve comme constituant l'organe le plus important de ce système.

Il a été observé qu'avec l'ancienne triple-valve et des trains très longs, de 24 voitures, par exemple, l'action n'était pas suffisamment simultanée sur toutes les voitures pour éviter complètement les réactions des tampons, occasionnant des chocs désagréables pour les voyageurs et destructifs pour le matériel. Ce défaut était dû, en grande partie, à la trop grande élasticité des ressorts de choc; M. Westinghouse, malgré cela, put perfectionner ses appareils de façon à rendre l'action du frein encore plus rapide et, par conséquent, plus simultanée qu'avant.

Il a, dans ce but, rectifié autant que possible la conduite générale du train pour diminuer la résistance de l'air. Il a, d'autre part, rendu la triple-valve elle-même assez sensible pour que la moindre dépression produite dans la conduite du train la fît fonctionner.

Pour bien se rendre compte dans tous ses détails de ce perfectionnement, un dessin serait indispensable. Il suffira peut-être, pour le moment, de rappeler que dans l'ancienne triple-valve, il fallait vaincre les résistances du ressort de graduation, de la friction du piston et du tiroir pour faire entrer une certaine quantité d'air dans le cylindre à freins. Dans la nouvelle valve, au contraire, le ressort de graduation a été supprimé et l'on n'a plus qu'à vaincre le frottement du piston lui-même, pour admettre une quantité d'air aussi petite que l'on désire, dans le cylindre à freins.

Cette modification avait pour résultat, non seulement de donner au mécanicien plus de commande sur le frein, mais encore de le rendre d'une rapidité d'action surprenante. Aussi, dès à présent, le frein automatique est maniable avec plus de délicatesse et avec plus de sûreté que les freins non automatiques à action directe.

Le second point concerne la secousse caractéristique que l'on observe au moment de l'arrêt d'un train obtenu rapidement. Pour bien se rendre compte de ce qui se passe, l'on n'a qu'à se rappeler que la caisse de la voiture est suspendue élastiquement sur les essieux. Il s'en suit que, si pendant le mouvement on arrête les roues par l'action du frein, la caisse tendra par son inertie à se pencher en comprimant les ressorts d'avant. Pendant les dernières secondes de l'arrêt, cette action devient plus prononcée parce que le frottement des sabots augmente à mesure que la vitesse du train diminue et, au moment de l'arrêt complet, la caisse de la voiture se remet dans sa position normale, avec un choc sec peu agréable.

Ceci peut être complétement évité en desserrant les freins vers la fin de l'arrêt, par exemple au dernier tour de la roue. L'air des cylindres a besoin de quelques secondes pour s'échapper complétement et, par conséquent, l'action du frein sera diminuée par là, sans être complétement annulée, de sorte que la caisse de la voiture se remet graduellement et sans secousse dans sa position normale.

Le troisième perfectionnement se rapporte à ce que l'on a appelé la *valve de friction*.

Pour en faire connaître le principe, M. Kapteyn est obligé de parler des expériences intéressantes faites par le capitaine Douglas-Galton, en 1879. Il trouvait que le coefficient de frottement entre le sabot et la roue diminue considérablement à mesure que la vitesse du train augmente, tandis que le coefficient d'adhérence de la roue sur le rail est constant à toutes les vitesses.

Ce dernier fait s'explique par l'observation qu'à toutes les vitesses, le point de contact de la roue avec le rail est en repos et, par conséquent, la roue représente un état statique et offre toujours la même résistance au glissement.

Un troisième point mis en évidence était que sous l'action du frein, une roue glissante ne produit pas un effort retardateur aussi grand qu'une roue tournant à peine.

Il suit donc de là :

1° Que l'action du frein ne doit pas être trop énergique, afin d'éviter le glissement (calage des roues) ;

2° Que la pression sur les sabots doit être plus considérable au commencement de l'arrêt que vers la fin ;

3° Que pour obtenir la plus grande efficacité du frein, il faut que le frottement entre le sabot et la roue soit très rapproché de la résistance au glissement.

C'est dans ce but que M. Westinghouse avait imaginé *la valve de friction* qui peut être décrite comme suit, en quelques mots. Il s'agissait simplement de laisser échapper une quantité d'air du cylindre à frein à mesure que la vitesse du train diminuait. Pour cela, on suspendait sous chaque voiture un des sabots à un levier, au lieu de le suspendre au châssis ;

l'autre bout du levier trouvait sa résistance contre une valve d'échappement en communication avec l'air du cylindre à frein.

On peut facilement s'imaginer cet organe combiné de telle façon que la friction du sabot contre la roue, ouvre la valve d'échappement dès qu'elle dépasse une limite fixée d'avance. Et cette limite est, comme il a été expliqué, l'adhérence entre le rail et la roue. On ne doit cependant pas perdre de vue que cette limite est variable et dépend beaucoup de l'état des rails. Par conséquent, il fallait rester en dessous du coefficient d'adhérence pour des rails *humides*, et cette condition diminuait évidemment l'efficacité du frein dans le cas où les rails étaient secs. Pour fixer les idées à cet égard M. Kapteyn dit que l'on a constaté que le coefficient d'adhérence était de 13 à 17 pour 100 pour des rails humides et de 20 à 24 pour des rails secs. On voit par là que si la *valve de friction* est combinée pour maintenir l'action du frein à 14 pour 100, par exemple, alors pour des rails secs on perd une quantité notable d'effet utile, laquelle peut être d'une grande valeur dans des circonstances exceptionnelles. C'est donc la variabilité des limites qui réduit le rôle d'action de cette valve, et, en pratique, l'application en a été supprimée, évitant aussi de trop grandes complications dans les appareils. — En dehors de ce qui a été indiqué, le frein Westinghouse n'a subi que de légères modifications. — En terminant, M. Kapteyn se permettra de dire un mot sur la question générale posée par M. le Président lorsqu'il disait qu'il serait intéressant de discuter dans cette assemblée le problème général des freins continus.

Il ne peut être question ici tout d'abord si tel système doit être préféré à tel autre, mais il semble qu'il s'agit avant tout d'établir les bases de la question et les éléments du problème à résoudre. Que l'on se rappelle que *bien poser une question c'est presque la résoudre.*

Tel but est atteint par tel mécanicien et celui qui se trouve en présence d'une difficulté dresse avant tout son programme des différentes qualités que doit posséder la machine qu'il va construire.

M. Kapteyn espère que M. le Président voudra bien prendre en considération la voie qu'il vient d'indiquer, parce qu'il est persuadé qu'alors le problème se simplifiera beaucoup et mènera à une solution logique et aisée.

M. le Président rappelle que lors du Congrès du génie civil, en 1878, M. Marié avait résumé comme suit les qualités à exiger des freins continus.

1° Le frein continu doit être sous la main du mécanicien;

2° Il doit être aussi énergique que possible;

3° Le mécanicien doit pouvoir graduer à sa guise son énergie.

En dehors de ces qualités fondamentales, il est préférable qu'il possède aussi les deux suivantes:

a) Il est bon que le frein soit sous la main de tous les agents du train.

b) Il peut être utile qu'il soit automatique.

M. le Président demande si, depuis lors, l'ordre des qualités auxquelles doit satisfaire un bon frein n'a pas changé; il reviendra sur cette question; mais il donne, en attendant, la parole à M. Hardy pour exposer les perfectionnements apportés dans ces derniers temps au frein à vide, notamment en ce qui concerne l'automaticité.

M. Hardy. — Le frein à vide dit automatique, dont M. Hardy se propose d'entretenir la Société, présente l'avantage, à son point de vue, d'une grande simplicité qui lui fait surpasser tous les autres systèmes de freins automatiques.

Le moteur est un éjecteur d'une construction fort simple, semblable à celui du frein ordinaire non automatique, et créant un vide permanent de $0^{m},50$ de mercure.

Un robinet à trois voies sert à la manœuvre du frein par le mécanicien.

Les cylindres à vide, sauf une légère modification, sont semblables à ceux du frein non automatique; ils ont de côté un petit réservoir sur lequel est fixée la valve automatique.

cette dernière se composant d'un simple clapet; un seul tuyau de la longueur du train avec des raccords femelles et mâles combinés pour joindre les conduites entre les véhicules; telle est toute la composition du frein automatique qui peut s'appliquer à tous les freins déjà existant aux véhicules.

Il n'y a donc ni machine, ni pompe à vapeur, ni valve purgeuses, ni valves à réduction, ni triples-valves sujettes à dérangements et pouvant, en cas de malheur, nuire à la marche régulière des trains.

Ce frein est en usage journalier en Angleterre sur les chemins de fer du Great-Northern, du London et South-Eastern, Manchester, Sheffield et Lincolnshire.

Les conditions suivantes peuvent être remplies par ce frein :

1° Action automatique instantanée en cas de rupture d'attelage sur les deux parties du train ;

2° Le frein peut être appliqué par le mécanicien, par le conducteur, et, en cas de besoin, par les voyageurs;

3° Le frein peut être réglé dans la descente des pentes à la volonté du mécanicien ;

4° Le vide de $0^{m},50$, qui constitue la force motrice, peut être obtenu à chaque instant, et n'importe quand, en moins de 30 secondes; avantage que le frein à air comprimé ne possède pas;

5° Le fonctionnement du frein par le mécanicien ou tout autre agent est de la plus grande simplicité.

En ce qui concerne la deuxième condition, le frein à vide peut être appliqué par le conducteur au moyen d'un déclanchement électrique dont on se sert également sur le chemin de fer du Nord, et cela au moyen d'un levier placé sur la chaudière de la locomotive communiquant en même temps avec la tige du clapet à vapeur de l'éjecteur, ainsi qu'une corde le long du train qui, étant tirée, fait agir le frein instantanément.

Cette modification ne complique en aucune façon le frein existant qui reste aussi simple qu'auparavant. On applique ce déclanchement en Angleterre sur le Great-Northern, sur le South-Eastern et autres lignes.

La condition que le mécanicien puisse se rendre compte si son frein est en bon état n'est pas, à notre avis, remplie par les freins automatiques, et moins encore après le serrage des sabots sur les roues, ce qui est un des points les plus essentiels d'un frein et qui, dans le frein à vide non automatique, existe parfaitement. La raison en est que, dans le frein automatique, l'indicateur, au moyen duquel le mécanicien vérifie l'état de son frein, n'est en communication qu'avec les tuyaux au lieu de l'être directement avec les cylindres propres du frein, ce qui ne permet pas au mécanicien de se rendre compte de la pression ou force disponible existant dans son frein. Cela tient surtout aux valves automatiques qu'il est impossible de contrôler et qui souvent ne fontionnent qu'au hasard.

Dans le frein à vide, au contraire, le mécanicien, pour savoir l'état de ses freins peut, au moyen de l'éjecteur, l'ouvrir un instant et voir si le vide se maintient, ce qui lui donne la certitude que ses freins sont en état de fonctionner.

Dans le cas où on désirerait démontrer ce procédé automatiquement, on peut se servir d'un petit éjecteur donnant un vide permanent de 4 centimètres dans les tuyaux, ce vide n'étant pas suffisant pour soulever les pistons des cylindres à vide, mais suffisant pour démontrer l'état du frein. Cet indicateur automatique est en usage en Angleterre sur les Compagnies du Great-Northern, Manchester Sheffield, etc.

Le frein à vide n'a aucun des graves inconvénients que possèdent les freins automatiques, tels que : application du frein automatiquement, impossibilité de desserrer les sabots des roues, inconvénients et obstacles qui peuvent causer de graves accidents.

M. le Président pose cette question, qui a déjà été débattue à Londres : l'automaticité est-elle nécessaire ou désirable pour un frein continu ?

M. Bandérali répond que cette question a occupé une séance entière du Congrès récemment tenu en Angleterre par l'institut des Ingénieurs mécaniciens, Congrès auquel il a assisté, sans que les convictions des adeptes ou des adversaires de l'automaticité aient paru ébranlées. Il serait, en tout cas, désirable d'éviter les arrêts intempestifs très gênants sur les voies fréquentées, qui peuvent se produire par un dérangement du sytème. On a reproché au frein à vide simple des désaccouplements fortuits. L'emploi de deux tuyères à vide et de deux tuyaux de conduite lui semble donc une garantie utile. Le frein à vide automatique se recommande par sa simplicité ; il faut dire toutefois qu'il n'est encore appliqué en Angleterre qu'à l'état d'essai. Une récente circulaire du Board of Trade appelle l'attention des Compagnies de chemins de fer sur cette question, qui ne saurait manquer de faire de grands progrès d'ici à un an. Il faut noter qu'en Angleterre le tiers environ du matériel roulant à voyageurs est pourvu de freins, soit continus, soit sectionnels.

M. Bailly dit qu'en restreignant, comme on le fait souvent, l'utilité de l'action automatique, aux cas de ruptures d'attelages, on lui assigne des limites beaucoup trop étroites. L'action automatique, présente des avantages nombreux et importants parmi lesquels, un des principaux, est de révéler aux agents toute avarie qui empêcherait le frein de fonctionner. S'ils n'ont point cette qualité, les freins continus sont une source de danger, puisqu'ils ont pour résultat inévitable d'habituer les mécaniciens à compter sur des appareils qui leur permettent de faire des arrêts très rapides, et leur manqueront à un moment donné alors qu'ils en auront le plus besoin, parce qu'ils seront devenus caducs sans avertissement préalable.

M. Chobrzynski dit que les ruptures d'attelage sont un accident extrêmement rare pour les trains de voyageurs.

M. le Président demande à M. Georges Marié s'il a quelque chose à dire au sujet de l'automaticité.

M. Georges Marié propose la définition suivante de l'automaticité des freins continus.

L'automaticité se compose des trois qualités suivantes :

1° Faculté, donnée à tous les agents du train, de serrer le frein avec toute sa puissance;

2° Faculté, pour le mécanicien, de s'assurer, en pleine marche et à un moment quelconque, que le frein est en bon état de fonctionnement;

3° Serrage du frein, avec toute sa puissance, en cas de rupture d'attelage.

Tout le monde est d'accord pour reconnaître l'utilité des premières qualités; elles ont des avantages très grands sans présenter aucun inconvénient sérieux.

C'est sur la troisième qualité que tout le monde n'est pas d'accord.

On a souvent dit que cette troisième qualité avait peu d'importance, parce que les ruptures d'attelages étaient extrêmement rares dans les trains de voyageurs; c'est l'avis qui a été exprimé par M. Georges Marié au Congrès du Génie civil, depuis cette époque on a fait valoir les deux considérations suivantes :

Les partisans de l'automaticité ont fait remarquer que les ruptures d'attelages, très rares autrefois, deviendraient beaucoup plus fréquentes après l'application en grand des freins continus; en effet, les barres d'attelage, fréquemment soumises à des chocs, peuvent subir des commencements de rupture et se casser à un moment donné.

Les adversaires de l'automaticité ont dit que l'utilité de l'automaticité ne serait réelle que si on appliquait le frein automatique à tous les trains, y compris les trains de marchandises; en effet, une rupture d'attelage se produisant dans un train de marchandises, à la montée, sépare le train en deux et la partie arrière peut venir rencontrer un train de voyageurs qui se trouverait derrière.

M. le Président trouve que ces deux nouveaux arguments ont peu d'importance; en effet, on a généralement soin de mettre une machine en queue des trains de marchandises pour monter les fortes rampes ; quant aux ruptures d'attelages, on peut les éviter en renfonçant les tendeurs, les barres d'attelage et les crochets.

M. Georges Marié n'attache pas non plus une grande importance à ces arguments nouveaux ; en sorte qu'il maintient son ancienne conclusion, c'est-à-dire que la troisième qualité de l'automaticité lui paraît désirable, mais non pas indispensable.

M. Bandérali pense que la barre de traction continue doit être considérée comme un corollaire très utile de l'emploi des freins continus.

M. Delebecque émet l'avis que l'automaticité ne présenterait un réel intérêt qu'après l'adoption du Block-Système.

M. Kapteyn dit que l'automaticité ne se présente pas comme une idée nouvelle.

Tous les ingénieurs de chemins de fer ont tourné leurs efforts vers des appareils automatiques, notamment pour tout ce qui touche à l'établissement des signaux.

M. Marié a eu raison de dire que les ruptures d'attelages deviennent plus fréquentes, par suite des moyens d'arrêt plus puissants qu'on emploie. Il suffit de renforcer les attelages, comme on le fait en Allemagne.

M. Georges Marié désire faire une observation au sujet de la mise en pratique de l'automaticité.

Lorsqu'on emploie les freins dits automatiques comme les freins Westinghouse, Steel, Sanders, ou Hardy automatique, il faut prendre une précaution spéciale au moment où on sépare le train en deux, dans les gares, pour faire des manœuvres quelconques. Si l'on ne prenait aucune précaution, on serrerait tous les freins au moment où on défait les accouplements ; les voitures seraient donc immobilisées, et les manœuvres des voitures à la main seraient impossibles.

Pour obvier à cet inconvénient, tous les constructeurs de freins automatiques ont mis un robinet au point de jonction de l'accouplement en caoutchouc et du tuyau qui passe sous la voiture. Avant de défaire l'accouplement, le manœuvre a soin de fermer les robinets des deux accouplements qu'il a entre les mains ; de cette façon le frein est momentanément condamné et on peut découpler sans serrer les freins.

Mais si on oublie de rouvrir ces robinets au moment où on refait l'accouplement, le frein se trouve condamné dans toute la partie arrière du train, *et le mécanicien ne peut pas s'en apercevoir ;* il croit avoir tout le frein à sa disposition et, en réalité, il n'en a plus qu'une partie.

Ainsi, les freins automatiques généralement employés n'ont pas la deuxième qualité que M. Georges Marié a citée tout à l'heure dans sa définition de l'automaticité.

Pour répondre à cette objection, M. Westinghouse a supprimé les robinets qu'il avait mis précédemment aux accouplements et les a remplacés par des soupapes automatiques situées dans les accouplements ; elles doivent satisfaire aux deux conditions suivantes :

1° Fermer l'entrée des accouplements lorsqu'on fait le découplement à la main.

2° Laisser l'entrée des accouplements ouverte lorsqu'il se produit une rupture d'attelage.

M. Georges Marié pense que M. Kapteyn pourra, bien mieux que lui, faire la description du nouvel accouplement à fermeture automatique.

M. Kapteyn donne la description du nouvel accouplement, dont le principe est de produire automatiquement l'ouverture ou la fermeture des robinets, qui se trouvent aux extrémités du tuyau porté par chaque vagon. C'est, on peut le dire, le dernier mot de l'automaticité.

Observation. La question des freins continus, automatiques ou non, reste encore ouverte.

FIN DU SUPPLÉMENT.

TABLE DES MATIÈRES

SECONDE PARTIE
SERVICE DE LA LOCOMOTION

PREMIÈRE SECTION
MATÉRIEL DE TRANSPORT

SUPPLÉMENT AU TOME III
Notes prises à l'exposition universelle de 1878.

FIN DE LA TABLE DU SUPPLÉMENT.

SECONDE PARTIE

SERVICE DE LA LOCOMOTION

SECONDE SECTION

TRACTION

CHAPITRE I

INTRODUCTION

Dans une étude sur les chemins de fer économiques publiée il y a quelques années[1], étude dont on a fait souvent des extraits sans en citer l'origine, nous avons démontré que l'exploitation des chemins de fer à l'aide de locomotives offre, à tous égards, plus d'avantages que tout autre mode de traction, animée ou mécanique. Nous disons donc, pour nous résumer :

LE CHEMIN DE FER, C'EST LA LOCOMOTIVE.

Aussi ce livre traite-t-il presqu'uniquement de la construction et de l'entretien des locomotives, toutefois en réser-

1. *Les chemins de fer nécessaires.* Mémoires de la Société des Ingénieurs civils, année 1873, 2e cahier.

vant un chapitre à une revue des divers autres modes de traction employés par l'industrie des transports.

Il est divisé de la manière suivante:

§ I.

CONDITIONS GÉNÉRALES.

1. LES LOCOMOTIVES EN SERVICE. — Le service des moteurs affectés à l'exploitation des chemins de fer est infiniment plus actif que celui des machines consacrées aux travaux de l'industrie générale. La vitesse considérable imprimée à leurs organes, la pression élevée de la vapeur, les actions perturbatrices résultant des dispositions du moteur lui-même, les réactions qui proviennent des dérangements de la voie, les influences atmosphériques enfin, deviennent autant de causes de destruction qui agissent incessamment sur les locomotives. Une interruption dans la circulation des trains étant d'ailleurs inadmissible, il est indispensable que le service de la locomotion tienne toujours prêt un certain nombre de machines en bon état de marche. Ce nombre peut être plus ou moins élevé, relativement à celui des trains, selon que les moteurs auront à subir des réparations rares ou fréquentes

et exigeront par conséquent des repos plus ou moins prolongés ; et selon la grandeur de ce nombre, le capital consacré à l'achat du matériel moteur aura plus ou moins d'importance et réduira plus ou moins les produits nets de l'exploitation.

Ainsi, pour qu'une machine remplisse le mieux sa destination, il faut qu'elle donne le maximum de durée de service actif, et le minimum de repos forcé, de réparations importantes, de frais d'entretien. Ce résultat, difficile à obtenir, ne peut être atteint que moyennant les conditions suivantes :

— Choix du type approprié au service à effectuer ;
— Simplicité de dispositions adoptées ;
— Emploi de matériaux de première qualité ;
— Construction irréprochable ;
— Soins assidus dans la conduite et l'entretien.

2. CHOIX DU TYPE D'UNE MACHINE. — De même que l'on ne peut pas exiger d'un léger cheval de course les services rendus par un lourd cheval de roulage, de même aussi l'exploitation d'un chemin de fer, qui comprend des trains de natures différentes, ne peut demander à une même machine de les remorquer tous sûrement et économiquement. Il n'y a possibilité d'adopter un type unique, pour un chemin à trafic varié, qu'en adoptant la machine à deux ou trois essieux moteurs, en donnant aux trains de voyageurs une vitesse très modérée, et en limitant la charge des trains de marchandises à un tonnage assez réduit.

Quant au type universel, c'est une véritable utopie dans l'état actuel de la science, car tel type approprié à une ligne d'un profil déterminé serait incompatible avec une ligne d'un profil différent.

On a proposé d'appliquer aux locomotives la transmission de mouvement au moyen d'engrenages de différents diamètres, avec embrayage à la disposition des mécaniciens, et permettant ainsi de conserver aux pistons une vitesse constante tout en faisant varier celle des roues d'après la résistance sur les rampes de différentes inclinaisons.

Cette solution, possible pour des cas très spéciaux de transports à très faible vitesse, comme celle que l'on peut donner aux locomobiles employées sur routes de terres, ne paraît pas susceptible d'application économique à l'exploitation de chemins de fer exigeant des vitesses qui dépassent 15 à 20 kilomètres à l'heure.

On se rappelle encore la tentative de transmission de mouvement d'un essieu à un autre par engrenages faite sur les premières machines du Semmering. Malgré les soins apportés au montage et la qualité supérieure des matières employées, l'expérience n'a pas tardé à faire rejeter d'une manière absolue ce mode de transmission.

3. Simplicité de dispositions. — « Une des conditions essentielles pour assurer l'économie des frais d'entretien d'une machine, disent les auteurs du *Guide du constructeur*, etc. [1], est la simplicité des organes mécaniques. Avantageuse au constructeur, qui a une moindre dépense de façon à supporter, elle l'est également à l'exploitant qui fait plus rapidement et à moins de frais les réparations. »

Cette recommandation, relative au mécanisme, doit être faite également à la rédaction des projets d'ensemble et de détails d'une locomotive. Il ne suffit pas, en effet, de concevoir une disposition ingénieuse et séduisante au premier aspect, pour l'adopter sans mûre réflexion. Une étude plus approfondie doit amener la certitude que des difficultés sérieuses ne se présenteront pas lors de la construction des organes, pendant le montage et surtout au moment où l'on devra en *faire le démontage*. Cette dernière opération, qui peut se présenter fréquemment en service, réclame impérieusement une indépendance aussi complète que possible des pièces les unes des autres, de manière à restreindre au minimum le nombre d'organes à déranger pour atteindre celui qui exige une opération ou même une manipulation quelconque, fût-ce un simple nettoyage ou graissage.

1. *Guide du mécanicien, constructeur et conducteur*, etc., liv. IV, chap. 1, § 2.

En exploitation de chemins de fer, les pertes de temps peuvent devenir une source de danger, et, dans tous les cas, une cause de dérangements dans le service, qu'il faut éviter à tout prix. La simplicité dans la conception d'une machine est un des moyens d'éviter ces deux écueils.

4. Emploi de matériaux de première qualité. — Sous la pression des exigences du trafic, le poids des locomotives a toujours été en augmentant. En 1845, une machine de voyageurs ne pesait généralement pas plus de 15 à 16 tonnes en moyenne, et une machine à marchandises 20 tonnes. En 1855, ces poids s'élèvent respectivement à 22,000 et 26,000 kilogrammes; en 1865 nous arrivons à 29,000 kilogrammes pour la première catégorie, à 38,000, 40,000 et quelquefois plus pour la seconde; en 1880 ces nombres s'élèvent respectivement à 40,000 et 45,000.

Si, poursuivant la comparaison, nous cherchons à nous rendre compte des différences qui peuvent s'être introduites dans la constitution des machines pendant cette période, nous voyons que vers la seconde époque le rapport des quantités de métal sous un état de fabrication moins avancé, la fonte, par exemple, aux quantités de matières offrant plus de garanties sous le même poids, comme le fer et l'acier, ce rapport, disons-nous, était beaucoup plus grand qu'aujourd'hui. C'est ce qui ressort du tableau suivant :

Matières.	1855 20 tonnes.	1880. 40 tonnes.
	Proportions pour 100	
Fonte.	19,00	10
Fer.	37,20	41
Tôle.	22,10	22
Acier.	3,20	12
Cuivre.	12,00	12
Bronze.	4,00	2
Divers.	2,50	1
	100,00	100

Ainsi, tandis que les machines augmentaient de poids, les matériaux de choix prenaient plus d'importance, l'acier se substituant au fer, le fer à la fonte, dans tous les cas possibles.

Cette tendance à la perfection dans l'emploi des métaux ne doit pas, d'ailleurs, se borner à l'*espèce*; il faut qu'elle se poursuive avant tout jusqu'à la *qualité* pour ne s'arrêter qu'aux métaux de provenance et de fabrication supérieures.

Tout ingénieur, qui se rend compte des frais de construction d'une machine, sait que les dépenses se répartissent en trois catégories : — achats de matières ; — main-d'œuvre; — frais généraux.

Le prix actuel des machines locomotives varie de 180 francs à 200 francs la tonne. Or, la valeur des métaux entre dans ce prix pour 120 francs environ, soit pour les 3/5 de la dépense totale. Si la machine, par défaut de matière, nécessite une réparation ou le remplacement d'une pièce, il y a perte des 2/5 de la dépense de premier établissement; tandis qu'une augmentation de la dépense d'achat de matière, qui compense très souvent une partie des frais de main-d'œuvre, n'a qu'une influence très faible sur le prix de revient final.

Notons encore que cette réparation n'est presque jamais isolée, mais qu'elle a des retentissements, des ramifications qui s'étendent fort loin quelquefois.

Le parcours annuel d'une machine est compris, en moyenne, entre 25 000 et 30,000 kilomètres. Si, par défaut de construction, elle n'effectue pas ce parcours, il faut qu'elle soit remplacée par une autre machine. Elle-même exige l'établissement d'un remisage pour l'abriter durant le chômage; enfin, le personnel de conduite doit être utilisé pendant ce même laps de temps. Les conséquences de l'emploi de mauvaises matières sont donc : — perte d'intérêt du capital de construction ; — augmentation des frais de réparation et d'entretien.

Les inconvénients de l'emploi de matières de qualité inférieure prennent ainsi un caractère d'évidence incontestable; toute administration soucieuse des intérêts qui lui sont confiés ne commettra donc pas la faute lourde de rechercher, dans l'abaissement des prix, les moyens de réduire les dépenses de premier établissement ou d'entretien d'un chemin de fer.

5. CONSTRUCTION IRRÉPROCHABLE. — Les observations relatives au choix des matières premières entrant dans la constitution d'une machine s'appliquent avec autant de valeur aux soins qu'exige la construction d'une machine locomotive. Quand bien même les matériaux seraient de première qualité, s'ils ne sont pas travaillés et ajustés d'une manière irréprochable, si le montage laisse à désirer, il survient nécessairement dans la machine en marche des désordres qui causent des arrêts et même des accidents. Dans la plupart des cas, la locomotive doit rentrer à l'atelier de réparation ; de là les inconvénients que nous venons d'énumérer plus haut.

Quelle conclusion tirerons-nous de ces diverses considérations? C'est qu'il ne faut confier la construction d'une machine locomotive qu'à un atelier possédant un outillage perfectionné, une direction intelligente et consciencieuse jusqu'au scrupule.

Nous savons bien que tous ces soins, cette attention dans l'étude et l'exécution reviennent, en définitive, à une question de rémunération. Tout chef d'atelier, quelqu'honorable soit-il, livrera des produits de qualité en rapport avec le prix qui lui sera payé, à moins de se constituer en perte, ce qui n'assurerait pas une longue durée à son établissement. Mais il ne suffit pas de bien payer. Il faut encore que la dépense soit employée à rémunérer un travail satisfaisant sous tous les rapports, et à cet égard l'administration du chemin de fer ne saurait s'entourer de trop de garanties.

6. SOINS DE CONDUITE ET D'ENTRETIEN. — Pour qu'une locomotive fournisse un bon service, il ne suffit pas quelle ait été bien conçue, savamment étudiée, ses organes ingénieusement combinés; que les matériaux qui la constituent soient de première qualité, et qu'elle ait été construite avec toute la perfection désirable. Il faut encore et surtout que cette machine soit confiée à des hommes intelligents et soigneux, pleins de sollicitude pour l'engin qu'ils conduisent ou qu'ils

sont chargés d'entretenir. Si le chef du dépôt n'a pas fait laver et nettoyer la chaudière au moment opportun, passer en revue les pièces du mécanisme, remplacer à temps les parties fatiguées, vérifier le graissage, préparer convenablement l'allumage et la mise en vapeur; si le mécanicien en route ne surveille pas attentivement l'alimentation de la chaudière, le graissage des pièces flottantes, le jeu des parties mobiles, la machine, malgré toutes les précautions prises lors de sa construction, ne tardera pas à subir de notables avaries et à exiger de grandes réparations; un long séjour à l'atelier, et pendant ce temps la mise en service d'une autre machine, deviendront alors nécessaires.

On parvient à obtenir des locomotives un bon service, en intéressant les agents de la traction au maintien des machines en activité. Sous forme de *prime d'entretien*, on accorde aux mécaniciens et aux chefs de dépôts une allocation pour les parcours effectués avec la même machine, au delà d'un minimum déterminé, sans que cette machine ait exigé d'autres réparations que celles d'entretien courant pouvant être faites dans un délai fixé à l'avance.

§ II.

GÉNÉRALITÉS SUR LA CHALEUR.

7. Différentes sources de chaleur. — La locomotive est une « machine à feu qui marche. » Comme ses organes essentiels produisent, émettent, transmettent et reçoivent de la chaleur ou la transforment en travail, il nous paraît utile, avant d'aborder l'étude de la machine, de rappeler ici les principales notions de physique qui se rapportent à notre sujet.

Lorsqu'on frappe un morceau de métal avec un marteau, quand un projectile violemment lancé rencontre un obstacle qui arrête sa marche, le morceau de métal s'échauffe très sensiblement, le projectile acquiert une température quel-

quelfois très élevée ; la perte de force vive occasionnée par le choc se transforme en un travail moléculaire dont la résultante est une manifestation de *chaleur*.

Lorsque deux corps « frottent » l'un contre l'autre, le « frottement, » qui n'est qu'une suite ininterrompue de chocs des aspérités de deux corps, produit de la chaleur.

Dans les combinaisons chimiques résultant des affinités de certains corps les uns pour les autres, la combustion est une de ces combinaisons, il y a également développement de *chaleur*, accompagné souvent de dégagement de *lumière* et d'*électricité*.

Quelle est la *cause* de ces diverses manifestations ? Faut-il l'attibuer aux chocs plus ou moins violents des molécules mises en mouvement par leurs affinités naturelles, produisant ainsi un travail mécanique interne qui se traduit par l'un au moins de ces trois phénomènes ?

On ne peut encore se livrer qu'à des conjectures à ce sujet. Depuis quelques annees, il s'est fait, sur ces phénomènes, de très intéressantes recherches scientifiques qui ont eu en vue d'établir la *théorie mécanique de la chaleur*. Nous n'avons pas à suivre ces travaux, que l'on peut étudier dans de nombreux mémoires et ouvrages dus à Carnot puis à MM. Joule, Clausius, Bourget, Verdet, Belanger, Hirn, Zeuner, etc., mais seulement de rappeler les faits principaux établis par l'expérience sur les effets de la chaleur.

8. Émission de la chaleur. — Quelle qu'en soit la source, la chaleur, comme la lumière, possède la faculté de se répandre ou *rayonner*, c'est-à-dire de se propager en ligne droite, avec une vitessse dépassant 300,000 kilomètres par seconde et une intensité qui varie en raison inverse du carré des distances.

Tous les corps émettent de la chaleur ; mais les quantités de chaleur émises varient suivant la nature des surfaces rayonnantes, le degré de température de la source, l'inclinaison de ces surfaces par rapport à la direction des rayons émis.

Les physiciens ont reconnu qu'il y a non-seulement diverses espèces de chaleur, ayant leur mode d'action propre sur les agents qui leur sont soumis, mais que chaque source de chaleur, comme la lumière, envoie des rayons de diverses natures, se partageant ainsi en rayons *lumineux* et en rayons *obscurs*.

Les facultés que possèdent les différents corps d'émettre la chaleur a reçu le nom de *pouvoir émissif*.

Voici les résultats établis par MM. de la Provostaye et Desains, à la suite des expériences entreprises par Melloni avec son appareil thermo-électrique, sur les pouvoirs émissifs, ainsi que ceux trouvés par Péclet dans ses recherches sur la détermination des coefficients de rayonnement. — Traité de la chaleur, 3e édition publiée par M. Ser.

Substances.	Melloni.	De la Provostaye et Desains.	Péclet.
Noir de fumée	1,00	1,00	1,00
Carbonate de plomb	1,00	»	»
Pierre à bâtir, bois, plâtre, étoffes	»	»	0,90
Argent bruni	»	0,025	0,034
Argent mat	»	0,05	»
Or	0,12	0,043	0,057
Cuivre	»	0,049	0,040
Platine bruni	»	0,10	»
Papier, peinture, sable, poussière	»	»	0,94
Fonte	»	»	0,84
Tôle ordinaire	»	»	0,64
Fer-blanc	»	»	0,105
Laiton	»	0,05	0,065
Zinc	»	»	0,06
Étain	»	»	0,05

9. Transmission de la chaleur. — De même qu'il existe pour la lumière certains corps opaques, il y a, pour certaines espèces de chaleur, des corps qui en arrêtent la propagation ; mais, en général, la chaleur traverse un très grand nombre de corps gazeux, liquides ou solides.

Quand elle rencontre un objet, une partie de la chaleur en mouvement y pénètre, l'autre se réfléchit. Tous les corps ne possèdent pas la même faculté de réflexion, le même *pouvoir réfléchissant*; mais lorsqu'un rayon frappe une surface réfléchissante, on démontre, par des expériences de physique, que le rayon de chaleur incident et le rayon réfléchi sont dans un même plan perpendiculaire à la surface réfléchissante, et que l'angle incident est égal à l'angle de réflexion.

Si l'on désigne par C la quantité de chaleur transmise à l'unité de surface d'une substance quelconque, et par c la quantité de chaleur que cette surface réfléchit, le pouvoir réfléchissant B de cette substance est le rapport entre les quantités c et C, et l'on a ainsi $B = \frac{c}{C}$. Le pouvoir réfléchissant des corps varie avec l'inclinaison du rayon incident, avec l'espèce de chaleur incidente et surtout avec l'état de leur surface et de leur constitution intérieure. Plus une surface est polie, plus elle réfléchit de chaleur; recouverte de noir de fumée, elle absorbe tous les rayons.

Le tableau suivant donne, d'après les expériences de Leslie, le rapport des pouvoirs réfléchissants de quelques substances.

Cuivre jaune.	100
Argent.	90
Étain en feuille.	80
Acier.	70
Plomb..	60
Verre..	10
Noir de fumée.	0

Melloni a établi que les liquides en général, les faïences, les marbres, ont un pouvoir réfléchissant qui n'est que le 1/3 de celui des métaux bruts, dont le pouvoir réfléchissant n'est, à son tour, que la moitié de celui des mêmes métaux à l'état poli. Il a également démontré que la chaleur, comme la lumière diffuse, se répand dans tous les sens.

Si l'on désigne par D le *pouvoir diffusif* d'une substance, par d la quantité de chaleur diffusée, C conservant la valeur donnée plus haut, on a :

$$D = \frac{d}{C}.$$

La chaleur qui rencontre un corps le pénètre généralement, et s'y trouve arrêtée, retenue, absorbée en partie. On désigne sous le nom de *pouvoir absorbant* d'un corps, le rapport

$$A = \frac{a}{C},$$

entre la quantité a de chaleur absorbée et la quantité C qui frappe le corps.

Au moyen des relations que nous venons d'établir, on peut calculer, pour les différentes substances employées dans l'industrie, les pouvoirs absorbants qui sont égaux, d'ailleurs, aux pouvoirs émissifs de ces mêmes substances.

10. PROPAGATION DE LA CHALEUR. — CONDUCTIBILITÉ. — La chaleur absorbée par un corps ne reste pas à sa surface. Selon l'état de cohésion de sa substance, la chaleur le pénètre et s'y propage plus ou moins rapidement de proche en proche. La quantité de chaleur qui traverse l'unité de section de ce corps dans l'unité de temps est le *coefficient de conductibilité*, qui sert de point de départ à la détermination des *pouvoirs conducteurs* de diverses substances.

Perfectionnant la méthode de M. Desprets, MM. Wiedemann et Franz ont établi les pouvoirs conducteurs des substances suivantes :

Argent	1,000
Cuivre.	736
Zinc.	193
Étain	145
Fer.	119
Plomb.	85
Bismuth..	18

Les métaux jouissent de la propriété de posséder la conductibilité la plus parfaite. Aussi sont-ils désignés généralement sous le nom de *bons conducteurs* de la chaleur. Les corps *mauvais conducteurs* sont ceux qui possèdent une constitution non homogène, une structure lâche ou fibreuse.

Péclet a établi la conductibilité de diverses substances, en partant de celle du charbon obtenu par une calcination prolongée, celui des cornues à gaz, par exemple, prise pour unité. Voici les rapports des conductibilités de quelques corps :

Charbon des cornues à gaz.	1,000
Calcaire à grains fins.	0,420
Plâtre ordinaire	0,066
Terre cuite	0,120
Bois de chêne (transversalement) . .	0,042
Bois de sapin (transversalement). . .	0,019
Bois de sapin (longitudinalement) . .	0,034
Gutta percha.	0,034
Verre	0,150
Sable quartzeux.	0,054
Brique pilée.	0,027
Poudre de bois	0,013
Charbon de bois en poudre.	0,015
Coke pulvérisé.	0,032
Coton en laine	0,008
Laine cardée.	0,009
Calicot, toile de chanvre.	0,010

11. Action de la chaleur sur les corps. — *Dilatation.* — Le volume des corps soumis à l'influence de la chaleur augmente ; il diminue sous l'action du froid. — Le *coefficient de dilatation* d'une substance est l'augmentation de l'unité de volume de cette substance quand sa température s'élève de 0° à 1°. — La dilatation superficielle étant le double et la dilatation cubique étant le triple de la dilatation linéaire, il suffit de connaître le coefficient de dilatation linéaire des divers corps pour résoudre tous les cas qui peuvent se présenter dans la pratique.

La dilatation croît avec la température. — De 0° à 100° elle est un peu inférieure à celle qui se manifeste à des températures plus élevées. (Dulong et Petit.)

COEFFICIENTS DE DILATATION LINÉAIRE DES CORPS SOLIDES

Verre. —	de 0° à 100°. . . .	$\frac{1}{116100}$	= 0,0000086133
—	de 0° à 200°. . . .	$\frac{1}{103200}$	= 0,0000094836
—	de 0° à 300°. . . .	$\frac{1}{98700}$	= 0,0000101084
Acier.		$\frac{1}{87000}$	= 0,0000114450
Fer. —	de 0° à 100°. . . .	$\frac{1}{84600}$	= 0,0000118210
—	de 0° à 300°. . . .	$\frac{1}{68100}$	= 0,0000146842
Cuivre rouge.	de 0° à 100°. . . .	$\frac{1}{58200}$	= 0,0000171820
—	de 0° à 300°. . . .	$\frac{1}{53100}$	= 0,0000188324
Laiton		$\frac{1}{53200}$	= 0,0000187500
Étain.		$\frac{1}{42200}$	= 0,0000217298
Plomb.		$\frac{1}{35100}$	= 0,0000284836
Zinc		$\frac{1}{34000}$	= 0,0000294167

Le maximum de densité de l'eau correspond au volume que ce liquide occupe à la température de + 4°. — Prenant pour unité le volume à cette température, on a les volumes suivants correspondants aux températures mises en regard :

Températures.	Volumes.
9°	1,00163
4°	1,0000
20°	1,00179
40°	1,00773
60°	1,01698
80°	1,02885
100°	1,04315

Le coeficient de dilatation de l'air est de 0,00366.

12. CAPACITÉS CALORIFIQUES OU *chaleurs spécifiques.* — Les corps exigent des quantités de chaleur inégales pour subir, sous le même poids, une égale variation de température. — On donne le nom de *calorie* à la quantité de chaleur nécessaire pour élever de 0° à 1° la température d'un kilogramme d'eau.

La *chaleur spécifique* d'un corps est le nombre de calories nécessaire pour élever de 1° la température d'un kilogramme de ce corps.

Voici, d'après Regnault, les chaleurs spécifiques de quelques substances qui se rencontrent dans les opérations de l'industrie en général, sous l'observation toutefois que la chaleur spécifique d'un même corps est plus grande à l'état liquide qu'à l'état solide, et qu'elle croît avec la température.

Charbon de bois. . . .	0,24150
Charbon des cornues. . .	0,20360
Coke	0,20085
Marbre.	0,20989
Fonte.	0,12983
Fer.	0,11379
Zinc	0,09555
Cuivre.	0,09555
Plomb.	0,03140
Antimoine	0,05077
Étain.	0,05695
Oxygène.	0,2182
Azote.	0,2440
Hydrogène.	0,4046
Oxyde de carbone. . . .	0,2479
Acide carbonique. . . .	0,2164
Acide sulfureux.	0,1553
Hydrogène proto-carboné.	0,5929
Hydrogène bicarboné. . .	0,3694
Vapeur d'eau.	0,4750
Air.	0,2378

Les chaleurs spécifiques servent à déterminer les quantités de calories que l'on peut obtenir par la combustion de certains produits, ou celles qui sont nécessaires pour élever la température de certains corps d'un nombre déterminé de degrés de chaleur.

13. Chaleur latente. — Fusion. — Un corps fusible sous l'influence de la chaleur en absorbe une certaine quantité jusqu'au point où arrive la fusion, mais la température reste constante depuis ce moment jusqu'à la fusion totale. — La chaleur absorbée se dégage lorsque le liquide se solidifie.

On appelle *chaleur latente de fusion* d'un corps le nombre de calories nécessaires pour fondre un kilogramme de ce corps sans en modifier la température.

Le tableau suivant donne les températures de fusion d'après MM. Pouillet, Desprets, Deville et Debray, et les chaleurs latentes de fusion de quelques corps d'après M. Person.

	Température de fusion.	Chaleur latente de fusion.
Mercure.	—40°	»
Eau.	0	79,25
Suif.	33	»
Phosphore	44,2	5,03
Stéarine.	46	»
Soufre.	115	9,37
Étain.	230	14,25
Bismuth.	270	12,64
Plomb	332	5,37
Zinc	360	28,13
Antimoine	434	»
Bronze	900	»
Argent	1000	21,07
Fonte (moyenne)	1100	»
Or	1250	»
Acier	1300	»
Fer.	1500	»
Platine.	2000	»

Voici un exemple de calcul de la quantité de chaleur contenue dans un bain de 1000 kilogr. de fonte grise liquide, à la température de 1400° :

Température de fusion (Péclet et Pouillet)	Fonte blanche. .	1050°
	Fonte grise. . . .	1200
	Fonte manganésifère.	1250
Capacité calorifique (Regnault).	Fer (entre 0° et 100°) . .	0,1098
	« (entre 100° et 350°) . .	0,1255
	Fonte blanche	0,1298

En admettant pour la capacité calorifique de la fonte grise liquide le coefficient 0,21, de 1200° à 1400, le coefficient 0,17 de 0° à 1200° et pour la chaleur latente de fusion 46, nous aurons le nombre de calories contenues dans 1000 kilogr. de fonte à 1400° par le produit suivant :

$$1000\ (1200 \times 0,17 + 46 + 200 \times 0,21) = 292000 \text{ calories.}$$

14. Vaporisation. — Lorsqu'on échauffe un corps liquide, sa température s'élève peu à peu, puis devient constante à un degré déterminé, tandis que le liquide entrant en ébullition se transforme en vapeur. Le nombre de calories que l'unité de poids de ce corps absorbe pour passer de l'état liquide à celui de vapeur saturée sans changer de température, ou qu'il dégage en subissant une transformation inverse, est ce qu'on appelle la *chaleur latente de vaporisation.* La température d'ébullition varie avec la nature du liquide et la pression du milieu ambiant. D'après les expériences de Regnault, la chaleur latente de vaporisation de l'eau est à 100°, 536, 67.

Si on part de l'eau à 0°, et qu'on ajoute les 100 calories nécessaires pour la porter de 0° à 100°, on trouve que la chaleur totale qu'il faut communiquer à l'eau à 0° pour la convertir en vapeur à 100° est de 636,67 unités de chaleur. A mesure que la temperature de vaporisation de l'eau augmente ou que la pression de la vapeur saturée s'élève, la chaleur latente décroît, pendant que la chaleur totale va en croissant.

Les nombres du tableau suivant, obtenus par l'expérience, peuvent rentrer dans la formule empirique

$$\lambda = 606{,}5 + 0{,}306\ t$$

dans laquelle on désigne par λ la chaleur totale et par t la température de vaporisation.

Température	Chaleur totale.	Chaleur latente.	Tension. (atmosph.)
0°	606,5	606,5	0,0060
20	612,6	592,6	0,0229
40	618,7	578,7	0,0722
60	624,8	564,7	0,1958
80	630,9	550,6	0,4566
100	637,0	536,5	1,0000
120	643,1	522,3	1,9622
140	649,2	508,0	3,5758
160	655,3	493,6	6,1197
180	661,4	479,0	9,9289
200	667,5	464,3	15,3560
220	673,6	449,4	22,8810

15. RELATION ENTRE LA TEMPÉRATURE ET LA TENSION DE LA VAPEUR D'EAU. — Il n'existe pas de relation simple entre la température et la tension de la vapeur d'eau. On a construit des tables dans lesquelles se trouvent, en regard, les valeurs numériques correspondantes de ces deux éléments.

Tension de la vapeur exprimée en nombre d'atmosphères	Hauteur de la colonne de mercure qui mesure la tension de la vapeur.	Pression exercée sur un centimètre carré	Température correspondante en degrés centigrades.	Volume de la vapeur rapporté à celui de l'eau qui l'a produite.
0,10	0m 076	0kil 103	46°,21	15000
0,20	0 152	0 206	60, 46	7800
0,30	0 228	0 309	69, 49	5200
0,40	0 304	0 413	76, 25	3900
0,50	0 380	0 517	81, 71	3300
0,60	0 456	0 620	86, 32	2700
0,70	0 552	0 725	90, 32	2350
0,80	0 608	0 827	93, 88	2075
0,90	0 684	0 930	97, 08	1870
1,00	0 760	1 031	100°,00	1696,00
1,50	1 140	1 551	111, 739	1167,80
2,00	1 520	2 067	120, 598	897,00
2,50	1 900	2 584	127, 799	731,39
3,00	2 280	3 100	133, 910	619,19
3,50	2 660	3 618	139, 243	537,96

Tension de la vapeur exprimée en nombre d'atmosphères	Hauteur de la colonne de mercure qui mesure la tension de la vapeur	Pression exercée sur un centimètre carré	Température correspondante en degrés centigrades	Volume de la vapeur rapporté à celui de l'eau qui l'a produite
4,00	3 040	4 131	144, 000	476,26
4,50	3 420	4 652	148, 290	427,18
5,00	3 800	5 168	152, 219	388,16
5,50	4 180	5 685	155, 846	355,99
6,00	4 560	6 201	159, 218	328,93
6,50	4 940	6 719	162, 374	305,98
7,00	5 320	7 235	165, 344	286,12
7,50	5 700	7 752	168, 151	268,82
8,00	6 080	8 268	170, 813	253,50
8,50	6 450	8 785	173, 350	240,70
9,00	6 840	9 302	175, 767	227,98
9,50	7 220	9 819	178, 080	217,75
10,00	7 600	10 336	180, 306	207,06
11,00	8 360	11 370	184, 500	199,27
12,00	9 120	12 404	188, 410	175,96
13,00	9 880	13 438	192, 080	163,74
14,00	01 640	14 472	195, 530	153,10
15,00	11 400	15 506	198, 800	144,00

En Angleterre, on mesure encore la pression par le nombre de livres chargeant une surface d'un pouce carré. Le tableau suivant donne les indications anglaises et leurs équivalents en mesures françaises.

PRESSION DE LA VAPEUR.		TEMPÉRATURE DE LA VAPEUR	
En livres par pouce carré.	En kilogrammes par cent. carré.	En degrés Fahrenheit.	En degrés centigrades.
0	1kil033	212,0	100°00
0,3	1 051	215,1	101,70
5,3	1 405	228	108,90
10,3	1 757	240,1	115,60
15,3	2 108	250,4	121,30
20,3	2 459	259,3	126,25
25,3	2 811	267,3	130,70
30,3	3 162	274,4	134,64
35,3	3 513	281,0	138,34
45,3	4 216	292,7	144,78
55,3	4 919	302,9	150,42
65,3	5 622	312,0	155,56
75,3	6 325	320,2	160,09
85,3	7 028	327,9	164,32
110,3	8 785	344,2	173,43
135,3	10 541	358,3	181,25
160,3	12 298	370,8	188,15
185,3	14 055	381,7	194,23
235,3	17 561	401,1	205,05
285,3	21 083	417,5	214,17

En pratique on regarde comme à peu près équivalents :

1° En mesures métriques : 1 atmosph. = 1 kilog. par cent. carré.

2° En mesures anglaises : 1 atmosph. = 15 liv. par pouce carré.

16. FORMULES EMPIRIQUES. — On a essayé de faire entrer tous ces résultats dans une formule empirique. Dulong et Arago, en prenant pour origine des températures 100°, pour unité de température l'intervalle de 0° à 100° et pour unité de force élastique Φ une atmosphère, ont adopté l'équation

$$\Phi = 1 + 0{,}07153 \times t$$

Biot et après lui Regnault ont proposé l'équation à deux exponentielles de la forme log. $\Phi = a - b\alpha^{t'} - c\beta^{t'}$ dans laquelle $t' = t + 20$, t étant la température centigrade à compter de 0°.

M. Duperray, pour simplifier les calculs des praticiens, a divisé la suite des pressions Φ en quatre séries auxquelles on appliquerait les lois suivantes :

1° de 0° à 25°, Φ est proportionnelle à la première puissance de t,
2° de 25 à 50, Φ » à la deuxième puissance de t,
3° de 50 à 100, Φ » à la troisième puissance de t,
4° de 100 à 230, Φ » à la quatrième puissance de t.

La dernière série étant celle qui intéresse le plus les constructeurs, M. Duperray a proposé pour formule $\Phi = 0{,}984\ t^4$ dans laquelle Φ exprime la pression en kilogrammes par centimètre carré, t la température en degrés centigrades du thermomètre à air, en prenant pour origine 0°, et pour unité l'intervalle de 100°.

Si pour simplifier encore on remplaçait le coefficient par l'unité on aurait $\Phi = t^4$.

Quelle serait dans ce cas l'erreur commise ? — D'après les tableaux de Regnault, à la température de 200° la pression Φ de la vapeur d'eau saturée est 15 ath. 356 ou en kilogr. par centimètre carré 15 k. 878 —

La formule simplifiée donnerait $\Phi = 2^4 = 16$ kilogrammes ce qui donnerait une différence en plus de 122 grammes soit un peu plus de sept millièmes de la valeur réelle.

On peut donc sans inconvénient adopter cette dernière formule.

17. PRODUCTION INDUSTRIELLE DE LA CHALEUR. — La chaleur que l'industrie utilise provient du phénomène de la *combustion*, résultat de la combinaison chimique de l'oxygène de l'air [1] avec les matières renfermant de l'hydrogène [2] et du carbone [3] en quantité suffisante pour entretenir la continuité du phénomène, et auxquelles on donne le nom de *combustibles*.

1 L'air atmosphérique est un mélange d'azote et d'oxygène renfermant, sur 100 parties, 79 volumes du premier gaz et 21 volumes du second, proportions communément rencontrées sur tous les points du globe. On y trouve aussi, mais en quantités variables, de la vapeur d'eau, et, dans des proportions beaucoup plus faibles, de l'acide carbonique, de l'acide sulfhydrique, de l'ammoniaque provenant de la décomposition des matières végétales et animales, et même des corpuscules organisés.

L'azote est un gaz incolore, sans odeur, ni saveur, incapable d'entretenir la combustion ou la vie. *L'oxygène* est un gaz incolore, sans odeur, ni saveur, éminemment propre à entretenir et exciter la combustion. Il se combine avec tous les corps simples et avec un grand nombre de corps composés. C'est en raison de son extrême affinité pour la plupart des corps de la nature, que l'on est obligé de préserver du contact de l'air, au moyen d'un enduit approprié, toutes les pièces en fer, qui, sans cette précaution, se couvriraient de rouille en peu de temps.

2. *L'hydrogène* est un gaz qui, associé dans la proportion de 2 volumes à 1 volume d'oxygène, constitue l'eau. Isolé, il brûle au contact de l'air avec une flamme peu brillante, mais de chaleur très intense, surtout s'il brûle avec l'oxygène seul. Mélangé dans de certaines proportions avec l'air atmosphérique, 2 volumes d'hydrogène pour 5 volumes d'air, par exemple, ou 1 volume d'oxygène, il forme un ensemble susceptible de produire, au contact d'un corps en ignition, une explosion dangereuse, si la masse est considérable. Il se combine également avec d'autres corps simples, tels que l'azote, le carbone, le soufre, le chlore, etc.

3. Le *carbone* se trouve dans la nature sous les aspects les plus variés, depuis son état parfaitement pur, — le diamant, — jusqu'aux mélanges les plus compliqués que nous offrent les roches carbonifères ou les détritus de végétaux. Le carbone forme avec les agents producteurs de la combustion diverses combinaisons : avec l'oxygène : 1° *l'oxyde de carbone*, formé de 42,86 de carbone et 57,14 d'oxygène pour 100 parties (c'est le gaz qui se produit pendant la combustion avec excès de combustible, ou insuffisance d'air d'alimentation, et donne une flamme bleuâtre). *L'oxyde de carbone*, plus léger que l'air, est incolore et inodore ; il constitue un véritable poison pour les animaux ; 2° *l'acide carbonique*, composé de 27,27 de carbone, et de 72.73 d'oxygène. Il est beaucoup plus lourd que l'air, — incolore, et sans odeur très sensible ; il a une légère saveur aigrelette, éteint les corps en ignition, produit l'asphyxie et la mort, mais il n'est pas aussi vénéneux que l'oxyde de carbone ; avec l'hydrogène, il donne naissance à divers hydrogènes carbonés, gaz inflammables au contact d'un corps en ignition : le grisou, le gaz d'éclairage, le gaz des marais, etc.

Ceux-ci peuvent être classés en trois grandes catégories : Combustibles gazeux ; — combustibles liquides ; — combustibles solides. L'emploi des premiers a été adopté par la métallurgie, la verrerie et la fabrication de la poterie. Quant aux seconds, ils sont encore à l'état d'essai et comme, jusqu'à présent, on ne se sert généralement dans les locomotives que de combustibles solides, nous ne nous occuperons que de ces derniers, lorsque nous traiterons de l'alimentation des machines. — Chap. XI —.

18. Puissance calorifique. — On désigne sous ce nom le nombre de calories ou d'unités de chaleur que 1 kilogramme d'un combustible peut produire par sa combustion.

Voici les puissances calorifiques des principales substances combustibles, admises par M. Péclet, en s'appuyant sur les données établies par MM. Favre et Silbermann.

Substances.	Calories.
Hydrogène	34462
Carbone passant à l'état d'oxyde	2473
Carbone passant à l'état d'acide	8080
Oxyde de carbone	2403
Hydrogène protocarboné	13063
Hydrogène bicarboné	11857
Houille	de 7200 à 8600
Bois sec ordinaire	2800 à 3000
Bois desséché	4000
Tourbe (bonne qualité)	5200 à 5400
Charbon de tourbe	6600
Coke	6800 à 7900
Charbon de bois (ordinaire)	7000

19. Combustion dans un foyer a grille. — Examinons ce qui se passe dans un foyer ordinaire à grille. En partant du bas, un espace libre par où vient l'air entretenant la combustion ; une grille qui supporte le combustible ; puis enfin le combustible lui-même. Supposons l'allumage opéré et la combustion en train. L'afflux d'air étant suffisant, on reconnaît que la température la plus élevée se trouve à quelques

centimètres au-dessus de la grille; puis, qu'elle baisse dans la région supérieure, si l'épaisseur du combustible est en excès, par suite de la conversion de l'acide carbonique en oxyde de carbone; et enfin qu'elle s'élève de nouveau dans l'espace qui surmonte le combustible, si, par un moyen quelconque, on peut obtenir la combinaison des gaz formés dans la traversée du combustible avec une quantité suffisante d'air pur. Si l'oxygène fait défaut, la flamme prend une teinte sombre, noirâtre, résultant d'une combustion imparfaite, et de l'entraînement de carbone non brûlé.

Il y a donc intérêt à donner au combustible la plus faible épaisseur compatible avec sa nature, de manière à ne laisser sur la grille que la quantité de combustible suffisante pour entretenir la combustion tout en ménageant à l'air une circulation suffisamment active.

20. Observations sur les questions précédentes et leur application a la construction des appareils a vapeur. — Les deux tableaux qui nous donnent les pouvoirs conducteurs de divers corps solides — 10 — indiquent que, parmi les métaux usuels, le cuivre est celui qui a le plus grand pouvoir conducteur. Il sera donc avantageux de l'employer pour former les parois de la surface de chauffe d'un appareil, toutes les fois que l'on ne sera pas arrêté par des considérations d'économie, le prix de ce métal étant de beaucoup plus élevé que celui du fer. La propriété spéciale aux métaux de conduire la chaleur beaucoup mieux que tous les autres corps, devra d'ailleurs les faire employer, d'une manière générale, pour toutes les parties des appareils qui doivent promptement transmettre la chaleur qu'ils reçoivent d'une source quelconque. Au contraire, l'emploi des substances contenues dans le second tableau doit être réservé pour la construction des parois ou enveloppes isolantes, destinées à arrêter la propagation de la chaleur. Nous remarquerons, en passant, que ces corps conduisent d'autant moins bien la chaleur que leur texture est plus lâche. Les gaz ayant des coefficients de conductibilité encore plus faibles que ces der-

nières substances, leur emploi sera donc avantageux dans beaucoup de cas. En pratique, on utilise cette propriété en interposant une couche d'air entre la paroi métallique de l'appareil de chauffage et l'enveloppe ou substance mauvaise conductrice qui la recouvrira.

Le tableau des pouvoirs émissifs et absorbants, — 8, 9 — démontrent, au contraire, que les substances métalliques occupent ici la partie inférieure de l'échelle, et que l'état de la surface du corps considéré influe beaucoup sur la valeur de son pouvoir émissif ou absorbant.

En partant de cette considération, nous concluons que les surfaces des enveloppes destinées à empêcher la déperdition de la chaleur doivent être des surfaces polies. Nous verrons ce principe appliqué à la construction de l'enveloppe des chaudières et des cylindres à vapeur. — Chap. II, § I et II —.

§ III.

NOTIONS HISTORIQUES.

21. Invention de la locomotive. — J. J. Cugnot. — La première machine à vapeur destinée à opérer des transports sur routes fut construite en 1767 par Nicolas-Joseph Cugnot, ingénieur militaire français.

C'était quatre-vingts ans après l'apparition de la première machine à vapeur de Denis Papin, une année environ avant la mise en œuvre de la première machine à vapeur, fixe et à condensation, de James Watt, celle qu'il établit sur la houillère de Kinneil.

Cette première locomotive routière de l'ingénieur français ne répondant pas, à cause de ses dimensions trop restreintes, à l'attente de l'inventeur et du ministre Choiseul qui, sur le rapport du général Gribeauval, la lui avait commandée pour compte de l'État, Cugnot fut autorisé à établir une seconde machine qui devait pouvoir traîner, d'une manière continue, un poids de 8 à 10 milliers, avec une vitesse de 1800 toises à l'heure.

La locomotive de Cugnot (pl. 1, fig. 1) présente deux groupes d'organes bien distincts : à l'avant, la machine à vapeur ; — à l'arrière, le train.

La machine se compose d'une chaudière à vapeur, en cuivre, formée par la réunion de deux calottes à peu près sphériques A. La calotte inférieure est enveloppée par un tronc de cône B qui renferme le foyer, la grille et le cendrier. La chaudière est traversée de bas en haut par deux tubes t à section rectangulaire, qui conduisent au dehors les gaz provenant du foyer. Du sommet de la calotte supérieure part un tuyau t' en cuivre qui conduit la vapeur de la chaudière dans deux cylindres C à piston de $0^m,33$ de diamètre, en bronze, fermés en haut, ouverts en bas. La vapeur est distribuée dans l'un et l'autre des cylindres, alternativement, par un robinet à quatre voies du système que décrit Leupold dans son *Theatrum machin. hydraul.* publié à Cassel en 1724. Elle agit sur la face supérieure du piston de chaque cylindre en le forçant à descendre. Les deux pistons, rendus solidaires à l'aide d'un balancier et de deux tringles, s'abaissent et s'élèvent alternativement. Quand l'un descend, l'autre remonte ; chacun d'eux, à bout de course, fait tourner le robinet dont l'une des quatre voies amène de la vapeur neuve dans la partie fermée de l'un des cylindres où elle presse sur la face supérieure de son piston au moment où il se trouve en haut de sa course, tandis qu'une autre de ces quatre voies donne issue, dans l'atmosphère, à la vapeur qui a été employée dans le second cylindre à faire descendre son piston jusqu'au bas de sa course.

Dans l'ouvrage qu'il publia à Cassel en 1695, Denis Papin, qui recherchait le moyen de remplacer la force musculaire des galériens par la force de la vapeur pour *aller vite en mer* à l'aide de rames tournantes, proposait d'employer plusieurs corps de pompe dont les pistons marcheraient en sens contraire et dont les manches — les tiges — garnies de dents, feraient tourner de petites roues dentées affermies sur les essieux des rames, de telle sorte que, poussées dans un sens, elle pourraient faire tourner les essieux, et tirées en sens contraire, elles tourneraient librement sans donner aucun mouvement à l'essieu.

Dans la machine de Cugnot, on trouve un artifice de construction analogue. En descendant, chaque piston agit, par l'intermédiaire de sa tige et d'un sabot articulé, sur une roue à rochet calée sur l'essieu moteur du train qui fait, avec sa roue, un quart de révolution pour chaque descente de piston. La roue motrice D, d'un diamètre de $1^m,27$, a une jante de $0^m,18$ de largeur, grossièrement dentée à l'extérieur pour lui donner de l'adhérence sur le sol.

La chaudière, les cylindres à vapeur et l'essieu moteur sont reliés entre eux et avec le train, à l'aide d'un châssis de fer en forme de fourche E à l'avant et, à l'arrière, de segment de cercle E′ horizontal, denté, qui engrène avec une roue horizontale r dont l'axe r' suspendu à la charpente du train porte un levier à manettes $m\ m$.

Le train se compose d'un châssis dont les brancards G G reposent, à l'avant, sur l'essieu moteur et le segment denté par l'intermédiaire d'un joug J, de deux galets, d'un étrier et d'une cheville ouvrière; à l'arrière, sur deux grandes roues porteuses H. L'axe de la roue qui engrène avec le segment denté s'élève au-dessus du châssis, en avant du siége du conducteur. — Au moyen d'une double manette horizontale $m\ m$ calée sur cet axe, le conducteur peut faire tourner la roue d'engrenage et par suite le segment denté, et donner au véhicule l'orientation voulue.

La machine locomotive coûta 20000 livres environ. Vers la fin de 1770, elle était prête à fonctionner, quand l'exil de Choiseul mit fin aux essais. A la suite d'un rapport adressé par L. N. Rolland, commissaire général de l'artillerie, au ministre de la guerre, le 24 janvier 1801, des dispositions furent prises pour faire fonctionner la machine; mais les événements politiques firent retomber dans l'oubli l'œuvre de Cugnot. On la relégua dans l'Arsenal, puis au Conservatoire des Arts-et-Métiers, probablement sur le vœu exprimé par M. de Gérando dans la séance de la Société d'encouragement du 28 février 1816.

Dans cette même séance où il entretenait la société de la machine de Blenkinsop — dont nous parlerons plus loin — M. de Gérando rappelait que feu Joseph Mongolfier avait imaginé, dans sa jeunesse, une semblable machine qui pouvait parcourir une assez grande distance et transporter sa famille à la promenade.

22. — En 1784, James Watt prit patente pour une locomotive routière mais il n'en fit pas l'application. Son aide William Murdoch poursuivit l'idée du maître et la réalisa en miniature. Ce modèle a figuré à Londres, en 1851, exposé par les propriétaires des établissements James Watt et Boulton, à Soho près Birmingham.

23. — Vers la même époque, Oliver Evans, l'inventeur des machines à vapeur à haute pression et de leur application aux moulins, demandait à l'État de Pensylvanie le privilége pour la construction de ces moulins. Il sollicitait en 1786 un privilége pour l'application de la vapeur aux voitures sur routes ; la patente lui fut refusée en Pensylvanie, mais l'État de Maryland lui accorda, le 21 mai 1787, le privilége demandé pour les « wagons à vapeur. »

24. — On trouve dans la collection des brevets expirés, au Conservatoire des Arts-et-Métiers, un brevet d'invention accordé le 21 août 1793, sous le nº 70, par le gouvernement de la République française à Joel Barlow, importateur, citoyen des Etats-Unis d'Amérique, pour des fourneaux à chaudière — nommés en anglais *Boïlers* — pour des machines à vapeurs chaudes propres à faire mouvoir des bateaux, des navires et autres voitures d'eau, etc...

Dans le mémoire descriptif et les dessins annexés, l'inventeur indiquait dans un langage un peu confus, « qu'en exposant à la chaleur ou à l'action du feu la plus grande « étendue possible de surface, à côté de laquelle se trouve

« l'eau ou la vapeur, particulièrement en faisant du feu dans « l'intérieur du fourneau et en faisant passer l'eau dans des « tuyaux des cylindres, à travers du feu et de toutes manières « possibles, par lesquels l'eau se répand en petites portions « dans la partie du fourneau à travers laquelle le feu passe « ou en faisant passer à travers le feu des petits tuyaux ou « espaces étroits dans l'eau, etc... » on pouvait obtenir la vapeur nécessaire à la marche des navires.

25. — Un chef d'atelier, dans une mine de Cornouailles, Richard Tréwithick, anglais, commença en 1801 à construire des machines à vapeur à haute pression. En 1802 il présenta un premier modèle de voiture à vapeur pour routes de terre qui différait profondément de la machine de Cugnot et par l'emploi de la vapeur à haute pression et par l'application d'un cylindre à vapeur à double effet. La tige de ce piston communiquait par une bielle à un arbre coudé muni d'un volant et d'une roue dentée. Cette roue engrenait, avec une autre fixée sur l'essieu des roues d'arrière de la voiture, l'essieu moteur. A l'avant, une roue à pivot donnait à la voiture la direction, l'orientation voulue. En 1804, Tréwithick construisit pour les forges de Pen-y-Darran, dans le sud du pays de Galles, une locomotive avec chaudière en fer forgé, montée sur quatre roues. Un cylindre unique, couché horizontalement dans la chaudière, renfermait un piston ayant $0^{m}20$ de diamètre et une course de $1^{m},37$. Les essieux moteurs recevaient leur mouvement d'une roue dentée avec volant.

La machine fut essayée sur le tramway de Merthyr-Tidwill ; elle remorquait, au moyen de sa propre adhérence, à raison de 8 kil. à l'heure, un poids de 10 tonnes de fer en barres.

Peu de temps après, comme elle brisait les rails et déraillait souvent, la locomotive fut transformée en machine d'épuisement. — L'expérience avait cependant démontré que la vapeur employée à haute pression permettait de réduire considérablement le volume et le poids de la chaudière comme du cylindre, et de supprimer le condenseur, l'eau de condensation, etc., fait immense qui marque le point de départ des progrès successifs dont nous allons voir les résultats.

26. M. MURRAY. — *La Crémaillère.* — En 1811, Mathew Murray, de Leeds, ingénieur distingué, inventeur du petit tiroir de distribution dans les cylindres à vapeur, conduisit une locomotive qui circula à partir du 12 août 1812 sur le chemin des houillères de Middleton appartenant à M. Blenkinsop. Ce dernier était patenté pour l'application des roues d'engrenage aux locomotives et de la crémaillère aux rails de chemins de fer.

La machine de Murray, la première qui ait fourni une longue carrière, se composait d'une chaudière cylindrique avec foyer intérieur ; de deux cylindres à double effet, plongeant verticalement dans la chaudière et dont les pistons agissaient par un renvoi de mouvement sur deux paires de manivelles motrices faisant entr'elles un angle de 90° ; de deux roues d'engrenage calées sur les axes des manivelles et commandant une troisième roue d'un diamètre double calée sur un axe portant une grande roue armée de dents grossièrement arrondies qui engrenaient avec une crémaillère posée à côté des rails. Le tout reposait sur un train à quatre roues ordinaires.

La crémaillère de Blenkinsop est restée en usage à Leeds jusqu'après 1830. — Elle a été reprise en 1848 sur le chemin de Madison à Indianopolis (Amérique du Nord) pour franchir une rampe de 0,059 et en 1870 sur le chemin du Righi (Suisse) incliné de 0,25. — Chap. VII —.

27. HEDLEY. — *Retour à l'adhérence.* — En 1813, Hedley, ingénieur et inspecteur des houillères de M. Blacket à Wylam, prit patente pour l'application de la locomotion à vapeur sur chemin de fer ; dans la même année il construisit deux machines qui circulèrent sur la ligne de Wylam. La première n'avait qu'un seul cylindre moteur, quatre roues à jante unie porteuses et motrices en même temps ; la seconde était munie de deux cylindres moteurs.

En 1815, Hedley établit une troisième locomotive munie de deux cylindres verticaux renvoyant le mouvement de leurs pistons par bielles pendantes à huit roues à jante unie, rendues toutes motrices par engrenages. La nouvelle machine réalisait un progrès considérable dans la locomotion, car en supprimant la crémaillère, elle démontrait la suffisance de l'adhérence des jantes lisses et des rails, et la possibilité d'imprimer aux locomotives une vitesse plus grande que celle obtenue jusque là. Elle faisait faire, de plus, un pas important à la construction des machines, en appliquant la tôle de fer à la confection des chaudières, en agrandissant la surface de chauffe à l'aide du retour de flamme indroduit par Trewithick et en activant le tirage du foyer à l'aide du rétrécissement de la cheminée dû également à cet ingénieux mécanicien.

Avant Hedley, en effet, on employait la fonte dans la construction des chaudières à vapeur. Cette application d'une matière incapable de résister à l'action prolongée du feu et des hautes pressions, amena de nombreuses explosions qui entravèrent pendant un certain temps l'application des locomotives — *Engines* ou *Steam-horses* — employées dans les grandes mines de houille des environs de Newcastle et de Leeds. L'une des explosions qui eut le plus de retentissement est celle de la chaudière cylindrique en fonte épaisse qui eut lieu le 7 août 1815, au premier essai de la locomotive, sur le chemin des houillères de Newbottle, comté de Durham. Cet événement où cinquante personnes furent tuées, blessées ou brûlées, faillit devenir fatal à l'industrie des transports. Le public s'émut de la fréquence des accidents de cette nature ; on parla même un instant d'interdire par acte de Parlement l'usage des locomotives, projet heureusement abandonné aussitôt que conçu.

28. — Georges Stephenson. — Le 25 janvier 1814, une locomotive construite sous la direction de Georges Stephenson sortait des ateliers du charbonnage de Killingworth, destinée à effectuer le transport du charbon sur le chemin

de fer de la houillère. Le générateur de vapeur, en fer forgé, comme celui de Hedley, avait 8 pieds (2^m,438) de long et 34 pouces (0^m,863) de diamètre, avec un seul bouilleur intérieur de 20 pouces (0^m,508) de diamètre ; le foyer à l'une de ses extrémités ; à l'autre, une cheminée de 20 pouces (0^m,508). Le mécanisme se composait de deux cylindres verticaux de 8 pouces (0^m,203) de diamètre et 24 pouces (0^m,609) de course, plongés jusqu'à moitié de leur longueur dans la chaudière, — comme dans la machine de Trewithick ; — de quatre bielles pendantes, conjuguées deux à deux, qui communiquaient le mouvement à trois arbres armés de pignons, engrenant avec des roues à dents montées sur les deux essieux moteurs qui servaient de support, disposition presque identique à celle de la machine de Hedley. Les essieux moteurs étaient distants de 5 pieds (1^m,523) ; leurs roues d'engrenage avaient 24 pouces (0^m,609) de diamètre, et les trois roues dentées intermédiaires 12 pouces (0^m,305).

Dans sa seconde machine, édifiée en 1815, Stephenson abandonne les engrenages de transmission parce qu'ils causent du bruit et rendent impossible l'emploi des ressorts pour soulager la machine ; il rattache ses bielles pendantes à des manivelles fixées aux essieux, qu'il se propose d'ailleurs d'accoupler au moyen de manivelles coudées venues de forge ; enfin l'adhérence du tender doit être utilisée en accouplant son essieu à l'essieu d'arrière de la machine par une chaîne sans fin.

En 1816, il prend patente pour un système de supports à piston communiquant avec le générateur à vapeur, et qu'il interpose en guise de ressorts, entre les essieux et la chaudière chargée du mécanisme ; — arrangement défectueux par les violentes irrégularités qui se produisent sur les pistons moteurs, abandonné dès le début et remplacé bientôt par les ressorts à lames d'acier.

29. — Hackworth. — Attaché d'abord au chemin de Wylam, Hackworth avait travaillé de ses mains et apporté plusieurs perfectionnements à la machine de Hedley, le

Puffing-Billy. En 1824, employé à la fabrique de locomotives fondée par Stephenson, à Newcastle, il devint, l'année suivante, ingénieur des locomotives au chemin de fer de Stockton à Darlington. Cette ligne fut ouverte à la circulation des voyageurs et des marchandises, le 27 septembre 1825.

« Un programme avait indiqué longtemps à l'avance le jour de la cérémonie et le point de réunion.

» Le temps était superbe. Une multitude considérable de piétons, d'hommes à cheval, de voitures de toutes espèces bordait sur toute sa longueur les deux côtés de la voie ferrée.

» C'est seulement dans une partie du parcours que l'on employait la locomotive. On avait deux machines fixes pour franchir un ravin qui barrait.

» Le comité des actionnaires-propriétaires s'était réuni le 27 septembre, à huit heures du matin, à la machine stationnaire de Brunelton, à environ 9 milles de Darlington.

» Le convoi de voitures ayant franchi avec succès les deux escarpements, l'appareil moteur (la locomotive) fut attachée à la tête du convoi avec un wagon chargé d'eau et de charbon.

» Venait ensuite une voiture élégante et couverte où se trouvaient le comité et d'autres propriétaires-actionnaires. Elle était suivie de vingt-et-un grands chariots qu'on avait disposés pour recevoir des passagers. Enfin, le convoi se trouvait terminé par six fortes voitures, contenant du charbon ; le tout formait, sur un développement d'au moins quatre cents pieds, une suite de trente-huit voitures, sans y comprendre l'appareil moteur et le fourgon.

» On n'avait distribué que trois cents billets d'admission pour les passagers ; mais la foule et l'empressement de joindre le cortége étaient tels qu'en un clin d'œil toutes les voitures vides ou chargées se trouvèrent remplies de monde.

» Le signal donné, le cortége partit comme un trait avec cet immense train de voitures et cette immense charge de marchandises. Des milliers de cavaliers et de voitures élégantes s'efforcèrent en vain de suivre le moteur et son cortége; ils descendirent rapidement la pente douce et rarement interrompue qui les portait vers Darlington, etc., etc.

» Quoique la *Cavalcade* eût fait plusieurs pauses dans le trajet, elle parcourut en 65 minutes les huit milles trois quarts de distance du point de départ. C'était environ huit milles (13 kilomètres) à l'heure.

» On détacha du cortége six voitures de charbon destinées à Darlington; on prit un supplément d'approvisionnement d'eau et de passagers auxquels se joignit une bande de musiciens et l'on se remit en route. Le passage de la *Cavalcade* sous les ponts chargés de spectateurs était d'une remarquable rapidité et laissait une profonde impression d'admiration et de terreur. Un effet d'une autre espèce offrait un singulier contraste. A l'approche de Darlington, le chemin de fer court parallèlement à la grande route, à quelques mètres de distance. Le cortége atteignit et dépassa rapidement les diligences. Les passagers de part et d'autre échangeaient leurs acclamations, mais les uns et les autres étaient frappés de l'énorme supériorité de l'appareil moteur et de ses deux cents milliers de chargement, sur la diligence avec ses deux chevaux et ses seize voyageurs. »

30. ÉCHAPPEMENT. — Le service de traction sur cette ligne était effectué par des machines fixes, des chevaux, et par cinq locomotives, dont quatre sorties des ateliers de Stephenson. Ces dernières donnant des résultats peu satisfaisants, les directeurs étaient sur le point d'en décider l'abandon complet, peut-être à la suite d'une explosion causée par la faute d'un conducteur, lorsque Hackworth entreprit de changer et d'améliorer l'une des locomotives de Wilson à Newcastle, en réparation.

Cette machine, modifiée et connue sous le nom de *Royal-George*, fut mise en service dans le mois d'octobre 1827. La chaudière, cylindrique, avait 13 pieds ($3^m,96$) de long, 4 pieds 4 pouces ($1^m,322$) de diamètre. Le retour de flamme des machines de Wylam, appliqué au *Royal-George*, donnait une large surface de chauffe. Les deux cylindres à vapeur, de 11 pouces ($0^m,279$) de diamètre et 20 pouces de ($0^m,508$) de course, placés verticalement à l'extrémité opposée au foyer, activaient un seul et même essieu, celui d'avant. Les trois essieux de la machine étaient accouplés par des bielles de connexion extérieures, l'essieu d'avant lié directement à la machine mais les deux autres supportant la charge au moyen de deux forts ressorts interposés.

A cette époque, — 1827, — l'injection de la vapeur dans la cheminée, pour activer le tirage, était employée par Hackworth et Stephenson. Le premier lançait la vapeur en un seul jet dans l'axe de la cheminée (fig. 2, pl. 1), le second par deux tuyères diamétralement opposées le long des parois (fig. 3, pl. 1).

31. Marc Séguin. — *Chaudière tubulaire.* — Jusqu'alors le générateur de vapeur se composait d'un cylindre extérieur et d'un cylindre intérieur qui renfermait le foyer et qui conduisait immédiatement à la cheminée les produits de la combustion. La chaleur développée ne trouvait pas, dans cette disposition, une absorption suffisante par l'eau à vaporiser. On avait bien doublé la circulation de la fumée en ramenant vers l'arrière un prolongement du cylindre intérieur qui allait à l'origine jusqu'à l'avant de la chaudière seulement; on obtenait par là une notable augmentation de faculté de vaporation, mais encore insuffisante pour assurer à la machine une allure puissante et continue.

Le 18 décembre 1827, un Français, M. Marc Séguin, ou Séguin aîné, directeur du chemin de fer de Saint-Etienne à Lyon, dépose à la préfecture de Lyon une demande de brevet pour l'application du principe de l'air chaud circulant dans des tuyaux isolés de petites dimensions substitués au large bouilleur intérieur (fig. 5, pl. 1). Le brevet fut délivré le 22 février 1828 et accordé pour 10 ans. Immédiatement appliquée au halage des trains sur la section de 22 kilomètres en rampe de $13^m/_m$, 4 et $5^m/_m$, 7 comprise entre la Grand-

Croix et Givors, ligne de St-Etienne à Lyon, l'invention de Séguin aîné donna les meilleurs résultats.

La pression de la vapeur fournie par la chaudière qui renfermait une quarantaine de tubes de 1 pouce de diamètre s'élevait à 3 atmosphères. L'activité de la combustion était entretenue par deux ventilateurs logés sur le fourgon d'approvisionnement et mis en mouvement par une courroie sans fin et une poulie calée sur l'un des essieux du véhicule. On brûlait alors de la houille. En marche, la combustion était très active ; mais au départ, la soufflerie étant au repos, il fallait beaucoup plus de temps pour produire la vapeur. Il manquait à l'invention de Séguin l'*échappement* qu'une circonstance fortuite avait indiqué aux constructeurs anglais.

L'idée d'employer l'injection de vapeur fut suggérée à Séguin par MM. Pelletan et Delabarre. Aussitôt appliquée, l'injection donna plus que ce qu'on en attendait, un énorme accroissement de production de vapeur.

32. Concours de Liverpool. — En 1828, les directeurs du chemin de fer de Liverpool à Manchester, désireux d'appliquer à la locomotion de leur ligne une vitesse et une puissance en dehors des conditions adoptées jusqu'à cette époque, avaient autorisé l'ingénieur de la compagnie, G. Stephenson, à construire une machine destinée à leur chemin, sans toutefois être complètement fixés sur le mode de traction définitif. Stephenson mit sa machine en chantier au printemps de 1829. Cependant, à la suite d'un voyage d'étude fait par eux sur les lignes de Newcastle, Darlington et les environs, les directeurs opinaient pour le rejet des locomotives ; des ingénieurs éminents, appelés en consultation sur l'emploi de la traction funiculaire ou par locomotives, se prononcèrent pour le premier de ces systèmes. Cette opinion fut confirmée par le rapport de M. Nicholas Wood, qui, après de nombreuses expériences sur les locomotives, émit l'avis que ces machines ne pourraient jamais dépasser une vitesse de 8 milles à l'heure.

Le conseil de direction, hésitant à prendre un parti définitif, arrêta qu'un concours de locomotives aurait lieu sur son chemin, et qu'un prix de 12 500 francs serait accordé au constructeur de la locomotive qui remplirait les conditions suivantes :

1° La machine devait consommer sa fumée (condition de la concession du chemin) ;

2° La machine, pesant 6 tonnes, devait traîner régulièrement une charge de 20 tonnes, y compris le tender et ses approvisionnements, à la vitesse de 10 milles à l'heure (16 kilomètres), la pression de la vapeur ne dépassant pas 50 livres par pouce carré ;

3° La chaudière porterait deux soupapes de sûreté, l'une à l'abri de la manipulation, l'autre à la disposition du mécanicien ;

4° La machine serait suspendue sur ressorts ;

5° Le poids de la machine pleine ne dépasserait pas 6 tonnes. Avec un poids moindre, on exigeait aussi une moindre charge remorquée. Au poids de 4 tonnes 1/2, elle pouvait n'être portée que par quatre roues. La compagnie se réservait la faculté d'essayer la chaudière sous une pression de 150 livres par pouce carré.

6° La chaudière serait munie d'un manomètre à mercure pour indiquer la pression au-dessus de 45 livres par pouce carré ;

7° La machine devait être livrée, en état de concourir, le 1er octobre 1829 ;

8° Le prix de vente de la machine était limité à 13 750 francs.

Quatre machines se présentèrent pour la lutte :

Rocket, construite par G. Stephenson ;
Sanspareil, — P. Hackworth ;
Novelty, — John Braitwaite et John Ericsson ;
Perseverance, — Burstall.

Cette dernière machine, bientôt reconnue incapable de remplir les conditions imposées, fut retirée du concours.

Il ne restait donc que trois locomotives en ligne.

Rappelons-en les principales conditions d'établissement.

La chaudière de la *Rockct* (la *Fusée)*, cylindrique, de 6 pieds (1m,829) de longueur, 3 pieds 4 pouces (1m,016) de diamètre, était traversée, d'après le conseil de M. Booth, secrétaire de la compagnie, par vingt-cinq tubes en cuivre de 3 pouces (0m,075) de diamètre, conduisant les gaz du foyer placé à l'arrière, jusqu'à la cheminée de 12 pouces (0m305) de diamètre, fixée à l'avant de la machine. La grille mesurait 6 pieds carrés (0m2,5574) et le foyer 20 pieds carrés (1m2,85) de surface de chauffe par rayonnement; les tubes 117 3/4 pieds carrés (10m2,94) de surface de chauffe par contact des gaz.

Les cylindres, inclinés vers l'essieu moteur placé à l'avant, se trouvaient disposés sur les flancs de la chaudière; leur diamètre était de 8 pouces (0m,203) avec une course de piston de 16 1/2 pouces (0m,418). Le diamètre des roues motrices avait 4 pieds 8 1/2 pouces (1m,435) et celui des roues indépendantes, à l'arrière, 2 pieds 6 pouces (0m,761).

La machine en service pesait 4 tonnes 5 quintaux; outre son tender plein, 3 tonnes 4 quintaux et demi, elle devait traîner 9 tonnes 10 quintaux et demi, ensemble 17 tonnes.

Dans la *Sanspareil* on remarquait sa chaudière cylindrique de 6 pieds de long et 4 pieds 2 pouces de diamètre, traversée deux fois par un retour de gaz chauds : l'un sous forme de bouilleur, comprenant la grille, avait 24 pouces de diamètre; l'autre ramenant les gaz à la cheminée, dont il prenait le diamètre, soit 15 pouces. La grille, de 5 pieds de long, présentait une surface de 10 pieds carrés; la surface de chauffe du foyer, 15p, 7, celle du bouilleur, 74p, 6. La vapeur usée sortait dans l'axe de la cheminée par un tuyau rétréci.

Les cylindres, placés verticalement sur les flancs de la chaudière immédiatement au-dessus de l'essieu d'arrière, avaient 7 pouces de diamètre et 18 pouces de course; les deux essieux accouplés par des bielles de connexion portaient des roues de 4p, 6 de diamètre.

Le poids de la machine atteignait 4 tonnes 15 1/2 quintaux.

excédant de 5 1/2 quintaux le poids toléré pour une locomotive à deux essieux. La charge à remorquer, y compris le tender approvisionné pesant 3 tonnes 6 quintaux, s'élevait à 14 tonnes 6 1/2 quintaux; le poids du train entier était donc de 19 tonnes 2 quintaux.

La *Novelty* présentait une chaudière d'une disposition très originale : une capacité cylindrique placée verticalement à l'arrière, suivie d'un cylindre horizontal de 12 pieds de long sur 15 pouces de diamètre. La boîte à feu contenue dans la partie verticale, et environnée d'eau, avait une grille circulaire de 18 pouces de diamètre. Le cendrier, hermétiquement fermé, recevait un courant d'air forcé provenant d'une soufflerie mue par la machine. L'alimentation du coke s'opérait à l'aide d'une trémie hermétiquement close, descendant verticalement dans l'axe de la boîte à feu. Les gaz de la combustion, en quittant le foyer, se rendaient dans un tube replié à l'avant, puis à l'arrière, traversant ainsi trois fois le corps cylindrique avant d'atteindre la cheminée, avec un parcours total de 36 pieds. Le corps cylindrique était *plein* d'eau, le niveau du liquide s'élevant dans la partie élargie de l'enveloppe verticale du foyer.

Surface de la grille.	1^{m^2},8
Surface de chauffe de la boîte à feu . . .	9 ,5
— du tube.	33 ,0

Les deux cylindres à vapeur, placés verticalement sur le cadre de la machine, avaient 6 pouces de diamètre et 12 pouces de course. Les bielles pendantes faisaient mouvoir un levier coudé qui renvoyait le mouvement à l'essieu moteur placé à l'arrière, contre la boîte à feu. La vapeur sortant du cylindre s'échappait directement dans l'atmosphère.

Le constructeur avait pris ses dispositions pour établir une liaison, en cas de besoin, entre les deux essieux de la machine, au moyen d'une chaîne sans fin. Le diamètre des quatre roues était de 4 pieds 2 pouces.

La machine, *portant son coke* et *son eau*, comme les machines-tenders actuelles, pesait, prête à entrer en service, 3 tonnes 17 quintaux, et, déduction faite de la partie du poids relative au tender et ses approvisionnements, 2 tonnes 13 quintaux.

La période des essais s'ouvrit le 8 octobre 1829. Pour champ de course on choisit une section horizontale de la ligne située au Rainhill, près Liverpool. A chaque extrémité, les machines concurrentes disposaient d'un parcours supplémentaire de 1/8 de mille, pour prendre leur vitesse, d'une part, et se mettre à l'arrêt de l'autre. Il était convenu qu'elles parcourraient le champ de course quarante fois chacune, la première série de dix courses dans chaque direction représentant une longueur de 30 milles, reconnue équivalente à un voyage de Liverpool à Manchester, tandis que la seconde série de dix courses répondait au voyage de retour. On assigna à chaque machine un poids à remorquer égal à 3 fois son propre poids, et l'on nota le temps et le combustible nécessaire pour la mise en vapeur jusqu'à 50 livres de pression par pouce carré, enfin l'eau et le coke consommés pendant les essais.

La *Rocket* entra la première en lice. La mise en vapeur exigea 57 minutes; le premier parcours de 30 milles, sans compter la mise en marche et les arrêts, soit 35 milles, s'effectua en 3 heures 11 minutes 33 secondes.

La vitesse maxima atteignit 21,43 milles à l'heure.

La seconde course de 30 milles, accomplie comme la première, en tirant la charge dans un sens et en la poussant au retour, dura 2 heures 6 minutes 49 secondes.

La vitesse maxima s'éleva, dans cette course, à 24 milles à l'heure.

La *Novelty* (la *Nouveauté*) fit ses essais le 12 octobre. Après un parcours de 3 milles, survint un dérangement au mécanisme. La réparation effectuée, le concours suspendu fut repris le même jour.

La vitesse maxima fut de 21 1/2 milles à l'heure.

C'était le tour de la *Sansparcil*, le 13 octobre. A peine sa course commencée, l'un des cylindres se fendit par suite d'un manque d'épaisseur (1/16 de pouce à peine), causé par un défaut de moulage et d'alésage, occasionnant ainsi, à chaque coup de piston, une perte de vapeur considérable. Malgré cela, la machine avait déjà parcouru 22 1/2 milles à pleine vitesse, lorsque la pompe d'alimentation refusa le service, amenant ainsi la cessation des essais. Mais, pendant ses divers parcours, la machine développa une très grande puissance de vaporisation et de vitesse, car à certains moments elle atteignit jusqu'à 17,47 milles à l'heure.

Le 14 octobre, la *Novelty*, réparée, continua ses essais. Avec une charge triple de son propre poids, elle parcourut la distance de 20 3/4 milles en une heure. Une voiture contenant quarante-cinq voyageurs fut remorquée avec des vitesses variant de 24 à 32 milles à l'heure.

La *Rocket*, la seule des machines concurrentes qui remplissait rigoureusement les conditions du programme, remporta le prix. Le jury fit son rapport aux directeurs du chemin de fer, qui partagèrent le prix entre MM. Stephenson et Booth. Après le concours, Stephenson s'empressa de modifier sa machine et lui donna la disposition indiquée par la fig. 4, pl. I.

En analysant les faits que le concours a révélés, on reconnait que la machine victorieuse ne dut son succès qu'à la disposition de sa chaudière tubulaire ; et si les juges furent contraints, par *la lettre* du programme de concours, de se prononcer en faveur de la *Rocket*, l'opinion publique décerna la palme à la *Novelty*.

Le concours du Rainhill préoccupait profondément le monde industriel et commercial. Aussi ses résultats inespérés donnèrent-ils lieu à un immense développement d'entreprises de chemins de fer dans la Grande-Bretagne.

Depuis ces débuts en 1829, la locomotive a laissé bien loin en arrière les exigences du fameux programme de Liverpool. Au lieu des 20 tonnes à traîner avec une vitesse de 16 kilomètres à l'heure, les locomotives actuelles atteignent ici des vitesses de 100 kilomètres ; là elles remorquent des trains de plusieurs centaines de tonnes, sans parler des rampes que l'on regardait comme absolument inaccessibles aux locomotives. Et cependant les principes fondamentaux sur lesquels on construit les locomotives depuis 50 années sont encore, abstraction faite des détails de perfectionnement, ceux qui ont guidé les hommes illustres dont nous avons retracé les premiers essais.

Nous nous sommes peut-être un peu trop longuement étendu sur les débuts de la locomotive ; mais, comme l'a dit Prony — *Nouv. archit. hydraul.*, tom. II, p. 55. Paris 1790-1796 — « l'histoire de l'enchaînement des découvertes est « toujours une bonne leçon pour le génie; elle encourage « l'esprit de l'invention par le tableau de ce qui a été fait « avant nous. »

§ IV.

DESCRIPTION SOMMAIRE DE LA LOCOMOTIVE.

33. — La locomotive se compose de nombreux organes dont l'ensemble paraît, au premier abord, d'une extrême complication. Mais en l'examinant de près on voit que ce merveilleux instrument se compose de deux appareils qui, chacun pris isolément, ne présentent rien que de très simple:

— Une machine à vapeur.

— Un train.

Le premier appareil, la *machine à vapeur*, comprend la chaudière et la machinerie qui produisent, transforment et transmettent au second appareil la puissance de la vapeur.

Le second appareil, *le train*, comprend tous les organes qui servent de support, de véhicule à la machine à vapeur, et qui transforment le travail de la machinerie en effet utile, en mouvement.

Avant d'entrer dans l'étude de ces deux appareils isolés, nous croyons utile de montrer la corrélation qui existe entre eux. C'est l'objet du présent paragraphe.

34. CHAUDIÈRE. — Source du travail moteur, cet appareil doit produire d'une manière continue, avec un poids de matériaux et un volume réduits au minimum, la plus grande quantité de vapeur possible sous une pression voulue. L'admirable invention de Séguin aîné, combinée avec l'échappement de la vapeur dans la cheminée, permet seule d'atteindre ce but, en utilisant, dans les meilleures conditions que l'industrie puisse réaliser, la chaleur produite par le combustible, en répartissant l'eau à vaporiser, divisée en lames minces, autour des espaces où cette chaleur se développe.

De cette combinaison est sorti ce type, classique depuis cinquante années, de la chaudière de locomotive à deux enveloppes dont nous donnons le diagramme (pl. I, fig. 6) d'après les premières machines du chemin de fer de Liverpool à Manchester, savoir :

1° à l'intérieur, le foyer B_f et les tubes t_1, t_1.

2° à l'intérieur, la boîte E, enveloppe du foyer et le corps cylindrique C qui entoure les tubes t_1,t_1. Ces deux enveloppes se terminent à l'avant de la chaudière par la boîte à fumée B, espace où arrivent les produits de la combustion qui ont traversé le foyer et les tubes. La boîte à fumée est surmontée d'une cheminée C'.

35. FOYER ET TUBES. — C'est un parallélipipède rectangle B_f (fig. 6, pl. I) dont la base inférieure est ouverte et occupée par la grille g, la face d'arrière présente un large trou de chargement qui communique avec l'ouverture correspondante dans la face arrière de l'enveloppe munie de sa porte p_1. La face d'avant, que l'on appelle plaque tubulaire du foyer, est percée d'une série de petits trous par où débouchent les tubes t_1, t_1, qui conduisent les produits de la combustion jusqu'à la boîte à fumée B. La face h, le *ciel*, termine et ferme le foyer à la partie supérieure.

Le foyer est relié à l'enveloppe extérieure par un grand nombre de rivets, boulons ou entretoises qui maintiennent les deux enveloppes à une distance invariable, abstraction faite de l'action de la chaleur sur ces entretoises.

Entre les enveloppes régne donc un espace *e e* communiquant avec le corps cylindrique et constamment pourvu d'eau.

36. Enveloppe extérieure du foyer. — Cette enveloppe E E épouse à peu près la forme du foyer jusqu'à la hauteur de la plaque K. Au-dessus de ce niveau elle se termine tantôt en berceau circulaire, tantôt en voûte d'arête, tantôt enfin en plafond plat comme le ciel du foyer.

La plaque d'arrière est percée d'une ouverture p_1, correspondant à l'ouverture ménagée dans la plaque d'arrière du foyer pour jeter le combustible sur la grille. Ce trou est muni d'une porte.

37. Corps cylindrique. — Cette partie C de la chaudière dont le nom indique la forme et qui enveloppe le groupe des tubes t_1 t_1, porte, à l'avant la plaque tubulaire *b* de la boîte à fumée par laquelle sont fermés les espaces réservés à l'eau et à la vapeur produite.

La fig. 6, de la pl. I montre en *e e* l'espace occupé par l'eau qui environne la boîte à feu et les tubes à air chaud et en *v v* l'espace rempli par la vapeur.

38. Boite a fumée et cheminée. Les produits de la combustion venant du foyer, après avoir échauffé l'eau dans leur parcours le long des tubes t_1 t_1, pénètrent dans l'espace B, qui est la boîte à fumée, et en sortent par la cheminée C′ pour se perdre dans l'atmosphère.

Dans la fig. 6, pl. I, on remarque à la base de la boîte à fumée l'un des cylindres à vapeur D de la machine et le robinet de prise de vapeur I.

La vapeur qui a produit son effet dans les cylindres se rend par le tuyau V′ à la base de la cheminée et, en s'échappant, produit une aspiration de l'air qui alimente la combustion dans le foyer.

39. Tuyau d'introduction de vapeur. — La vapeur produite par l'échauffement de l'eau s'accumule dans l'espace V, V, (fig. 6, pl. I). Si on lui donne issue en ouvrant l'obturateur en papillon ou régulateur *I* à l'aide de la tringle *i* et

de la manette i', elle passe par l'ouverture z dans le tuyau V, V qui sort de la chaudière en z', et se rend dans le tuyau V.

40. Boite a vapeur et cylindre. — Le tuyau V amène la vapeur dans la boîte t, t qui recouvre trois ouvertures — les *lumières* — ménagées dans l'épaisseur de la partie du cylindre D (fig. 6, pl. 1). L'ouverture la plus rapprochée de l'avant de la machine donne entrée dans un canal β par lequel la vapeur qui a pénétré dans la boîte t t peut se rendre vers l'avant du cylindre; l'ouverture la plus rapprochée de l'arrière donne entrée dans un conduit α par lequel la vapeur pénètre vers l'arrière du cylindre. La troisième ouverture communique par un canal γ avec le tuyau d'échappement V', qui aboutit à la base de la cheminée.

41. Cylindre et piston. Le cylindre D est fermé vers l'avant par un disque plein ou plateau, DI; vers l'arrière par un second disque ou plateau I'D' percé d'une ouverture à travers laquelle se meut librement la tige d du piston P (fig. 6). Ce piston partage le cylindre en deux capacités distinctes, celle d'arrière et celle d'avant, chacune d'elles variant de volume selon la position du piston, mais leur somme restant constante et égale à la capacité libre totale du cylindre. Dans la position de la fig. 7 le piston P se trouve au milieu du cylindre.— Pour l'amener dans la position indiquée en P' il suffit de faire passer la vapeur par le conduit α. — Si l'on voulait, au contraire, qu'il occupât une position plus rapprochée du disque arrière du cylindre en P'', fig. 8, il aurait fallu faire entrer la vapeur par le canal β. —

42. Tiroir. — Pour introduire la vapeur tantôt par le canal α dans le cylindre, tantôt par le canal β, on se sert du tiroir θ, fig. 6, inventée en 1801 par Murray, de Leeds. Ce tiroir, ressemble à une *coquille* ou à une boîte sans fermeture en dessous. Il est construit de manière à pouvoir soit recouvrir les trois lumières à la fois, soit découvrir alternativement l'une des lumières extrêmes en mettant l'autre en communication par sa cavité, avec la lumière mé-

diane. — Si les bords du tiroir avaient, pour plus de simplicité, la même largeur que l'ouverture des lumières, le tiroir aurait pour longueur extérieure la distance des bords extérieurs des lumières extrêmes, pour longueur intérieure la distance des bords intérieurs de ces mêmes lumières. Nous verrons qu'en pratique les bords du tiroir sont plus larges que les lumières, mais cette disposition ne change rien à l'exposition que nous faisons du phénomène de la distribution.

Le tiroir est embrassé par un cadre, solidaire avec la tige que met en mouvement le machiniste agissant sur les tringles $t' t'$, $t'' t''$ et la manette q. Quand le machiniste a ouvert le régulateur I, la vapeur, introduite dans la boîte à tiroir $t\ t$, trouve, par exemple, les ouvertures β et γ bouchées, mais l'ouverture α démasquée ; elle entre dans le cylindre par la lumière α exerce sa pression contre la face *arrière* du piston (fig. 7 et 8) et, en vertu de sa force élastique, oblige ce piston à se porter en P' vers l'avant du cylindre. A ce moment si le machiniste, à l'aide de la manette q, déplace le tiroir θ de manière à lui donner la position opposée (fig. 9), c'est-à-dire masquant les ouvertures α et γ et démasquant β, la vapeur entrera par le canal β dans la capacité *avant* du cylindre, pressera le piston sur sa face *avant* et le fera reculer vers l'arrière du cylindre en P'''. Pendant cette seconde course, la face arrière du piston refoule la vapeur qui a occupé la capacité arrière du cylindre dans la première course, et qui, pour sortir, reprend le chemin α qui l'a conduite dans le cylindre. En arrivant sous le tiroir elle ne trouve d'autre issue que par l'ouverture γ mise en communication avec l'atmosphère par le tuyau V' en effectuant, à la base de la cheminée, le travail de l'*échappement*.

Le piston arrivé en P''' vers le fond arrière du cylindre, le machiniste repousse le tiroir θ de la position fig. 9 sur la position fig. 7. La vapeur neuve trouve la lumière et le canal α ouverts, entre dans la capacité arrière du cylindre, presse le piston contre sa face arrière et le pousse vers l'avant du cylindre. Durant cette évolution, la vapeur qui remplissait précédemment la capacité avant du cylindre est refoulée par le piston ; mais comme le canal et la lumière β sont à cet instant en communication avec la cavité du tiroir, la vapeur sort par la lumière médiane γ et s'échappe par le tuyau V' dans la cheminée, en contribuant au tirage du foyer.

Le mouvement alternatif du piston se continue donc ainsi, tant que la vapeur le pousse sur l'une ou sur l'autre de ses faces, par suite du déplacement alternatif et concordant du tiroir 0.

43. TIGE DU PISTON.—Au centre du piston est fixée une tige cylindrique *d* qui sort du cylindre par une ouverture pratiquée dans le couvercle arrière, et munie d'une garniture qui laisse passer librement la tige du piston mais qui empêche la vapeur de s'échapper de ce côté.

L'extrémité libre de la tige du piston se termine dans une *crosse* ou tête *u* munie d'appendices glissant entre deux guides parallèles destinées à maintenir cette crosse dans une direction toujours rectiligne.

44. BIELLE. — La crosse de la tige du piston reçoit, dans une articulation, l'une des extrémités d'une pièce rigide *n* — la bielle — reliée à son autre extrémité par une seconde articulation à la manivelle o μ.

45. MANIVELLE. — ESSIEU. — L'un des essieux de la machine, l'essieu moteur, au lieu d'être rectiligne, forme une ligne brisée sur une partie de sa longueur ; il est doublement coudé de manière à former deux manivelles o μ ayant un bouton commun μ μ. — Les figures 11 et 12, pl. I, donnent les projections de la partie coudée de cet essieu, en élévation et en plan, et la fig. 6 en profil. — La tige *d* du piston est reliée par la crosse, la bielle *n* et une articulation sur le bouton μ μ, à la manivelle o μ, de sorte que quand la manivelle se trouve au-dessus ou au-dessous de la ligne μ'' o μ'''' la tige d, la bielle *n* et la manivelle μ obéissent toutes au mouvement que la vapeur imprime au piston P. Quand celui-ci marche d'arrière en avant il tire à lui la manivelle μ et

l'amène jusqu'en μ''. Quand le piston recule d'avant vers l'arrière, il repousse la manivelle en μ''' puis en μ'''', et ainsi de suite, à la condition que la manivelle μ ne soit pas horizontale, — au *point-mort* —.

46. Double mécanisme. — Dans ce cas, la tige du piston, la bielle et la manivelle étant en ligne droite, comme dans les positions $d u \mu''$ et $d u \mu''''$, il n'y aurait pas de raison pour que la manivelle continuât à tourner, si la machine à vapeur de la locomotive ne se composait pas, en réalité, de deux machines identiques, distinctes, mais conjuguées, agissant en même temps sur l'essieu moteur. Ces deux machines sont combinées de façon que le piston du cylindre de l'une se trouvant à fond de course, par exemple en P″ (fig. 3) et la manivelle horizontale en $o' \mu'$ (fig. 11), le piston du cylindre de l'autre se trouve au milieu de sa course en P, et la manivelle correspondante occupe la position verticale en $o \mu$.

Le plan de la manivelle μ' du même essieu coudé o reliée à ce second piston fait avec le plan de la manivelle μ un angle droit ; il s'en suit que lorsque le piston du premier cylindre tire ou pousse sur la manivelle en μ'' ou μ'''' sans pouvoir la déplacer, le piston du second cylindre agit sur sa manivelle occupant les positions μ' ou μ''' et la force à tourner.

47. Roues motrices, roues porteuses. — De cette façon l'essieu moteur, obéissant constamment à la force élastique de la vapeur qui agit sur l'un ou l'autre des pistons, tourne, entraîne dans son mouvement de rotation les roues motrices ρ ; celles-ci engrènent, par leur adhérence, avec le rail, roulent et forcent la locomotive de les suivre dans leur mouvement de translation, la machine reposant à l'avant sur les roues porteuses ρ' qui sont poussées par la machine.

48. Condition de continuité du mouvement. — La transformation du mouvement rectiligne alternatif imprimé par la vapeur au piston, en mouvement circulaire continu transmis à la manivelle et à l'essieu moteur muni de ses roues, s'effectuera donc indéfiniment, pourvu que le déplace-

ment alternatif du tiroir 0 se combine sans interruption avec les évolutions du piston.

49. — EXCENTRIQUE. — Ce déplacement du tiroir que le machiniste opère à l'aide des tringles $t'\,t'$, $t''\,t''$ et de la manette q, peut s'effectuer aussi par le mouvement même de la machine. (fig. 6, 7, 8, 9 et 10, pl. I).

En effet, la tige du tiroir est soumise aux oscillations du levier $\tau\tau'$. Celui-ci se termine en τ' par un bouton qui reçoit dans une encoche l'extrémité λ de la barre $B'\lambda$ articulée en B' à un collier BB' enveloppant une poulie Σ entraînée par l'essieu moteur dans son mouvement de rotation.

Cette poulie Σ n'est pas concentrique avec l'essieu. Son centre est distant du centre de l'essieu d'une quantité $oo' = oo'' = oo''' = oo'''' = r$.

50. MOUVEMENT DE LA BARRE D'EXCENTRIQUE. — Si nous suivons un point m' de la poulie excentrique (fig. 7, pl. I) et le point B' du collier pendant une révolution, nous voyons que dans le premier quart le point m' s'est élevé en m'' (fig. 8) et que le point B' s'est élevé en B''; qu'ensuite le point m' arrive en m''' et le point B' se trouve en B''' ; qu'à partir de ce moment, le point m' revenant vers la verticale qui passe en o ramènera le point B' en arrière et que, quand la révolution du point m' sera complète, le point B' reviendra à son point de départ.

Un tracé graphique démontre que le point B' décrit un cercle dont le rayon est égal à r, et que son diamètre, projection des déplacements de ce point B' sur la ligne $B'\lambda\tau'$, est égal au déplacement du bouton o' lui-même égal au déplacement du tiroir 0 par suite de l'égalité des bras de levier du balancier $\tau\tau'$.

51. RELATION DE L'EXCENTRIQUE ET DE LA MANIVELLE. — Que faut-il pour que l'essieu de la machine déplace le tiroir 0 au moment où le piston étant en marche doit changer le sens de son mouvement alternatif? Que le tiroir 0 soit prêt à démasquer la lumière β, par exemple, lorsque le piston est en P' et la manivelle horizontale, et à mettre la lumière

α en communication avec l'échappement γ ; qu'il occupe par conséquent la position verticale et médiane de ses déplacements, que par suite le grand rayon $o\ m$ de l'excentrique qui commande sa marche occupe la position $o\ m''$ ou om'''', en d'autres termes, il faut que le grand rayon de l'excentrique soit placé à 90° du rayon de la manivelle de l'essieu moteur.

52. Poulie a deux excentriques. — Nous avons dit que la machinerie est composée de deux machines à vapeur agissant simultanément sur le même essieu moteur, coudé en deux manivelles qui font entre elles un angle de 90°. — Et comme il faut un excentrique pour commander la marche de chaque piston, les deux pistons exigent l'emploi de deux excentriques lesquels doivent avoir leur grand rayon placé de manière que leurs plans comprennent entre eux aussi un angle de 90° comme les manivelles qu'ils commandent.

Les deux excentriques $p\ o, p'o'$, (fig. 11 et 12, pl. I) sont fondus en deux parties qui s'ajustent l'une sur l'autre pour embrasser l'essieu moteur. Chaque poulie porte son collier réuni par une articulation à la barre d'excentrique $B'\ \tau'\ \gamma$ (fig. 7 et 8) qui transmet le mouvement au tiroir 0.

Le bloc des deux excentriques est ajusté sur l'essieu de manière à pouvoir tourner librement autour de cet essieu et glisser parallèlement à son axe. Pour que, dans son mouvement de rotation, l'essieu entraîne les excentriques, on applique à demeure sur chacune des deux bases opposées du bloc, un disque circulaire qq, $q'q'$, percé d'un trou dans lequel peut s'engager un taquet r, r^1 fixé à demeure sur l'essieu.

En faisant glisser le bloc le long de l'essieu, l'œil du disque rencontre le taquet fixe et se trouve, par ce dernier, entraîné dans le mouvement de rotation de l'essieu ; de là le mouvement transmis aux tiroirs.

53. Changement de marche. — Les taquets fixés sur l'essieu sont placés de telle sorte que l'un d'eux, r par exemple,

engagé dans l'œil du disque voisin qq' commande la distribution de la vapeur dans les cylindres pour faire tourner les manivelles dans un sens, tandis que l'autre taquet r' engagé dans le disque correspondant $q'q'$ commande la distribution dans un sens opposé. Voici comment :

Du renversement de la distribution découle le renversement de marche du piston et par suite de la manivelle. Pour effectuer cette manœuvre, on a pratiqué entre les deux excentriques une gorge cylindrique g_1 saisie par les deux branches F_1 d'une fourche F (fig. 11 et 12) fixée sur un petit arbre ω_1 que l'on peut faire glisser horizontalement dans ses coussinets x_1 x_1 à l'aide d'une transmission intermédiaire f, r, s, (fig. 6) commandée par une manette s ou bien par une pédale placée sur la plateforme de la machine.

Le machiniste peut ainsi porter la fourche et le bloc d'excentrique vers le taquet de la marche en avant ou embrayer la poulie sur le taquet de la marche en arrière ; il fait donc à volonté, avancer ou reculer la machine. Or, les deux taquets sont placés sur l'essieu à angle droit entr'eux et à angle droit sur les manivelles. — L'un d'eux fixe le grand rayon de son excentrique dans la position horizontale *en arrière* quand la manivelle se trouve verticale *au-dessus* de l'essieu et tirée en avant par le piston ; l'autre arrête le grand rayon de son excentrique dans la position horizontale *en avant* quand la manivelle se trouve verticale *au-dessous* de l'essieu et tirée en avant par le piston. — Dans la première position le piston fait tourner les roues pour la marche en avant, dans la seconde, le piston fait tourner les roues pour la marche en arrière.

54. Avance du tiroir. — L'amplitude de déplacement du tiroir est égal à deux fois le rayon d'excentricité r, quand les deux bras du levier τ τ' sont égaux. Lorsque le grand rayon de l'excentrique Σ étant horizontal en O B′ passe en O B‴, il fait parcourir au point B″ d'attache de la barre B′λ un chemin $\delta = 2r$. Dans ces deux positions extrêmes du point B′ le tiroir parcourt sur sa table un chemin de même longueur.

Mais quand l'excentrique est placé dans sa position médiane O B', le tiroir commandé par la barre B'' τ'' ou B''' τ''', devenue oblique relativement à ses positions extrêmes, ne se trouve plus dans sa position médiane, car le point τ' au lieu de se trouver au milieu de la distance $\tau'' \tau'''$ se trouve en deçà ou au delà de ce point milieu. Cette nouvelle position est distante de la position voulue de la différence entre la longueur de la barre λ et sa projection λ', sur la ligne qu'occupe la barre λ quand l'excentrique est à ses deux positions extrêmes.— On a $\lambda_1 = \sqrt{\lambda^2 - r^2}$. — Si l'on prend, par exemple, $\lambda =$ 1m,500, $r =$ 0m,06, on trouve pour λ-λ_1 une valeur de 0m,004.

A ce retard s'ajoutent les *temps-perdus*, jeu que prennent les pièces dans leurs articulations. On comprend que le piston dans la position considérée ne peut contribuer à la marche de la machine, qu'autant que l'autre piston en continuant à faire tourner l'essieu moteur, amènera le tiroir en retard à démasquer la lumière d'admission.

Mais alors le piston aura parcouru une partie de sa course, non-seulement sans être pressé par la vapeur neuve sur l'une de ses faces, mais encore ayant à comprimer sur son autre face la vapeur usée dont l'échappement est aussi en retard.

53. AVANCE ANGULAIRE. — De là est née la nécessité de l'avance du tiroir obtenue à l'aide de l'*avance angulaire* donnée au calage de la poulie d'excentrique. Par cette avance du tiroir on obtient non-seulement l'avance à l'admission qui donne aux deux pistons une action simultanée sous la pression de la vapeur venant de la chaudière, mais on diminue la période de contre-pression de la vapeur déjà utilisée, en lui ménageant une issue anticipée, puisque l'avance à l'admission a pour conséquence l'avance à l'échappement. — La seconde, appelée à réduire aussi rapidement que possible la résistance opposée par la vapeur usée, doit nécessairement être plus grande que la première, puisqu'il suffit pour celle-ci que la lumière soit simplement démasquée afin d'être en mesure de fournir au piston la vapeur qu'il utilisera dès le commencement de la période de travail.

L'avance linéaire du tiroir s'établit d'après celle de l'échappement qui est la plus grande des deux ; — elle varie avec le type des machines, pour l'admission de $0^m,002$ à $0^m,005$, pour l'échappement de $0^m,015$ à $0^m,025$.

C'est l'angle α (fig. 10, pl. I) compris entre le rayon de l'excentrique supposé vertical et le même rayon donnant au tiroir sa position normale.

L'avance linéaire OB_1, étant déterminée, la perpendiculaire $B\ B_1'''$, fixe la grandeur de l'angle α ; en appelant r le rayon d'excentricité, on a l'avance linéaire $OB_1 = r \sin \alpha$.

La ligne verticale $B''\ B''''$ de la figure 7 indiquant que le tiroir reprend sa position médiane quand le piston est à l'extrémité de sa course, est devenue la ligne dont la projection est B_1B_2, dans la fig. 10 $B_1''\ B_2''''$; ce qui indique que le tiroir ne revient pas à la même position quand le piston parvient aux deux extrémités de sa course. Ce déplacement du centre d'oscillation nécessite une opération complémentaire désignée dans les ateliers sous la dénomination de *règlement du tiroir* dont nous parlerons en traitant des détails de construction. — Chap. II, § III.

56. RECOUVREMENT.— Quand les bords ou *bandes* du tiroir qui masquent les lumières d'admission ont exactement la largeur de ces lumières, l'admission de la vapeur a lieu pendant tout le temps que met le piston à opérer sa course et le tiroir à revenir à sa position médiane. Dans ce cas la vapeur agit constamment avec sa pleine pression initiale ; elle doit aussi s'échapper dans la période suivante avec cette même pression. Il s'ensuit qu'elle ne donne qu'une fraction de sa force élastique, car on ne tire aucun parti de la précieuse faculté qu'elle possède de fournir une notable quantité d'effet utile si on l'a fait détendre dans le cylindre sur une portion de la course du piston.

Nous venons de voir que l'avance donne à la machine une allure plus régulière, et que l'avance à l'échappement diminue notablement la contre-pression de la vapeur usée contre la face du piston. L'avance à l'échappement doit être plus grande que l'avance à l'admission ; sans cela elle amènerait dans la capacité du cylindre vers laquelle se dirige le piston une quantité de vapeur telle que la contre-pression qui en serait la conséquence, nuirait à la marche de la machine. On réduit donc l'avance au strict nécessaire, et c'est en élargissant la bande du tiroir, en lui donnant du recouvrement, que l'on corrige cet excès.

57. Distribution a quatre excentriques. — Dans les premières machines citées précédemment — 41, 42 — le changement du sens de la marche s'opère en désembrayant la poulie du taquet d'entraînement qui produit la marche en avant par exemple, et en embrayant la poulie sur le taquet de la marche en arrière, ou *vice versa*. Comme au moment du débrayage le taquet à embrayer se trouve à 90° de l'œil du disque qu'il doit entraîner, il faut attendre que l'essieu ait tourné de 180° et qu'ayant mené le taquet en face de cet œil, il s'y engage. — C'est seulement après cette perte de temps que se produit le renversement de la distribution. — Mais le choc du taquet dans son œil est violent : la manœuvre est difficile et peut même manquer son effet, toutes choses impossibles à tolérer en exploitation de chemin de fer. Aussi R. Stephenson renonça-t-il bientôt à ce mode vicieux de transmission pour adopter une disposition plus rapide et plus sûre qu'il appliqua à la *Victorieuse*, machine mixte employée aux travaux du chemin de Versailles, rive gauche, ainsi qu'à toutes les machines qui sortaient de ses ateliers à cette époque.

Chaque tiroir dispose de deux excentriques Σ Σ' (fig. 13, pl. I) ; chacun de ces excentriques est enveloppé par un collier réuni à une barre rigide λ et λ' qui se terminent en f et f' par une fourche à deux branches. — Dans la figure que nous donnons, les deux fourches tournent leur ouverture l'une vers l'autre ; dans la *Victorieuse* les deux fourches tournaient toutes deux leur ouverture vers le haut. — La fourche reçoit dans le fond de l'angle de ses branches le bouton π de l'extrémité du levier $\rho\rho'$ qui peut osciller autour du point o. Quant au point τ' il est relié par articulation à la tige du tiroir et, quand il se déplace par suite de l'oscillation du point τ, il fait occuper au tiroir les positions voulues pour la distribution. Dans la fig. 13, le tiroir est placé pour la marche en avant. Pour changer de marche il suffit de porter le levier q dans la position q'. Par cette manœuvre qui rappelle en arrière la tringle t, le levier coudé $t'\ o'\ s'$ est amené en $t''\ o'\ s''$, le tirant $s'\ f$ dégage en la soulevant la fourche f du bouton τ, élève par le tirant $s'\ f'$ la fourche f' jusqu'à ce que le bouton τ occupe le fond de l'angle de ses branches. En s'élevant, la fourche f' fait glisser le bouton le long de sa branche d'arrière et le force à s'avancer vers l'avant de la machine. Ce changement de position du bouton τ entraîne nécessairement le changement de position du point τ' et du tiroir qui, disposé jusque-là pour la marche en avant, se trouve ramené vers l'arrière où il renverse le sens de distribution de la vapeur; au lieu de presser le piston vers l'avant, la vapeur le refoulera vers l'arrière. Le piston à son tour, en changeant de sens, fera changer le sens de rotation des roues motrices et par suite la direction de la machine. La fig. 13 montre que le bouton commandant la marche du tiroir est toujours enveloppé dans l'espace compris par les quatre branches des fourches ff'. La manœuvre du changement de marche est donc toujours sûre; mais ce mode de transmission ne permet pas encore de faire varier la durée de l'admission et par conséquent la période de détente.

58. Coulisse. — Cette ingénieuse disposition que R. Stephenson a vulgarisée en y attachant son nom est représentée par la fig. 14, pl. I. Les deux barres $\lambda'\ \lambda$ des excentriques, qui commandent le jeu du tiroir, aboutissent aux extrémités d'une pièce C C' évidée dans toute sa longueur pour recevoir dans l'évidement le bouton ou coulisseau τ qui commande directement la tige du tiroir $\tau'\ \tau$. La pièce $c\ c'$ est suspendue à l'aide de deux boutons latéraux par deux tringles fr articulées au levier à contrepoids of dont le mouvement est

commandé par la tige $o\ s$, la tringle t et le levier de changement de marche q.

Dans la position que la fig. 14 indique, le coulisseau τ se trouve au milieu de la longueur de la coulisse, au *point-mort*, et le tiroir au milieu de sa course, couvrant toutes les lumières. — Lorsqu'on déplace le levier de changement de marche q et qu'on l'amène en q', par exemple, la tringle t pousse le point d'articulation s du levier coudé $s\ o\ f$ de s en s', et par suite le point f en f'. En descendant, la tringle $f\ r$ entraîne dans son mouvement la coulisse C C' dont le point C vient toucher le coulisseau. Le point C étant relié par la barre λ à l'excentrique de la marche en avant c'est celui-ci qui commande la marche en avant.

La manœuvre inverse, c'est-à-dire le renversement du levier q en q' porterait le point C' de la barre de l'excentrique de la marche en arrière auprès du bouton τ et ramènerait le tiroir dans la position inverse de la première, c'est-à-dire le placerait pour la marche en arrière.

Quand le coulisseau occupe l'une de ces positions extrêmes l'admission fonctionne en plein pendant toute la course du piston. — Elle est nulle ou au minimum quand le coulisseau est au milieu de la coulisse comme dans la fig. 14.

59. Détente. — Entre ces deux positions le coulisseau peut être placé en un point quelconque au moyen du levier de changement de marche. S'il est au voisinage du point mort la course du tiroir et par conséquent l'admission est faible, la détente considérable. S'il se rapproche de la position extrême, la course du tiroir augmente, la période de l'admission s'accroît, et par conséquent celle de la détente diminue.

En un mot, la coulisse permet au mécanicien de tirer de la machine tout ce qu'elle peut donner : un grand développement de puissance au moment nécessaire, une grande économie de vapeur quand la charge à remorquer ne réclame qu'un faible effort de traction.

Dans les machines à mécanisme extérieur, les poulies d'excentriques rapportées sur l'essieu sont remplacées par une manivelle rapportée à l'extrémité de l'essieu et en dehors de la manivelle motrice.

60. Excentrique unique. — Les poulies d'excentrique et leur collier donnent lieu à des frottements considérables et à des frais d'entretien quelquefois assez importants.

Supprimer l'un des deux excentriques et emprunter l'action d'un point de la tige du piston, tel est le but de la distribution Heusinger von Waldegg et de la distribution Walschaert qui a été longtemps en faveur en Belgique et au chemin de fer du Nord. — Voici l'une de ses applications à une machine construite à Saint-Léonard près Liége.

La coulisse F M (fig. 10, pl. XXIII) avec sa convexité tournée vers l'essieu moteur et suspendue par le point N, se meut sous l'action de la bielle d'excentrique.

En F est le coulisseau qui, en changeant de position dans la coulisse à l'aide du mécanisme de relevage L O′ O H G, fait varier la détente et le sens de la marche. Ce coulisseau F donne le mouvement à la tige du tiroir par l'intermédiaire de la bielle à fourche G F D et de la tige E D C articulée en C à une petite bielle qui elle-même articulée en B, emprunte son mouvement à la crosse de la tige du piston A par la branche rigide A B.

L'excentrique, calé à 90° et en arrière de la manivelle motrice, règle le mouvement du point D et donne une distribution satisfaisante avec une avance constante pour tous les crans. Enfin la vitesse du mouvement du tiroir aux extrémités de sa course est augmentée par l'action qui lui arrive de la tige du piston, ce qui fait ouvrir ou fermer les lumières plus vivement que par les distributions à deux excentriques.

CHAPITRE II.

LA MACHINE A VAPEUR.

§ I.

CONSTRUCTION DE LA CHAUDIÈRE.

61. Conditions générales. — On exige d'une chaudière de locomotive que non-seulement elle fournisse sans interruption la vapeur nécessaire au service imposé à la machine, mais encore qu'elle la produise au meilleur marché possible.

C'est ainsi qu'après avoir admis comme indispensable l'emploi du coke dans les foyers de locomotive, on s'est aperçu que la houille en gros morceaux chauffait aussi bien sinon mieux que le coke, et à moitié prix.

Plus tard on s'est contenté de la houille menue mais agglomérée en briquettes.

Aujourd'hui, on va plus loin. La houille augmentant de prix, il faut se contenter de la houille *tout-venant*, c'est-à-dire sans triage, telle que la mine l'a produite, et en tirer toute la chaleur qu'elle peut donner.

La construction de la chaudière est donc un problème de mécanique, de physique appliquée et d'économie industrielle, qu'il faut chercher à résoudre en conciliant les exigences de l'Exploitation et celles du budget de la Traction.

62. Boite a feu. — *Nature du métal employé.* — L'enveloppe du foyer à laquelle on donne le nom de boîte à feu prend généralement la forme d'une caisse rectangulaire sans fond. On a essayé de lui donner d'autres formes et particulièrement celle d'un demi-cylindre vertical, mais on y a renoncé. Le cuivre avait tout d'abord été employé pour la construction des parois de cette enveloppe, mais en raison du

prix élevé de cette matière et dans le but de diminuer les frais de premier établissement, on fit des essais de boîtes à feu en tôle. En France, comme en Allemagne, les résultats obtenus furent si peu satisfaisants qu'on y a généralement renoncé. Construites en fer, les boîtes à feu ne tardent pas à devenir hors d'usage. Sur le chemin de Cologne à Minden, deux foyers de machines à marchandises construits en tôle de fer ont dû être remplacés, au bout de treize mois de service, par des foyers en cuivre. A quelques exceptions près, toutes les lignes de l'Allemagne qui avaient mis ce système à l'essai en ont obtenu de mauvais résultats. La partie la plus sujette à se détériorer, c'est la plaque tubulaire. On a fait des boîtes à feu dans lesquelles le ciel, les parois latérales et antérieures seules étaient en tôle de fer ; les résultats, quoique plus satisfaisants que pour la première disposition, laissent cependant beaucoup à désirer.

On a également essayé sur les chemins autrichiens des boîtes à feu en tôle d'acier fondu ; elles se sont promptement détériorées et ont dû être remplacées par des enveloppes en cuivre. Les mêmes résultats ont été obtenus sur les lignes de l'Est et de Lyon où des essais analogues avaient été faits.

Cependant on a repris sur le chemin du Nord Kaiser-Ferdinand (Autriche), l'application de l'acier, mais de l'acier Bessemer, sur une échelle très restreinte il est vrai : ainsi, en 1871, un foyer ; en 1874, un foyer ; en 1875, un foyer ; en 1876, deux foyers ; en 1877, un foyer. — Il sera interessant de suivre ces essais.

63. Formes. — Une boîte à feu rectangulaire en tôle de cuivre se compose généralement de trois feuilles, dont l'une, repliée deux fois sur elle-même, forme le ciel et les parois latérales, et vient se river par ses lisières sur les bords rabattus des deux autres qui forment les fonds. Les figures 6 et 7, pl. XLVI représentent, la première, la paroi d'arrière, la seconde, la paroi d'avant d'une boîte à feu. Dans les machines françaises, l'épaisseur de ces feuilles est de $0^m,010$ à $0^m,015$, sauf pour la plaque antérieure, qui, devant recevoir les extrémités des

tubes, présente dans la partie correspondante une épaisseur de $0^m,025$. En Allemagne, les dimensions généralement adoptées sont de $0^m,015$ à $0^m,016$ pour les parois d'arrière et des côtés, et de $0^m,025$ à $0^m,026$ pour la plaque tubulaire. Quelques ingénieurs ont porté les premières à $0^m,17$ et $0^m,18$, mais ces dimensions n'ont pas donné en général d'aussi bons résultats. D'autres, au contraire, ont essayé de diminuer autant que possible l'épaisseur des parois. Parmi ces derniers, ceux de la ligne de Thuringe ont reconnu que la limite inférieure, au-dessous de laquelle on ne pouvait descendre sans danger, était $0^m,008$, et après de nombreux essais, ils se sont tenus à $0^m,012$. La courbure affectée par les feuilles dans l'emboutissage n'est pas indifférente ; il est bon de lui donner le plus grand rayon possible. La figure 4, pl. XLVI, montre en grandeur d'exécution la courbure adoptée par le chemin de fer de l'Est. A l'Ouest on essaie de réunir ces feuilles par des cornières.

Les rivets qui réunissent entre elles ces trois feuilles sont tantôt en fer, tantôt en cuivre ; ces derniers paraissent préférables.

Souvent, afin d'augmenter la surface de chauffe directe ou le nombre des tubes, on donne au foyer une forme un peu évasée à la partie supérieure (fig. 3 et 7, pl. XXV).

Dans certaines machines anglaises et américaines, on a employé des boîtes à feu de forme plus compliquées et présentant quelquefois à leur suite une ou deux chambres de combustion. Ces diverses dispositions qui ont permis à quelques constructeurs de réaliser des foyers brûlant suffisamment bien la fumée ou des combustibles spéciaux, comme l'anthracite d'Amérique, arrivent à des complications telles que la pratique courante doit s'en abstenir.

64. Liaisons avec l'enveloppe extérieure. — Quelle que soit sa forme, la boîte à feu est recouverte d'une enveloppe peu distante de la première dans sa partie inférieure, mais s'élevant beaucoup au-dessus d'elle, dans la région supérieure. Ces deux enveloppes sont réunies dans le bas par une

série d'entretoises en cuivre de 0m,023 en fer ou en acier de 0m,020 de diamètre, filetées sur toute leur longueur, vissées par leurs extrémités sur les parois taraudées à cet effet, et rivées ensuite à chaque bout.

L'entretoise a l'une de ses extrémités droites que l'on termine en goutte de suif après la pose ; à l'autre extrémité la goutte de suif est surmontée d'une tête carrée servant à visser l'entretoise à froid. Quand la rivure est faite on détache la tête carrée au burin.

Il est important de ne placer les entretoises extrêmes ni trop près ni trop loin de l'angle des tôles recourbées (fig. 5, pl. XLVI) : 10 à 12 centimètres en moyenne. Sur les machines allemandes, les limites que l'on n'a pas dépassées sans inconvénient sont 0m,070 au minimum et 0m,170 au maximum. L'expérience a également prouvé que les entretoises en cuivre étaient préférables à celles en fer, qui présentent souvent des défauts dont on ne s'aperçoit pas tout d'abord et qui causent par la suite des ruptures fréquentes. Il est important, pendant le montage ou les réparations du foyer, d'apporter beaucoup de soin à l'opération du montage des entretoises; souvent, pour faciliter le remplacement de celles qui sont en mauvais état, on les rive simplement à l'extérieur et on les serre à l'intérieur par des écrous en cuivre. L'influence considérable des entretoises sur la solidité de la boîte à feu et la difficulté de s'assurer de leur bon état de conservation, par la position qu'elles occupent entre deux parois très rapprochées, a depuis longtemps appelé l'attention des ingénieurs sur la possibilité d'introduire dans leur construction et leur montage quelque amélioration au point de vue de la sécurité. On a essayé successivement d'augmenter leur diamètre ou d'en multiplier le nombre.

Entretoises percées. On est arrivé enfin à l'essai d'entretoises creuses en fer ou en cuivre. En Angleterre, où cette disposition adoptée depuis plusieurs années a donné de bons résultats, ces entretoises sont composées de tubes creux de 0m,03 de diamètre extérieur filetés sur toute leur longueur, rivés sur les deux enveloppes et bouchés à leur extrémité extérieure par une rondelle chassée à force. Avec cette nouvelle disposition, il devient plus facile de se rendre compte de l'état des entretoises en les examinant intérieurement. Aussitôt qu'une fissure se déclare dans l'une d'elles, il se manifeste une fuite d'eau de la chaudière, et le mécanicien peut être ainsi immédiatement averti de la nécessité de remplacer l'entretoise ; le forage des entretoises présente également l'avantage de rendre quelquefois sensibles des défauts intérieurs qui auraient pu sans cela passer inaperçus et causer ensuite la rupture de la pièce. Le perçage des entretoises est une bonne mesure de sécurité. La fuite que la rupture de l'une d'elles indique, permet de remédier sans retard à la réparation et préserver les entretoises voisines de la destruction. On doit même percer les anciennes entretoises en service, car l'opération donne un contrôle certain de leur état.

Les entretoises sont tantôt forées d'outre en outre et bouchées à l'extérieur (fig. 8, pl. XXXV) tantôt forées vers l'intérieur seulement.

Une rupture d'entretoise se fait connaître immédiatement dans le foyer et on peut remplacer sans retard préjudiciable à la conservation de l'appareil à vapeur les pièces avariées.

Calcul du diamètre des entretoises. — Les entretoises peuvent supporter une tension de 30 kil. par $^{m}/_{m}{}^{2}$ de section, mais on ne leur fait supporter que le $\frac{1}{6}$ de cette charge, soit 5 kilog.

p étant la pression de la vapeur en kilog. par millimètre carré de section,

d' le diamètre des entretoises en millimètres, au fond du filet,

E l'espacement des entretoises d'axe en axe, en millimètres,

R la charge de sécurité,

On a entre ces quantités la relation suivante :

$$p\ E^2 = \frac{\pi\ d'^2}{4} \times R$$

E est compris entre 90 et 125 millimètres.

Si on prend R = 5 kil. $d' = 0{,}8\ d$, on aura

$$p\ E^2 = 5\ \frac{\pi}{4}\ 0,\ 64\ d^2$$

d'où
$$d = E\ \sqrt{\frac{4\ p}{5\ \pi.\ 0{,}64}} = 0{,}625\ E\ \sqrt{p}$$

Si E = 13 $^m/_m$, épaisseur de la tôle de cuivre, $p = 9$ at., pression de la chaudière, ou bien $p = 0^k,\ 0826$ par $^m/_m{}^2$ $\sqrt{p} = 0{,}286$.

Si E = 100 $^m/_m$ $d = 100 \times 0{,}286 = 18,\ 5$.

En pratique on prend $d = 22\ ^m/_m = 0{,}22$ E qui correspond à R = 4^k.

65. Cadre inférieur. — A leur extrémité inférieure les deux enveloppes sont également réunies par un joint qui peut être fait de plusieurs manières différentes. On a d'abord employé pour cet usage une double cornière ou une pièce en forme de U en bronze coulé.

Ce cadre avait l'inconvénient de se briser. On l'a successivement remplacé par une double cornière en fer, rivée aux deux parois, puis par un simple cadre en fer forgé fixé par des entretoises rivées (fig. 10, pl. XLVI). C'est la meilleure disposition, de beaucoup préférable à celles que représentent les fig. 8 et 9 de la pl. XLVI.

66. Ciel du foyer. — Le ciel peut être préservé de la déformation de la même manière, mais en général il est muni d'armatures transversales qui sont fixées au moyen de boulons vissés dans la paroi de l'enveloppe et serrés par un écrou à la partie supérieure. Ces boulons sont ordinairement en fer; les armatures, de forme parabolique, sont formées de pièces en fer forgé ou de doubles flasques en tôle, séparées par des rondelles en fer, que traversent les rivets qui les réunissent. Ces armatures sont maintenues à une certaine distance de la paroi du foyer par des portées saillantes ménagées à leur partie inférieure. Il est important que cette distance soit suffisante pour laisser une libre circulation à l'eau, même après le dépôt d'une certaine quantité de matière incrus-

tante, afin d'éviter un coup de feu sur le ciel. Ces armatures sont reliées par des tirants en fer à l'enveloppe extérieure. Ces tirants soulagent les entretoises et les tubes qui touchent le foyer, et assurent la partie supérieure de son enveloppe contre toute déformation que les armatures seules ne peuvent pas toujours prévenir.

Dans les dernières machines construites par les chemins de fer du Nord, de l'Est, du Kaiser-Ferdinand on a adopté à la consolidation de cette partie le même système d'entretoises que pour les parois latérales. — Pl. III, VI, XXV.

Le ciel du foyer est généralement horizontal ; mais dans les machines appliquées à la traction sur fortes rampes, on incline le ciel du foyer vers l'arrière afin d'éviter qu'il n'émerge hors de l'eau et ne reçoive un coup de feu (fig. 1, pl. XXII).

67. Plaque tubulaire. — Nous avons dit précédemment que la plaque tubulaire présentait, à l'endroit des tubes, un surcroît d'épaisseur. Il faut éviter que la transition d'une épaisseur à l'autre soit trop brusque. La disposition indiquée pour cette partie par la fig. 4, pl. VI, nous paraît préférable à celle que représente la fig. 1, pl. III. Dans d'autres, enfin, l'épaisseur de la plaque est uniforme sur toute sa hauteur. Lorsque le changement brusque de dimensions a lieu au-dessus du premier rang d'entretoises, on devra relier la plaque tubulaire au-dessous du dernier rang de tubes, au corps cylindrique de la chaudière, au moyen de harpons à patte rivée sur la chaudière et munis, à l'autre extrémité, de deux écrous serrés de chaque côté de la plaque tubulaire.

La liaison de la plaque tubulaire avec le corps cylindrique indiquée par la figure 17 de la planche I, est défectueuse. Elle consiste en 9 agrafes de 12 centimètres de largeur réunies à la plaque par des tirants taraudés aux extrémités, la tête et la plaque étant fraisées pour y appliquer du chanvre et du minium. Cette liaison occasionne des fuites probablement par suite de l'allongement de l'agrafe coudée au-dessus des rivets. Cette fraisure produit un mauvais effet, il vaudrait mieux laisser la tête du tirant arrondie et pleine (fig. 18, pl. I), ce qui permettrait de river et matter. On a proposé de suppléer à ce manque de solidité par la substitution à quelques tubes de tirants réunissant la plaque du foyer à celle de la boîte à fumée.

Avant de procéder à ce remplacement, on a essayé de se servir des premières agrafes en les reliant à la plaque du foyer par des tirants taraudés sur toute l'épaisseur de la plaque et sans fraisure (fig. 18, pl. I).

Foyers a toles ondulées. — Les difficultés de l'entretien des foyers sont dues aux contractions et dilatations inégales de leurs différents éléments. Partant de ce point de vue on a essayé de prévenir la dislocation en laissant aux tôles plus de liberté.

La compagnie Nord-Est suisse a construit dans ce but, il y a quelques années déjà, les foyers en tôles ondulées. Les résultats obtenus ne paraissent pas parfaitement satisfaisants.

Foyer sans armature, système Polonceau. — M. E. Polonceau, ingénieur aux chemins de fer de l'État autrichien, forme le ciel du foyer par la réunion de plusieurs arches obtenues par le cintrage de tôles en U de $0^m,25$ à $0^m,30$ de largeur et reliées par leurs nervures entre lesquelles on interpose une petite lame de cuivre qui rend le joint parfaitement étanche. Cette invention, toute récente, n'a pas encore reçu la sanction définitive de l'expérience.

68. Porte de chargement. — L'ouverture percée à travers les deux enveloppes réunies par un cadre en fer, et servant à introduire le combustible, est fermée par une porte généralement en tôle avec contre-plaque, maintenue à distance par des entretoises. Cette contre-plaque sert à protéger la porte contre l'action directe du foyer et l'empêche de se déformer. La porte est manœuvrée par une chaîne ou par leviers articulés à la disposition du mécanicien. (fig. 10, pl. XXXV.)

69. Grille. — Sur la grille g (fig. 6, pl. I) formée de barreaux de fonte ou de fer placés l'un près de l'autre mais à

une certaine distance, le combustible brûle à l'aide de l'air extérieur qui, après avoir franchi le cendrier *h*, traverse la grille par les espaces ménagés entre les barreaux. La paroi interne des plaques qui enveloppent le combustible en ignition, exposée au rayonnement direct de la chaleur développée sur la grille, s'échauffe et transmet la chaleur à la paroi externe de ces mêmes plaques baignée par l'eau qui se transforme en vapeur.

70. Emploi de la houille menue. — Depuis qu'on cherche à substituer la houille menue au gros charbon et aux briquettes, comme cette houille ne peut brûler que sur une faible épaisseur, 0m,12 à 0m,15, il faut, pour développer dans l'unité de temps la quantité de chaleur voulue, augmenter dans une forte proportion la surface de la grille. Telle est la tendance indiquée par les dernières machines. (Voir fig. 3, pl. II, fig. 1, pl. III fig. 1 et 4, pl. VI.)

Les barreaux se font ordinairement en fer forgé ou laminé, ou en fonte. Les premiers, quoique présentant plus de garantie de solidité, sont cependant moins souvent employés que les barreaux en fer laminé, dont le prix d'achat est moins élevé, mais dont la durée est aussi moins grande. Dans les grilles Belpaire, appliquées aux machines du Nord, les barreaux sont en fonte.

La longueur des barreaux ne dépasse pas 1m,34. Lorsque l'étendue de la boîte à feu permet de porter la longueur de la grille au delà de cette dimension, on donne aux barreaux la moitié de cette longueur, et on les ajoute bout à bout, en les faisant poser sur un support placé au milieu de la grille. Il sera toujours préférable, dans tous les cas, d'employer des barreaux courts, car ils sont alors moins sujets à se déformer sous l'action de la haute température du foyer. Pour faciliter leur dilatation, il faudra avoir soin de leur donner au minimum 0m,01 centimètre de moins que la longueur de la boîte à feu. L'écartement des barreaux doit être suffisant pour donner passage à l'air nécessaire à la combustion ; d'autre part, l'emploi de plus en plus fréquent de combustibles menus, oblige les constructeurs à resserrer les vides autant que possible ; il sera donc nécessaire, pour concilier ces deux conditions, de faire usage de barreaux très minces et très rapprochés. Le cadre en fer qui soutient les extrémités des barreaux est fixé par l'intermédiaire de supports en fer plat aux parois de la boîte à feu, un peu au-dessus de son extrémité inférieure, afin de préserver du contact de la flamme la partie des parois de la chaudière où se formeront les premiers dépôts. Le chauffeur peut, sur cette portion de la grille, rassembler tout le mâchefer et le faire tomber ensuite par une manœuvre facile.

71. Jette-feu. — La grille est généralement composée aujourd'hui de deux parties, l'une fixe, l'autre mobile. Cette dernière est disposée de manière à s'abattre à la volonté du machiniste (voir les différentes planches de l'Atlas), et rejeter hors du foyer le combustible en ignition, quand il y a urgence d'éteindre le feu en cas de détresse en service ou bien simplement lorsque la machine rentre au dépôt.

Dans les machines anglaises, une disposition de grille fréquemment adoptée est la suivante ; les barreaux sont de simples barres de fer plat, reposant sur des barres de fer rond munies de cheville, dont l'épaisseur donne l'intervalle des barreaux et dont l'écartement est réglé sur leur épaisseur. Les dimensions adoptées dans beaucoup de ces machines sont $0^{m},010$ de vide pour $0^{m},025$ de plein. Ces dimensions ne peuvent convenir que pour des combustibles en gros fragments.

La grille système Raymondière est formée de larges bandes de tôle de $0^{m},01$ d'épaisseur posées sur champ et séparées par de simples têtes de rivets rondes n'offrant que des points de contact.

Cette grille est fréquemment employée en France, notamment sur le réseau d'Orléans (voir les planches IX, X, XXXV) et de Paris-Lyon-Méditerranée.

Les fig. 1, 2 et 3, pl. XLVI, représentent en élévation et en coupe une nouvelle disposition de grille proposée par M. Desgouttes, chef de dépôt des chemins de fer de l'État.

Ces figures et une notice publiée sur cet appareil par M. Jullin, ancien ingénieur de la Traction sur les mêmes chemins, indiquent que la grille se compose de barreaux dont la courbure, nulle sur les bords, va en augmentant jusqu'au milieu de la grille, où la partie centrale est occupée par quelques barreaux de même courbure.

Avec cette grille, l'allumage s'opère comme d'habitude, — puis le foyer en état, le chargement du combustible se fait sur cette partie centrale qui se trouve en face de la porte du foyer.

Le combustible frais se trouve donc toujours environné de combustible en ignition ce qui doit être favorable pour la combustion de la fumée.

En ayant soin de lancer sur le combustible nouvellement chargé une certaine quantité d'eau, on arrête le dégagement trop rapide des gaz et on tire tout le parti possible de la houille.

L'essai de la grille Desgouttes fait sur les chemins de fer de l'État a donné de bons résultats. Mais ils n'ont pas été suffisamment prolongés pour en conclure que cet appareil doit être préféré aux autres genres de grille qui ont fourni leurs preuves. Si les résultats annoncés devaient se vérifier après une application de longue durée, il n'y aurait pas à hésiter, car la grille Desgouttes donne, d'après M. Jullin : une augmentation de surface de chauffage ; une production très régulière; une diminution sérieuse des frais d'entretien des tubes et entretoises; une fumivorité presque complète et surtout une économie de 1/10 sur la dépense de combustible. C'est promettre beaucoup à la fois. Mais, en se bornant à la facilité que donne cette grille pour l'emploi du combustible menu, on pourrait trouver un grand avantage dans son application.

72. Cendrier. — A la base du foyer, en-dessous de la grille, on ménage une caisse en tôle destinée à retenir les morceaux

de combustible en ignition qui tombent de la grille, et qu sans cette précaution, pourraient être projetés au loin e mettre le feu soit aux véhicules du train, soit aux abords d chemin de fer. Le cendrier dont la partie inférieure s'élèv au moins à $0^m,130$ au-dessus du niveau des rails est muni l'avant et à l'arrière de portes à charnières que manœuvr le mécanicien pour activer ou modérer le feu. — En temp de neige, ce cendrier s'enlève.

73. TUBES. — Pour passer de la boîte à feu, située à l'ar- rière de la machine, à la boîte à fumée qui en occupe la parti antérieure, les produits de la combustion circulent dans un série de tubes d'un faible diamètre qui traversent, dans tout son étendue, la masse d'eau à vaporiser.

Les tubes, qui, à l'origine, étaient faits en cuivre rouge sont aujourd'hui généralement fabriqués en laiton ou en fer Les tubes en laiton sont jusqu'ici d'un usage plus répandu mais leur prix de revient élevé engage souvent les ingénieurs à les remplacer par les tubes en fer. L'emploi de ces derniers donnerait de bons résultats, mais la difficulté de se procurer des tubes d'une bonne fabrication les a fait abandonner en France. Les constructeurs allemands continuent à les em- ployer avec avantage; et sur le chemin du Nord-Est suisse, les machines de provenance allemande étaient toutes munies de tubes en fer. Le seul inconvénient qu'on puisse reprocher à ces tubes est d'être plus difficiles pour la mise en place que les tubes en laiton et de se laisser détériorer plus prompte- ment par l'action incrustante des eaux.

Quelle que soit la nature du métal employé, le diamètre intérieur des tubes est généralement de 43 à 50 millimètres. Un diamètre moindre rendrait plus difficile l'écoulement des gaz, comme aussi une trop grande longueur. Dans les ma- chines anglaises, on dépasse rarement $3^m,75$. En Allemagne, on leur donnait pour longueur assez souvent 87 fois leur diamètre. Mais il n'y a là, rien d'absolu, car la Cie de P.-L.-M. par exemple, continue à employer des tubes très longs ($5^m,360$ pour $46^m/_m$ de diamètre : fig. 1, pl, XXII). L'espacement ne doit pas non plus être trop faible, afin de ne pas empêcher le dégagement de la vapeur formée, effet qui aurait pour inconvénient d'isoler le tube du liquide et de l'exposer à recevoir un coup de feu. La même cause devra engager le constructeur à placer les tubes par rangées verticales plutôt que par rangées horizontales.

Les tubes sont maintenus en place par les deux plaques tubulaires, percées de trous correspondants, dans lesquels s'engagent leurs extrémités. Les trous percés dans la boîte à feu sont de $0^m,002$ environ plus étroits que ceux de la boîte à fumée. Cette précaution est nécessaire pour faciliter le montage et le démontage. Ces trous doivent laisser entre eux un espace de 15 à 20 millimètres environ. Lorsque la longueur des tubes les rend trop flexibles, on ajoute pour les soutenir une troisième plaque qui se fixe à égale distance des deux autres, mais dont les trous, un peu plus larges, laissent aux tubes un certain jeu, nécessaire pour les travaux de pose (fig. 1, pl. XXII).

74. Composition du métal. — Le laiton servant à la fabrication des tubes de locomotives est composé de 68 à 70 parties de cuivre et de 32 à 30 de zinc. L'épaisseur des tubes varie de $2^m/_m$ à $2^m/_m5$; ils se divisent, suivant leur mode de fabrication, en trois catégories :

1° Tubes soudés longitudinalement et à épaisseur constante ;

2° Tubes étirés sans soudure ; —

3° — — à épaisseur variable.

Les premiers sont formés d'une feuille de laiton pliée avec recouvrement de $0^m,006$, soudé sur toute sa longueur.

Tous les tubes sont essayés avant leur montage à une pression de 20 à 30 atmosphères. Un tube sur deux cents est ensuite soumis aux quatre épreuves suivantes : 1° Deux bouts de $0^m,10$, coupés aux deux extrémités du tube, sont recuits, puis sciés suivant une génératrice et retournés jusqu'à présenter un bout de tube dont la surface intérieure soit la surface extérieure primitive ; ce retournement ne doit révéler aucune paille ni gerçure. 2° Un bout recuit doit supporter le rabatage à froid d'une collerette de 0m,015 de bord, sans qu'il se déclare ni fente ni éclat. 3° Un bout de 0m,70, recuit et rempli de brai, doit pouvoir se plier jusqu'à ce que les extrémités se rejoignent, sans qu'il se manifeste ni crique ni paille. 4° Un bout de 0m,70, non recuit, rempli de brai et reposant sur deux appuis distants de 0m,50, doit pouvoir être pressé en son milieu, jusqu'à être fléchi de 0m,080, sans qu'il se manifeste ni crique ni paille. (Cahier des charges du chemin de fer du Nord.)

75. Pose des tubes. — Le joint des tubes en laiton avec les deux plaques tubulaires se fait à l'aide de bagues en acier fortement chassées dans leur intérieur. Ces rondelles, légèrement coniques à l'extérieur, ont une épaiseur de 0m,002 au maximum. L'extrémité du tube, pressée entre la bague et l'orifice de la plaque tubulaire, est ensuite fortement matée. Afin de rendre le joint plus solide, il est important de donner aux trous percés dans la plaque tubulaire la même inclinaison qu'à la bague en acier. Cette inclinaison est, en général, de 1/40. Il faut avoir soin, pendant l'opération du serrage des bagues, d'enfoncer des mandrins dans les tubes voisins qui n'ont pas encore reçu leurs viroles, afin d'empêcher la déformation des orifices. On fixe d'abord les tubes à la plaque du foyer, puis ensuite à la plaque de la boîte à fumée. Pour obtenir un meilleur joint des tubes en laiton sur la plaque du foyer, on soude à l'extrémité un bout de tube en cuivre rouge de 0m,10. Dans les machines du Sud-Est suisse, la plaque tubulaire ayant une faible épaissseur, on fut obligé, pour avoir un joint solide, de souder, à l'extrémité des tubes en laiton, une longueur de 0m,30 en cuivre rouge.

On supprime généralement les viroles du côté de la boîte à fumée, et l'on se contente alors de mandriner fortement le tube, pour l'appliquer exactement contre les parois de l'orifice, et de rabattre les bords. L'avantage de cette disposition est de permettre aux morceaux de charbon ou de coke entraînés par les gaz de tomber dans la boîte à fumée, au lieu de rester dans les tubes, retenus par la virole qui rétrécit l'orifice de passage.

76. Remplacement des tubes. — Au bout d'un certain temps de service, les tubes, détériorés plus ou moins complétement, ont besoin d'être renouvelés ou réparés. On fait alors sauter les bagues en les coupant au besoin et les roulant sur elles-mêmes, puis on enlève le tube et on l'examine. Généralement la partie qui avoisine la boîte à feu se trouve avoir le plus souffert ; et si le reste du tube est encore suffisamment sain, on coupe l'extrémité et l'on y soude un bout neuf. Lorsqu'on remplace un tube ainsi enlevé, on a soin de lui substituer un tube ayant déjà une durée de service équivalente, afin d'avoir toujours dans une même machine tous les tubes de même âge ayant fourni le même parcours. (Chemin de l'Est.)

Souvent, au lieu de fendre les viroles, on les chasse au moyen d'une barre introduite par l'autre extrémité du tube, et que l'on frappe à coups de marteau. Cette méthode a l'avantage de ne pas exposer le tube à une mise hors de service prématurée par la négligence de l'ouvrier chargé de faire sauter la virole lorsque le tube est d'ailleurs en bon état et que la bague seule est à remplacer. Le cuivre rouge étant plus facile à mater que le laiton, au lieu de remplacer les bouts détériorés par des morceaux de tubes en laiton, on y susbtitue quelquefois des tuyaux en cuivre rouge. Le tube une fois mis en place, et avant d'introduire la bague en acier, on peut, à l'aide d'un instrument spécial, l'emboutir intérieurement, de manière à obtenir un bourrelet qui s'appuie contre la face antérieure de la plaque tubulaire. On trouvera, au chapitre de l'Outillage des ateliers, un appareil pour la pose des tubes représenté par les fig. 1 à 9, Pl. XL, employé avec succès et exposé en 1878 par les chemins de fer de l'Est. (France.)

77. Tubes en fer. — Ceux-ci peuvent se passer de viroles; quoiqu'on s'en soit d'abord servi, on se contente aujourd'hui de river les deux extrémités du tube sur les plaques tubulaires. Pour rendre le joint plus solide, on rétrécit souvent

le diamètre du tube du côté du foyer, de manière que le corps du tube vienne s'appuyer contre la face intérieure de la plaque tubulaire, puis on mandrine fortement l'extrémité

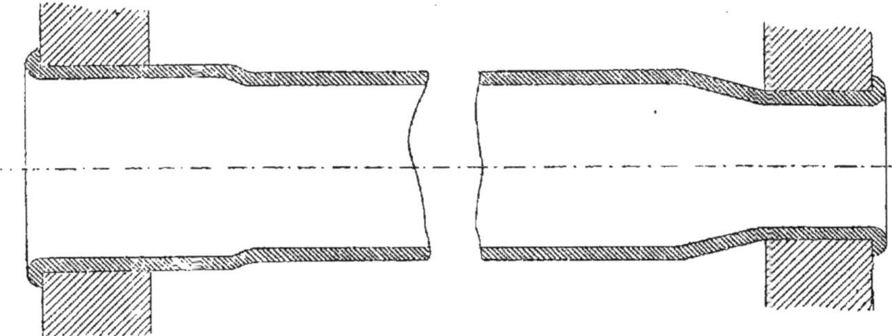

du tube rabattue sur la face opposée. La figure ci-dessus représente ce mode d'assemblage, employé sur les lignes du Hanovre. D'autres procédés consistent à faire venir au tube un talon, en y soudant soit une bague extérieure, soit un bout de tube d'un plus faible diamètre. Cette dernière disposition permet de choisir pour cet usage un tube d'épaisseur plus forte et de donner plus de surface au bourrelet rabattu et qui, directement exposé au contact de la flamme, se détériore promptement et compromet alors la solidité du joint. Ces divers modes d'assemblage sont nécessités par la difficulté d'obtenir un joint qui puisse résister à la tendance des tubes à prendre une direction plus ou moins oblique sous l'influence des effets de la dilatation. — L'emploi des viroles avait l'avantage de préserver les extrémités du tube : aussi plusieurs constructeurs les ont-ils conservées dans ce seul but.

Lorsque les tubes sont mis hors de service, on les répare en y ajoutant des bouts simplement brasés ou mieux soudés sur le tube lui-même. Quelquefois on remplace le bout en fer par un bout en cuivre, et l'on obtient ainsi un nouveau tube plus facile à fixer, d'un meilleur usage que le tube tout en fer, et cependant d'un prix moins élevé que les tubes en cuivre.

Les tubes en fer peuvent être fabriqués suivant deux procédés distincts. Dans le premier, le tube est formé par une feuille de tôle enroulée sur elle-même, chanfrinée sur ses bords, de manière à ne pas présenter à l'endroit du joint un surcroît d'épaisseur, puis soudée dans un four à réchauffer, et amenée ensuite au diamètre voulu par divers procédés d'étirage. Dans le second, le tube se façonne au moyen d'une feuille de tôle enroulée en hélice et soudée par une simple torsion, après avoir été amenée à une température convenable. Ce dernier procédé est celui qui donne les meilleurs résultats, lorsque l'opération est conduite avec soin.

78. Précautions a prendre. — On ne saurait apporter trop d'attention dans le montage des tubes en cuivre et en fer, et dans les réparations auxquelles leur usure donne lieu. La température élevée que développe le combustible chargé sur la grille et le contact direct de la flamme sur certaines parties sont, en effet, pour tout l'appareil de chauffage d'une machine locomotive, une cause incessante de détérioration. Il est donc très important de prendre toutes les précautions nécessaires pour les en garantir le plus possible, et de surveiller tout spécialement les points faibles et les joints notamment qui réunissent entre elles les diverses parties. La plaque tubulaire du foyer, par sa position, est exposée à de fréquentes déformations, qui ne tardent pas à compromettre la solidité de tout l'appareil. Parmi les causes qui, indépendamment de l'action directe de la flamme, peuvent influer sur cette déformation, notons le manque de soins apportés dans l'opération du montage, de l'enlèvement et du remplacement des tubes. Il faut donc éviter de chasser trop fortement les viroles, et de mandriner trop fortement l'extrémité des tubes. Il est préférable d'ajuster les tubes et les trous de la plaque de telle sorte que l'emploi du mandrin ne devienne plus nécessaire que dans des cas exceptionnels. Puis on commencera par placer quelques tubes seulement,

de distance en distance, afin de donner un peu de rigidité à tout l'ensemble du système, et on continuera le montage en partant des bords de la plaque et s'avançant vers le milieu. Il importe également de s'assurer de l'absence de toute courbure dans les tubes avant leur mise en place. Contrairement à ce principe, on avait pensé que, pour combattre l'effet de la flexion sous l'action de leur poids, il serait avantageux de leur donner à tous une certaine courbure ; mais cette disposition, partout où elle a été mise en pratique, a fourni de mauvais résultats, qui en ont provoqué l'abandon. Sur le chemin de l'Est de la Bavière, pour éviter l'ovalisation des trous de la plaque tubulaire, on a sacrifié la rangée verticale des tubes du milieu, que l'on a remplacée par une armature en fer à T, rivée du haut en bas contre la paroi postérieure de cette plaque. Cette disposition, qui a donné de bons résultats, a l'inconvénient de diminuer sensiblement le nombre des tubes et, par suite, la surface de chauffe. Lorsque, malgré toutes les précautions prises pour la mise en place, les tubes ont été remplacés plusieurs fois, les trous s'ovalisent et s'agrandissent, de telle sorte qu'il est impossible de faire un joint solide. On agrandit alors le trou, on le taraude, et on visse à l'intérieur un anneau en cuivre, rivé ensuite de chaque côté, et qui porte un trou du diamètre normal, destiné à recevoir le tube. Cette réparation, pour le cas des tubes en fer, est nécessaire après trois remplacements environ.

79. Nettoyage des tubes. — L'opération du lavage des chaudières se pratique à des intervalles dont la durée dépend de la qualité des eaux d'alimentation et de la nature du service des machines.

A l'Est on lave les chaudières des machines à marchandises après un parcours d'environ 100 kilomètres et les machines à voyageurs (Crampton) après un parcours de 1300 à 1500 kilomètres.

Le nettoyage des tubes ne doit pas se faire seulement au moment de la rentrée de la machine, mais à tous les stationnements un peu prolongés ; on emploie pour cela des tringles en fer dont la longueur excède celles des tubes de 0,50 environ, terminées à un bout par une boule sphérique et présentant à l'autre un trou dans lequel on passe une mèche de chanvre.

80. Renouvellement des tubes. — Il faut connaître aussi exactement que possible l'état de la tubulure de chaque machine, afin que, lors des changements à y opérer, les tubes avariés puissent être remplacés par d'autres de même épaisseur, et que, de cette manière, tous les tubes d'une machine arrivant à peu près en même temps à leur dernière limite d'usure, l'on ne soit pas exposé à rebuter des tubes neufs ou encore très bons, quand on réforme la tubulure entière de la machine. Ce résultat s'obtient en établissant une statistique et en divisant les tubes en plusieurs catégories, suivant leur degré d'épaisseur. Sur le chemin de fer de l'Est, la division est faite de la manière suivante :

La première catégorie comprend les tubes neufs et ceux qui depuis leur mise en service, ont accompli un parcours inférieur à 60,000 kilomètres et pèsent 2^k,700 par mètre et au-dessus ;

La deuxième comprend les tubes qui, ayant déjà fait 60,000 kilomètres, continuent leur service jusqu'à 120,000 kilomètres, et pèsent 2^k,500 à 2^k,700 par mètre ;

La troisième se compose des tubes ayant parcouru 120,000 kilomètres au moins, et pèsent 1^k,850 à 2^k,250 par mètre.

Chaque fois qu'un tube est retiré pour passer à la réparation ou au nettoyage, on indique, à son entrée dans les ateliers, la catégorie à laquelle il appartient.

Dans chaque dépôt ou atelier se trouvent des feuilles sur lesquelles est figuré l'ensemble des tubes de chaque machine. Un numéro d'ordre spécial est affecté à chaque rangée horizontale, et chaque tube porte également un numéro dans la rangée à laquelle il appartient. Il est facile, au moyen de ce système, de se tenir au courant de l'état de la garniture en inscrivant au bas de la feuille, mois par mois, le parcours kilométrique de la machine, et affectant d'une marque spéciale les tubes au fur et à mesure de leur remplacement.

Une bascule d'une disposition particulière établie dans les ateliers du chemin de fer de l'Est sert à déterminer la catégorie à laquelle appartient chaque tube, au moyen d'une simple pesée qui donne, en même temps que le poids de la pièce, son épaisseur moyenne.

Aux chemins de fer du Midi, la mise au rebut des tubes est basée sur leur poids. Le tableau suivant indique la limite en dessous de laquelle sont mis au rebut les tubes en laiton appartenant aux divers types de machine employés sur la ligne :

Tubes des machines à voyageurs et des machines mixtes,	1er	type.	8k,500
— —	2e	— .	11 ,000
— —	3e	— .	10 ,000
Tubes des machines à marchandises.			9 à 13 ,000
Tubes des machines de gare.			5 à 6 ,000

Les tubes retirés d'une machine sont soigneusement dépouillés des matières déposées par les eaux. Cette opération s'effectue, soit par un lavage dans un bain d'eau acidulée, ou mieux par l'agitation et le choc des tubes placés dans un grand cylindre animé d'un mouvement de rotation autour de son axe.

81. Calcul de la résistance des tubes. — La formule de la résistance des tubes, comme celle des chaudières, est $Re = pr$.

Pour les tubes en fer, cuivre ou laiton de 50m/m de diamètre et de 2m/m25 d'épaisseur soumis à une pression d'épreuve de 25 atmosphères, la résistance R est :

$$R = \frac{r}{e} p = \frac{25}{2.25} \times 2500 = 2,775 \times 10^6$$

La pression normale de la chaudière étant de 10 atmosphères, la tension des tubes sera pendant le travail :

$$R = \frac{25}{2.25} \times 100\,000 = 1,21 \times 10^6$$

Les tubes en acier n'ont que $1^{m}/_{m},5$ d'épaisseur; la tension qu'ils supportent en service est donc :

$$R = \frac{26.5}{1.5} \times 100000 = 1,765 \times 10^{6}$$

82. DIAMÈTRE DES TUBES. — Les tubes de 46 à $52^{m}/_{m}$ de diamètre extérieur dans les machines chauffées à la houille donnent de bons résultats, lorsque la section totale intérieure des tubes est à la surface totale de chauffe des tubes dans le rapport moyen de 1 à 350.

Pour des combustibles légers le rapport doit être plus grand.

Cette question du diamètre des tubes dépend de la nature des eaux alimentaires. Pour des eaux très calcaires, des tubes de $52^{m}/_{m}$ extérieur sont préférables aux diamètres moindres, car on peut avec ce grand diamètre augmenter l'intervalle des tubes.

Elle dépend aussi de la longueur des tubes.

Pour des tubes de 4 à $5^{m},00$ de long, le diamètre de $52^{m}/_{m}$ offre moins de résistance au passage des gaz et des cendres.

Les grands diamètres s'assemblent aussi plus solidement que les petits aux plaques tubulaires.

Les petits diamètres exigent un échappement plus serré, par conséquent occasionnent une plus forte contre-pression.

Comme la puissance de vaporisation des tubes dépend de la quantité de gaz chauds qui les traverse dans un temps donné, il résulte que, pour des locomotives ayant la même surface de chauffe et mêmes conditions générales, la production de vapeur ne dépend pas seulement de la quantité et de la qualité de combustible brûlé dans le même temps mais dépend aussi du rapport qui existe entre la section intérieure de tous les tubes, et la surface totale des ouvertures libres de passage des tubes et la surface totale de chauffe de ces mêmes tubes.

Les renseignements fournis à la conférence de Munich ont donné les extrêmes suivants :

Rapport de la section intérieure à la surface totale	1 : 271 —	1 : 428
» à la surface de la grille	1 : 3	1 : 7
Rapport de l'ouverture libre à la surface totale	1 : 274	1 : 704
» de grille	1 : 4	1 : 9

L'écart est encore tel que la question n'approche pas d'une solution prochaine, qui dépend beaucoup de la nature du combustible employé.

83. BOUILLEURS. — Augmenter la surface de chauffe directe par l'introduction dans la boîte à feu de caisses à eau exposées au rayonnement du combustible, a été pendant longtemps une grosse préoccupation des novateurs. Bouilleurs dans le sens longitudinal, divisant le foyer en deux compartiments ayant chacun leur porte de chargement; bouilleurs transversaux s'élevant de la grille jusqu'au niveau inférieur des tubes; bouilleurs descendant du ciel jusqu'au niveau supérieur des tubes; tout a été essayé sans succès; ces bouilleurs causaient une grande gêne, ils diminuaient le volume de la masse en ignition; enfin les dilatations inégales de ces bouilleurs et des plaques du foyer causaient des fuites dans les joints.

Il n'est resté de toutes ces tentatives que le bouilleur du foyer Tenbrinck qui sera passé en revue en même temps que les appareils fumivores.

84. FUMIVORITÉ. — L'emploi de la houille dans les foyers de locomotive a rappelé l'attention de l'administration supérieure sur les anciennes prescriptions de l'article 35 des premiers cahiers des charges relatives à la consommation de la fumée [1], et les divers chemins de fer ont été invités à rechercher les moyens de purger les gaz expulsés de la cheminée des machines, des matières charbonneuses qu'ils entraî-

1. Art. 35. Les machines locomotives employées aux transports sur les chemins de fer devront consumer leur fumée. (1837, Mulhouse-Thann 1840, Strasbourg-Bâle.)

nent. La question n'est donc pas nouvelle, et cependant elle n'a pas encore rencontré de solution satisfaisante.

Jusqu'à présent, les moyens proposés pour combattre la production de la fumée ont consisté à introduire dans le foyer, au-dessus de la couche de combustible, soit de l'air, soit de la vapeur, ou les deux fluides mélangés, en quantité et à une température suffisantes, sous une direction convenable, pour opérer le mélange et la combustion complète des gaz enlevés de la masse incandescente par l'appel de la cheminée.

L'introduction de l'air et son mélange avec les gaz combustibles s'opèrent suivant plusieurs dispositions peu différentes les unes des autres.

En Angleterre et en Allemagne, la disposition la plus fréquente est la voûte en briques ou en terre réfractaire, (machine Sharp Stewart, fig. 1, pl. VII) établie à l'avant du foyer, en dessous des premiers rangs de tubes, pour forcer le mélange des gaz avec l'air extérieur. L'introduction de l'air s'opère tantôt par la porte du foyer laissée constamment ouverte, tantôt par des ouvertures pratiquées à l'avant ou sur les côtés de la boîte à feu. Lorsqu'on fait entrer l'air par la porte, on place en dedans du foyer une plaque en tôle ou en fonte, qui forme hotte ou rabat, échauffe l'air, puis le conduit vers la masse des gaz à brûler.

La prise d'air du côté de l'avant du foyer s'opère tantôt par des entretoises creuses, tantôt par des tubes de la chaudière même, prolongées en avant de la boîte à fumée, tantôt enfin par des portes ménagées dans la paroi d'avant. Toutes ces ouvertures peuvent être masquées et l'introduction de l'air suspendue à la volonté du mécanicien.

Ces diverses dispositions s'appliquent généralement bien aux machines anciennes.

Pour les machines neuves, deux dispositions de foyer se partagent les préférences des novateurs, toutes deux ayant pour but d'obtenir une surface de chauffe, directe ou par rayonnement, aussi large que possible.

En Allemagne, sur les lignes de la Société autrichienne des chemins de fer de l'État, du Hanovre et du duché de Brunswick, on s'est contenté d'allonger la grille et de la porter à $1^m,525$, $2^m,135$ et même $2^m,440$. En France, au chemin du Nord, M. Petiet, adoptant la disposition appliquée par M. Belpaire sur les lignes de l'État et de l'Est belge, a relevé la grille au-dessus du bâtis de la machine et des roues. Il a pu, dès lors, donner à la grille une largeur de $1^m,800$ et une longueur de $1^m,850$; les barreaux, très nombreux, très courts et très rapprochés, pour faciliter l'emploi des menus, sont recouverts d'une couche de combustible ne dépassant pas 8 à 12 centimètres ; et la porte, très large, située au niveau de la grille, est percée d'ouvertures qui livrent passage à l'air destiné à brûler les gaz ; ces ouvertures peuvent être à volonté interceptées au moyen d'un clapet manœuvré par le mécanicien. Les grandes grilles inclinées des machines représentées par les planches de l'Atlas satisfont assez bien aux conditions du programme. — En chargeant très fréquemment, la quantité de gaz qui échappe ordinairement à la combustion est trop faible et la fumée disparaît sous l'influence de la haute température du foyer.

85. Foyer Tenbrinck. — Le foyer fumivore de M. Tenbrinck est basé sur le chargement continu du combustible au haut d'une grille inclinée, avec courant d'air dirigé en sens inverse des gaz combustibles, combiné avec l'emploi, dans la boîte à feu, d'un bouilleur incliné par le haut vers la paroi antérieure et relié par le bas à la plaque tubulaire, au-dessous du premier rang de tubes, l'intervalle étant comblé par un remplissage en terre réfractaire.

Ce foyer (fig. 1 et 2, pl. IX) se compose de quatre organes principaux qui sont :

1° Une grille *gr* à inclinaison variable d'après la nature du charbon consommé; à la suite un jette-feu *jf*.

2° Une trémie ou gueulard A dont le fond inférieur est placé au sommet de la grille et dans le même plan qu'elle. Cette trémie dont la longueur est égale à la largeur du foyer sert au chargement du combustible et procure l'alimentation continue de la grille, le combustible descendant par la gravité à mesure qu'il se consume; elle est fermée à sa partie supérieure par une grande porte de mêmes dimensions qu'elle (fig. 2, pl. IX.)

3° Une prise d'air formée par une palette mobile pour régler ou intercepter l'admission de l'air qui entre au-dessus de la trémie sous forme d'une nappe plus ou moins mince ayant toute la largeur du foyer. Dans la fig. 1, pl. IX, cette palette est vue en coupe en avant et au-dessus de la paroi supérieure du gueulard;

4° Le bouilleur B dont le bord inférieur s'appuie sur la plaque tubulaire suivant une ligne horizontale placée à $0^{m}25$ environ au-dessous de la rangée inférieure des tubes; son bord supérieur est libre, à une distance moyenne de $0^{m}40$ du ciel du foyer. Il est soutenu dans sa position par quatre tubulures en cuivre qui laissent au bouilleur toute liberté de dilatation.

Le courant gazeux provenant de la distillation de la houille et de la combustion du coke qui se forme, est rencontré par le courant d'air frais qui arrive dans le foyer en sens contraire, au-dessus du gueulard.

Grâce au brassage produit par la présence du bouilleur, les hydrocarbures provenant de la distillation de la houille sont saisis pour ainsi dire à l'état naissant, et avant d'avoir pu être décomposés en hydrogène et en charbon qui se dépose ordinairement sous forme de noir de fumée, sont chauffés vivement et complétement brûlés. Une flamme vive et brillante contourne le bord libre du bouilleur à partir de la jonction des divers courants gazeux et brûle en tourbillonnant jusque vers les tubes.

A l'exposition universelle de 1867, la Cie d'Orléans avait exposé un bouilleur de foyer, système Tenbrinck, ayant servi pendant 5 ans 1/2 sur une machine à voyageurs dont le parcours total a atteint 193588 kilomètres et ne présentant aucun indice de détérioration. Ce fait est important si l'on songe qu'une des principales objections à opposer à l'application du foyer Tenbrinck est l'entretien même du bouilleur pour lequel, en raison de ses dimensions restreintes et de sa position au milieu du foyer, on avait à redouter les coups de feu.

86. MODIFICATIONS TENBRINCK-BONNET. — Dans le but de faciliter l'application de ce système aux machines anciennes, le regretté M. Bonnet, ancien ingénieur aux chemins de fer de l'Est, avait remplacé la large ouverture et la trémie de chargement par une porte ordinaire au-dessous de laquelle se trouvent les ouvertures à clapet qui donnent passage à l'air (fig. 1, 2, 3, 4, pl. XXXV.) La porte du foyer *p r* est disposée en persienne pour permettre au machiniste de régler à volonté l'injection d'air frais.

Pour introduire de l'air sur la partie du foyer qui n'est pas vis-à-vis de la porte de chargement, on a ménagé de chaque côté des prises d'air *a b* (fig. 3 et 6 pl. XXXV.)

Deux petites ouvertures placées au-dessus de la porte de chargement servent, comme dans le foyer Tenbrinck, au nettoyage des tubes. Une plaque de tôle H inclinée vers la grille et placée au-dessus de la porte du foyer rabat le courant d'air frais vers la partie inférieure où il commence à brûler les gaz.

La solution de M. Bonnet permet donc de conserver le foyer ancien intact et sans modifications, en ce sens qu'elle n'exige pas la suppression presque complète de la double paroi d'arrière du foyer, et de reproduire aussi exactement que possible dans le foyer ainsi conservé les éléments divers qui constituent l'âme du foyer Tenbrinck et en assurent le succès. Ces diverses considérations ont conduit la compagnie d'Orléans à faire de nombreuses applications de ce système, et à transformer dans ce sens la plupart de ses machines.

Tel est le but de la disposition représentée par la fig. 1, à 6 de la planche XXXV, adoptée pour toute une série de machines à marchandises à trois essieux moteurs.

87 FOYER STOSSGER — Les ingénieurs des chemins de fer

allemands qui ont exprimenté le système Tenbrinck sur les lignes de Saarbrucken-Trieru, Rhein-Nahe et du chemin de l'Est de la Saxe, lui reprochent d'être d'une installation trop dispendieuse sur les machines anciennes; ils signalent également, comme un inconvénient, le bouilleur masquant quatre ou cinq rangées de tubes, et enfin l'impossibilité d'élever suffisamment la température de l'air introduit audessus de la grille. Cette dernière question est celle qui les a le plus préoccupés dans le choix de leurs appareils fumivores, et se trouve résolue, suivant eux, d'une manière plus satisfaisante, dans l'appareil de M. Stossger. Dans cette disposition, au milieu de la grille horizontale ou inclinée, s'élève un cylindre en terre réfractaire ou en fonte, à jour ou plein, faisant saillie de $0^m,254$ et présentant un diamètre variant de $0^m,229$ à $0^m,279$. L'air froid venant du cendrier s'échauffe en passant dans cette espèce de tuyau, et vient frapper un chapeau placé au-dessus de lui, qui le rabat circulairement sur toute la surface de la grille.

88. Injection de vapeur. — Le second moyen employé pour brûler la fumée, consistant dans une injection de vapeur d'eau, est connu depuis longtemps des métallurgistes qui ont appliqué le système dit de *soufflerie physique* aux fours à réchauffer. Il a été mis en pratique sur les locomotives par M. Thierry et installé aux chemins de l'Est et de Lyon. L'appareil de M. Thierry se compose d'un simple tuyau de prise de vapeur T fig. 7, pl. XXXV, en fer, de $0^m,045$ de diamètre extérieur et $0^m,025$ intérieur, posé horizontalement contre la paroi intérieure du foyer, tangentiellement à la courbe formée par le cadre de la porte. Ce tube reçoit en son milieu un tuyau en fer C de $0^m,025$ de diamètre, qui le met en communication avec la chaudière. Dans son trajet, ce tuyau de prise de vapeur est muni d'un robinet R de construction particulière, disposé de telle sorte que, lorsqu'on veut manœuvrer pour introduire la vapeur dans le foyer, on rencontre toujours un orifice intermédiaire, par lequel se dégagent l'eau et les impuretés qui

pourraient se trouver dans le tuyau de prise de vapeur. L tube fumivore est percé dans sa longueur de six ou huit trou de $0^{m},002$ à $0^{m},0025$ de diamètre, dont la direction varie sui vant la disposition et les dimensions des boîtes à feu ; ell doit être calculée de manière que les jets qui s'élancen de ces trous forment une sorte de nappe continue au-dessu du combustible. C'est sur cette enveloppe que les gaz fuli gineux provenant d'une combustion incomplète achèvent d brûler, par l'air introduit dans le foyer en tenant la port plus ou moins ouverte. (fig. 11 et 12, pl. XXXV.)

Toutes les machines brûlant de la houille crue sont munie de souffleur S′, afin de pouvoir, au moyen d'un jet de vapeu lancé dans la cheminée, exciter un tirage artificiel suffisam-ment énergique. (fig. 14 et 15, pl. XLVI.)

Les mécaniciens doivent fréquemment visiter l'apparei fumivore et passer successivement en revue les robinets, les joints et assemblages de tuyaux; ils introduiront dans les trous du tube fumivore une aiguille en fer dont il sont pour-vus, afin de les dégager des dépôts qui pourraient les obstruer.

Lorsque l'appareil fumivore ne fonctionne pas, le robinet de prise de vapeur et celui de l'appareil fumivore doivent être fermés. Pour le faire fonctionner, on ouvre d'abord le robinet du souffleur, puis successivement ceux de prise de vapeur et de l'appareil fumivore; en manœuvrant ce dernier, on aura soin de le laisser pendant quelques instants en communication avec le tuyau purgeur.

89. État actuel de la question. — En résumé, ces divers procédés, sans être parfaits, atteignent à peu près le but que l'on s'est proposé, la suppression de la fumée. Toutefois, es-sayés sur des combustibles d'une certaine nature, il reste à savoir si dans d'autres conditions ils se comporteraient éga-lement bien.

Jusqu'ici aucun des appareils ne semble avoir résolu la question dans sa généralité; plusieurs d'entre eux peuvent être employés avantageusement dans des cas particuliers, de telle sorte qu'il serait impossible aujourd'hui de proposer l'emploi de l'un d'eux, dans tous les cas, à l'exclusion de tous les autres; mais ce dont il n'est plus permis de douter, c'est que plus les foyers sont grands, plus la température est élevée et plus aussi la fumivorité approche de la réalisation.

89. SURFACE DE CHAUFFE. — La surface de chauffe se compose :

1° De la surface des cinq faces du foyer qui *voient* directement le feu et profitent de toute la chaleur rayonnante : c'est la surface de chauffe *directe*;

2° De la surface offerte par les tubes et qui ne communique à l'eau du corps cylindrique que la chaleur abandonnée au métal par les gaz de la combustion traversant ces tubes : c'est la surface de chauffe *indirecte*.

Les quantités de vapeur produites par ces deux surfaces de chauffe directe et indirecte sont très différentes. Des expériences ont été faites en 1864 au chemin de fer du Nord, (France) sur des chaudières à petit foyer; — la surface du foyer était de $7^{m2},14$; et celle des tubes de $66^{m2},64$; — le corps cylindrique étant séparé du foyer, on l'avait divisé en quatre compartiments.—Les essais ont indiqué : 1° que le mètre carré du foyer, — surface de chauffe directe, — aurait évaporé de 97 à 212 litres d'eau par heure, soit en moyenne 150 litres environ; 2° que le mètre carré de surface des tubes au voisinage du foyer ne produirait que de 27 à 102, en moyenne 50 litres; 3° que le mètre carré de surface des tubes du côté de la cheminée ne fournirait que de 3,50 à 23,20 litres; en moyenne 11 litres. La moyenne générale aurait donné pour la quantité d'eau évaporée par le foyer seul 44 pour 100 de la totalité de l'eau évaporée par la chaudière toute entière, les quatre compartiments du corps cylindrique produisant respectivement 28, 15, 8 et 5 pour 100.

Depuis cette époque les dimensions des locomotives ont pris un accroissement considérable. Nous verrons plus loin que c'est surtout du côté du foyer que le développement s'est opéré. De nouvelles expériences sur les machine récentes auraient donc un certain intérêt, relatif toutefois, car la production de vapeur, rapportée au mètre carré, est nécessairement fonction du rapport entre les deux surfaces directe et indirecte, du diamètre des tubes et de leur longueur, de la qualité de l'eau et du combustible employés, toutes données variables non-seulement d'un réseau à l'autre mais même sur des lignes appartenant à un même réseau.

En France on peut compter sur une évaporation moyenne de 40 kilogrammes d'eau par mettre carré et par heure; moyenne qui peut s'élever à 45 kilogrammes pour des chaudières à tubes très courts — $3^m,50$ à $4^m,00$ — et s'abaisser à 35 kilogrammes pour des chaudières à tubes très longs — $4^m,50$ à $5^m,50$ — ; la vitesse de marche de la machine étant d'ailleurs sans influence notable sur la production de la vapeur. — Quant à la consommation de combustible, elle varie entre 7 et 8 kilogrammes de vapeur par kilogramme de houille moyenne.

90. MACHINE SANS BOITE A FEU. — M. Verderber a signalé récemment une disposition de chaudière *sans boîte à feu* essayée, sur son initiative, par l'Administration des chemins de fer Hongrois. L'eau d'alimentation occasionnant, par ses dépôts considérables et durs, des réparations très fréquentes et onéreuses de la boîte à feu, M. Verderber, supprimant la boîte à feu d'une machine à 6 roues couplées dont le type est reproduit par les fig. 1 à 4, pl. XXVIII, a fermé complétement le corps cylindrique par une plaque tubulaire. — Dans l'enveloppe du foyer on a établi une caisse en tôle garnie à sa base de la grille à combustible et sur ses côtés d'une couche de terre réfractaire. — Cette forme de foyer rappelle la disposition de chaudière à vapeur indiquée par Séguin aîné lors de la prise de son brevet d'invention pour sa chaudière tubulaire, (fig. 5, pl. I). Après un premier essai qui donnait lieu à des fuites nombreuses, on a fait avancer le corps cylindrique dans le foyer, et la machine ainsi transformée a fait un service équivalent à celui des autres machines de la même catégorie. Le combustible employé, le braunkohle, sorte de houille ligniteuse, a

évaporé, comme les autres machines, de $4^k,40$ à $4^k,73$ d'eau par kilogramme.

Les renseignements transmis à la société des ingénieurs civils (séances des 21 février et 7 mars 1879) portaient sur un parcours de 300 kilomètres environ. Il sera intéressant de connaître la suite des essais entrepris au triple point de vue de la consommation de combustible, des dépenses d'entretien de la chaudière et de la régularité du service. Selon toutes probabilités, c'est le nettoyage des tubes surchargés de dépôts épais et résistants qui donnera lieu à de grandes difficultés ; si le système essayé devait recevoir de plus nombreuses applications, on serait sans doute forcé de recourir à l'épuration préalable des eaux d'alimentation.

91. Enveloppe extérieure du foyer. — Cette partie de la chaudière épouse à peu près exactement, vers le bas, les formes de l'enveloppe intérieure. Comme le foyer est généralement embrassé par les deux longerons du châssis, l'espace qu'il peut occuper en largeur est très restreint. Pour lui donner la plus grande dimension possible, il faut réduire l'intervalle qui sépare les deux enveloppes, sans cependant le ramener au-dessous de $0^m,070$ espace qui paraît indispensable à la base pour le nettoyage.

Afin de faciliter le dégagement de la vapeur à mesure qu'elle se forme, on donne à la paroi intérieure, sur les faces avant et arrière de la boîte, une petite inclinaison vers le centre du foyer, (fig. 1. pl. 3, fig. 4, pl. VI ; fig. 1, pl. XXII. fig 4, et 8, pl. XXV etc,) au-dessus du châssis le foyer et son enveloppe extérieure s'élargissent.

Au-dessus du ciel du foyer, la forme de la boîte à feu extérieure peut présenter plusieurs dispositions différentes.

Dans les premières machines de Stephenson, chacune des parois verticales de l'enveloppe extérieure de la boîte à feu se prolonge à la partie supérieure par une partie demi-cylindrique, de telle sorte que l'ensemble des quatre faces ainsi recourbées forme une voûte en arc de cloître ; l'espace assez considérable compris entre la surface de l'eau et le dessous de cette voûte sert de réservoir de vapeur, et la forme caractéristique qu'il présente a fait donner aux chaudières construites dans ce système le nom de chaudières à *dôme carré.* Entre la naissance du dôme et le ciel de la boîte à feu, il faut maintenir l'écartement des parois verticales par des tirants horizontaux. Quant à la partie demi-cylindrique du dôme, sa forme même doit la mettre à l'abri des déformations, et quoique les premiers constructeurs lui aient appliqué un système très compliqué de tirants obliques, il est tout à fait inutile de surcharger de leur poids cette partie de la chaudière ; on pourrait très avantageusement les remplacer par des tirants reliant les quatre faces du dôme aux armatures du ciel du foyer. L'emploi des dômes carrés est généralement abandonné en raison de leur poids considérable pour toutes les machines dans lesquelles le foyer est en porte-à-faux ; mais l'utilité qu'ils peuvent présenter au point de vue de leur emploi comme réservoir de vapeur devra les faire adopter dans certains cas, lorsque le porte-à-faux du foyer n'existera pas.

Une disposition souvent employée consiste à donner à l'enveloppe extérieure une forme en partie demi-cylindrique, pouvant avoir un diamètre égal ou supérieur à celui du corps cylindrique lui-même, suivant les dimensions que diverses considérations, dont nous parlerons plus loin, permettent de donner à ce dernier.

La face alors est reliée à la plaque tubulaire de la boîte à fumée par des tirants horizontaux passant au-dessus du ciel de la boîte à feu et fixés sur des fers cornières ou à simple T rivés aux deux parois. Des armatures de même forme sont rivées sur la partie cylindrique dans le sens transversal, et servent de points d'appui aux tirants partant des armatures de la boîte à feu intérieure.

Les ingénieurs du chemin de fer de l'Est et du Nord (fig. 4, pl. III ; fig. 5 et 6, pl. VI) terminent l'enveloppe extérieure par une surface plane, parallèle au ciel du foyer, auquel elle est réunie par des entretoises.

Dans la chaudière (fig. 3 et 4, pl. XXV) du chemin de fer

du Nord Empereur Ferdinand, l'enveloppe à sa partie supérieure, et le ciel du foyer sont formées de deux parties cylindriques réunies par une partie plane. Cette disposition, très avantageuse au point de vue de la résistance et par conséquent très légère puisqu'elle dispense des armatures sur toutes les parties courbes, a l'inconvénient de réduire notablement l'espace réservé à la vapeur.

92. Armatures, entretoises, tirants. — Les poutres en fer qui soutiennent le ciel du foyer reposent par leurs extrémités sur les parois latérales et les fatiguent; on les soulage en reportant une partie de la pression qu'elles exercent sur l'enveloppe extérieure (fig. 1, pl. VII; fig. 1, 2 et 3, pl. XXXV).

Mais comme le ciel du foyer tend à se soulever plus rapidement que celui de l'enveloppe, il faut, comme l'a proposé M. Gruson, ovaliser les trous des boulons qui réunissent les tirants aux armatures (fig. 1, 2, 3, pl. XXXV).

Le trop grand rapprochement des parois supérieures des deux enveloppes de la boîte à feu présente plusieurs inconvénients, pour la production de vapeur et pour l'entretien.

On doit se ménager les moyens de pouvoir visiter les armatures et de nettoyer à fond la paroi extérieure du ciel du foyer chaque fois que la machine entre à l'atelier de réparation.

Mais pour que ces conditions soient remplies, il faut ménager un espace suffisant entre les deux enveloppes à la partie supérieure, disposition qui ne se rencontre pas dans les anciennes machines Crampton par exemple, la distance entre les deux enveloppes ne dépasse pas $0^{m},45$, dont il faut retrancher 25 centimètres pour la hauteur des armatures; il ne reste donc que 20 centimètres au milieu pour les tirants et les armatures de l'enveloppe extérieure; dans ces conditions, l'établissement du système indiqué est presque impossible. Le nettoyage complet devient également très difficile dans un espace aussi restreint, ainsi que la visite des entretoises. La disposition du foyer dans les machines du Nord, qui ne laisse guère plus de 30 centimètres entre les deux parois, présente des inconvénients. Le foyer de M. Gruson représenté par la fig. 13, pl. XLVI satisfait à ces diverses conditions.

L'enveloppe extérieure du foyer est souvent surmontée d'un dôme; nous y reviendrons plus loin.

93. CORPS CYLINDRIQUE. — La deuxième partie de la chaudière, dont la forme est presque toujours celle d'un cylindre allongé, s'étend de l'enveloppe extérieure de la boîte à feu à la plaque tubulaire de la boîte à fumée. La liaison entre le corps cylindrique et l'enveloppe extérieure peut se faire de différentes manières. Lorsque celle-ci se termine en dôme carré ou en cylindre d'un diamètre plus fort que celui de la chaudière, on réunit l'enveloppe et le corps cylindrique au moyen d'une cornière, ou l'on emboutit la tôle de la paroi antérieure de manière à ce qu'elle forme un rebord cylindrique de même diamètre que celui de la chaudière, et auquel celle-ci est ensuite rivée. Cette dernière disposition est préférable à la première, car elle supprime un joint et l'emploi d'une cornière. L'emboutissage de la paroi de la boîte à feu est, il est vrai, un travail un peu plus dispendieux, mais il a l'avantage d'exiger, pour son exécution, l'emploi de tôles de première qualité, et de présenter ensuite pour l'assemblage une garantie de solidité beaucoup plus grande que la cornière.

Lorsque la partie cylindrique de la boîte à feu a le même diamètre que la chaudière, on n'emboutit que la partie de la paroi correspondant à la moitié inférieure de cette dernière, et l'on prolonge quelque peu la partie demi-cylindrique. On forme ainsi un anneau complet, sur lequel vient se fixer l'extrémité du corps de la chaudière, comme dans le cas précédent.

A son autre extrémité, le corps cylindrique se fixe sur la boîte à fumée de deux manières différentes. Ces deux assemblages sont représentés par les figures 11 et 12, pl. XLVI. Dans le premier, la plaque tubulaire emboutie est introduite dans la partie cylindrique de la chaudière, et rivée par ses bords rabattus. Les angles ainsi formés ne tardent pas à se détériorer, et la plaque tubulaire est promptement mise hors de service. Aussi la deuxième disposition, dans laquelle la plaque tubulaire est plane et serrée entre les deux cornières de l'assemblage, est-elle préférable.

La première est cependant très souvent appliquée (pl. III, et pl. VI); nous trouvons la seconde à l'Ouest, à Orléans, sur la machine anglaise de Sharp, Stewart et Cie (pl. XII, pl. IX, pl. VII).

94. Nature du métal. — Mode d'emploi. — La boîte à feu extérieure et le corps cylindrique de la chaudière sont généralement construits en tôle de fer. L'assemblage des feuilles de tôle entre elles se fait, ou par juxtaposition avec recouvrement par un couvre-joint en tôle rivé sur les deux feuilles, ou plus généralement par la simple superposition des deux feuilles, réunies ensuite par une rivure simple ou double, les viroles cylindriques ayant à cet effet un grand et un petit diamètre alternativement. Lorsque le ciel de la boîte à feu extérieure est demi-cylindrique ou plat, il se forme avec les deux parois latérales d'une seule feuille de tôle, si la dimension des feuilles le permet, et de deux ou trois feuilles rivées entre elles, dans le cas contraire; les faces postérieure et antérieure ont leurs bords emboutis de manière à pouvoir venir se river sur les faces latérales et le ciel.

Il est de la plus grande importance de n'employer pour la construction des chaudières que des tôles *de première qualité*: et, à cet effet, des essais rigoureux sur la résistance des tôles devront précéder leur introduction dans l'appareil; à cette condition seule, on évite les explosions, qui deviennent fréquentes par l'emploi de tôles de médiocre qualité.

Ce qu'il faut rechercher dans une tôle à chaudière, c'est non-seulement la résistance, mais encore la ductilité; une tôle, qui donne aux épreuves moins de 15 p. 0/0 d'allongement, tout en présentant une résistance à la rupture de 33 kilogrammes n'offre pas des garanties suffisantes contre les chances d'explosions.

Aujourd'hui, on essaye chaque tôle dans laquelle on prend des éprouvettes de même longueur — $0^{m},20$ à Orléans — et on rebute toute pièce qui ne satisferait pas aux conditions prescrites.

On doit toujours placer les feuilles de tôle de manière à ce qu'elles travaillent dans le sens du laminage. Dans une chaudière cylindrique, la résistance à la pression intérieure dans le sens de l'axe est le double de la résistance dans le sens perpendiculaire. La rupture de la chaudière tend donc à se produire suivant une des génératrices du cylindre, et pour que les feuilles travaillent dans le sens du laminage, il faudra les courber suivant leur longueur; les joints formés par la réunion des deux extrémités, se trouvant alors dirigés suivant la génératrice du cylindre, seront plus fatigués que les joints latéraux des diverses feuilles entre elles, dirigés suivant un plan perpendiculaire à l'axe de la chaudière. Il sera donc important de soigner d'une manière toute particulière l'exécution des premiers, et nous recommanderons à cet effet l'emploi d'une double rivure, ainsi que pour tous les joints des autres parties de la chaudière situés dans les mêmes conditions.

On se sert de tôles assez grandes pour qu'une seule tôle forme une virole entière; il n'y a ainsi qu'une seule rivure longitudinale que l'on alterne d'une virole, à la virole voisine.

Les trous percés dans les tôles pour le passage des rivets doivent être forés et non pas poinçonnés. L'action du poinçon affaiblit la tôle tout autour du trou, et lorsque les rivets sont très rapprochés, il arrive quelquefois que l'épaisseur diminue sensiblement, et même que la tôle se déchire. Les trous percés au foret sont cylindriques et nécessitent assez rarement l'emploi du mandrin lors de la pose des rivets; le montage devient donc plus facile et l'assemblage présente plus de sécurité.

Les parois de la boîte à feu extérieure présentent une quantité considérable de trous pour le passage des entretoises; il est préférable de les percer avant le montage, afin de ne pas fatiguer, par cette opération, les rivures qui les réunissent. Ils devront être également forés et non poinçonnés, les trous correspondants de l'enveloppe intérieure relevés sur les premiers, de manière à obtenir un parallélisme parfait, nécessaire à la conservation des entretoises.

95. Explosions. — Ces observations sont importantes car la plupart des explosions de chaudières ont pour cause la mauvaise qualité de la tôle employée ou le défaut de solidité ou l'altération des joints par le mattage.

La partie qui s'use le plus promptement sous l'action des incrustations et de la rouille, dans une chaudière de locomotive, occupe la zone voisine de la génératrice inférieure. Il faudra donc avoir grand soin de ne placer en cet endroit que des pièces parfaitement saines. Par la même raison, les rivures longitudinales ne devront jamais se trouver dans cette région. Cette rapidité de détérioration du fond de la chaudière provient sans doute du frottement incessant des dépôts soumis à une agitation perpétuelle par l'effet des trépidations de la machine en marche, action d'usure qui, par la forme même de la chaudière, doit s'exercer avec beaucoup plus d'énergie dans les parties inférieures. On a, de plus, remarqué que l'usure se manifeste très promptement sur tous les points où, lors de la vidange de la chaudière, il reste une petite couche d'eau qui ne trouve pas d'écoulement. Il sera donc important de placer les bouchons de lavage le plus bas possible. Ceux du corps cylindrique occupent la place des génératrices inférieures.

Nous parlerons des autres causes d'explosion en traitant des soupapes de sûreté et des appareils d'alimentation.

96. Diamètre du corps cylindrique. — Les dimensions de la partie cylindrique de la chaudière dépendent de la longueur et du nombre des tubes, de la largeur de la boîte à feu. La chaudière devant toujours être placée le plus bas possible, il en résulte que son diamètre varie généralement entre $0^m,90$ et $1^m,70$, limité dans beaucoup de cas par l'écartement de la suspension, ce qui a engagé certains constructeurs à donner au corps cylindrique une forme ovale. Cette

forme est mauvaise en principe, et quoique l'écartement des parois puisse être maintenu dans ce cas par des tirants horizontaux, perpendiculaires à l'axe de la chaudière, on ne saurait en recommander l'emploi.

A son extrémité antérieure, le corps cylindrique est terminé par la surface plane de la plaque tubulaire de la boîte à fumée. Les tubes qui la réunissent à la plaque tubulaire du foyer forment entre ces deux parois un système d'armatures qui maintient leur écartement et empêche leur déformation.

En outre, cette plaque est souvent armée de cornières et de tirants qui la relient au corps cylindrique (pl. IX, XII.)

97. Chaudières en acier. — Nous avons supposé jusqu'ici que la chaudière était construite en tôle de fer, ce qui est, en effet, le cas pour la plupart des machines en France. On a fait cependant et sur diverses lignes de chemins de fer, de nombreux essais de chaudières en tôle d'acier. L'emploi de la tôle d'acier a pour résultat une diminution sensible dans le poids de la chaudière, par suite de la résistance plus considérable de la matière, qui permet de diminuer l'épaisseur des tôles. Dans les expérience faites à Glasgow par M. Kirkaldy sur des tôles de fer et d'acier, la résistance de ces dernières à la rupture varie de 68 à 50 kilogrammes par millimètre carré, tandis que pour le fer les charges de rupture ont été comprises entre 39 et 28 kilogrammes. L'allongement a été de 9 à 6 pour 100 pour les tôles d'acier, 14 à 2.4 pour 100 pour le fer.

Les essais sur l'emploi de l'acier pour la construction des chaudières de locomotives présentent un grand intérêt, en raison de la tendance générale à augmenter la pression de la vapeur, qui entraîne un surcroît d'épaisseur des parois des chaudières en tôle de fer, un accroissement très sensible de leur poids, ce qui pourra devenir, à un moment donné, un inconvénient très sérieux.

Jusqu'à ce jour, les résultats obtenus ne permettent de tirer aucune conclusion pour ou contre l'emploi de l'acier, — car sous la dénomination « acier » on peut se trouver en présence d'un métal qui n'en a que le nom sans les qualités requises. — D'un autre côté, chaque atelier ayant ses procédés de fabrication, il se peut qu'un même métal différemment travaillé donne aussi des résultats différents.

Ainsi les chemins de l'Est et de Lyon, après quelques tentatives plus ou moins heureuses, ont renoncé à l'acier. — De même à Orléans où l'on a poussé assez loin les applications d'essai.

Sur les chemins du Midi et de l'Orléans, l'emploi des tôles d'acier a permis de réaliser sur le poids des chaudières une notable réduction. Sur les machines du chemin du Midi, l'épaisseur du corps cylindrique en acier est de 10 millimètres pour un diamètre de $1^{m},500$, et une pression de 9 atmosphères. La charge de rupture des tôles employées était de 60 kilogrammes environ par millimètre carré. A l'Est, des essais ont été entrepris sur l'emploi des tôles d'acier dès 1859; six locomotives ont fonctionné pendant quelques années avec des chaudières de cette espèce mais on s'en est tenu là. Il résulte de la nature des matériaux employés dans ce dernier cas qu'on peut attendre un bon emploi de tôles d'acier s'allongeant de 12 pour 100 de leur longueur avant la rupture. Le chemin du Nord-Est suisse emploie avec avantage depuis plusieurs années des chaudières en tôle d'acier avec double rivure pour des pressions de 10 atmosphères environ.

Pendant qu'ici on revient aux chaudières de bonne tôle de fer, au Nord-Est Suisse on s'en tient aux tôles d'acier fondu au creuset de Krupp dont le commencement d'emploi remonte à 1867.

Au chemin de fer du Nord Empereur-Ferdinand, c'est l'acier Bessemer qui donne les meilleurs résultats. Ce réseau possédait en 1877, d'après la notice publiée à l'occasion de l'Exposition universelle :

326 locomotives en service. Sur ce nombre, il y avait :
319 machines avec foyer en cuivre ;

6 avec foyer en acier Bessemer et 1 avec foyer en tôle de fer doublée d'acier ;

33 machines avec enveloppe extérieure complétement en fer ;

274 machines avec enveloppe extérieure complétement en acier ;

19 machines construites partie en fer, partie en acier.

Les tôles d'acier Bessemer proviennent presque toutes de l'usine de Neuberg en Styrie.

Voici sous forme de tableau les résultats fournis par les machines depuis l'introduction de l'acier.

	Année de fabrication des chaudières.					
	1865		1866		1867	
	Fer.	Acier.	Fer.	Acier.	Fer.	Acier
Proportion des tôles remplacées en centièmes du nombre total des tôles.	30	63	29	25	25	14,0
Effort moyen appliqué aux tôles en kil. par m/m carré	2,90	5,09	3,33	5,50	3,81	4,91
Parcours moyen des machines en mille kilomètres (fév. 1876). .	211,0	263,3	177,3	247,6	197,7	237,5

La forte proportion des tôles d'acier remplacées en 1865 provient de la substitution de l'acier Bessemer à l'acier fondu au creuset.

L'acier Bessemer a été essayé par M. le professeur Jenny à l'institut polytechnique de Vienne. Il n'est employé qu'après les épreuves constatant qu'il peut résister, avant la rupture, à un effort de 47 kilogrammes et à un allongement de 15 0/0.

Il est soumis en outre à d'autres essais de perçage à chaud et à froid.

On a grand soin, avant l'emploi, d'examiner attentivement et de frapper chaque tôle sur chaque face, car il peut arriver qu'au laminage il s'attache au métal des feuillets de scories qui tombent plus tard et laissent une dépression dans la pièce. Les tôles qui sont dans ce cas se placent la face défectueuse au dehors, où la dépression n'a pas les mêmes chances d'oxydation qu'à l'intérieur de la chaudière.

On doit travailler les tôles sous une température uniforme et modérée. Quand le travail exige une température plus élevée sur une partie de la tôle, par exemple, aux points de double courbure, il faut avancer graduellement, avec précaution, — l'emboutissage ne dure qu'autant que le point est visiblement chaud, et ne peut se faire qu'au maillet de bois.

Tous les trous sont forés.

On a remarqué que les viroles réunies par insertion de l'une dans l'autre présentent dans la partie inférieure, le long des rivets, des traces de corrosion qui avec le temps forment des fissures. Pour y remédier on fait maintenant le joint des viroles en les rapprochant bout à bout et en les réunissant par des bagues couvre-joints (fig. 4 et 8, pl. XXV.)

Enfin, comme dernière précaution contre les avaries du corps cylindrique, on supprime tous les supports intermédiaires de la chaudière, en ne conservant que celui de la boîte à fumée qui est fixe, et celui de la boîte à feu qui permet à la dilatation et à la contraction d'opérer leurs effets sur la chaudière dans le sens longitudinal.

98. DÔMES ET RÉSERVOIRS DE VAPEUR. — L'impossibilité d'augmenter la longueur des tubes au delà de certaines limites, et, par conséquent, la nécessité d'en accroître le nombre pour obtenir la plus grande surface de chauffe possible, d'une part, et, d'autre part, les exigences de la construction qui limitent, comme nous l'avons dit, les dimensions du corps cylindrique, forcent le constructeur à relever le plus possible le niveau de l'eau vers la partie supérieure de la chaudière. Il en résulte une réduction considérable de l'espace destiné au réservoir de vapeur, dont le volume relativement à celui des cylindres devrait être, au contraire, aussi grand que possible. En conséquence de cette disposition, la prise de vapeur pour les cylindres ne peut se faire qu'à une très petite distance de la surface du liquide, agité sans cesse par l'ébullition et les trépidations dues au mouvement de la machine, et ne donne que de la vapeur chargée d'eau.

Ces diverses considérations ont engagé plusieurs constructeurs à munir leurs chaudières de réservoirs, dont la capacité, de grandeur assez variable, sert à la fois à emmagasiner une plus ou moins grande quantité de vapeur, et à élever à une certaine distance au-dessus du niveau du liquide l'orifice du tuyau de prise de vapeur. La disposition adoptée par Stephenson, pour la construction de l'enveloppe extérieure de la boîte à feu, réalise les conditions précédentes. Mais, lorsque l'abaissement plus ou moins complet de la partie supérieure de l'enveloppe de la boîte à feu ne laisse plus un espace assez grand au-dessus du niveau de l'eau pour former un réservoir de vapeur d'une capacité suffisante, il est nécessaire de surmonter cette partie, ou l'un des points du corps cylindrique, d'un appendice rapporté, de forme généralement cylindrique, terminé souvent par une calotte hémisphérique, qui lui a fait donner le nom de *dôme*.

Quels que soient les avantages qui paraissent au premier abord résulter des considérations ci-dessus énoncées en faveur de l'emploi des dômes à vapeur, leur usage n'est cependant pas général, et leur utilité a été contestée par un grand nombre de personnes; on leur a même attribué la cause des explosions de chaudières. Ce reproche était fondé à l'époque où le trou de la chaudière au-dessus duquel s'élevait le dôme n'était armé d'aucune pièce de renfort. — Aujourd'hui chaque ouverture de grand diamètre est bordée d'un collet en fer rivé à la tôle de la chaudière et au rebord de la pièce qui forme la base du dôme.

Toujours est-il que le dôme est utile pour loger le régulateur et le mettre à l'abri des projections brusques de l'eau de la chaudière. D'ailleurs, quelles que soient les précautions dont on s'entoure, on arrive rarement à obtenir de la vapeur *complétement* sèche.

Mais les dômes offrent l'avantage de permettre le maintien du niveau de l'eau à une hauteur convenable, et cette considération est surtout d'une grande importance dans le cas où, la voie affectant de fortes pentes, la ligne de niveau s'abaisse sensiblement à l'avant pendant la descente, et peut ainsi laisser à découvert le ciel du foyer. Dans ce dernier cas encore, l'emploi d'un dôme d'une certaine capacité a l'avantage de permettre au mécanicien, pendant la marche en palier, d'augmenter la production de la vapeur, et de l'emmagasiner jusqu'au moment où il aura une rampe à gravir.

Le rapport 1/2 ou 3/5 du volume de la vapeur à celui de l'eau paraît être assez convenable dans les cas ordinaires de l'exploitation.

L'emploi du dôme facilite l'accès dans la chaudière, soit pour en visiter l'intérieur, soit pour la nettoyer et la réparer; cet avantage est d'autant plus marqué que les eaux d'alimentation sont plus impures et qu'elles nécessitent un nettoyage plus fréquent.

En résumé, nous pensons que dans l'établissement de la chaudière il faut, tout en élevant le niveau de l'eau le plus possible au-dessus des tubes et du ciel du foyer, ne pas perdre de vue que l'espace réservé à la vapeur au-dessous de la paroi supérieure de la chaudière, doit être suffisant pour faciliter son écoulement jusqu'au point où s'effectue la prise de vapeur; ces conditions n'étant d'ailleurs pas reconnues suffisantes pour obtenir de la vapeur convenablement sèche, et le seul moyen d'y arriver de la manière la plus satisfaisante étant jusqu'ici l'emploi du dôme, on devra le conserver, en tenant compte toutefois des observations suivantes :

Pendant la marche, il se produit sur toute l'étendue de la surface liquide, vers l'orifice du tuyau de prise, un courant énergique de vapeur dont l'effet est d'entraîner mécaniquement une certaine quantité d'eau, projetée en gouttelettes par l'ébullition. Ce phénomène se manifeste avec le plus d'intensité au moment de la mise en marche, l'ouverture du régulateur produisant un léger abaissement de pression qui accélère l'ébullition. Il est d'ailleurs plus sensible vers la partie postérieure de la chaudière, où l'eau, en contact direct avec les parois du foyer très fortement chauffées, se trouve toujours en ébullition tumultueuse. La place du dôme n'est donc pas au-dessus du foyer, mais, au contraire, dans une partie de la chaudière où, l'ébullition étant plus calme, les projections sont moins nombreuses et la vapeur plus sèche. Avec cette disposition, la surface du liquide au-dessus du foyer sera moins agitée, et le mécanicien pourra tirer de l'examen des appareils indicateurs de niveau des indications plus sûres. (Machine de l'Est, pl. I et II.)

Enfin, il sera très important d'apporter beaucoup de soins à la construction du dôme de vapeur, car le seul inconvénient réel que présente cet appareil est d'affaiblir la partie de la chaudière sur laquelle il est placé, et d'occasionner peut-être dans certains cas des accidents plus ou moins graves.

A l'époque où ces indications sur les dômes ont paru, lors de la première édition de ce livre, les chaudières sans dôme dites Crampton étaient à la mode. Nous avons la satisfaction de voir que nos recommandations de l'emploi du dôme de vapeur se trouve sanctionnées par l'expérience — toutes les machines nouvellement construites sont munies de cet appareil. (Voir les diverses planches de l'ATLAS).

99. CALCUL DE L'ÉPAISSEUR DES CHAUDIÈRES. — 1° En désignant par R la résistance par unité de section de la tôle composant le corps cylindrique et considérée dans le sens qui s'oppose à l'ouverture de la chaudière suivant les génératrices, par p l'excès de la pression intérieure sur la pression extérieure, par r le rayon du cylindre, par e l'épaisseur de la tôle, on a entre ces différentes valeurs la relation $Re = pr$, d'où

$$e = \frac{pr}{R} \qquad (1).$$

Si n représente le nombre d'atmosphères que la vapeur a dans la chaudière, la pression effective est $(n - 1)$ atmosphères et son expression en kilogrammes par mètre carré est $(n - 1)\, 10\,330^k = p$. En introduisant cette expression de p dans la formule (1) et en posant $r = \frac{d}{2}$, on obtient finalement :

$$e = \frac{(n-1)\,10330}{R} \times \frac{d}{2} = \frac{5165}{R}\, d \times (n-1) \qquad (1 \text{ bis})$$

Les tôles de bonne qualité en fer résistent à des efforts de 30 à 35 kilog. par millimètre carré, mais la prudence exige de se placer dans les limites de sécurité beaucoup plus larges et de ne donner à R que le 1/10 de la charge de rupture, tout en exigeant de la tôle un degré de ductilité suffisant — 94 —.

2°. — La résistance de la chaudière suivant une section transversale c'est-à-dire normalement aux génératrices est donnée par la relation

$$p \pi r^2 = 2 \pi r e \mathrm{R} \qquad \mathrm{R}e = \frac{pr}{2}$$

d'où

$$e = \frac{1}{2} \frac{pr}{\mathrm{R}} \qquad (2)$$

En comparant les formules (1) et (2) on voit que les efforts longitudinaux auxquels la tôle est soumise et qui tendent à la rompre normalement à son axe s'élèvent, par unité de section, à la moitié de ceux qui tendent à faire ouvrir la chaudière dans le sens des génératrices.

Si l'on fait $\mathrm{R} = 2^k,85$ et si l'on augmente l'épaisseur e de $3^m/_m$ pour tenir compte de l'usure de la chaudière, on obtient la formule

$$e = \frac{5165}{2,85 \times 10^6} (n-1)\, d + 3^m/_m = 0,0018\, (n-1)\, d + 0,003$$

ou en millimètres,

$$e = 1,8\, d\, (n-1) + 3.$$

On a admis que les chaudières en acier n'auraient qu'une épaisseur moitié de celles en fer, mais la réduction est exagérée ; on fera bien de ne compter que 1/3 en moins, et encore faut-il être sûr de la qualité de l'acier — 97.

100. Dimensions des rivets.—Le diamètre des rivets étant d, leur espacement d'axe en axe E, l'épaisseur de la tôle à river e, on prend $d = 2e + 3\, ^m/_m$ et $\mathrm{E} = 3d$. Si l'on pose $d = 100$, la tête qui fait segment de sphère a une hauteur de 66 et un diamètre à la base de 166 (fig. 16, pl. XLVII).

Soit e l'épaisseur de la tôle et d le diamètre du trou et du poinçon en acier, désignons par R_a la résistance à l'écrasement de l'acier et par R_o la résistance de la tôle au cisaillement ; pour que le trou puisse se faire, on doit avoir l'inégalité suivant.

$$R_a \pi \frac{d^2}{4} > R_o \pi d e$$

d'où

$$e < \frac{R_a}{R_o} \frac{d}{4}$$

En prenant $R_a = 75$, $R_o = 25$, on a $e < \frac{3}{4} d$

on prend environ $e = \frac{1}{2} d$

101. Boite a fumée. — Cette partie B (fig. 6, pl. I) de la chaudière à vapeur qui la termine à l'avant, prend la forme d'un parallélipipède rectangle portant généralement un berceau cylindrique. Dans la paroi inférieure, une ouverture fermée, en marche, par un clapet, sert à évacuer les cendres et le menu combustible, quand on opère le nettoyage des tubes. Les gaz s'échappent par la cheminée qui vient déboucher à la partie supérieure de la boîte. Les parois latérales et la face antérieure sont formées de plaques de tôle de 5 à 8 m/m d'épaisseur ; la paroi d'arrière est formée par la plaque tubulaire b ; elle a 15 m/m d'épaisseur. La paroi d'avant est munie d'une porte rectangulaire ou circulaire à deux battants, qui sert au nettoyage des tubes, et doit, par conséquent, présenter des dimensions assez grandes pour que cette opération puisse se faire sans difficulté. Il est important dans la construction de cette porte, d'obtenir une fermeture très hermétique, car le moindre accès d'air dans la boîte à fumée affaiblirait considérablement le tirage, et pourrait mettre en ignition le menu combustible entraîné dans la boîte par le tirage, ce qui amènerait une détérioration de toute cette partie avant de la chaudière. Pour éviter les entrées d'air, on fait reposer la porte sur un cadre formé d'une cornière rivée sur la paroi de la boîte à fumée ; les bords sont ensuite parfaitement dressés, et, pour empêcher les déformations produites par la chaleur intérieure, on la munit d'une contre-plaque maintenue à distance par des entretoises. Le fond de la boîte à fumée, généralement cylindrique, doit être également pourvu d'une petite porte à charnière ou à coulisse,

pour faire tomber les cendres qui s'accumulent promptement sur ce point *m* (fig. 2 et 3, pl. XXVIII.)

Dans les anciennes machines à cylindres intérieurs, les deux parois latérales descendaient et enveloppaient les cylindres qui s'attachaient aux parois des deux faces antérieure et postérieure de la boîte à fumée.

La chaleur des gaz sortant du foyer, le frottement incessant des particules solides entraînées et l'action oxydante de la vapeur d'eau sortant par le tuyau d'échappement, ne tardent pas à détériorer les parois de la boîte à fumée, pour lesquelles on ne devrait employer que des tôles de forte épaisseur. Malgré cette précaution, il ne faut pas compter sur une durée supérieure à six ou sept ans.

L'action du jet de vapeur qui produit le tirage du foyer prend d'autant plus de puissance que la capacité de la boîte à fumée est plus faible. Quelques constructeurs, se basant sur ce principe, ont placé au-dessus du dernier rang des tubes une plaque de tôle, de manière à réduire cette capacité à son minimum. Mise à exécution pour la première fois en 1845 par J.-J. Meyer, constructeur à Mulhouse, cette disposition fut ensuite adoptée par le gouvernement autrichien pour toutes ses machines, et par quelques constructeurs anglais qui l'ont également appliquée depuis plusieurs années.

L'emploi de cette plaque permet de descendre l'orifice de la cheminée jusqu'au niveau du dernier rang de tubes, et, par conséquent, de raccourcir le tuyau d'échappement. Cette disposition procure également l'avantage de protéger du contact des gaz chauds, le joint du tuyau de prise de vapeur avec la plaque tubulaire, mais elle rend aussi plus difficile la pose de la grille à arrêter les flammèches, dont nous parlerons plus loin.

102. Cheminée. — La hauteur des cheminées de locomotives, limitée par celles des ouvrages d'art [1], a peu d'action sur le tirage. Il résulte des expériences faites par MM. Nozo

1. Première partie. — Ouvrages d'art.

et Geoffroy, et sur lesquelles nous reviendrons en parlant de l'échappement, que la direction de la cheminée n'ayant pas d'influence sur le tirage, celle-ci peut être inclinée, et même dirigée horizontalement. Cette dernière disposition a été adoptée sur les machines à sécheurs du Nord, dont les fortes dimensions ne permettaient pas d'employer des cheminées verticales.

La cheminée se fixe par sa base à la partie supérieure de la boîte à fumée, au moyen de boulons dont les écrous doivent être placés en dehors pour faciliter le démontage. Ses parois sont formées de feuilles de tôles de 4 à 5 millimètres, et sa base est généralement évasée de manière à en faciliter l'entrée au gaz. La partie supérieure doit être munie d'un capuchon ou d'un clapet pouvant être manœuvré par le mécanicien. Sur certaines machines, celles d'Orléans notamment, le chapiteau de la cheminée était surmonté d'un écran en tôle de 12 à 15 centimètres de hauteur, sur la moitié de la circonférence à l'avant de la machine. Par ce moyen, le dégagement des gaz n'était pas gêné à sa sortie par le choc de l'air dans la marche en avant.

La section à donner à la cheminée n'est déterminée par aucune règle générale. Le plus ordinairement le rapport de cette section à celle des tubes est de 0,70. Dans les anciens types de machines employées sur la ligne de l'Est, le diamètre des cheminées variait de $0^m,32$ à $0^m,44$, la dimension moyenne étant de $0^m,35$ à 0,40. On a pendant longtemps donné à la cheminée la forme d'un cylindre à base circulaire mais nous allons voir que cette forme est remplacée aujourd'hui par celle d'un cône tronqué de $0^m,45$ en moyenne — 104.

103. Grille a flammèches. — Pour arrêter les flammèches, entraînées par le courant gazeux dans la cheminée, on place dans la boîte à fumée, au-dessus de la dernière rangée de tubes, une grille formée de barres de fer méplat de $0^m,01$ de haut, placées de champ, perpendiculairement à l'axe de la machine. Les particules solides rencontrant ces barreaux s'arrêtent et tombent dans la boîte à fumée. En Prusse,

M. Gruson a appliqué sur diverses machines une grille à flammèches à barreaux mobiles, dont il dit avoir obtenu de bons résultats; mais la grille fixe nous paraît préférable en raison de sa simplicité.

La conférence de Munich a indiqué que tous les appareils compliqués, placés dans la cheminée, ou la boîte à fumée, excepté les grilles en barres de fer, ou en fil de fer en treillis, ou des plaques de tôle percée, ou des fers en ruban disposés en jalousie mobile, placés entre la masse des tubes et l'échappement, sont nuisibles à l'allure de la machine et par conséquent à rejeter.

M. Klein a construit pour les machines brûlant du bois ou de la tourbe un pare-flammèches qui couronne la cheminée.

Il consiste en une petite turbine mise en mouvement par la pression des gaz chauds, et lançant horizontalement les particules solides qui tombent dans une enveloppe extérieure fixée à la cheminée. Cet appareil ingénieux a peut-être été appliqué avec avantage dans certains cas particuliers, mais, en général, il gêne le tirage et produit une contre-pression dans les cylindres.

Sur les machines américaines, la cheminée est surmontée d'un chapeau en tôle qui rabat les gaz circulairement. Les particules solides que ce premier changement de direction n'a pas arrêtées, rencontrent encore avant de sortir un cône en toile métallique. Les unes et les autres tombent dans une double enveloppe entourant la cheminée. Enfin M. Prusmann emploie une disposition analogue, l'espace compris entre les deux enveloppes, au lieu de rester vide, étant rempli d'eau.

L'appareil Prusmann laisse passer les étincelles dans sa partie médiane, il projette de l'eau et enfin il entrave la sortie de la fumée.

En général, tout appareil fondé sur l'inertie des flammèches n'atteint pas le but proposé, surtout si l'on brûle un combustible léger.

104. Relation de l'échappement et de la cheminée. —

Nous avons vu que, grâce à l'injection de vapeur à la base de la cheminée, les constructeurs étaient parvenus à obtenir de la chaudière de locomotive une production de vapeur suffisante pour entretenir le mouvement de la machine fonctionnant à grande vitesse.

Nicholson, éditeur du *Philosophical Journal*, avait bien indiqué, en 1806, qu'un jet de vapeur lancé dans un tube, agit sur l'air entrant à la manière de l'eau qui tombe dans un tuyau percé de trous, comme dans les anciennes machines soufflantes, — les trompes catalanes, — et qu'il entraînait cet air qui pouvait être réuni dans un réservoir et utilisé pour divers usages. Cette observation de Nicholson est passée inaperçue, et l'injection de la vapeur n'a été employée qu'en 1815 et encore dans des cheminées trop larges.

L'injection de vapeur à la base de la cheminée produit un vide partiel que la pression atmosphérique tend à combler en refoulant l'air extérieur, par le cendrier et la grille, dans le foyer et dans les tubes. Voici comment s'opère cette évolution : Au moyen de la prise de vapeur V (fig. 6, pl. I), le mécanicien peut faire passer la vapeur dans les cylindres, où sa force élastique, fonctionnant comme un ressort plus ou moins fortement bandé auquel on laisserait tout d'un coup sa liberté d'action, presse les pistons moteurs et les force de se déplacer suivant l'axe des cylindres. La vapeur *usée*, celle qui a fourni une partie de son travail mécanique à la mise en mouvement des pistons, est dirigée par le tuyau V′ à la base de la cheminée. A chaque cylindrée ou course du piston, correspond un jet de vapeur dirigé suivant l'axe de la cheminée : à chaque jet de vapeur correspond un entraînement de l'air, une dépression dans la boîte à feu, dépression qui peut atteindre jusqu'à $0^{m},10$ d'eau. De cette disposition résulte un appel de l'air extérieur, un tirage plus ou moins énergique sortant du tuyau selon la vitesse imprimée à la vapeur du tuyau d'échappement, et, par suite, une production de vapeur neuve plus ou moins active.

Nous allons nous occuper maintenant de la forme que l'on

donne à la cheminée et à l'échappement, et de leur position respective.

Les tuyaux d'échappement viennent se réunir en un seul conduit, terminé par une buse débouchant à la base de la cheminée. La jonction des deux tuyaux peut se faire à la partie inférieure ou supérieure de la boîte à fumée. Dans le premier cas, applicable surtout aux machines à cylindres intérieurs (fig. 1 et 3, pl. V ; fig. 6, pl. I ; fig. 1 et 3, pl. XX) ; une culotte en fonte réunit les boîtes à tiroir des deux cylindres à vapeur, et se continue par un tuyau vertical en cuivre ou en fonte, auquel on donne la forme elliptique, afin qu'il ne masque pas les orifices des tubes. Dans le second cas, (fig, 2, pl. XVIII ; fig. 3, pl. XXVIII.) les deux tuyaux, après avoir contourné les parois de la boîte à fumée, vont se réunir à une culotte en fonte, qui porte elle-même le tuyau d'échappement. Cette dernière disposition a l'avantage de mieux isoler les cylindres, et d'empêcher, par conséquent, la vapeur de l'un d'agir sur le piston de l'autre, mais aussi l'inconvénient d'obstruer la base de la cheminée.

L'orifice de sortie du tuyau d'échappement peut être circulaire, rectangulaire ou annulaire, et il prend une section variable lorsqu'on veut se servir de l'échappement pour *régler* le tirage dans le foyer.

L'influence de l'échappement sur le tirage et la recherche des meilleures dispositions à adopter, dans l'installation des diverses parties qui concourent à cet effet, ont vivement préoccupé les praticiens, et de nombreuses expériences ont été faites à ce sujet. Celles de MM. Nozo et Geoffroy, sur la ligne du Nord, les ont conduits aux conclusions suivantes :

« L'orifice d'échappement ne doit pas être placé, au-dessous de la base de la cheminée, à une distance plus grande qu'une fois et demie le diamètre ; en deçà de cette limite, on peut le placer indifféremment plus ou moins haut, on peut même l'introduire dans la cheminée. Le tirage ne diminue pas sensiblement, pourvu que la cheminée conserve une longueur suffisante à partir de l'échappement.

» Pour une combinaison donnée de section de passage, de section d'échappement et de vitesse de sortie de la vapeur, il y a une section de cheminée qui fait produire le maximum d'appel, la cheminée étant supposée avoir dans chaque cas une longueur de six à huit fois son diamètre.

» Avec une même section de passage, si la section de l'échappement ne varie pas du simple au double, quelle que soit la vitesse de sortie de la vapeur, on peut dire que c'est toujours à peu près la même cheminée qui, pour chaque cas, produira le maximum de tirage.

» On peut remplacer la cheminée ordinaire et sa tuyère d'échappement par un groupe de cheminées plus petites, ayant chacune sa tuyère. Si la section totale reste la même de part et d'autre, les phénomènes ne seront que fort peu modifiés ; l'avantage de cette disposition consiste à diminuer notablement la hauteur qui n'a besoin d'être égale qu'à six ou huit fois le diamètre des cheminées partielles. »

M. Zeuner, professeur de mécanique à l'Institut polytechnique de Zurich, appliquant au tirage produit par un jet de vapeur le calcul de l'équivalent mécanique de la chaleur, est arrivé à établir entre le volume d'air entraîné et la quantité de vapeur employée une relation algébrique dont il a vérifié l'exactitude en pratique par une série d'expériences qui l'ont conduit à admettre les résultats suivants :

1° L'influence de la distance entre l'orifice de la tuyère et le bas de la cheminée est secondaire. Il suffit que le jet de vapeur pénètre librement dans la cheminée.

2° On peut, sans inconvénient, faire varier dans de larges limites les dimensions de l'espace dans lequel se font l'échappement et l'aspiration.

3° La forme des parois exerce une plus grande influence. Il convient que les masses gazeuses soient ramenées naturellement vers l'axe de la cheminée.

Parmi les moyens proposés par M. Zeuner pour améliorer le tirage des locomotives, il faut placer l'emploi des cheminées à section variable. M. Giffard a reconnu depuis longtemps que la dépression de l'air aspiré par un jet de vapeur était plus forte, pour une même pression de la vapeur, avec une cheminée légèrement évasée qu'avec une cheminée cylindrique.

M. Prusmann, ingénieur des machines sur une section du chemin de fer de Hanovre, est arrivé à l'adoption d'une forme de cheminée dont le profil courbe promettait certains avantages pour l'échappement de la vapeur et son effet utile, qui ne se sont pas réalisés.

M. Riggènbach, ancien ingénieur en chef au chemin de fer central Suisse, a cherché, en modifiant le profil en long de la cheminée, d'une part, et la disposition de l'échappement de vapeur de l'autre, à diminuer les effets de la résistance, que la colonne de vapeur et d'air entraîné doit éprouver dans la cheminée. Il a, dans ce but, élargi la base des cheminées en dessous du niveau de l'échappement, et augmenté progressivement le diamètre à quelques décimètres au-dessus, de manière à obtenir une section d'orifice double de la section au niveau de l'échappement. La seconde modification de M. Riggenbach consiste à diviser l'ouverture de l'échappement en quatre tuyères distinctes, dont l'ensemble présenterait une surface supérieure de 1/10 à la section d'échappement unique, cette disposition devant avoir pour effet de multiplier les surfaces de contact qui produisent l'entraînement des gaz.

Il n'y a malheureusement rien de concluant dans toutes ces indications. — En France, il est vrai, on paraît avoir abandonné la cheminée cylindrique (excepté à Lyon et à l'Ouest) pour adopter la cheminée à section variable. (Est, fig. 1, pl. V; Nord, fig. 1 et 3, pl. V; Orléans, fig. 1, pl. IX.) Cette dernière forme s'est également répandue en Angleterre (machine Sharp Stewart et Cie, fig. 1 et 2, pl. VII); machine Fairlie, fig. 4, pl. VIII) et en Belgique (machine de Couillet, fig. 1, pl. VIII); mais en consultant les divers types de l'Exposition de 1878 que nous avons reproduits dans l'ATLAS, on reconnaîtra que c'est encore l'empirisme qui règne ici.

Quant à l'échappement, on le trouve plus ou moins avancé vers l'intérieur de la cheminée (fig. 1, pl. III et IX ; fig. 1, pl. XII, pl. XVI, pl. XVIII), d'autres fois à l'entrée de la cheminée (fig. 1, pl. V) ; ailleurs enfin, à une certaine distance de ce point (fig. 1, pl. VII).

105. ÉCHAPPEMENT FIXE OU VARIABLE. — Nous avons dit que l'orifice du tuyau d'échappement pouvait avoir des dimensions fixes ou variables. Le jet de vapeur servant à activer le tirage, il était naturel de chercher également dans son emploi le moyen de régler ce tirage, suivant les nécessités du service du foyer. En rétrécissant l'orifice d'échappement, on augmente la vitesse de la vapeur, et, par conséquent, celle de l'air aspiré ; de là l'emploi du régulateur à valves ou d'un régulateur annulaire avec obturateur intérieur mobile Le premier de ces appareils employé en France et sur quelques lignes d'Allemagne se compose d'un tuyau en fonte C (fig. 14, pl. XLVI), terminé par deux faces planes parallèles, A_1 A entre lesquelles peuvent se mouvoir deux autres faces perpendiculaires B_1 B montées sur un axe horizontal O et manœuvrées par le mécanicien, au moyen de leviers et de tiges de transmission.

L'emploi d'un échappement à orifice variable offre quelques avantages à côté de nombreux inconvénients. S'il est vrai qu'en rétrécissant l'orifice de sortie, on augmente l'appel de l'air, on accroît également la contre-pression sur le piston du cylindre, et l'on diminue ainsi l'effet utile de la vapeur ; l'usage de l'appareil exige de la part du mécanicien une grande habileté pour la manœuvre et beaucoup de soins pour l'entretien. Y a-t-il avantage à supprimer cet appareil toutes les fois qu'on le peut ; c'est-à-dire quand on a un combustible ne donnant pas un chauffage trop irrégulier et un mécanicien conduisant bien son feu ? Tel est le cas des machines anglaises (fig. 1, pl. VII). L'échappement fixe a été adopté pendant un certain temps par les ingénieurs du chemin de fer du Nord, mais sur cette ligne on est revenu à l'échappement variable et on a bien fait (fig. 1, pl. V).

En Allemagne, on préfère généralement les échappements à orifice invariable, et, entre autres, ceux dont la forme annulaire offre une surface de contact plus considérable entre la vapeur et l'air entraîné.

106. Chauffage de l'eau du tender par l'échappement. — Il est un cas particulier, d'ailleurs, que l'on rencontre encore assez fréquemment sur les machines allemandes, et dans lequel l'échappement variable devient inutile, c'est celui où la vapeur sortant du cylindre sert par sa condensation, suivant l'un des deux procédés de MM. Kirchweger ou Rohrbuk, à échauffer l'eau du tender. Le premier consiste à faire sur le tuyau d'échappement une prise de vapeur qui se prolonge sous la chaudière, et va déboucher dans le tender par le moyen d'un tuyau percé de trous. Une valve convenablement placée permet d'envoyer, s'il est nécessaire, une partie de la vapeur dans la cheminée. Cette disposition, qui a donné une grande économie sur le combustible, au dire de ceux qui l'ont employée pendant longtemps, disparaît par l'emploi des injecteurs dont l'usage ne permet pas celui de l'eau d'alimentation à une température trop élevée. Mais elle pourrait bien revenir en vogue si les résultats de la pompe-injecteur Chiazzari répondent à l'attente de l'inventeur — 117 —.

Observation essentielle. — Dans l'établissement des appareils d'échappement, la principale question est de chercher une disposition simple, nécessitant le moins d'entretien possible, en raison de la position de l'appareil dans la boîte à fumée, loin des yeux du mécanicien et exposé à la double action des gaz chauds et de la vapeur. Les échappements fixes présentent donc à cet égard un avantage sensible; il ne faut pas oublier, dans leur construction, que de la multiplication des joints de contact dépend la puissance d'entraînement du jet de vapeur. L'ancien échappement à couronne vaudrait donc mieux que l'échappement à valve, car il satisferait mieux à cette dernière condition.

Quelle que soit sa forme, il est essentiel que le jet de vapeur se trouve toujours dans l'axe de la cheminée. En ajoutant à un échappement de cette espèce, l'action produite sur le tirage par la manœuvre de la porte du cendrier, celle d'un souffleur, et enfin l'emploi d'un petit registre placé sur les parois de la boîte à fumée, permettant au besoin l'introduction d'une certaine quantité d'air frais, on aura à sa disposition tous les moyens de régler le tirage d'une manière satisfaisante sans employer des appareils de construction compliquée ou d'un entretien difficile.

Sur quelques machines anglaises, on rencontre une installation de registres mobiles en forme de lames de persienne placés devant les tubes dans la boîte à fumée; mais la complication du moyen ne répond pas aux services qu'on pourrait en attendre.

107. Souffleur. — La production de vapeur fait quelquefois défaut, par exemple lorsque la machine est au repos, ou en marche lente résultant de patinage ou de résistance accidentelle; dans ce cas le nombre d'injections de la vapeur venant des cylindres devient insuffisant pour activer le tirage. A l'action du tirage mécanique par la vapeur usée, on substitue celle d'un jet de vapeur pris directement dans la chaudière, disposition qui constitue le *souffleur*. Cet appareil puise donc la vapeur dans la chaudière, et, au moyen d'un robinet manœuvré par le mécanicien, lance, par une tuyère pénétrant dans la boîte à fumée sous la cheminée, un jet de vapeur continu suffisant pour provoquer l'appel d'air dans le foyer.

Le souffleur peut prendre deux formes : 1° Celle du jet unique représentée par la disposition de la fig. 14, pl. XLVI. Ici la vapeur venant de la chaudière par le tuyau S est lancée dans l'axe de la cheminée par la tuyère S′ qui traverse l'échappement. (Machine à grande vitesse de l'Est.)

2° Celle du jet en couronne représentée par la fig. 15, pl. XLVI. Le tuyau S qui amène la vapeur de la chaudière dans la cheminée fait un tour S′ S′ à la hauteur de l'échappement par les trous ménagés sur cette couronne, la vapeur est lancée en plusieurs jets qui provoquent un appel d'air très énergique.

108. ÉPREUVE DES CHAUDIÈRES. — Toute chaudière, avant sa mise en service, doit subir une épreuve en présence de l'ingénieur ou d'un agent délégué par l'administration supérieure qui dresse procès-verbal de l'expérience.

L'ordonnance du 29 octobre 1823 prescrivait une pression d'épreuve cinq fois plus forte que celle que la chaudière était destinée à supporter dans l'exercice habituel de la machine. D'après le Décret du 25 janvier 1865, la pression d'épreuve est réduite à deux fois la pression effective pour une chaudière travaillant à une pression comprise entre 0,5 et 6 kilog. par centimètre carré. Pour les pressions effectives inférieures à $0^k,5$ la surcharge est constante et de 1/2 kilog. par cent. carré.

Pour la pression effective supérieure à 6 kilog. la surcharge èst constante et de 6 kilog. par cent. carré.

En Allemagne, le congrès de Munich, en 1868, a proposé de fixer la pression d'épreuve à 1 1/2 celle du travail au lieu d'une pression double comme l'exigeait l'ancien règlement prussien.

L'épreuve des chaudières, quoique ne les mettant pas à l'abri de toute chance d'explosion, offre néanmoins l'avantage de déceler, dans beaucoup de cas, des fuites provenant soit de la mauvaise qualité du métal, soit de l'imperfection de la rivure, et qui, dans la suite, auraient pu donner lieu à des accidents graves.

L'essai se fait à l'aide d'une pompe foulante sous une pression double de la pression concédée. Cette opération se répétera après un premier parcours de 10 milles allemands, soit 75 000 kilomètres, à chaque nouveau parcours de 60 000 kilomètres, ainsi qu'à chaque rentrée de la machine aux ateliers de réparation, afin de bien vérifier, — l'enveloppe de la chaudière enlevée, — tous les joints, le foyer, les rivures. Ces essais se font à l'aide de la presse hydraulique à la pression imposée par les règlements, et doivent être mentionnés avec soin sur un registre spécial. Toute chaudière qui subirait par cette épreuve une déformation permanente ne doit plus rentrer en service.

En Bavière, les épreuves des générateurs à vapeur se font de la manière suivante : La chaudière une fois remplie d'eau, on la chauffe légèrement pour dégager l'air, puis après avoir fermé tous les orifices, on la soumet, à l'aide d'une pompe, à la pression d'épreuve.

L'eau introduite pour arriver à ce résultat, étant mesurée, on laisse dégager par la soupape et on mesure avec soin l'excédant de liquide refoulé par la contraction des parois; la différence des deux quantités sert à déterminer l'augmentation permanente de volume qu'a subie la chaudière, et qui ne doit pas dépasser certaines limites fixées à l'avance. Pour les chaudières de locomotive, la pression d'épreuve étant de $16^{at},21$, la dilatation permanente est généralement de $1^{lit}86$, la tolérance pouvant atteindre $5^{lit}58$.

Au bout de quatre ans au plus, — 125000 kilom., — après la mise en service d'une chaudière, il faut procéder à un examen intérieur, que l'on doit répéter dans un même délai au maximum, soit à la suite d'un nouveau parcours de 125000 kilomètres. On enlève les tubes, on vérifie la charge des soupapes et on s'assure que les indications du manomètre sont bien conformes à celles données par le manomètre à air libre de l'atelier.

Chaque fois que la machine entre à l'atelier de réparation, il faut laver la chaudière, après avoir enlevé la rangée de tubes du bas, et déboucher avec le plus grand soin les tubulures de chapelle d'entrée d'eau et celles du niveau d'eau.

Avant de la remplir de nouveau, on y introduit, soit par les soupapes, soit par un réchauffeur, soit par un autoclave, une certaine quantité de matière qui s'oppose aux incrustations lorsque la nature de l'eau employée pour l'alimentation en exige l'usage. — Chap. XII —.

Révision des chaudières. — Voici le résumé des prescriptions du service de la traction du Kaiser Ferdinands Nordbahn sur ce point :

L'extérieur de chaque chaudière doit être visité une fois par an.

L'intérieur de chaque chaudière neuve doit être soumis à la visite après une durée de six années de service ou après un parcours de 240 000 kilomètres.

A partir de là, on doit répéter la visite intérieure après un nouveau délai de 4 années de service ou après un nouveau parcours de 160 000 kilomètres.

Lors de cette visite on fixera, d'après les résultats de l'examen, le délai au bout duquel il sera fait une autre visite intérieure.

Observation essentielle. Toutes les prescriptions réglementaires n'ont d'efficacité que lorsqu'elles sont appliquées consciencieusement et avec intelligence. Le but à atteindre, c'est d'assurer aux chaudières un fonctionnement régulier et sûr.

Ainsi, en service, le machiniste ne doit jamais laisser la vapeur dépasser la pression prescrite. Trois soupapes de sûreté, dont deux à l'abri des manipulations du machiniste, ne sont pas de trop à cet effet.

Les dilatations et les contractions de la chaudière doivent s'effectuer librement et d'une manière progressive. C'est pourquoi l'allumage et la mise en pression se feront avec précaution. Les attaches de la chaudière auront toute liberté de suivre ses mouvements.

La vidange à chaud, l'introduction immédiate d'eau froide soit pour le lavage, soit pour le remplissage, seront formellement interdites.

Une chaudière neuve ou nouvellement réparée ne doit jamais sortir sans que l'on ait vérifié :

1° Que la chaudière ne contient aucun objet, aucun dépôt, libre ou adhérent, qui, provoquant les incrustations, pourrait embarrasser la transmission de la chaleur, ou occasionner la détérioration des parois ;

2° Que les joints sont parfaitement étanches et que les réparations n'ont pas endommagé les parties assemblées ;

3° Que les parois intérieures de la chaudière ne sont pas enduites de matières grasses pouvant occasionner, à la mise en service, l'entraînement dans les cylindres d'une quantité d'eau telle qu'il en résulte souvent de graves avaries.

On prévient cet accident en remplissant la chaudière, avant sa mise en service, par de l'eau contenant 1/2 p. 0/0 de carbonate de soude et en l'échauffant jusqu'à 150° environ. Après quelques heures de chauffage, on laisse baisser la température à 100°, on vide l'eau, et quand la chaudière est tout à fait froide on y injecte de l'eau en assez grande quantité pour qu'elle entraîne toutes les matières et sorte complétement pure à la fin de l'opération.

§ II

ACCESSOIRES DE LA CHAUDIÈRE.

109. Indicateurs du niveau d'eau. — L'eau dans la chaudière doit couvrir le foyer et les tubes de manière à ne pas les laisser exposés aux avaries que la chaleur pourrait occasionner s'ils n'étaient pas constamment baignés par le liquide.

D'autre part une trop grande quantité d'eau emmagasinée dans la chaudière envahirait l'espace dévolu à la vapeur au point qu'il n'en resterait plus assez pour l'alimentation des cylindres.

Le niveau de l'eau doit donc être maintenu entre des plans limites très voisins l'un de l'autre.

Un tube en verre et trois robinets d'essai placés sur toutes les machines donnent à chaque instant, au machiniste, la position de la ligne de niveau dans la chaudière.

110. Tube translucide. — Le premier de ces appareils est un tube en verre *ti* fixé à ses deux extrémités (fig. 2, pl. IX), au moyen de presse-étoupes, dans deux supports en

cuivre communiquant avec la chaudière par des robinets. Des bouchons à vis permettent de nettoyer le tube et les tuyaux de communication ; enfin, l'ajutage inférieur porte un robinet servant à vider le tube lorsque la communication est interrompue avec la chaudière.

La partie inférieure du tube à niveau doit s'élever à $0^m,10$ au moins au-dessus du ciel du foyer. Le tube descendant plus bas il pourrait arriver que le foyer se découvrît sans que le mécanicien s'en aperçut, trompé par la colonne d'eau qui remplirait encore l'appareil indicateur à ce moment. On obtient ce résultat en disposant la douille en bronze qui porte le tube de manière qu'elle s'élève à $0^m,10$ au-dessus du ciel du foyer. Quand l'eau a disparu du tube, il en reste encore assez pour préserver la plaque du coup de feu.

Quelquefois, par suite d'une cause indéterminée, le tube à niveau vient à se briser, et les morceaux de verre, violemment projetés par la pression de la vapeur, atteignent et blessent les conducteurs de la machine. Pour éviter ce genre d'accident assez fréquent et dont les conséquences peuvent être fort graves, on entoure les tubes d'un treillis métallique. La disposition qui paraît la meilleure dans ce cas est celle que M. Hagen, chef du service des machines à Landsberg, a employée depuis plusieurs années avec succès. Les fils en fer demi-rond qui forment le treillis ne sont maintenus que par leurs extrémités, de telle sorte qu'aucune ligne horizontale ne peut tromper le mécanicien dans l'observation du niveau de l'eau dans le tube.

Les tubes en verre ou en cristal bien recuit, ou plutôt *trempé*, ayant dans leurs supports assez de jeu pour supporter les différences de longueur et de diamètre que leur imposent les changements de température auxquels ils sont exposés, se conservent bien, sans nécessiter des précautions spéciales contre la rupture.

Pendant la nuit, une lanterne éclaire le tube indicateur.

Dans le passage des rampes d'une forte inclinaison, les indications du niveau deviennent incertaines, si le mécanicien ne connaît pas exactement la pente de la voie au moment de l'observation. Pour remédier à cet inconvénient, sur les machines de la ligne du Nord destinées au service des voies à pentes et contre-pentes nombreuses, et sur lesquelles, en raison de leur grande longueur, il peut se produire des différences de niveau considérables entre les deux extrémités, M. Nozo avait appliqué un appareil à niveau d'eau fermé, qui, mis en communication avec la chaudière au milieu de sa longueur, et placé à côté du tube à niveau ordinaire, donne à chaque instant au mécanicien la position de son niveau moyen en même temps que l'autre tube lui donne celle du niveau au-dessus du foyer.

On a renoncé à cet appareil sur les fortes pentes, où l'on prend la précaution de disposer le ciel du foyer en plan incliné. (fig. 1, pl. XXII).

111. Robinets d'épreuve. — Le tube indicateur peut ou mal fonctionner ou, par une cause quelconque, casser. On y supplée par les robinets d'épreuve qui, au nombre de trois, r, r', r'' sont mis, à diverses hauteurs, en communication avec la chaudière, le plus bas devant se placer à 100mm au moins au-dessus de la partie la plus haute du foyer (fig. 2, pl. IX, et fig. 2, pl. XXIII).

Pour se débarrasser de l'eau qui sort de ces robinets, on la fait écouler jusqu'au bas de la machine par un tube muni d'un entonnoir.

Indicateurs mixtes. — Stephenson a disposé sur ses machines le tube à niveau et les robinets d'essai sur un même support en bronze, mais il résulte de cette combinaison que si les tuyaux de communication ou les orifices sur la chaudière s'obstruent par suite des dépôts, les deux systèmes d'appareils sont mis en même temps hors de service, tandis qu'ils doivent pouvoir, au contraire, se suppléer au besoin les uns les autres.

112. Bouchons fusibles. — Le but de cet utile accessoire de la chaudière est de préserver le dessus du foyer contre les avaries résultant de l'excès de température quand

le niveau d'eau baissant outre mesure, les plaques ne baignent plus dans l'eau.

Les bouchons fusibles ont été, autrefois, compris dans les appareils de sûreté prescrits par l'Administration pour les chaudières des machines fixes.

Les soupapes de sûreté ne donnant pas toujours une suffisante issue à la vapeur en excès, on avait cru pouvoir mettre à profit l'alliage de d'Arcet, — combinaison de bismuth, étain et plomb, — dont le degré de fusibilité était réglé par la proportion de ces métaux. Cet alliage ou métal fusible était appliqué, sous forme de rondelle, sur une ouverture pratiquée dans la partie supérieure de la chaudière. La tension et par conséquent la température de la vapeur venant à dépasser la limite maxima, la rondelle devait se fondre et mettre la vapeur en liberté. Mais les choses ne se passent pas toujours comme l'Administration le prescrit. Tantôt le métal se ramollissait et laissait fuir la vapeur avant d'atteindre la pression voulue, tantôt, au contraire, les métaux dissociés ne se fondaient plus au degré de température exigé. On a donc renoncé aux rondelles fusibles et à tort, car il y avait là une idée à poursuivre.

Un homme à l'esprit inventif, Galy-Cazalat, avait proposé de placer au-dessus du ciel du foyer un tube percé de trous sur toute sa longueur et ouvert haut et bas. En haut, il est surmonté d'un robinet placé en dehors de la chaudière ; en bas, il pose sur un trou conique pratiqué dans le ciel du foyer, fermé en marche ordinaire par un cône de métal fusible. Si la température du ciel du foyer dépasse le degré voulu, le cône fond et la vapeur pénètre dans le foyer en traversant le tube percé de trous. Le robinet placé en haut du tube porte, dans sa clé, un petit cône de métal fusible semblable à celui qui vient de fondre. Aussitôt que le trou du ciel est ouvert, en tournant la clé du robinet on fait tomber le bouchon neuf, et la pression de la vapeur aidant, le trou *doit* être bouché et la chaudière prête à servir.

De cette combinaison d'appareils il n'est resté en usage sur les locomotives que les bouchons ou plombs de sûreté qui mettent la chaudière momentanément hors de service. Les bouchons fusibles se placent dans la plaque supérieure du foyer; tant que celle-ci est recouverte d'une certaine couche d'eau, le bouchon ne fait que transmettre la chaleur reçue au liquide ; mais le niveau de l'eau vient-il à baisser de telle sorte que le bouchon soit mis à découvert, celui-ci s'échauffe et finit par fondre lorsque la température est suffisamment élevée. Aussitôt que le métal fondu a coulé dans le foyer, la vapeur se précipite sur la grille par l'issue qui lui est donnée, et le feu se trouve instantanément éteint.

Le bouchon prend la forme d'un écrou en fer ou en cuivre (fig. 11 et 12, pl. XV. Machines de l'Ouest) percé d'un trou renflé sur une partie de sa longueur, dans lequel on coule et on mate du plomb ; le tout est vissé dans le ciel du foyer, un peu en saillie sur la face supérieure de cette plaque.

On place deux et quelquefois trois bouchons de sûreté dans le ciel des foyers, surtout quand ils ont une grande étendue.

113. Pompes. — Avant la remarquable invention de M. Giffard, le remplacement, dans les chaudières, de l'eau consommée par le travail des locomotives se faisait exclusivement au moyen de deux pompes, chacune d'elles ayant un débit suffisant pour servir seule à l'alimentation de la chaudière, sans fonctionner pendant plus du tiers du parcours de la machine. Malgré la simplicité de l'emploi de l'injecteur, les pompes ne sont pas complétement abandonnées, nous en dirons la raison plus loin.

Le plongeur *a* (fig. 14, pl. 1) des pompes manœuvre soit directement par la tige du piston, soit par l'excentrique de la marche en arrière, soit enfin par un excentrique spécial Σ_1 et une bielle à fourche Y_1 (fig. 6 et 7, pl. X. Machine à 4 essieux d'Orléans). Par cette disposition, l'introduction de l'eau n'a lieu que lorsque la machine circule ; pour alimenter la chaudière en gare, il faut lui faire parcourir une certaine distance à vide ou bien la conduire sur des galets roulants posés au niveau des rails, vieil appareil depuis longtemps abandonné, et utilisable seulement pour une locomotive à un seul essieu moteur, tandis que, pendant la marche et quand l'alimentation est suspendue, la pompe n'en continue pas moins à fonctionner sans produire de travail utile, mais en occasionnant, au contraire, une résistance notable.

Pour parer à une partie de ces inconvénients, on a ajouté dans certains cas à la machine un cylindre à vapeur spécialement chargé de faire marcher les pompes, le *petit cheval*.

L'emploi de ce moteur supplémentaire complique beaucoup la construction de la machine et en augmente le prix d'établissement. Aussi n'a-t-il été appliqué que sur quelques machines à marchandises, séjournant longtemps dans les gares.

En outre, les pompes nécessitent un entretien très suivi, des réparations fréquentes et coûteuses; elles augmentent le poids de la machine, le nombre des pièces du mécanisme par leurs appareils de transmission, et enfin elles absorbent une force considérable.

Il faut cependant reconnaître que, malgré tous les embarras qu'elles causent, les pompes présentent des avantages marqués. Sur une ligne accidentée, par exemple, un mécanicien habile, qui sait ménager sa vapeur et bien conduire son feu, peut, sans dépenser de force, alimenter sa chaudière pendant les descentes, en utilisant la gravité pour la manœuvre de ses pompes et profitant aussi des moments où la pression de la vapeur peut baisser sans inconvénient pour rétablir le niveau d'eau à la hauteur voulue. L'usage de la contre-vapeur employée comme frein peut faire introduire de l'air dans la chaudière. Cet air entraîné par la vapeur ne se condensant pas, il peut arriver que le Giffard refuse de fonctionner. Le même cas se présente encore lorsque l'eau d'alimentation est chauffée au-delà d'un certain degré, 40° à 50°. — Aussi plusieurs ingénieurs n'hésitent pas à conserver cet organe en l'associant à l'injecteur Giffard, qu'il remplace au besoin. (Machines d'Orléans, pl. IX et X.)

114. Injecteur automoteur. — L'injecteur Giffard, en rendant les pompes inutiles, supprime une grande partie des

inconvénients attachés à leur usage. D'un poids peu considérable et occupant une petite place, il présente surtout l'avantage de former un appareil complétement indépendant du reste de la machine, et agissant à la volonté du mécanicien, qui le fait fonctionner quand il veut, peut le visiter et l'entretenir sans peine.

Le principe de cet appareil est fondé sur l'entraînement de l'eau par un jet de vapeur lancé avec une grande vitesse. La pression atmosphérique s'ajoutant à la pression de la chaudière, la veine d'eau chargée de la vapeur condensée qui l'entraîne, est, par le fait de cette condensation, animée d'une quantité de mouvement telle qu'elle peut pénétrer dans la chaudière d'où sort la vapeur motrice de l'entraînement.

Le jet de vapeur, pris directement sur la chaudière à alimenter, arrive dans l'appareil par une tubulure latérale *a* (fig. 7, pl. XXIII), s'engage dans un réservoir *b* qui enveloppe un cylindre creux *c* percé de trous et terminé par un ajutage conique *f* allongé auquel on donne le nom de *tuyère*. On fait avancer ou reculer à volonté ce cylindre creux *c* dans le réservoir *b* au moyen de la vis V manœuvrée par la manette *v*. Un second ajutage latéral *i*, débouchant dans la chambre annulaire qui entoure cette tuyère, amène l'eau aspirée par le jet de vapeur ; les deux fluides entrent dans un second ajutage conique *s* appelé *cheminée*. A la suite de la cheminée est placé un long cône *t* dont le sommet, légèrement évasé, reçoit le nouveau jet formé d'eau et de vapeur plus ou moins complétement condensée, qui, après avoir soulevé une soupape de retenue *m* située à l'extrémité de l'appareil, pénètre dans la chaudière. De l'espace annulaire qui entoure les extrémités de la cheminée et du cône de sortie se détache un tuyau de trop plein K.

La quantité d'eau entraînée variant avec la pression de la vapeur, il est nécessaire de pouvoir régler la dépense d'eau et de vapeur suivant les circonstances. Cet effet est obtenu en faisant varier la section des orifices d'introduction de la manière suivante : la tuyère à vapeur peut être plus

ou moins ouverte au moyen d'une tige *g* conique à son extrémité, filetée à sa partie supérieure, et traversant une boîte taraudée, qui ferme l'extrémité du cylindre recevant la vapeur. Ce cylindre lui-même peut, comme nous l'avons dit, glisser dans une boîte à étoupe, et, par suite du mouvement produit par la vis à manette *V*, la tuyère qui le termine vient s'engager plus ou moins dans la base de la cheminée *s*, en réglant ainsi la section de l'espace annulaire qui donne passage à l'eau aspirée.

115. Travail produit par l'injecteur. — A l'extrémité de la cheminée *j*, la vitesse de la vapeur qui s'écoule dans l'atmosphère est $V = \sqrt{2g\frac{\Phi}{p}}$, Φ étant la pression de la vapeur par mètre carré dans la chaudière et p le poids du mètre cube de vapeur ; $2g = 19^{m},62$; posant $\Phi = 62010$ kilogrammes, sous cette pression le poids $p = 3^{k},046$, alors $V = \sqrt{\frac{19,62 \times 62010}{3,046}} = 633$ mètres.

Pour pénétrer dans la chaudière il faut qu'elle soulève la soupape et refoule l'eau qui tend à sortir. Si l'eau sortait, sa vitesse à la tuyère serait $V' = \sqrt{\frac{2g\Phi}{p'}}$, p' étant la densité de l'eau à la température de 159°,22 — soit 932 kilogrammes — d'où $V' = \sqrt{\frac{19,62 \times 62010}{932}} = 36$ mètres.

L'eau entraînée par la vapeur passant par la cheminée doit pour pénétrer dans la chaudière avoir une vitesse supérieure à celle de l'eau tendant à sortir, soit 37 mètres.

Dans le temps nécessaire pour écouler 1 kilog. de vapeur, la quantité de mouvement est $\frac{1^{k} \times 633}{g}$.

Le poids d'eau entraînée étant x, sa quantité de mouvement devra être $\frac{(1+x) \times 37}{g}$.

On aura $\frac{1 \times 633}{g} = \frac{(1+x)\,37}{g}$ d'où $x = \frac{633-37}{37} = 16^{k},1$.

En se condensant chaque kilogramme de vapeur élève la température de l'eau entraînée. Soit t la température de cette eau avant son mélange à la vapeur ; après le mélange la température sera t' — on aura

$$1^{k} \times 655 + 16^{k}\,t = 16\,t' \qquad t' = 41^{\circ} + t.$$

Pour que l'appareil fonctionne il faut que l'on ait $t' < 100^{\circ}$

car si le mélange à l'extrémité de la cheminée était en ébullition, l'appareil ne fonctionnerait plus. La température de l'eau d'alimentation ne doit pas dépasser 45° en général.

Pour mettre l'appareil en marche, on commence par régler la position de la tuyère d'après la pression de la chaudière, puis on ouvre le robinet de vapeur, et on écarte légèrement la tige conique qui à l'état de repos fermait complétement la tuyère. Aussitôt que l'aspiration commence à se faire, on augmente rapidement l'ouverture de la vapeur jusqu'à ce que l'eau aspirée, qui d'abord s'échappait par le tuyau de trop plein, pénètre dans le cône et soulève la soupape de retenue.

116. Modifications de l'injecteur. — On a reproché à l'injecteur Giffard, construit par l'inventeur lui-même, d'être coûteux d'établissement et d'entretien difficile. Plusieurs modifications ont été introduites dans l'appareil, afin de le simplifier et d'en réduire le prix de revient.

Modifications de M. Delpech. — La tuyère est fixe, mais la cheminée est mobile; le presse-étoupe du cylindre à vapeur est donc supprimé; il est remplacé par deux autres plus faciles à entretenir. L'entrée de la vapeur se règle comme dans le premier cas. Les ajutages seuls sont en bronze, le reste est en fonte. Construit pour les machines du chemin de fer de Lyon, cet appareil s'est répandu sur plusieurs autres lignes.

Modifications de M. Turck. — La tuyère et la cheminée sont fixes; l'entrée de l'eau est réglée par une enveloppe conique entourant la tuyère et la prolongeant au besoin de la quantité nécessaire pour réduire l'espace annulaire compris entre elle et la cheminée. La garniture est ainsi complétement supprimée; l'enveloppe mobile se règle par un pignon placé latéralement. Les ajutages seuls sont en bronze.

Modifications de M. Sharp. — La disposition est la même en principe que celle de M. Delpech, mais la boîte à étoupe est remplacée par une garniture intérieure. Deux modèles ont été construits par M. Sharp en 1864 et 1865. Dans ce dernier, toute garniture a disparu, et la cheminée glisse à frottement dans le corps de l'appareil, manœuvrée par un pignon latéral.

Modifications de M. Krauss et Schaw[1]. — Cette disposition, adoptée sur plusieurs chemins de fer allemands, se trouve représentée par la fig. 7 bis, pl. XXIII.

L'appareil est placé en dessous du niveau inférieur du tender. La garniture est complètement supprimée, toutes les pièces sont fixes, et le règlement de l'appareil se fait au moyen de simples robinets placés sur les tuyaux d'arrivée d'eau et de vapeur. Ces robinets sont manœuvrés par des manivelles qui portent des aiguilles mobiles sur des cadrans divisés. La mise en train de l'appareil se fait en ouvrant d'abord le robinet d'eau, puis celui de vapeur ; on règle ensuite l'introduction en manœuvrant le premier jusqu'à ce que, par le tuyau de trop-plein, il ne s'écoule plus de liquide. Cette disposition facilite d'une manière considérable la construction de l'appareil et son entretien, et, par le fait des avantages incontestables que présentent ces conditions, elle a provoqué d'autres perfectionnements adoptés sur beaucoup d'autres lignes.

L'appareil de Krauss et Schaw alimente en toute sécurité avec de l'eau à 25°r. — 31°c. et avec toute pression de vapeur. La congélation de l'appareil et des tuyaux afférents n'est pas à craindre lorsque l'on munit le clapet d'aspiration d'un arrêt que l'on manœuvre de façon qu'après l'alimentation terminée on peut évacuer l'eau qui se trouve dans l'appareil et les tuyaux au moyen d'un robinet d'essai ou bien la refouler dans le tender au moyen de la vapeur.

Modifications du kaiser Ferdinands-Nordbahn. — Tous les organes y sont fixes, sauf l'aiguille manœuvrée par un levier, disposition par laquelle on échappe à l'usure de la vis qui fait mouvoir l'aiguille dans les autres appareils (fig. 8, pl. XXIII).

En résumé l'injecteur réduit très sensiblement les frais d'entretien et augmente la sécurité de l'exploitation.

1. *Deutsche Industrie zeitung*, 1866, n° 7.

L'injecteur, quelle que soit la modification adoptée, se place horizontalement ou verticalemnnt de chaque côté de la boîte à feu extérieure, à la portée du mécanicien.

La prise de vapeur devra se faire aussi près que possible, afin de diminuer la longueur du tuyau, et, par suite, éviter la condensation de la vapeur. Il faudra toutefois que la prise de vapeur ait lieu en un point tel qu'elle soit suffisamment sèche et que l'eau de la chaudière ne soit pas projetée dans le tuyau dans les ondulations causées par l'arrêt de la machine. (Pv I, fig. 2, pl. IX).

Comme pour les pompes, chacun des injecteurs doit pouvoir suffire seul à l'alimentation de la chaudière, en marchant autant que possible d'une manière continue.

Les injecteurs se classent d'après le diamètre minimum du cône, qui varie de 7^{mm} à 10^{mm}, selon la puissance des machines, et pouvant fournir respectivement 1 à 2 litres par seconde.

117. Pompe injecteur Chiazzari. — M. Chiazzari, inspecteur principal du matériel aux chemins de fer de la Haute-Italie a exposé au Champ-de-Mars en 1878 une *pompe injecteur* dont il est l'inventeur et qu'il a décrit dans un ouvrage publié en 1876 chez l'éditeur Giuseppe, Civelli à Turin.

Cette pompe doit alimenter les chaudières avec de l'eau échauffée par la condensation de la vapeur d'échappement; elle permet ainsi d'élever la température de l'eau au-delà de 80°.

La pompe est représentée en coupes verticale et horizontale par les fig. 19 et 20 de la pl. XLVI. Le cylindre C C′ C″ de la pompe communique :

1° Avec la caisse à eau du tender au moyen du tuyau d'aspiration A A′;

2° Avec la chaudière, par le tuyau de refoulement R qui plonge dans la chambre à air B ;

3° Avec un appareil de condensation D annexé au cylindre C ;

4° Avec l'échappement de la machine par le tuyau T qui fait suite à l'appareil D. Le piston P partage le cylindre de la pompe en deux compartiments C et C′ d'avant et d'arrière de la pompe, le compartiment C communiquant avec le condenseur D par une soupape *b*, le compartiment C′ avec le condenseur D par une soupape *h* et par le conduit bifurqué K, fig. 20.

En se déplaçant, ce piston monté sur une tige G de gros diamètre développe sur sa face arrière, réduite par la tige à une zône annulaire, un volume libre plus petit que celui produit par sa face avant.

Le piston s'avançant vers la gauche, sa face arrière produit une aspiration de l'eau du tender. Celle-ci monte dans le tuyau A′ A, franchit la soupape *a* et entre dans la pompe en C′. Dans sa marche rétrograde, le piston refoule par la soupape *h* cette eau qui, par le conduit K, arrive dans le condenseur D à travers la plaque M percée de petits trous, puis par la soupape *b* dans l'espace C.

Comme cet espace engendré par le déplacement de la face avant du piston est plus grand que l'espace engendré par le déplacement de la face arrière, l'eau ne le remplit pas en entier. Il reste un espace vide partiel qui aspire la vapeur du conduit d'échappement débouchant en D.

Cette vapeur se condense au contact de l'eau du tender et lui donne une quantité de mouvement suffisante pour remplir complétement le vide partiel en C. Quand le piston retourne vers l'avant ce mélange d'eau et de vapeur est refoulé dans la chaudière en passant par la soupape *d*, le réservoir à air B et le tuyau R.

Pour faire varier la quantité d'eau à fournir on se sert du clapet S monté sur le conduit de l'eau du tender.

Du condenseur D part un tuyau F F′ qui conduit la vapeur d'échappement en excès dans la chapelle d'aspiration de l'eau du tender où elle se condense en D′.

Les deux tuyaux A A′ et F F′ communiquent entre eux par un robinet qui réunit les sommets de leur double coude.

Quand la machine ne fonctionne pas, l'eau du tender s'élève dans les deux tuyaux A′ et F′. Quand la machine marche il se fait un appel dans A′ qui aspire l'eau de F′. Ce dernier tuyau est alors rempli par la vapeur de l'échappement qui a passé par D et F. Si l'échappement ne donne plus de vapeur, la pompe n'aspire plus que de l'air venant du tuyau de l'échappement et ne fournit plus d'eau.

La pompe Chiazzari essayée sur plusieurs machines fixes et locomotives des chemins de fer de la Haute-Italie a démontré qu'elle procure une économie notable sur les quantités d'eau et de charbon consommées par les machines pourvues d'appareils ordinaires d'alimentation. Probablement des expériences concluantes ne tarderont pas à fixer les ingénieurs sur les mérites de l'invention très intéressante de M. l'ingénieur Chiazzari.

118. Chauffage de l'eau d'alimentation. — L'eau d'alimentation doit entrer dans la chaudière à une température aussi élevée que le permet l'emploi des appareils alimentaires. — En Allemagne, on a longtemps réchauffé l'eau du tender à l'aide de vapeur détournée de l'échappement (appareil Kirchweger). En France et en Angleterre, on se sert d'une prise de vapeur directe partant de la chaudière. Ce mode de chauffage devient délicat avec l'emploi des injecteurs. Dans ces appareils, en effet, l'injection ne peut se faire qu'autant que l'eau aspirée ne se trouve pas à une température trop élevée, parce que l'introduction de l'eau dans la chaudière dépend de sa vitesse, que celle-ci est fonction de la quantité de vapeur condensée et qu'enfin cette dernière quantité dépend à son tour du degré de température de l'eau d'alimentation. Ainsi, pour une pression de 7 à 8 atmosphères, la limite pratique de température de l'eau aspirée est d'environ 40 degrés. Ajoutons à cela que lorsque l'eau est froide, une variation de pression ne change pas notablement le débit, et n'empêche pas l'appareil de fonctionner, tandis que si la température de l'eau approche de son maximum, toute variation dans les conditions de la mise en train de

l'injecteur obligera le mécanicien à régler de nouveau son appareil s'il ne veut pas voir l'alimentation s'arrêter. Il sera donc plus avantageux en général de ne pas trop élever la température de l'eau du tender. En Allemagne, la limite généralement adoptée est de 30 à 37°.

Le tuyau de réchauffage de la caisse à eau devra donc être conservé avec l'emploi du Giffard, mais l'usage en sera beaucoup restreint, puisque l'échauffement de l'eau se fait pendant son passage dans l'appareil alimentaire. Par cette disposition, la vapeur est utilisée d'une manière beaucoup plus complète avec l'injecteur qu'avec les pompes, et l'un des premiers avantages qui en résultent est la facilité de maintenir et même d'augmenter la pression pendant l'alimentation, résultat impossible à atteindre avec l'emploi des pompes qui absorbent, du reste, une quantité de force considérable.

119. Aspiration et refoulement de l'eau. — Lorsque la caisse à eau se trouve placée sur un tender, le tuyau d'aspiration amenant l'eau aux pompes ou aux injecteurs doit recevoir un arrangement spécial qui facilite le passage dans les courbes, et permettre au besoin l'isolement du tender et de la machine sans donner lieu à une opération trop compliquée. Pour arriver à ce résultat, on compose le tuyau d'aspiration de plusieurs portions réunies comme suit : le tender et la machine sont munis chacun d'une portion de tuyau fixe, à laquelle vient se réunir, au moyen du joint à rotule, sur la machine, un tuyau terminé par un presse-étoupe, sur le tender un tuyau droit pouvant s'engager dans ce dernier. Pour faciliter l'introduction, le chapeau du presse-étoupe est muni d'un large pavillon, et c'est pour prémunir contre l'entrée de la poussière dans cet assemblage, que l'on place le tuyau à pavillon sur la portion adhérente à la machine.

Chaque appareil d'alimentation doit avoir un tuyau d'aspiration distinct aboutissant, dans le fond de la caisse à eau, à une soupape manœuvrée comme nous l'indiquons plus loin. — 220. — Un tuyau de refoulement part également de chacun d'eux, et conduit l'eau d'alimentation dans la chaudière. Une soupape de retenue placée à son extrémité sert à isoler l'appareil dans le cas d'un accident arrivé au tuyau.

L'introduction de l'eau dans la chaudière peut se faire en divers points de sa longueur. Celui dont la position répondrait le mieux à la condition d'un chauffage méthodique de l'eau, serait l'extrémité antérieure du corps cylindrique; mais la nécessité de donner dans ce cas une grande longueur au tuyau de refoulement offre quelques inconvénients, au point de vue du refroidissement de l'eau pendant le trajet.

Il ne faut cependant pas réduire cette longueur à son minimum en faisant déboucher le tuyau de refoulement dans la boîte à feu. L'introduction de l'eau d'alimentation dans la partie la plus directement exposée à la chaleur du foyer est nuisible à la bonne conservation des parois métalliques qui en forment l'enveloppe, et favorise le dépôt des matières incrustantes dans la partie de la chaudière la plus étroite, et, par conséquent, la plus difficile à visiter et à nettoyer. Il suit de ces considérations que l'on choisit, pour point d'introduction de l'eau, une position intermédiaire, mais rapprochée de l'avant du corps cylindrique; l'extrémité du tuyau d'arrivée de l'eau prolongée dans l'intérieur de la chaudière devra se recourber horizontalement, de manière que le jet d'alimentation soit dirigé dans le sens des tubes et non pas perpendiculairement à leur longueur.

120. Indicateurs de pression. — La vapeur produite par l'échauffement de l'eau exerce contre les parois de la chaudière une pression dont la tension s'accroît plus rapidement que la température qui la produit. — Il suffit d'un léger excès de chauffage ou d'un arrêt assez court dans la consommation de vapeur ou d'un refoulement d'air provenant de la marche à contre-vapeur soit des pompes alimentaires, pour élever rapidement la tension et amener l'explosion de la chaudière construite pour ne fonctionner qu'avec un maximum de pression déterminé par les éléments qui la composent.

121. TIMBRE ADMINISTRATIF. Chaque chaudière porte, au point le plus apparent, une rondelle métallique, le timbre, indiquant, en chiffres, le maximum de pression *effective*, c'est-à-dire de pression réelle dont on déduit la pression atmosphérique. Ce chiffre est celui du nombre maximum de kilogrammes dont la vapeur peut presser sans danger chaque centimètre carré de la chaudière, chiffre correspondant à très peu près au nombre d'atmosphères par lequel on a longtemps désigné la pression dans les chaudières, puisque chaque atmosphère correspond à la pression de 1k, 033 par centimètre carré.

Le décret du 25 janvier 1865, réformant l'ordonnance du 22 mai 1843 relative aux machines et chaudières à vapeur, prescrit, par les articles 4, 5 et 6, l'application à chaque chaudière.

1° du timbre administratif ;

2° de deux soupapes de sûreté ;

3° d'un manomètre.

122. SOUPAPES DE SURETÉ. — Prévenir l'excès de force élastique que peut prendre la vapeur, tel est le but de la soupape de sûreté, inventée par Papin et décrite, en 1682, dans son petit ouvrage *La manière d'amollir les os*, etc., etc.

Cette soupape est un disque mobile posé à l'extérieur sur une ouverture pratiquée dans la partie supérieure de la chaudière, celle qui sert de réservoir de vapeur. Comme toute la surface de la chaudière, ce disque, ce bouchon, est pressé du dedans au dehors par la vapeur. Chaque centimètre carré de ce disque doit donc être chargé d'un poids qui fera équilibre à la pression que la vapeur exerce à l'intérieur sur chaque centimètre carré de la chaudière et de la soupape qui en assure la fermeture. Si cette pression s'élève à 2, 4, 6, kilogrammes, ou plus, la soupape devra exercer sur l'ouverture une pression de 2, 4, 6 kilogrammes, ou plus, par centimètre carré de cette ouverture.

Pour faire équilibre à cette pression, le poids seul de la soupape serait insuffisant. Il faut y ajouter une surcharge qui peut être obtenue soit par un poids, soit par un ressort agissant directement ou par l'intermédiaire d'un levier sur le disque.

Le diamètre des soupapes de sûreté doit être tel, que toute la vapeur formée au delà d'une certaine tension donnée puisse s'échapper dans l'atmosphère au fur et à mesure de sa production. Ce diamètre est déterminé par la formule administrative de l'ordonnance de 1843 :

$$D = 2.6 \sqrt{\frac{S}{n - 0{,}412}}$$

dans laquelle :

D, exprime le diamètre de la soupape en centimètres ;

S, la surface de chauffe en mètres carrés ;

n, le nombre d'atmosphères correspondant à la tension de la vapeur.

Le décret de 1865 ne réglemente plus les dimensions des soupapes ; il se contente de dire, art. 5...

« Chacune des soupapes offre une section suffisante pour maintenir, à elle seule, quelle que soit l'activité du feu, la vapeur dans la chaudière, à un degré de pression qui n'excède dans aucun cas la limite ci-dessus (la pression du timbre). »

Les soupapes et leurs siéges sont généralement en bronze. La zone de contact, légèrement conique autrefois, est plane aujourd'hui.

Pour faciliter le rôdage des surfaces, et éviter l'adhérence de la soupape sur son siége, ainsi que l'erreur pouvant provenir d'une augmentation du diamètre soumis à la pression, lorsque la soupape commence à se soulever, il est nécessaire de réduire autant que possible l'étendue de cette zone. Les ordonnances administratives obligent le constructeur à ne pas donner à la portée plus de 1/30 du diamètre, et à ne jamais dépasser $0^{m},002$ de largeur.

La soupape est dirigée dans son mouvement par trois ailettes verticales. Pour faciliter la levée de la soupape soumise à un excès de pression, la face supérieure de la soupape forme une dépression dont le fond qui sert de point d'appui au pointal destiné à charger la soupape, est placé au-dessous de la surface de contact entre la soupape et son siége. Ce pointal reçoit l'extrémité d'une fourchette fixée à un levier, qui prend son point d'appui *f* au delà de la soupape et aboutit, à son extrémité *q*, (fig. 1, pl. XXII), à une tige verticale agissant sur un ressort à boudins, dont la tension remplace le poids chargeant les soupapes des machines fixes. Reliée soit à la partie supérieure, soit à la partie inférieure du ressort qui, suivant le cas, agira par tension ou par compression, la tige verticale est filetée sur une partie de sa longueur, traverse le levier de la soupape et porte un écrou que l'on serre plus ou moins pour obtenir le degré de tension nécessaire.

En cas d'insuffisance momentanée de pression, le machiniste, pour se tirer d'embarras. fait monter la pression au-delà de celle qui est autorisée, au risque de faire éclater la chaudière, et pour cela il cherche à donner au ressort une tension supérieure à celle qui correspond à la pression prescrite. Pour prévenir cet abus, on a fixé sur la tige filetée un arrêt que le levier ne peut dépasser.

Une gaîne en laiton renfermant le ressort offre un point d'appui qu'elle prend elle-même sur la chaudière. Cette gaîne porte une fente longitudinale dans laquelle se meut un index porté par la tige de ressort et indiquant sur une échelle divisée la mesure de la pression. D'autres fois le ressort est fixé lui-même à la chaudière par une tige graduée sur laquelle la gaîne, réunie alors au levier de la soupape, indique par sa position le degré de la tension obtenue. L'absence de la fente dans cette dernière disposition préserve le ressort du contact des matières étrangères qui peuvent s'introduire dans le cylindre, et assure, par cela même, à l'appareil une plus longue durée.

Afin de faciliter l'ouverture de la soupape au moment où elle commence à se soulever, on a souvent employé la disposition de MM. Lemonnier et Vallée, dans laquelle la distance de l'extrémité du levier au ressort augmente brusquement au moment où la pression limite commence à agir. Cette disposition est d'une construction délicate et d'un entretien minutieux.

Chaque machine porte au moins deux soupapes : l'une en avant, l'autre en arrière sur le foyer; on les place toutes deux quelquefois à la portée du mécanicien, mais c'est une disposition défectueuse.

Les dernières machines du chemin de fer d'Orléans et de l'Est (Exposition de 1878) sont munies de 3 soupapes dont l'une G, fig. 1. pl. IX, au-dessus du foyer, à ressort direct, et les deux autres sur le dôme de prise de vapeur.

M. Ramsbottom a adopté sur ses machines une disposition ingénieuse, qui consiste à placer les deux soupapes l'une à côté de l'autre, et à les maintenir au moyen d'un levier unique attaché à l'extrémité d'un ressort placé entre elles.

Pour calculer la charge des ressorts de balances, on considère que l'action de la vapeur s'étend jusqu'à la moitié de la surface annulaire de contact. Celle-ci ayant $0^{m},002$ de largeur, le diamètre des soupapes sera supposé augmenté de $0^{m},002$. On calculera donc la pression de la vapeur sur une soupape de diamètre égal à $D + 0^{m},002$; on rapportera la valeur ainsi trouvée à l'extrémité de la tige de la balance en la multipliant par le rapport inverse des longueurs des bras de levier ; on y ajoutera les poids de la soupape et du levier transportés au même point : la somme donnera l'effort total correspondant au maximum de pression toléré. Lorsqu'on fera la réception d'une balance, on devra s'assurer qu'en y suspendant le poids calculé d'après la méthode précédente, l'index marquera le chiffre de cette tension maxima. Quant aux charges correspondant aux autres divisions de l'échelle, données par un calcul analogue, il sera difficile d'obtenir, vu le peu de régularité d'élasticité des ressorts, qu'elles fassent agir l'index avec beaucoup d'exactitude. Aussi une latitude de 2 kilogrammes est-elle généralement accordée dans ces essais pour toutes les divisions de l'échelle autres que celle correspondant à la tension maxima.

Les ressorts doivent être en acier de première qualité, vernis à l'étuve pour être préservés de l'oxydation. Leurs extrémités doivent sortir d'une demi-spire au-delà des attaches, afin qu'elles ne puissent s'échapper dans les mouvements auxquels les balances sont exposées. Les trous des attaches des ressorts sont légèrement ovalisés et à bords arrondis, pour que le montage puisse se faire sans altérer la régularité de la spirale.

La tige de traction est en acier *double marteau*. L'écrou et le volant de serrage sont en bronze 90/10. Lors de la réception, les ressorts devront être démontés et soumis à une charge d'épreuve correspondant à une tension supérieure d'une atmosphère à la tension maxima dans la chaudière pour laquelle la balance a été établie, et devront pouvoir osciller sous cette charge jusqu'à $0^m,05$ du dessous de la position d'équilibre sans qu'il se manifeste d'altération dans l'élasticité [1].

123. MANOMÈTRE A AIR LIBRE. — La pression de la vapeur dans une chaudière s'exerce également sur tous les points de sa surface. Si on y adapte un tube (fig. 15 pl. I) d'une hauteur suffisante et rempli de mercure, la hauteur h du liquide dans le tube indique la valeur de cette pression. Si on désigne par Φ cette pression, par h la hauteur à laquelle le mercure s'élève, par P la densité du mercure, on a $\Phi = P \times h$. Soit $h = 4^m,56$, $P = 13\,592$ kilogrammes, on trouve $\Phi = 4^m56 \times 13\,592^k = 62\,000^k$ en nombre rond. En y ajoutant la pression atmosphérique qui s'exerce sur le mercure libre et que l'on sait équivaloir, en moyenne, à une colonne de mercure de $0^m,76$ de hauteur, il faut ajouter à cette valeur de la pression celle de l'atmosphère qui est de $0^m,76 \times 13\,592 = 10\,330^k$. La pression absolue de la vapeur dans la chaudière est donc $62\,000^k + 10\,330^k = 73\,330^k$ par mètre carré de surface. Mais la pression atmos-

1. Extrait du cahier des charges de la compagnie du Nord pour la fourniture des balances de soupape de sûreté.

phérique s'exerce aussi sur toute la surface extérieure de la chaudière; elle équilibre donc celle qui agit sur le mercure du manomètre, de sorte que la pression effective dans la chaudière est bien de 62000 kilogrammes par mètre carré.

Si le tube manométrique communiquait dans un espace fermé et vide d'air, la hauteur du mercure s'élèverait de $0^m,76$ en plus de la hauteur observée à l'air libre. — Dans notre exemple cette hauteur deviendrait $h = 5^m,32$. — La pression dans la chaudière comparée à celle de l'atmosphère prise pour unité serait donc $\frac{5^m,32}{0^m,76} = 7$ atmosphères.

La chaudière est dite fonctionner à 7 atmosphères, mais, comme nous l'avons dit précédemment, on prend pour mesure, depuis quelques années, la pression effective dans la chaudière, déduction faite de la pression atmosphérique, et pour unité la pression exercée sur un centimètre carré. Dans notre exemple la pression *indiquée* serait $6^k,200$. C'est la pression qu'indique le timbre administratif, mais sans fraction : 4, 5, 6, 7, &.

124. Manomètres fermés. — La nécessité de connaître à tout instant la pression intérieure a, dès l'origine des machines locomotives, appelé l'attention des ingénieurs sur la construction d'instruments indicateurs, portatifs et précis. — Le manomètre à air libre qui, à cette époque, était le seul instrument appliqué à la mesure des pressions, ne pouvait être employé, en effet, que pour les machines fixes. Placé dans les gares de dépôt, il servait, à la rigueur, à régler et à vérifier la charge des soupapes des machines locomotives, mais lorsqu'il s'agissait de connaître à un moment donné, pendant la marche, l'état de la pression de la vapeur, on ne disposait que des soupapes et de leurs indications incertaines.

La tension plus ou moins grande des ressorts des balances, qu'un mécanicien habile peut facilement estimer en exerçant avec la main un effort suffisant pour faire *souffler* la soupape, servait à indiquer d'une façon grossière le degré de la pression. On construisit sur ce principe le *manomètre à piston.* Un cylindre creux, fermé par un piston, pressé par un ressort, et surmonté d'un index, constituait tout l'appareil, mis en communication avec la chaudière par un robinet à la disposition du mécanicien. Mais le peu de sensibilité et d'exactitude de cet instrument en fit bientôt abandonner l'usage. Le manomètre à mercure *à air comprimé* et les manomètres *à air libre*, diversement modifiés, lui furent sucessivement substitués.

Le manomètre à air comprimé est d'une graduation difficile et s'altère promptement. L'oxydation du mercure enlève à l'air une partie de son oxygène, le liquide mouille les parois du tube, et, ses indications devenant inexactes, il est bientôt hors de service.

Le manomètre à air libre de Richard, employé vers la fin de l'année 1845, se compose d'un syphon à plusieurs branches en communication les unes avec les autres, remplies de mercure à la partie inférieure et d'eau à la partie supérieure. Les différences de niveau du mercure dans chaque syphon ajoutées ensemble, donnent la hauteur totale de la colonne de mercure mesurant la pression. Les indications de cet instrument sont bonnes, mais le prix en est élevé et l'entretien difficile.

Dans le manomètre à air libre de Galy Cazalat, la pression de la vapeur agit sur un piston de petite section qui la transmet au mercure par une plaque de diamètre beaucoup plus grand. En augmentant autant que possible le rapport des deux surfaces, on diminue dans les mêmes proportions la hauteur de la colonne de mercure correspondant à un nombre donné d'atmosphères, et on arrive à avoir, sous un très petit volume, un véritable manomètre à air libre.

125. MANOMÈTRES MÉTALLIQUES. — Quoique donnant des indications moins exactes que les manomètres à air libre, les *manomètres métalliques*, en raison de leur prix moins élevé et de leur usage plus commode, sont aujourd'hui d'un emploi presque général sur les machines locomotives.

Le *manomètre de Bourdon* (fig. 16, pl. I) est formé d'un tube métallique *m' m' m''* aplati, comme l'indique la section *a b*, contourné en fer à cheval et mis en communication avec la chaudière par un robinet *r* adapté à la base fixe *m* du tube. L'autre branche *m''*, qui est libre de s'écarter et de se rapprocher de la branche fixe, est reliée par une petite bielle *m'' o* à l'extrémité d'une aiguille *o* O A qui peut osciller autour du point O. La pression en agissant dans l'intérieur de ce tube tend à l'ouvrir, et son extrémité libre agit sur l'aiguille qui prend diverses positions au devant d'un cadran divisé, et indique la pression effective de la vapeur en kilogrammes par centimètre carré.

Le manomètre se place toujours sous l'œil du machiniste, par exemple en *m* (fig. 2, pl. XXIII).

Dans le *manomètre de M. Challeton*, la vapeur agit sur une lame de cuivre très mince, légèrement convexe, serrée par ses bords entre deux brides. Sur cette lame repose un ressort d'acier enroulé en spirale, fixé par sa circonférence à la bride supérieure. La vapeur, en pressant la plaque de cuivre, la fait passer à la forme concave ; la spirale d'acier suivant la même déformation, s'élève en son milieu, et communique son mouvement vertical à un levier coudé, dont la grande branche se termine et se meut sur un cadran divisé.

Une troisième combinaison, appliquée par M. Desbordes, consiste à transmettre la pression de la vapeur, par l'intermédiaire d'un piston armé d'une tige, à une lame d'acier fixée par ses extrémités et agissant en son milieu sur l'une des branches d'un levier, dont l'autre formée d'un secteur denté fait mouvoir une aiguille.

Sur les chemins de fer allemands et particulièrement sur les lignes du Hanovre, on emploie depuis quelques années un manomètre métallique, construit sur le même principe que les précédents, mais auquel par un mécanisme particulier, l'inventeur, M. Semmann, ingénieur, chef du service des machines à Breslau, a donné la faculté d'indiquer d'une manière permanente au moyen d'une seconde aiguille, les excès de pression au-dessus de la pression normale concédée ; de telle sorte que si pendant la marche, le mécanicien, par négligence, laisse monter la tension au-dessus de la limite fixée, cette contravention sera signalée, par la position de la seconde aiguille, à l'inspecteur chargé de la surveillance des machines. M. Semmann a également supprimé le robinet de communication avec la chaudière, et l'a remplacé par une soupape qui ne ferme le passage de la vapeur que dans le cas où le manomètre vient à se briser. De cette façon, l'instrument fonctionne toujours sans que le mécanicien ait à y toucher.

En résumé, la construction d'un manomètre métallique repose sur l'élasticité d'une lame pouvant affecter des formes très diverses, pressée directement ou indirectement par la vapeur, et dont les oscillations sont rendues sensibles par la marche d'une aiguille sur un cadran divisé, à l'aide d'un mécanisme quelconque. Il résulte de l'irrégularité des propriétés élastiques des métaux que l'instrument sera sujet à se fausser promptement et exigera de fréquentes réparations ; mais à côté de cet inconvénient se trouve l'avantage de supprimer l'emploi du mercure et d'avoir un appareil occupant très peu de place et d'une manœuvre très facile, avantage qui doit assurer à ces instruments la préférence sur les autres manomètres.

126. Ouvertures de service et d'entretien. — Pour visiter la chaudière à l'intérieur, y faire les réparations, la remplir et la vider, et enfin la nettoyer, on ménage plusieurs ouvertures de service qui sont : le trou d'homme, les bouchons de vidange, les poches et tampons de nettoyage.

127. Trou d'homme. — Cette ouverture à fermeture autoclave des générateurs à vapeur des machines fixes par laquelle l'ouvrier pénètre dans la chaudière pour la réparer et la nettoyer, se remplace aujourd'hui soit par une partie du dôme de vapeur qui se démonte, soit par l'ouverture de

la cuvette des soupapes ou du siége G du régulateur (fig. 1, pl. XXII).

128. BOUCHONS DE VIDANGE. — Ils servent à vider la chaudière, ou à évacuer le trop plein de l'eau quand l'alimentation a été trop forte.

129. POCHES ET TAMPONS DE NETTOYAGE. — Ce sont des orifices pratiqués à la partie inférieure du corps cylindrique, de la plaque tubulaire de la boîte à fumée, aux quatre angles et sur les côtés de l'enveloppe extérieure de la boîte à feu, sur le cadre inférieur qui réunit les deux enveloppes, sur tous les points enfin où s'accumulent les matières déposées par l'eau évaporée. Ils servent à nettoyer l'intérieur de la chaudière, à évacuer ces dépôts. On ferme ces orifices au moyen de plaques autoclaves α (fig. 1, pl. XVIII).

On voit aussi des autoclaves de service sur plusieurs autres points des chaudières, ainsi que le montre la chaudière du Nord (fig. 4, 5 et 6, pl. VI).

130. SIFFLETS. — Les mécaniciens, à leur poste de service sur la plateforme de la machine, doivent donner divers avertissements :

1° Au personnel du train pour indiquer le départ, pour commander le serrage ou le desserrage des freins ;

2° Au personnel de la voie pour annoncer l'approche du train, quand il arrive auprès des bifurcations, des stations, des passages à niveau, à l'entrée des souterrains, des tranchées en courbe (voir 1° partie. Signaux).

L'appareil qui sert à donner ces avertissements est le sifflet à vapeur composé de deux cloches en bronze maintenues à une distance invariable par une tige creuse ; l'une d'elles, suspendue par son fond plein présente son bord libre à un courant de vapeur qui passe entre les bords libres de la seconde cloche et le pourtour d'un disque fixé dans l'intérieur

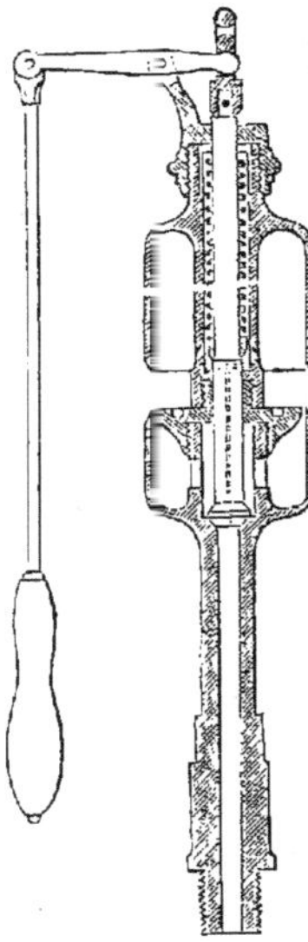

Sifflet manœuvré par le garde-train $\frac{1}{5}$.

de cette cloche. — (Voir la figure ci-contre). — Sous l'action de ce courant de vapeur, la cloche vibre et produit un son plus ou moins aigu, plus ou moins grave, selon la destination du sifflet qui peut être placé soit sur une machine de grande vitesse, soit sur une machine à marche lente.

Le sifflet se place sur l'arrière de la machine à la portée du mécanicien. On le fixe souvent sur le même siége que la soupape d'arrière. Un robinet ou une petite soupape le mettent en communication avec la chaudière.

Sur certaines machines, la soupape peut être manœuvrée également par le mécanicien et par le chef de train, au moyen d'une corde passée dans un anneau fixé à l'extrémité de la tige qui traverse l'appareil dans toute sa hauteur. La figure p. 140 montre en coupe cette disposition, dont l'emploi doit être recommandé.

131. Sifflet électro-automoteur. — Nous avons vu (1re Partie, tome II, chap. VII n° 287) qu'au signal à vue manœuvré à distance pour protéger un point dangereux, on ajoutait quelquefois un signal acoustique, par exemple un pétard placé sur le rail au moyen d'une tringle mue par l'arbre du disque. Ces signaux ne fonctionnent pas toujours d'une manière efficace et, par la fausse sécurité qu'ils donnent, ils peuvent occasionner de graves accidents.

Pour échapper à ces causes d'erreurs, le chemin de fer du Nord a, depuis quelques années, placé sur ses machines un sifflet à vapeur qui donne un avertissement quand la machine passe à une distance déterminée d'un disque à l'arrêt. Cet appareil, construit par MM. Lartigue, Forest et Digney frères, se compose d'un sifflet en bronze S à cloche et levier (fig. 11, Expl. Pl. I) porté par une boite métallique B fixée sur la chaudière. Dans cette boite se trouve un levier $l\,l'$ parallèle et relié à celui du sifflet, qui, pressé par un ressort R R', tend à s'abaisser et par suite à ouvrir passage à la vapeur qui fait vibrer le sifflet. Mais il est retenu par l'action d'un électro-aimant Hughes $a\,a'$ sur une palette en fer doux fixée à l'extrémité du levier $l\,l'$. On sait (Signaux électriques,

4e Partie) qu'en faisant passer un courant électrique d'un certain sens dans les bobines de cet électro-aimant, la palette de fer doux est abandonnée à elle-même.

Or le fil de la bobine a' est relié d'un côté avec la machine, les roues, les rails et la terre ; de l'autre côté à une brosse métallique D, D' fig. 13 et D'' fig. 14, isolée et fixée de manière que les brins les plus saillants dépassent de quelques centimètres les parties les plus basses de la machine.

Sur la voie et à une distance voulue du disque se trouve une pièce C fig. 14, composée d'une traverse en bois recouverte d'abord d'un enduit isolant puis d'une plaque en cuivre mise en communication par un fil avec le pôle positif d'une pile. Le pôle négatif est relié à un commutateur placé sur le disque T T et qui le met en relation avec la terre lorsque le disque est tourné à l'arrêt, et l'isole quand le disque indique la voie libre.

Au passage de la machine la brosse D'' (fig. 14, Expl. pl. I,) frotte sur le contact C. Si le disque est à voie libre, il n'y a pas de liaison de la machine avec le fil de terre de la pile. Si le disque est à l'arrêt, la plaque C est reliée à la pile ; dès lors la brosse métallique D, en passant sur C, complète le circuit et fait instantanément fonctionner le sifflet quelle que soit la vitesse de la machine.

Le sifflet électro-automoteur a été essayé au Nord en 1872. Depuis cette époque on l'a appliqué à 200 machines qui circulent entre Paris et Erquelines, Paris à Calais par Boulogne, entre Amiens à Calais par Lille où se trouvent 300 contacts.

132. Enveloppes et peinture. — Pour éviter la déperdition de chaleur, on entoure la chaudière et les cylindres d'une enveloppe, autrefois composée d'une garniture en gros feutre recouverte de douves en bois, assemblées à rainures et maintenues par des cercles en fer.

Aujourd'hui on se contente de réserver entre la chaudière et l'enveloppe une couche d'air, et de recouvrir les douves d'une feuille de tôle mince. Cette feuille reçoit une peinture dont l'exécution et l'entretien demandent beaucoup de soin:

Comme cette peinture est identique à celle du tender, nous en parlerons lorsque nous ferons la description de ce véhicule. — Chap. IV, 230 —.

Pour éviter les difficultés inhérentes à ce mode d'enveloppe, plusieurs chemins de fer, ceux du Nord et d'Orléans entre autres, n'emploient plus qu'une enveloppe en laiton poli appliquée sur des cercles en fer rivés sur la chaudière et les cylindres, avec matelassage de laine de scories.

Nous avons vu que, d'après les expériences des physiciens sur le pouvoir émissif de différents corps, le laiton poli est l'un de ceux qui perdent le moins de chaleur. — Cet emploi est donc bien justifié.

Mais il y a plus : cette enveloppe en laiton, quoique plus coûteuse de premier établissement que celle en tôle, n'a besoin d'aucune peinture. — Enfin, comme elle se démonte facilement, on peut, sans frais accessoires, visiter fréquemment toutes les parties de la chaudière, chose capitale pour assurer à la machine un bon service et prévenir les explosions.

133. Supports de la chaudière. — La chaudière repose sur le châssis. — Comme elle éprouve des alternatives d'allongement et de contraction, il faut lui laisser toute liberté de se dilater en tous sens, mais en même temps il est nécessaire de l'agrafer sur le châssis.

On fixe donc la chaudière d'une manière invariable à la boîte à fumée ; sur le corps cylindrique et le long de l'enveloppe de la boîte à feu elle est munie de supports qui s'agrafent à des attaches rivées aux longerons. Les boulons qui réunissent ces attaches aux supports peuvent bien glisser dans les trous oblongs ménagés dans les attaches, de manière que la chaudière puisse s'allonger vers l'arrière ou se raccourcir vers l'avant, mais ils sont retenus prisonniers dans le sens vertical, de sorte que la chaudière ne quitte pas le châssis.

Les boulons d'attache soumis à de violents efforts se fatiguent, occasionnent des fuites et des réparations. Dans la machine à 6 roues accouplées que la Société des ateliers de construction à Calsruhe avait exposée en 1867, on remarquait un détail de construction relatif à cet objet qui mériterait d'être imité. Au lieu d'imposer aux rivets et boulons d'attache tous les efforts que le poids de la boîte à feu leur transmet, cette machine présentait des supports prolongés jusqu'au bas et retournés d'équerre sous le cadre. C'est ce retour d'équerre qui portait tout le poids de la chaudière et qui déchargeait d'autant la fatigue des boulons d'attache.

C'est surtout le long de l'enveloppe de la boîte à feu, que doit être ménagée la dilatation de la chaudière. La fig. 1 de la pl. XLV montre en élévation une disposition adoptée par le chemin de fer de la Haute-Italie pour ses machines à grande vitesse à deux essieux moteurs construites, en 1875, par la société Alsacienne de constructions mécaniques, sous la direction du regretté M. Beugnot. Deux plaques de tôle *a a* sont rivées sur l'enveloppe de la boîte à fumée. Pour diminuer la surface de frottement sur les longerons, on a appliqué et fixé sur ces deux plaques deux feuilles *b b* ayant des dimensions plus restreintes. Les pièces *a* et *b* sont reliées par les quatre boulons *o* à la plaque de tôle *c* qui se trouve de l'autre côté du longeron et peut glisser sur la face extérieure de celui-ci. A la partie supérieure, entre les plaques *b* et *c*, on a placé une fourrure qui glisse sur le bord supérieur du longeron ou plutôt sur des pièces rapportées qu'on peut remplacer après usure. Des cornières *d*, *d*, fixées sur la face extérieure du longeron, limitent la course de la pièce *c* ; elles se retournent d'équerre à la partie supérieure et servent de support à la plateforme.

Entre la boîte à fumée et la boîte à feu, le corps cylindrique porte généralement sur les entretoises des longerons, par l'intermédiaire de quatre ou six cales en fer rivées sur la tôle.

Cette disposition est prise en vue de soulager les tôles de la chaudière, en préservant le corps cylindrique de la tendance à la flexion.

Il paraît cependant que ce soulagement, accompagné

probablement de réactions du châssis, exerce une action nuisible sur la chaudière, car au chemin de fer du Nord-Empereur Ferdinand (fig. 3 à 10, pl. XXV), on supprime tous les supports intermédiaires ; on ne conserve que le support fixe de la boîte à fumée et le support à glissières de la boîte à feu.

L'expérience apprendra si le remède contre le mal inévitable de la tendance à la déformation accidentelle n'est pas plus mauvais que le mal lui-même de la déformation permanente.

Observation. Il nous paraît utile de revenir, à ce propos, sur les chaudières en acier. Dans un Mémoire sur l'application du fer et de l'acier à la construction des chaudières à haute pression, MM. David Greig et Max Eyth, dans la séance de juin 1879 tenue par l'*Institution of Mechanical Engineers*, ont établi les faits suivants :

« Les chaudières en acier, bien construites, sont préfé-
» rables aux chaudières en fer, à la condition que les aciers
» présenteront une certaine dureté ; les assemblages à dou-
» bles couvre-joints sont préférables à tous les autres
» systèmes d'assemblages.

Dans la même séance M. F. W. Webb, l'éminent ingénieur en chef du *London and North Western Ry*, a indiqué que depuis sept années il n'employait plus que l'acier pour construire les chaudières de locomotives ; conformément à l'avis qu'il a produit dans le dernier *Meeting of Iron and Steel Institut* à Londres (Journal of the Iron etc, 1877, p. 51), il préserve le corps cylindrique des corrosions en le formant d'une seule tôle dont les bords sont réunis par un double couvre-joint à un seul rang de rivets et en plaçant l'assemblage vers le haut de la chaudière. Les dimensions des pièces sont : épaisseur de la tôle 7/16″ ($11^{m}/^{m}$,09) ; diamètre des rivets 3/4″ (19^{mm},03) ; distance 2″ ($50^{m}/^{m}$,78) ; distance du bord de la tôle 1/2″ (38^{mm},08) ; épaisseur des couvre-joints 3/8″ (9^{mm},51) ; largeur 5 et 1/4″ (133^{mm},29).

§ III

MÉCANISME.

134. Prise de vapeur. — Quand les cylindres sont intérieurs et en dessous de la boîte à fumée, la prise de vapeur se fait au moyen d'un tuyau pénétrant dans la chaudière par son extrémité antérieure au travers de la plaque tubulaire, (fig. 1, pl. VII).

Lorsque le dôme de prise de vapeur est situé à l'arrière ou à une distance assez grande de la boîte à fumée, la partie du tuyau comprise dans l'intérieur du corps cylindrique sera divisée en deux : l'une, horizontale, en cuivre rouge d'une épaisseur de $0^m,003$ à $0^m,005$ et partant de la plaque tubulaire d'avant pour venir aboutir au pied du dôme ; l'autre, qui lui fait suite, coudée à angle droit, s'élève verticalement jusqu'à la partie supérieure de ce récipient (fig. 1, pl. II ; fig 1, pl. V). Si l'extrémité de ce tuyau ne doit pas porter le régulateur, il se fera également en cuivre rouge ; dans le cas contraire, on emploiera la fonte ou le laiton pour lui donner plus de rigidité, et on le soutiendra par des traverses en fer forgé fixées au parois du dôme (fig. 1, pl. VII et IX). Le joint qui réunit ces deux portions de tuyaux doit être très solidement fait, et il convient d'employer pour cela un assemblage à brides boulonnées avec emmanchement conique.

Lorsque le dôme de vapeur est suffisamment rapproché de la cheminée, toute la partie de tuyau de prise de vapeur intérieure à la chaudière se fait en fonte d'un seul morceau (fig. 1, pl. XVIII et XXII).

Dans les machines à plusieurs dômes, chacun d'eux reçoit un tuyau de prise de vapeur qui vient ensuite se réunir à la conduite longitudinale.

Quelquefois même un seul dôme contient plusieurs petits tuyaux de prise de vapeur fixés sur le tuyau principal.

La suppression du dôme dans certains types de machines (Crampton, machines du *Great-Western*, en Angleterre) nécessite l'emploi d'une disposition particulière du tuyau de prise de vapeur. Celui-ci est fendu à la partie supérieure, de manière à prendre la vapeur sur tous les points de sa longueur. Quoique, par l'adoption de ce mode de construction, on semble devoir éviter les courants de vapeur vers un seul point, et par suite annuler une des causes principales de l'entraînement de l'eau, il n'en est pas moins vrai que si l'espace réservé à la vapeur au-dessus du niveau du liquide n'est pas suffisamment grand, il y aura, dans ce cas encore, un entraînement d'eau considérable.

La section intérieure du tuyau de prise de vapeur varie de 1/10 à 1/12 de celle des cylindres.

En sortant du corps cylindrique, le tuyau de prise de vapeur se bifurque pour se rendre à chacun des cylindres. Cette bifurcation s'obtient au moyen d'une culotte en fonte boulonnée contre la plaque tubulaire, et se prolongeant de chaque côté par deux tuyaux en cuivre, dont la section est au moins la moitié de celle de la conduite principale, et qui vont aboutir aux boîtes des tiroirs après avoir contourné la surface intérieure de la boîte à fumée, de manière à ne pas obstruer les orifices des tubes. Dans les machines à cylindres intérieurs avec boîte à tiroir commune, la culotte est remplacée par un simple coude.

Les tuyaux de distribution de la vapeur aux cylindres ne passent pas toujours dans la boîte à fumée. Dans les machines du type Crampton, et quelques autres, ils descendent à l'extérieur sur les côtés du corps cylindrique, enveloppés de corps mauvais conducteurs.

135. RÉGULATEUR. — Quelle que soit la disposition adoptée, le tuyau de prise de vapeur est muni, à son extrémité ou sur l'un des points de son parcours, d'un appareil particulier appelé *régulateur* et destiné à établir ou intercepter la communication de la chaudière avec les cylindres.

Le régulateur était autrefois composé d'un simple robinet. Aujourd'hui on n'emploie que les régulateurs *à tiroir* et les régulateurs à *soupape*.

Une plaque verticale (fig. 1, pl. VII) ou inclinée (T fig. 1, pl IX et R fig. 1, pl. XXII) ou horizontale (fig. 1, pl. III, V, XII XVII) percée d'ouvertures, fixée sur le tuyau de prise de vapeur et contre laquelle peut glisser une seconde plaque portant des vides et des pleins correspondant à ceux de la première, constitue le premier genre de régulateurs. S'il est placé à l'extrémité du tuyau de prise de vapeur recourbé dans le dôme, le régulateur occupe une position verticale ou inclinée. La plaque peut être circulaire, percée de cinq ou six ouvertures, en forme de segments; le tiroir sera représenté dans ce cas par un disque à plusieurs ailes, appelé papillon, mobile autour de son centre, et manœuvré au moyen d'un parallélogramme articulé, dont l'un des petits côtés reçoit l'extrémité d'une tige horizontale, traversant la paroi de la chaudière dans une boîte à étoupe, et terminée par un levier à la disposition du mécanicien.

Si la plaque est rectangulaire, percée d'ouvertures également rectangulaires et recouvertes d'un véritable tiroir, celui-ci sera manœuvré par une bielle fixée dans le bas à une petite manivelle, dont l'axe, prolongé jusqu'en dehors de la chaudière, se terminera par une manette.

136. Régulateur a double tiroir. — Il faut que le machiniste puisse ouvrir graduellement le régulateur pour éviter le patinage des roues. Souvent la vapeur exerce sur le tiroir du régulateur une pression telle qu'il se déplace difficilement; il faut alors développer sur la manette un grand effort qui parfois dépasse la mesure. Afin de faciliter l'ouverture de l'orifice du régulateur, M. Beugniot a appliqué sur les machines construites pour les chemins de la Haute-Italie un double tiroir, formé de deux plaques superposées, B, B′ (fig. 7) dont l'extérieure, beaucoup plus petite, s'ouvre la première. La manœuvre se fait comme dans le cas précédent; deux manivelles *ob ob′* placées à angle droit sur le même arbre, commandent chacun un tiroir par une bielle spéciale. Les figures 7 *a* et 7 *b*., pl. XLIV, montrent que lorsque l'on fait tourner la manette M vers la lettre O de

l'indicateur O (ouvert) F (fermé), la bielle t' abaisse rapidement le petit tiroir b' qui découvre les petites lumières aa du grand tiroir par lesquelles la vapeur passe dans le tuyau de conduite au cylindre et établit l'équilibre de pression sur les deux faces du grand tiroir, qui devient alors facile à manœuvrer. Ce double tiroir est adopté partout.

Le tiroir vertical, quelle que soit sa forme, doit être maintenu contre sa plaque par un ressort, car on laisse toujours entre les guides et le tiroir un certain jeu nécessaire pour le passage de l'air et de la vapeur refoulés dans la chaudière pendant la marche à contre-vapeur.

Il est des cas où, par suite de la construction ou pour d'autres considérations, le régulateur se trouve placé sur le parcours du tuyau, soit dans l'intérieur de la chaudière, soit dans la boîte à fumée. Le tiroir vertical ou horizontal est alors manœuvré par une tige qui lui est directement attachée ; disposition appliquée sur les machines Crampton et plusieurs autres types de machines. Un double régulateur est contenu dans une boîte en fonte, placée sur le corps cylindrique, fermée par un couvercle boulonné, et au fond de laquelle vient déboucher le tuyau principal, tandis qu'elle communique latéralement avec les tuyaux de distribution par deux lumières pentagonales, recouvertes chacune d'un tiroir. Cette forme des lumières a pour but d'obtenir, comme avec la disposition de M. Beugniot, une introduction graduelle de la vapeur. Une tige unique, agissant à la fois sur les deux tiroirs, se prolonge au delà jusqu'au-dessus de la boîte à feu.

Un tiroir unique, horizontal, placé dans la boîte à fumée, est souvent employé sur les machines anglaises. La tige de manœuvre suit dans ce cas l'axe du tuyau de prise de vapeur, traverse la paroi de la chaudière dans une boîte à étoupe, et se manœuvre au moyen d'un levier articulé à un point fixe, ou glissant dans un guide hélicoïdal.

137. Régulateur a soupape. — La seconde espèce de régulateur, basée sur l'emploi d'une soupape, n'est guère employée qu'en Angleterre, où l'on y distingue deux disposi-

tions différentes : 1° celle de M. Ramsbottom, consistant en une soupape équilibrée, pouvant se soulever verticalement; la manœuvre en est douce, mais l'ajustage doit en être soigné; 2° la disposition de M. Bury consistant en une soupape mobile dans le sens horizontal et manœuvrée par un levier glissant sur un guide hélicoïdal, disposition qui a été modifiée par M. Sinclair sur les machines du *Great-Eastern*.

La position du régulateur dans l'intérieur de la chaudière en rend la visite difficile, inconvénient d'autant plus grave que, sujet à des dérangements fréquents, cet appareil nécessite un entretien très soutenu. On devra donc le placer toujours dans les parties les plus accessibles, dans le voisinage d'un trou d'homme comme le montrent les planches III, V, VII etc.; ou dans la boîte à fumée (fig. 6. pl. I) mais il sera nécessaire, dans ce dernier cas, d'isoler la partie supérieure de cette capacité afin de garantir l'appareil de l'action destructive des gaz chauds. Sa position dans les machines Crampton est également bonne à ce point de vue.— Chap. VI.

Lumières. — Il y a intérêt à diminuer autant que possible la section des lumières d'entrée afin d'arriver au minimum de surface du tiroir et par là éviter les frottements inutiles. On adopte en général pour rapport de la surface du piston à la section d'entrée le rapport 1 : 0,066.

La lumière de sortie a un peu plus que le double de largeur de celle d'entrée.

Les cloisons qui séparent les lumières s'affaissent quelquefois. On doit veiller à la bonne venue de ces cloisons et les renforcer par des piliers au besoin.

138. Cylindres. — La partie de la machine destinée à transformer en mouvement alternatif la puissance d'expansion de la vapeur se compose, avons-nous dit, de deux *cylindres à vapeur*, placés de chaque côté de l'axe de la machine, tantôt extérieurement, tantôt intérieurement au châssis de suspension.

Chacun d'eux, quelle que soit sa position, comprend : 1° un cylindre en fonte de 0^m, 030 à 0^m, 040 d'épaisseur, alésé intérieurement et fermé à ses extrémités par deux couvercles, dont l'un au moins est muni d'une presse-garniture qui donne passage à la tige du piston ; 2° une boîte à tiroir qui, au moyen de trois conduits, mène la vapeur utilisée au tuyau d'échappement, d'une part, tandis que les deux autres portent la vapeur aux extrémités du cylindre pour la faire agir sur le piston.

On calcule ordinairement l'épaisseur e des cylindres, à l'aide de la formule $$e = \frac{p \times r}{R} + a$$ dans laquelle p représente la pression de la vapeur, r le rayon du cylindre, R la résistance de la fonte par $^{m}/_{m}$ carré, a une constante généralement fixée à 12 $^{m}/_{m}$ et réservée pour l'alésage. Si on pose $r = 250\ ^{m}/_{m}$ $p = 0^{k},10$ par $^{m}/_{m}$ ce qui correspond à une pression de 10 kilogrammes par centimètre carré, $a = 12$. On aura $e = \frac{0,10 \times 250}{1} + 12 = 37\ ^{m}/_{m}$.

Dans le cas de dérangement dans l'assemblage de la tige à la bielle motrice, il peut arriver que le piston frappe le fond de cylindre et produise une avarie.

Pour en préserver le cylindre on affaiblit un peu l'épaisseur du couvercle sur une petite zone pour y concentrer la tendance à la rupture. Le joint entre le couvercle et les colets ou brides de cylindre se fait souvent avec du mastic au minium, ou de la céruse, quelquefois avec un fil de cuivre. Il serait intéressant d'essayer un joint fait avec une bande de métal blanc suffisamment mou pour ne pas nuire à la fonte comme le fait le cuivre.

Boulons. — Les couvercles sont réunis aux collets du cylindre au moyen de boulons espacés de 100 à 150 $^{m}/^{m}$. En appelant d le diamètre de la partie non filetée, d' celui de la section pleine de la partie filetée, on prend $d' = 0,8 \times d$; le pas du filet est le 1/8 de d. Le profil du filet est un triangle équilatéral à angles arrondis.

Si on fait travailler le fer à 6 kil. par $^{m}/_{m}$ carré, la section résistante du boulon étant $\frac{\pi d'^2}{4}$, la charge imposée au boulon sera $6 \times \frac{\pi}{4} \times 0,64\ d^2$.

La surface de contact de la tête du boulon doit être égale à la section du boulon. Pour une tête à 6 pans son grand diamètre est égal à deux fois le diamètre du boulon ; pour une tête ronde, une fois et demie.

La hauteur de la tête h est généralement égale à d, mais il y a excès de résistance car, pour l'égalité de résistance, on aurait $\pi\, d\, h = \frac{\pi\, d^2}{4}$ d'où $h = \frac{d}{4}$.

La construction des cylindres à vapeur exige des soins tout particuliers, que nous résumerons dans les conditions suivantes :

1° Employer de la fonte grise, dure, à grain serré, et ménager une masselotte de 0m,10 de hauteur, pour assurer au métal après la fusion une texture homogène ;

2° Aléser avec la plus grande précision la surface intérieure, de manière qu'elle soit parfaitement cylindrique et exempte de toute rugosité ;

3° Donner aux parois une épaisseur uniforme, régulière et suffisante pour pouvoir renouveler plusieurs fois l'opération précédente sans en compromettre la solidité : le dernier alésage devra laisser au moins 0m,015 de métal, et le cylindre, dans ces conditions, pourra servir encore sans danger, jusqu'à ce que cette épaisseur se trouve réduite à 0m,012 ;

4° Dresser, suivant une surface exactement plane, la table des lumières, les brides des extrémités des cylindres et de la boîte à tiroir, et les portées qui servent à fixer le cylindre sur le châssis de la machine ;

5° Éviter toute espèce d'étranglement dans les conduits d'admission et d'échappement.

L'agent réceptionnaire devra se rendre compte de la façon dont ces différentes conditions ont été remplies par le constructeur, et la qualité de la fonte doit être l'objet d'un examen attentif de sa part, surtout dans l'intérieur du cylindre, où le moindre défaut peut causer, par la suite, un accident plus ou moins grave, dont la moindre conséquence sera d'exiger une réparation très coûteuse.

139. Tiroir. — Le *tiroir de distribution* est un bloc de mé-

tal creusé en son milieu et parfaitement dressé sur sa surface inférieure, de manière à pouvoir s'appliquer très exactement sur la table des lumières.

Il est réuni à sa tige au moyen d'un cadre le plus souvent forgé avec elle ; pour éviter que cet assemblage ne prenne du jeu au bout d'un certain temps, ce qui jetterait une perturbation fâcheuse dans les fonctions de la distribution, il faut avoir soin de ménager un moyen de serrage (fig. 3 à 6, pl. XV).

On a essayé divers systèmes de tiroirs équilibrés pour détruire la pression considérable que la vapeur exerce sur la face supérieure du tiroir ; mais aucun jusqu'ici n'a donné de résultats satisfaisants.

Le frottement qui résulte de cette pression pendant le mouvement continuel de cet organe a pour effet d'amener une prompte usure dans les deux surfaces. Pour diminuer l'effet de la pression du tiroir sur la table, on réduit au minimum la longueur de cette table, ainsi que le montrent les fig. 5 et 6, pl. XLV. Le tiroir déborde la table ; la partie en saillie n'éprouve aucune pression et par suite aucun frottement inutile. (Allemagne, Autriche, Hongrie, Suisse.)

Afin de réduire, autant que possible, les réparations, qui deviennent difficiles et coûteuses toutes les fois qu'elles s'appliquent au cylindre à vapeur, on fait en sorte que cette action se porte principalement sur le tiroir, en employant, pour sa construction, de la fonte plus tendre ou du bronze ; lorsque l'usure atteint un degré suffisant, on rapporte sur la face inférieure des plaques de frottement en bronze.

Une disposition adoptée depuis quelques années dans ce même but est celle des tiroirs en fonte avec surface frottante en *métal blanc*. Cet alliage, dont la composition est la suivante :

Plomb.	70
Antimoine.	20
Etain.	30
	120

est coulé dans des rainures pratiquées sur la face inférieure du tiroir, en prenant la précaution de ne faire cette opération qu'après avoir chauffé ce dernier à une température égale à celle de l'alliage en fusion. En renouvelant cette garniture de temps à autre, on peut arriver ainsi à faire servir la même coquille presque indéfiniment.

Au chemin d'Orléans on se sert de tiroirs en bronze phosphuré, percé d'alvéoles, qui, *fonctionnant sans graissage*, ont permis de supprimer les robinets graisseurs des boîtes à tiroir.

Voici la composition de ces tiroirs :

Cuivre phosphurée à 9 p. 100 de phosphore. kil.	3,500
Cuivre.	77,850
Etain	11,000
Zinc.	7,650
Total . . . . kil.	100,000

D'après la note adressée au jury de l'exposition de 1878 par MM. de Ruolz, inspecteur général des chemins de fer, et de Fontenay, ingénieur chimiste à la compagnie des chemins de fer d'Orléans, le phosphure de cuivre se prépare en fondant le mélange suivant dans un creuset de plombagine :

Tournure de cuivre rouge. . . kil.	9,750
Pâte à phosphore.	6,000
Charbon de bois.	0,750
Pâte à phosphore épuisée provenant d'une précédente opération.	1,500
Charge d'un creuset. . . . kil.	18,000

Le feu est poussé lentement, maintenu à la température de la fusion pâteuse du cuivre pendant 16 heures, puis on le laisse tomber et s'éteindre lentement.

Après refroidissement, on trouve le phosphure de cuivre disséminé en grenaille dans la masse. La grenaille est refondue dans un creuset de plombagine et donne le lingot de phosphure qui sert à composer l'alliage.

TIROIR A CANAL. — La fig. 6, pl. XLV représente un tiroir qui dans son épaisseur renferme un canal, tiroir Trick —, dont le but est d'obtenir plus rapidement que par le tiroir ordinaire une large admission de la vapeur. — Celui-ci en effet peut pénétrer dans la lumière non-seulement par le bord extérieur de la lumière de la table mais encore par l'intérieur au moyen de la lumière du canal qui est démasquée à ce moment, quand le tiroir, dépassant la table en saillie, se trouve enveloppé de vapeur.

Les avantages de cette disposition ne paraissent pas positivement établis.

140. — CADRE ET TIGE DE TIROIR. — Le tiroir de distribution appliqué contre la table par des ressorts ou un petit piston à vapeur, doit pouvoir se soulever quand le piston refoule, par les lumières, de l'eau de condensation ou de l'air. Aussi le cadre qui lui transmet le mouvement a-t-il un peu de jeu.

Les tiges de tiroir qui font corps avec le cadre éprouvent beaucoup de fatigue. Aussi le constructeur prend toutes les précautions possibles pour conserver leur position relativement au tiroir et assurer en même temps la régularité du mouvement.

Nous donnons comme exemple de précautions contre la destruction des pièces taraudées et mortaisées plongées dans la vapeur et les dérangements de la distribution, les tiges de tiroir à fourreau des machines à grande vitesse des chemins de fer de l'Ouest (fig. 3 à 6, pl, XV). Le cadre du tiroir compris entre l'embase de la tige et l'embase du fourreau ne peut pas prendre de jeu, serré par les deux écrous goupillés qui terminent la tige.

141. PISTONS. — Beaucoup de dispositions ont été essayées pour la construction des pistons de locomotives, ayant toutes pour base l'emploi de segments en fonte, bronze ou acier, maintenus entre deux plateaux circulaires et pressés

contre les parois du cylindre par des ressorts diversement construits.

Aujourd'hui, on n'emploie guère que le système de M. Ramsbottom et le *piston suédois*, qui ne diffère du premier que par une plus grande simplicité de construction.

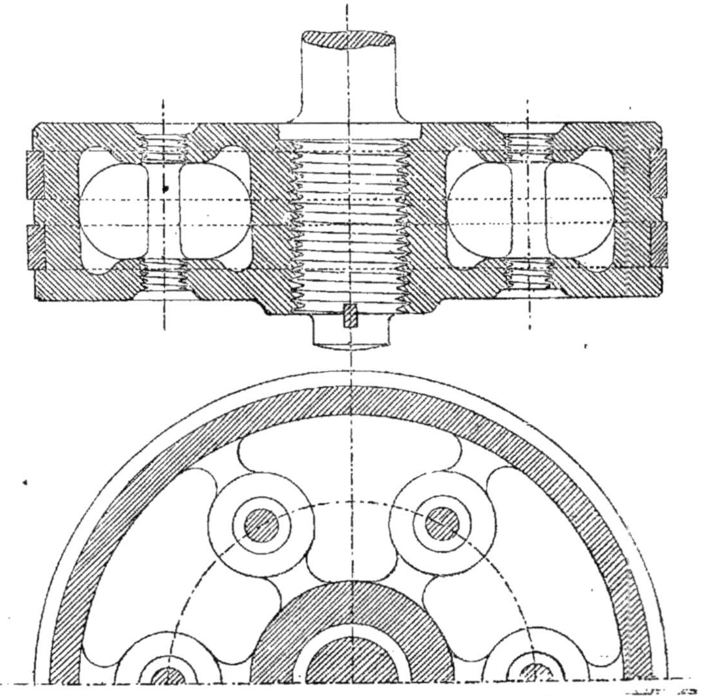

Fig. A. Piston suédois en fonte. (Ouest) $\frac{1}{5}$.

Le piston Ramsbottom, en fer forgé ou en fonte, est muni de trois rangées de ressorts en acier. On le rencontre encore sur un grand nombre de machines anglaises; mais, en France, il est remplacé généralement par le piston suédois, dont nous donnons ici les diverses dispositions usuelles. Le corps du piston est en fonte (fig. A) ou en fer forgé. Quelques ingénieurs substituent simplement le fer forgé à la fonte, en conservant au piston en fer la forme du piston en fonte. Mais cet arrangement, solide d'ailleurs, donne un piston un peu lourd, et nécessite un contre-poids plus considérable.

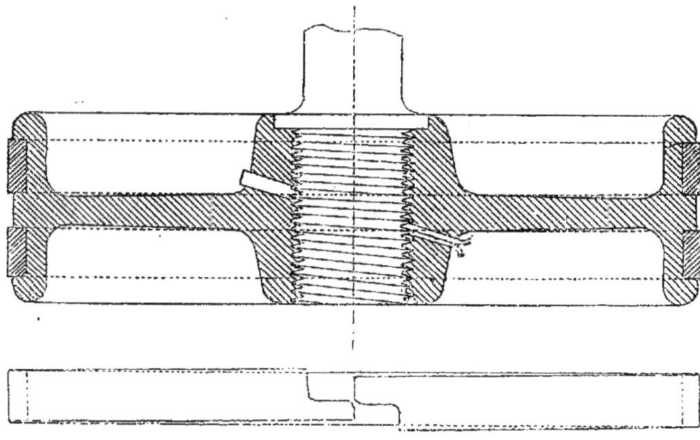

Fig. B. Piston suédois en fer. (Ouest) $\frac{1}{5}$.

Aussi préférons-nous les dispositions du piston en fer représenté par la fig. B.

Les pistons évidés et laissés à découvert sont très légers. Mais ils auraient l'inconvénient d'augmenter considérablement le volume de l'espace nuisible si on ne prenait la précaution de donner aux couvercles du cylindre des parties rentrantes qui occupent presque complétement le vide du piston (machine de l'Est fig. 3, pl. II).

On échappe à cette petite complication en fermant le creux du piston de la forme C par une légère plaque de tôle vissée sur le fond et qui alourdit un peu le piston.

Deux gorges pratiquées sur la surface cylindrique extérieure reçoivent deux anneaux métalliques fendus ; on a soin de croiser les solutions de continuité, pour intercepter le passage de la vapeur.

Dans le même but, on place quelquefois derrière ces segments une lame mince, en acier, qui s'applique fortement contre leur face intérieure. Pour la construction des segments, on préfère aujourd'hui la fonte à l'acier, qui est cassant et grippe facilement, ou au bronze, trop tendre et s'usant inégalement, tandis qu'en maintenant un graissage

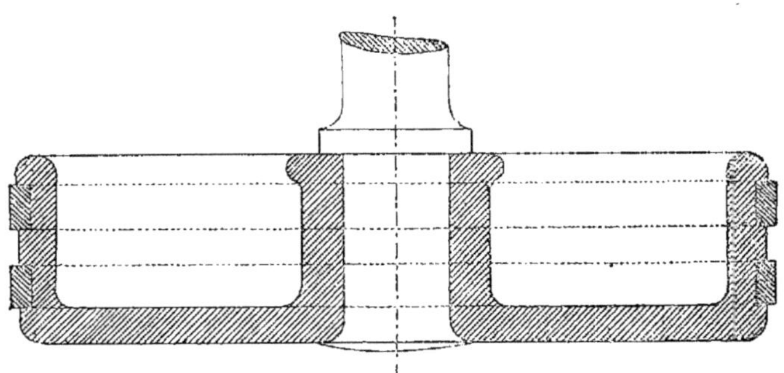

Fig. C. Piston suédois en fer. (Ouest) $\frac{1}{5}$.

suffisant, on arrive à obtenir avec la fonte un très beau poli de la surface intérieure du cylindre, et l'on réduit notablement les frais d'entretien.

Ces segments se coulent sans solution de continuité ; ils sont d'abord tournés et alésés, puis martelés intérieurement pour leur donner de la *bande*. On les fend alors sur un point de leur circonférence et ils s'ouvrent en faisant ressort.

Quelques constructeurs, voulant éviter les inconvénients d'un assemblage, forgent en une seule pièce les pistons avec leur tige ; mais cette disposition augmente très sensiblement les frais de premier établissement et d'entretien, par la difficulté du travail de construction et la nécessité de rejeter à la fois les deux parties, lorsqu'à la suite d'un accident, l'une d'elles se trouve mise hors de service. (Chem. de fer P. L. M.)

La tige en fer forgé ou en acier est souvent assemblée avec le corps du piston au moyen d'une partie taraudée (fig. B.). Les emmanchements à clavettes, longtemps employés, ne tardent pas à prendre du jeu et à nécessiter de fréquentes réparations ; tandis qu'en ayant soin de river sur la face du piston l'extrémité de la tige filetée et de la maintenir ensuite au moyen d'une goupille, on obtient un assemblage aussi parfait que possible et pouvant au besoin se démonter sans beaucoup de difficulté.

Quelques constructeurs emploient un emmanchement conique, serré au moyen d'un écrou placé sur l'extrémité filetée de la tige.

Tête de piston. — L'extrémité opposée de la tige se termine par une partie conique sur laquelle est clavetée une douille en fonte portant deux coulisseaux et traversée par un axe en fer forgé, qui reçoit la tête de la bielle de transmission. Deux glissières en acier fondu, fixées, d'une part, au couvercle du cylindre et, de l'autre, au châssis de suspension, maintiennent les coulisseaux et dirigent la course de la tige du piston. D'autres fois on se contente d'une seule glissière embrassée par le coulisseau. (Nord.) — Les fig. 7 à 10, pl. XV, représentent l'emmanchement *à coin* des têtes de piston des machines à grande vitesse, des chemins de fer de l'Ouest. La bague qui opère le serrage de la tige du piston est faite en 4 morceaux, α α fig. 10, en acier.

Le sabot qui relie la tête de la tige du piston à la tête de la bielle motrice est formé d'un bloc de fer évidé compris entre deux plaques en acier fondu au creuset qui sont guidées par les glissières dans la course de la tête du piston.

Il reçoit d'un côté l'emmanchement de la tige du piston, de l'autre le boulon qui traverse la bague de la tête de bielle.

Cet ensemble de dispositions a pour but de faire disparaître les clavettes et leurs mortaises et par suite d'éviter les ruptures de tiges.

142. Montage. — On doit régler le montage des plateaux des cylindres avec le plus grand soin, de manière qu'il y ait à l'origine, c'est-à-dire quand les coussinets des grosses têtes de bielles sont neufs, un jeu de $0^m,004$ à $0^m,006$ dans un sens, et de $0^m,008$ à $0^m,015$ dans le sens opposé, aux deux fins de course des pistons.

Le maintien de cette condition de montage se vérifiera lors de la rentrée de la machine aux ateliers de réparation, par l'inspection du double repérage, fait sur les glissières, des fonds de cylindres et des fins de course. Pour établir le tracé dans le cas où il n'existerait pas, on prend le centre des tourillons des têtes de pistons, comme point de départ; les fins de course de pistons sont indiquées par un *fort trait* gravé, et les fonds de cylindres par un trait plus léger.

On devra s'assurer également, à chaque réparation nouvelle, que l'axe des cylindres passe bien par le milieu des tourillons des manivelles, *aux deux points morts opposés*, et vérifier, au moyen de l'équerre mobile, les lignes de montage des cylindres et glissières, s'assurant que ces lignes sont parfaitement perpendiculaires aux axes des essieux (Fig. 10 et 11, pl. XL).

Les parties du mécanisme qui exigent l'entretien le plus suivi sont les pistons et les tiroirs.

Voici quelques extraits du règlement concernant l'emploi des pistons suédois, dans les machines des chemins de fer de l'Ouest.

1° Monter la tige du piston à emmancher dans deux supports placés sur un banc de tour, et disposés de manière à l'empêcher de tourner, tout en lui permettant de se mouvoir longitudinalement. — Pour placer la tige à emmancher dans les supports, on doit la monter préalablement sur pointes avant de régler la position des coussinets qui la fixent, afin d'être sûr qu'elle est bien centrée.

2° Fixer le corps du piston par des tocs sur le plateau du tour.

3° Faire tourner le plateau par l'intermédiaire de la courroie du tour, pour produire l'emmanchement. — Veiller à ce que la tension de la courroie ne soit ni trop forte ni trop faible. — Arrêter l'opération quand l'embase porte à fond. — Araser le renflement formant l'emmanchement avec les deux faces planes du corps de piston.

Les diamètres primitifs adoptés pour la construction des cylindres neufs sont au nombre de six, savoir $0^m,380$, $0^m,400$, $0^m,420$, $0^m,440$, $0^m,443$, $0^m,460$.

L'épaisseur primitive des cylindres doit être de $0^m,025$ au moins pour toutes les machines.

Les cylindres peuvent être alésés jusqu'à ce que leur épaisseur soit réduite à $0^m,015$ dans les parties autres que les cloisons qui séparent les lumières de la surface intérieure.

Ils restent en service jusqu'à ce que l'épaisseur soit réduite à $0^m,012$; à ce moment, ils sont considérés comme usés et doivent être remplacés.

D'après cela, il peut exister entre les diamètres des cylindres neufs et de ceux arrivant à la limite d'usure dans la même série de machines une différence de $0^m,026$. Pour chaque série de machines, il existe alors plusieurs types de pistons présentant des différences de diamètre de $0^m,007$. (Compagnie de l'Ouest.)

L'épaisseur des corps des pistons est de $0^m,120$; $0^m,130$; $0^m,140$.

Le jeu ménagé à l'origine, entre le piston et les fonds du cylindre, se trouve modifié en sens inverse, quand, par suite de l'usure des coussinets, il devient nécessaire, pour régler la longueur des bielles, de rapporter des cales ou de changer celles qui existent. Les tiges neuves sont préparées à la plus grande longueur fixée par le dessin mais les crosses des tiges de piston ne sont terminées qu'au moment de l'emploi.

L'épaisseur des segments est de $0^m,012$ pour les plus petits diamètres de cylindres et de $0^m,015$ pour les plus grands ; leur largeur est de $0^m,034$ à $0^m,040$.

Les rainures qui reçoivent les segments sont tournées concentriquement à la tige, mais le corps extérieur du piston est excentré d'un demi-millimètre, laissant aux segments une saillie plus forte de 1 millimètre à la partie inférieure qu'à la partie supérieure, de façon que le frottement se fasse toujours sur les segments. Aussi la saillie de ces segments est-elle de $0^m,001$ en haut et de $0^m,002$ en bas pour les petits cylindres, de $0^m,0045$ en haut et de $0^m,0055$ en bas pour les grands diamètres.

On remplace les segments quand les corps de piston sont sur le point de frotter au bas des cylindres.

La tension des segments doit être très faible afin que le frottement soit très doux. Elle est déterminée à son maximum par une croisure de 0^m, 026 de largeur, laissant un jeu de 0^m,002 au moment de la mise en place, les tenons ayant 0^m,028 de longueur.

Au chemin de fer de Ceinture on a remarqué dans la machine-tender à 4 essieux moteurs, cylindres de 0^m,046 de diamètre, que dans les segments à croisure représentés par la fig. 19, pl. I, les tenons *a a* se cassent quelquefois. On les a remplacés par la disposition indiquée par la fig. 20, en ayant soin d'arrondir les angles vifs.

Pour que les extrémités des segments ne rayent pas les cylindres, on les bat au marteau et l'on dresse la partie martelée à la lime douce. Les segments de rechange sont découpés en anneaux alésés à un diamètre égal à celui de la gorge augmenté de 0^m,009 pour la croisure. On les tourne extérieurement au diamètre du cylindre augmenté de 0^m,009.

143. Graisseurs. — Le graissage du tiroir et du piston peut être effectué par deux procédés différents.

1° En établissant sur les couvercles de la boîte à tiroir et du cylindre des robinets graisseurs manœuvrés par le mécanicien au moyen de tringles ; c'est le cas le plus général.

2° En se servant de graisseurs automatiques, espèces de réservoirs d'huile ou de graisse mis en communication avec la boîte à tiroir, d'une manière permanente. — Dans les graisseurs de Colquhoun et de Ramsbottom, la vapeur, en entrant, s'y condense et, en s'accumulant dans le fond, déplace l'huile, qui va lubrifier le tiroir et, de là, le piston. L'action de ces appareils cessant avec l'entrée de la vapeur dans les cylindres, il est nécessaire de se ménager un moyen de graissage pendant la marche à régulateur fermé.

Le graisseur représenté par les figures 9, 10, 11, 12, pl. XXXIV, était monté sur la locomotive exposée en 1878 par MM. Sharp, Stewart et Cie, pl. VII et pl. VIII. Il fonctionne automatiquement quand la machine est en marche, par entraînement de vapeur si le régulateur est ouvert, par aspiration quand le régulateur est fermé.

La fig. 13, pl. XXXIV représente le graisseur Self-acting de M. Roscoe. Il se place sur le tuyau de conduite de la vapeur qui sert de véhicule à l'huile. Avec cet appareil le graissage peut être réglé à l'avance pour un parcours déterminé, et cela même pendant la marche en descente, une très faible admission de vapeur suffisant pour entraîner l'huile. L'eau condensée dans le graisseur s'évacue par un ajutage inférieur.

Le graisseur exploité par MM. Camozzi et Schlœsser et représenté par la fig. 14, pl. XXXIV, est fondé sur ce principe que le graissage est absolument superflu tant que les surfaces flottantes sont inondées de vapeur. L'appareil ne doit donc fonctionner que lorsque le régulateur est fermé.

Un récipient contient la matière lubrifiante introduite par un petit bouchon si elle est liquide ou par le couvercle soulevé si elle est solide. Un cylindre central porte-mèche s'élève au dessus du niveau du liquide et descend vers deux soupapes superposées et séparées par un ressort à boudin. Il peut communiquer par des petites ouvertures avec l'espace compris entre les deux soupapes quand la soupape supérieure est ouverte. Cette soupape est maintenue fermée quand la machine est au repos, et en marche quand fonctionne la vapeur dont la pression s'ajoute à celle du ressort.

Lorsque la vapeur est interceptée et la machine en marche, la soupape supérieure n'étant plus maintenue que par son ressort, l'aspiration qui se fait dans les cylindres fait fléchir le ressort et descendre la soupape : le liquide graisseux tombe dans la cavité inférieure et de là dans la boîte à tiroir et dans le cylindre.

La soupape inférieure sert à empêcher l'eau de condensation de pénétrer dans l'appareil. Elle repose sur une bague posée à l'orifice du tuyau graisseur quand le graissage doit agir. Quand la vapeur fonctionne elle soulève cette soupape et la presse contre la base de l'espace annulaire compris entre les deux soupapes; elle intercepte toute entrée de vapeur et d'eau dans l'appareil.

M. A. Anschütz, inspecteur au Kaiser Ferdinands-Nordbahn, a pris patente pour un graisseur automatique de cylindre et tiroir à vapeur représenté par les fig. 15 à 18, pl. XXXIV.

L'appareil se compose d'un récipient à huile au fond duquel est placé un bloc métallique percé de deux trous. L'un de ces trous reçoit un piston relié à un tube métallique Bourdon; l'autre sert à l'introduction de la vapeur d'une part dans le tube Bourdon, de l'autre dans le milieu du trou du piston, après avoir traversé une vis réglante.

Que le régulateur soit ouvert ou fermé, les différences de pression de la vapeur dans le cylindre tiennent le piston entouré d'huile incessamment agité et présentant toujours une face graissée devant le petit trou par où la vapeur enlève l'huile et la conduit dans la boîte à tiroir et le cylindre.

On peut avec cet appareil employer des graisses solides.

144. Garnitures. — Pour empêcher la vapeur de sortir par l'ouverture qui sert de passage à la tige du régulateur, du tiroir, du piston etc., on s'est longtemps servi et l'on se sert encore d'une garniture composée d'une bague, d'un bourrage en étoupe ou en chanvre et d'un presse-étoupes, couvercle cylindrique qui maintient la garniture en place, à l'aide de goujons taraudés et munis d'écrous. Ce mode de fermeture est efficace mais coûteux; de plus, il peut, mal appliqué, occasionner des frottements excessifs et par suite des pertes de force.

Il y a bien longtemps qu'on a cherché à faire ces garnitures en métal pour se dispenser de l'emploi du chanvre. Nous avons vu au chemin de fer de Strasbourg à Bâle, en 1842, la machine des ateliers de Mulhouse fonctionner avec une garniture métallique, mais c'est depuis quelques années seulement que, grâce aux efforts de M. Duterne, l'inventeur des nouvelles garnitures, le système s'est généralisé. On le retrouve aujourd'hui à peu près sur toutes les locomotives. La composition du métal employé par M. Duterne est la suivante : Pb. 76 ; — Sn. 14 ; — Sb, 10 ; — total 100 parties.

Les fig. 3 à 6 de la pl. XV représentent la garniture métallique de la tige du tiroir à fourreau de la machine de l'Ouest (pl. X à XV). Cette garniture consiste en une bague en deux pièces *o o* cylindrique à l'intérieur et conique à l'extérieur. Elle est maintenue d'un côté par une bague de fond *q q* et un presse-garniture P P cylindrique à l'extérieur et conique à l'intérieur, de manière que toutes les pièces rendues jointives par la compression empêchent la vapeur de s'échapper ; l'usure de la bague *o o* se rattrappe à l'aide de la disposition en deux pièces s'emboitant suivant des plans tangents au cylindre intérieur.

Le presse-garniture porte un godet graisseur fig. 4, dont il importe d'assurer la continuité de fonctionnement sous peine d'échauffement, de grippage, et même de destruction de la garniture.

145. Bielles motrices. — Le mouvement de la tige du piston est transmis à l'essieu moteur par l'intermédiaire d'une bielle qui porte le nom de *bielle motrice* B fig. 3. pl. XVIII ; d'autres organes de même espèce, appelés *bielles d'accouplement* b, b', b', fig. 3, pl. XVIII, réunissent entre eux les essieux que l'on veut accoupler pour augmenter l'adhérence de la machine.

Lorsque la bielle agit sur une manivelle extérieure montée sur un essieu droit, son extrémité se compose d'un cadre venu de forge avec le corps de la bielle, et dans l'intérieur duquel on rapporte deux coussinets d'un métal plus tendre que celui du tourillon qu'ils doivent embrasser, afin de reporter l'usure due au frottement sur les coussinets.

Quand la bielle doit s'emmancher sur un arbre coudé, cette disposition ne peut plus être adoptée, et l'on emploie soit une tête de bielle à chaque mobile, soit une tête à fourche (fig. 1, pl. XII).

Quel que soit le cas considéré, le serrage des coussinets et le maintien des bielles à la longueur voulue s'obtiennent au moyen de clavettes et contre-clavettes, de coins de rappel.

Le graissage doit se faire au moyen de l'installation sur la chape d'un godet graisseur, muni d'une mèche formant siphon ; un trou percé dans l'épaisseur du coussinet et terminé par des pattes d'oie pratiquées sur sa surface intérieure amène l'huile jusque sur le tourillon de la manivelle ou de l'arbre coudé.

L'usure très prompte des coussinets donne lieu à des frais d'entretien et de réparation, que l'on peut diminuer d'une manière très sensible en substituant au bronze, uniquement employé autrefois pour cet usage, le métal blanc dont nous donnerons la composition en parlant des colliers d'excentrique, et qui forme alors seulement la surface interne des coussinets, dont le reste sera fait en fer forgé. Quelquefois même, lorsque les bielles sont extérieures, on supprime complètement les coussinets en coulant directement le métal dans l'intérieur de la chape. Tout moyen de serrage est dès lors supprimé et l'on est obligé de remplacer la garniture aussitôt que le jeu atteint une certaine limite.

La bielle motrice se termine souvent du côté du piston par une fourche ; comme elle n'est animée que d'un faible mouvement d'oscillation autour de son tourillon, les coussinets ont moins d'utilité et l'on se contente de faire venir de forge à chacune des branches de la fourche un œil au travers duquel vient passer le boulon d'articulation. Au lieu de se terminer par une fourche, la bielle porte un renflement dans lequel on ménage un œil qui reçoit une bague en bronze que l'on fait bien de munir d'une clavette d'arrêt et d'un graisseur (machines de l'Ouest, fig. 7 à 9, pl. XV).

Le corps de la bielle doit être aussi long que possible, pour diminuer l'influence de l'obliquité de sa direction sur celle de la manivelle. Toutefois, la nécessité du passage dans les courbes, et l'inconvénient d'augmenter outre mesure le poids des masses en mouvement ou d'avoir des bielles trop flexibles, limitent le plus souvent cette longueur.

Le rapport généralement adopté de la longueur de la manivelle à celle de la bielle est compris entre 1 : 6 et 1 : 8. Nous donnons comme exemple d'une limite qui ne saurait être franchie sans inconvénient la disposition de bielle motrice de la machine *Bremgarten* construite dans les ateliers du Central-Suisse à Olten ; ici le rapport est inférieur à 1 : 13, nécessité sans doute par l'intention du constructeur de reporter le maître-essieu au delà du foyer (fig. 23, pl. XLVI).

146. Bielles d'accouplement. — Les mêmes observations s'appliquent aux bielles d'accouplement, avec cette différence que les deux extrémités, ayant le même chemin à parcourir, seront construites de la même manière ; les têtes à chape fermée sont souvent appliquées dans ce cas, les bielles d'accouplement étant toujours placées à l'extérieur.

Les machines anglaises sont fréquemment munies de bielles d'accouplement dont les têtes sont simplement percées d'un trou muni d'une bague en bronze, sans moyen de rappel, les constructeurs ne voulant pas laisser aux machinistes la faculté de serrer les coussinets en route. (Machine Scharp Stewart et Cie, pl. VII et VIII.)

On peut installer des bielles d'accouplement, soit dans un même plan, soit dans des plans différents. Quelle que soit la disposition adoptée, il se produit des réactions fâcheuses lors du passage dans les courbes de petit rayon. Pour tourner la difficulté, on construit quelquefois l'une des bielles en deux parties réunies par une articulation verticale qui donne à l'ensemble des bielles de la flexibilité, et lui permet de se prêter aux mouvements latéraux. (Polonceau, — Nord.)

Les manivelles d'accouplement des machines à trois essieux moteurs se placent généralement à l'opposé des manivelles motrices. M. E. Mayer, ingénieur en chef à la Cie de l'Ouest, a pris le parti depuis 1861 de caler les manivelles d'accouplement dans le même sens que les manivelles motrices, en augmentant les contrepoids — (chap. III, § IV). Cette disposition a pour effet de diminuer les efforts sur les fusées, leur usure et celle des bandages.

La rupture d'une bielle est un accident assez fréquent, et qui peut avoir des suites très graves, lorsque les parties rompues viennent à butter contre la voie. Pour l'éviter, il suffit d'entourer le corps de la bielle d'une coulisse suspendue au châssis qui le retiendra dans le cas d'une rupture.

147. Manivelles. — Lorsque, les cylindres étant extérieurs, le châssis se trouve placé intérieurement aux roues, celles-ci reçoivent directement l'action des bielles motrices ou d'accouplement au moyen d'un simple manneton calé sur un appendice venu de forge avec le moyeu. Si, au contraire, les roues sont intérieures au châssis, la manivelle doit se placer sur le prolongement de l'essieu au delà de la fusée. Le calage se fait à la presse hydraulique; deux clavettes, chassées à coups de masse à 90 degrés l'une de l'autre, servent à le maintenir.

L'emploi d'une manivelle ainsi installée augmentant sensiblement le porte-à-faux du piston moteur, M. J. J. Meyer et M. Hall ont calé la manivelle sur la fusée même, de sorte que son moyeu, prenant la place de cette dernière, tourne dans la boîte à graisse. Cette disposition, qui offre des avantages très marqués quand on applique à la machine le châssis extérieur, se voit en B et B′ (fig. 8, pl. XXII) et dans le plan de la machine des chemins hongrois (fig. 6, pl. XLV).

148. Excentriques. — Nous avons vu — 49 et suiv. — que le maître-essieu entraîné dans sa rotation par la manivelle fait tourner l'excentrique qui communique au tiroir le mouvement de va-et-vient nécessaire à la distribution de la vapeur dans le cylindre.

Chaque excentrique se compose de trois parties : La *poulie*, Σ (fig. 1, pl. XVIII) calée sur l'arbre, et qui est généralement en fonte pleine ou évidée. — Les deux poulies sont fondues ensemble.

Le *collier*, formé de deux portions réunies à l'aide de brides boulonnées, porte une saillie qu'emboîte la poulie. Quelquefois, et lorsqu'il est indépendant de la tige, on le fait en bronze; dans le cas contraire, en fer forgé. Depuis quelques années, on construit des colliers en fer avec garniture en métal blanc, dont la composition peut être la même que celle du métal employé pour les tiroirs, ou en différer par la substitution du cuivre à l'étain; on obtient ainsi un frottement très doux, et les dépenses de réparation se trouvent considérablement diminuées. — La *barre* de l'excentrique est en fer forgé, adhérente au collier ou simplement réunie à ce dernier par un assemblage à douille (λ' fig. 1).

149. Coulisse droite. — La coulisse de R. Stephenson, dont les autres ne sont que des modifications, se compose d'une coulisse en arc de cercle C (fig. 1, pl. XVIII) présentant sa concavité à l'essieu moteur et décrite avec un rayon égal à la longueur des barres d'excentriques, comptée à partir du centre de l'essieu. Mais cette disposition ne permet pas d'avoir une avance constante pour toutes les positions du coulisseau. La figure 1, pl. V représente la coulisse de Stephenson avec la barre de la marche en avant fixée à la partie supérieure de la coulisse, et la barre de la marche en arrière à la partie inférieure. — Cette disposition porte le nom de *barres droites*. (Machine du Nord fig. 1, pl. V.)

Quand les barres occupent une position inverse, elles prennent la désignation de *barres croisées*. (Machine de l'Ouest, fig. 1, pl. XI). Si les barres sont *droites*, l'avance est plus grande quand la période d'admission est courte. Quand les barres sont *croisées* l'avance diminue avec la détente.

150. Coulisse renversée. — Quand on dispose de grands entraxes cet inconvénient disparaît avec l'emploi de la coulisse de Goock, qui présente sa concavité du côté du tiroir. Le coulisseau est fixé non plus sur la tige de commande, mais sur une bielle intermédiaire, dont la longueur donne le rayon de courbure de la coulisse, et qui, tandis que celle-ci est suspendue invariablement au châssis, reçoit elle-même le mouvement du levier de mise en marche. Cette coulisse offre l'avantage de donner la même avance quel que soit le degré d'admission de la vapeur. (Machine de l'Est, fig. 1, pl. II; machine de P. L. M. fig. 1, pl. X; machine de l'Ouest, fig. 1, pl. XIX).

En combinant à la fois les mouvements de ces deux premières dispositions, on arrive à remplacer la coulisse courbe par une coulisse droite C A D suspendue par une bielle reliée en E au levier E F manœuvré par l'arbre de relevage B. La bielle F G sert à suspendre la bielle A G du tiroir. En agissant sur le levier E F, on abaisse la coulisse en relevant le coulisseau, ou en sens inverse on élève la coulisse en abaissant le coulisseau [1]. (Machine Sharp Stewart et Cie fig. 1, pl. VII, machine de l'Ouest, fig. 1, pl. XI.) La coulisse droite étant un peu plus facile à fabriquer que les coulisses courbes, le perfectionnement apporté par MM. Trick et Allan a son intérêt.

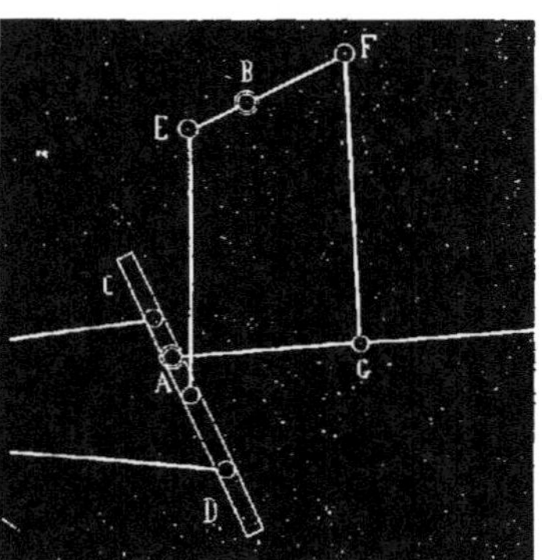

Coulisse droite d'Allan ou de Trick.

151. Effets de la coulisse. — Il est facile de voir que ces divers systèmes répondent à la condition de faire varier la course du tiroir. Supposons, en effet, que le coulisseau se trouvant occuper l'une des extrémités de la coulis se, où il reçoit directement le mouvement de l'un des excentriques, celui de la marche en avant, par exemple, soit transporté ensuite à l'autre extrémité et se trouve maintenant commandé par celui de la marche en arrière. Il communiquera au tiroir, dans cette nouvelle position, un mouvement contraire de celui qu'il lui transmettait dans la première, et

1. Pour que les conditions de la distribution restent sensiblement les mêmes qu'avec la coulisse renversée, il faut que les dimensions des différentes parties satisfassent à la relation suivante :

$$\frac{h}{a} = \frac{l_0}{l}\left(1 + \sqrt{1 + \frac{l}{l_1}}\right),$$ dans laquelle

l représente la longueur de la tige d'excentrique ;
l_0 — de la bielle du tiroir jusqu'au point de suspension ;
l_1 — totale de la bielle du tiroir ;
a, h les deux bras du levier E F.

pour passer de l'une de ces valeurs à l'autre, le mouvement aura dû nécessairement décroître, s'annuler, puis croître de nouveau dans l'autre sens. Il suit de là qu'en éloignant le coulisseau de l'extrémité de la coulisse, on diminuera la course du tiroir, et, par conséquent, on augmentera la détente, jusqu'au moment où, la longueur de la course ne dépassant plus celle du recouvrement, les lumières resteront fermées, et la vapeur n'entrera plus dans le cylindre. En continuant à agir dans le même sens sur le levier de mise en marche, nous augmenterons de nouveau la course, et bientôt l'admission recommencera, et avec elle le mouvement du piston et de l'essieu moteur, mais tous deux auront changé de sens.

152. Coulisse simple ou double. — Elle est *simple*, quand elle est enlevée dans une seule pièce; *double* quand on la compose de deux flasques assemblées qui laissent entr-elles une course suffisante pour que l'axe du coulisseau se trouve exactement dans l'axe de l'articulation de l'une ou l'autre des barres d'excentrique.

153. Diagrammes de la distribution. — Lorsqu'on étudie le difficile problème de la distribution de la vapeur dans une locomotive, on doit se rendre compte à l'avance de toutes les circonstances du mouvement, de la position relative des organes à chaque instant. Pour cela on se sert d'épures qui donnent pour chaque position du piston la grandeur de l'ouverture des lumières et qui indiquent les points où commencent la détente, l'admission et l'échappement de la vapeur. La courbe dont on fait usage en France a pour abscisses les positions du piston et pour ordonnées celles du tiroir aux mêmes instants. Le tracé de ces épures par points demande beaucoup de temps. On a construit diverses machines propres à opérer automatiquement ce tracé. Nous en donnons un exemple. — 154 — La courbe ainsi décrite c'est l'*ellipse du tiroir* (fig. 1 et fig. 2, pl. XLIV) qui donne les indications relatives aux différentes phases de la distribution. Les courbes sont tracées en supposant l'admission

arrêtée aux 0, 2; 0, 4; 0, 60; 1,00 de la course du piston. Elle indique — a) pour l'aller; 1° le refoulement; 2° l'admission de la vapeur; 3° la détente; 4° l'échappement; — b) pour le retour; 5° l'échappement; 6° la compression ou marche à contre vapeur. En dessinant une série de courbes analogues pour chaque degré principal d'admission, on peut se rendre compte de la marche générale de la distribution dans tous les cas et régler la position moyenne du tiroir qui satisfait le mieux aux conditions du meilleur emploi de la vapeur.

154. MACHINE A TRACER LES DIAGRAMMES DE DISTRIBUTION. — Cet appareil employé par la compagnie des chemins de fer de l'Est et dont nous devons la communication à l'obligeance de M. Regray, ingénieur en chef du matériel et de la traction est disposé de manière à réaliser mécaniquement et en vraie grandeur les diverses phases de la distribution que l'on veut étudier en en faisant varier les divers éléments. La partie de l'appareil destinée à relever la courbe de distribution repose sur le principe suivant :

Un cadre portant une feuille de papier est animé d'un mouvement identique à celui du piston et se déplace devant un tire-lignes s'abaissant ou s'élevant à chaque instant de quantités précisément égales aux déplacements du tiroir.

Légende de l'appareil représenté par les fig. 1 à 4, pl. XLIII.

P. Pièce figurant le piston, commandée par la bielle Q mise en mouvement par la manivelle *qq* calée sur l'arbre *p*. Cette bielle a sur la machine la longueur de la bielle motrice.

T. Tige du piston guidée en U et fixée en V sur le piston P.

C C. Glissières figurant les parois des cylindres et dont l'une sert à tracer la course du piston divisée en dixièmes et centièmes. Ces divisions servent à régler la position relative du piston et du tiroir d'après le mode de réglage adopté qui, dans l'épure de la pl. XLIV, correspond à des ouvertures égales des lumières d'introduction au cran de 20 p. 100.

AA. Tableau sur lequel est fixée, au moyen de vis de pression et de ressorts, la feuille de papier qui recevra le tracé de la courbe de distribution.

B B. Support reliant le tableau A A au piston P qui l'entraîne dans son mouvement.

DD. Table fixe sur laquelle on trace la coupe transversale des orifices d'introduction et d'échappement de la vapeur.

EE. Table mobile sur laquelle est tracée la coupe du tiroir de distribution et qui se déplace devant le bord de la table DD sous l'action de la barre de commande X et de la tige de tiroir Y, de la coulisse Cl des barres d'excentriques *br*, *b'r'* et des excentriques Z Z' calés sur l'arbre moteur *p*.

a. a. a. a. Ouverture ménagée dans la table pour laisser passer et se mouvoir du même mouvement que le tiroir, une pièce *b. b. b. b.* fixée sur le tiroir E. E.

e. e. Equerre double à 45°, verticale et parallèle à la table des lumières. Elle est reliée à la pièce *b* et par conséquent au tiroir E dont elle suit le mouvement.

F. Tire-lignes porté par une pièce H. fig. 3, affectée d'un mouvement vertical de va-et-vient entre les deux guides GG. Ce tire-lignes consiste en un réservoir *r* rempli d'encre de chine délayée; un trou capillaire percé horizontalement à travers le prolongement *t*, placé à la base de ce réservoir, donne écoulement à l'encre lorsque le tire-lignes touche la feuille de papier AA.

K. Poids forçant la pièce H à redescendre dès qu'elle n'est plus sollicitée à monter par l'hypothénuse *h 'h'* du triangle *e*.

M. Tige mue par un ressort et qui pousse le tire-lignes F contre le papier dès que le ressort N n'agit plus sur elle pour l'en écarter.

Tracé de l'ellipse. — Sous l'action du poids K et de l'hypothénuse *h' h'* de l'équerre *e* sur laquelle la pièce H s'appuie constamment, le tire-lignes F se déplace verticalement de quantités égales à celles dont le tiroir se déplace horizontalement. Les différents points de la courbe tracée par le tire-lignes (fig. 1 et 2. pl, XLIV) permettront donc de mesurer quelle est, aux différents instants de la course du piston, la position relative du tiroir et des arêtes intérieure et extérieure des deux orifices d'introduction. Ces arêtes sont figurées sur l'épure par 4 traits horizontaux aa bb, cc, dd, obtenus en mettant successivement en coïncidence : 1° L'arête extérieure de chacune des bandes du tiroir avec l'arête extérieure de la lumière correspondante ; 2° l'arête intérieure de chacune des bandes du tiroir avec l'arête extérieure de la lumière correspondante.

Le tiroir rendu indépendant de sa tige de commande est fixé sur la table d'une manière invariable dans chacune des positions ci-dessus ; on fait faire alors au piston une oscillation, on pousse le tire-lignes contre le papier et l'on obtient à chaque fois un trait horizontal.

La rencontre de ces quatre traits avec la courbe tracée précédemment donne les points d'ouverture et de fermeture des orifices et permet par suite de mesurer exactement l'étendue des diverses phases de fonctionnement de la vapeur sur le piston.

Les fig. 1 et 2, pl. XLIV représentent les courbes de distribution pour quatre positions du tiroir laissant pénétrer la vapeur dans le cylindre pendant :

1° Toute la durée de la course du piston.		
2° les 3/5	dito	dito
3° les 2/5.	dito	dito
4° le 1/5.	dito	dito

Les diverses phases de la distribution sont rapportées en haut de l'épure, pour les différents crans de la distribution ; la première à partir du haut se rapporte à l'ouverture du tiroir pendant toute la durée de la course du piston ; la seconde, à l'ouverture du tiroir pendant les 60 0/0 de la course du piston ; la troisième, à l'ouverture du tiroir pendant les 40 0/0 de la course du piston ; la quatrième, à l'ouverture du tiroir pendant les 20 0/0 de la course du piston. Chacune des courbes des figures 1 et 2, pl. XLIV et le relevé des périodes de distribution correspondant sont représentés avec le même système de traits et la même notation I. I : II, II ; etc.

CHEMINS DE FER DE L'EST

elevé des phases de la distribution des locomotives mixtes à grande vitesse, nos 501 à 510.

COULISSES DOUBLES

TIROIR RÉGLÉ SUIVANT INTRODUCTIONS ÉGALES A 20 0/0 D'ADMISSION DE LA MARCHE AVANT.

…d'admission	Sens de la marche	Course du tiroir	Ouvertures maxima d'admission		Introduction		Détente		Echappement anticipé		Echappement		Compression		Contre vapeur		Avance linéaire	
		•	AV	AR	AV	AR	AV	AR	AV	AR	AV	AR	AV	AR	AV	AR	AV	AR
%	Avant	67.5	7¾	7¾	200	200	462	453	338	347	598	606	355	348	47	46	6.5	6.5
	Arrière	68	8	8	180	200	455	425	365	375	573	579	360	358	67	63	7.5	7.5
%	Avant	74	10.5	11.5	400	400	398	385	202	215	745	756	239	230	16	14	5.5	5.5
	Arrière	77.5	11.5	14	391	400	383	356	226	244	715	733	251	237	34	30	8.5	8.5
%	Avant	86	16	18	606	600	274	267	120	133	839	853	155	142	6	5	4.5	4.5
	Arrière	96	20	24	612	600	251	247	137	153	820	837	161	147	19	16	9.5	9.5
…d	Avant	130	35.5	42.5	829	813	126	134	45	53	932	942.5	67	57	1	½	3	3
…se	Arrière	130	35.5	42.5	773	755	147	153	80	92	891	904	97	86	12	10	11	11

…centre essieu moteur au centre …rbre de relevage, 1m105
…l'axe des tiroirs au centre …rbre de relevage, 1m000
…ngueur du levier de relevage, 500
…ngueur des bielles de relevage, 1m000
…gle d'avance { AV. 20°48′ / AR. 29°12′
…gle de calage { AV. 15° / AR. 35°
…urse du piston, 640
…amètre roues motrices, 2.300
…ngueur totale des barres d'excentriques, 1.500
…yon de manivelle, 320

Longueur bielle motrice, 2.700
Rayon d'excentricité, 65
Rayon de la coulisse, 1.600
Du centre essieu moteur au centre de la suspension, 1493.9
De l'axe des tiroirs au centre de la suspension, 450
Long. des bielles de suspension, 450
Diamètre des cylindres, 450
Longueur de la bielle des tiroirs, 1.600
D'axe en axe des points d'attache de la coulisse, 270
Recouvrement total extérieur, 52
d° intérieur, 4
Inclinaison du mouvement, 5°48′

155. TRACÉ SOMMAIRE. — M. Zeuner, savant professeur à l'école polytechnique de Zurich, a proposé, dans son étude sur les distributions, le tracé suivant, qui, sans être absolument exact, donne rapidement une indication suffisante des phases de la distribution.

OX et OY représentent deux axes perpendiculaires. Sur la droite OD, formant avec le premier un angle δ qui représente l'avance angulaire du tiroir, on porte, de chaque côté du centre O, une longueur OD, égale au rayon de l'exentrique, et sur laquelle on décrit un cercle. Du point O comme centre, avec des rayons égaux aux recouvrements extérieur et intérieur du tiroir, on décrit deux autres cercles OA, OA_1 et portant, à partir des points AA_1 sur l'axe OY, une longueur AB A_1 B_1, égale à la dimension transversale des lumières, on décrit deux nouveaux cercles du point O comme centre avec OB, OB_1 pour rayons, qui couperont les deux premiers aux points ab, a_1 b_1, tandis que ceux-ci coupent les cercles OA, OA_1 aux points dc, d_1 c_1. L'espace compris entre $abcd$ représente la valeur de l'admission, tandis que la surface $a_1 b_1 c_1 d_1$ correspond à l'échappement. Veut-on connaître l'ouverture des lumières pour une position du tiroir correspondant à un angle donné CO ? on mènera par le point O une droite faisant avec l'axe OX l'angle proposé ; la distance LK représentera la largeur de l'ouverture de l'admission L'K' celle de l'échappement au moment considéré.

156 .SYSTÈME COMPOUND. — Une locomotive doit développer à certains moments comme au démarrage, à la montée des fortes rampes, dans les courbes raides etc., des efforts qui dépassent notablement ceux qu'elle produit en travail normal. On calcule les dimensions des cylindres pour ces conditions exceptionnelles, de sorte que la puissance ordinairement employée correspond à l'introduction de la vapeur réduite à une fraction de la course du piston. La détente ainsi obtenue est la seule source d'économie dans le fonctionnement de la vapeur. Nous venons de voir par quelle disposition on ob-

tient de la détente, mais par ce moyen, très simple en pratique, utilise imparfaitement la vapeur.

Pour remédier à cet état de choses, M. Mallet, ingénieur, ancien élève de l'École centrale, a eu l'idée d'appliquer aux locomotives le fonctionnement *Compound*, très efficace dans les machines marines et dans quelques machines fixes. Nous empruntons à ses diverses publications les détails qui suivent sur cette question.

Le fonctionnement Compound est un perfectionnement du système inauguré d'abord par Hornblower puis par Woolf, et qui consiste à faire détendre dans un cylindre spécial la vapeur qui a travaillé à pleine pression dans un premier cylindre. Les machines primitives de Woolf étaient donc composées de deux cylindres de diamètres différents dont les pistons commandaient une manivelle unique ou deux manivelles calées à 180°. Dans les machines Compound, la vapeur sortant du petit cylindre se rend dans un réservoir intermédiaire de dimensions telles que la pression puisse y être considérée comme à peu près constante ; ce réservoir alimente le grand cylindre dans lequel on fait de la détente comme dans l'autre cylindre.

Les machines Compound présentent sur les machines détendant dans un seul cylindre deux causes de supériorité : la première, qui est commune à toutes les machines de ce genre, est due à ce que la différence des températures extrêmes dans chaque cylindre est moindre et que la condensation intérieure est beaucoup diminuée ; la seconde cause, qui est spéciale aux machines à réservoir intermédiaire, tient à ce que la vapeur est en quelque sorte purgée de l'eau qu'elle tenait en suspension à sa sortie du premier cylindre et que cette eau ne passe pas, tout au moins à l'état liquide, au second cylindre.

Appliqué aux locomotives, le fonctionnement Compound permet d'utiliser la détente dans le degré correspondant aux pressions dans la chaudière, sans réduire l'admission de la vapeur dans les cylindres au-dessous de 35 à 40 0/0 de la course, condition favorable à une bonne distribution sans organe spécial de détente.

D'autre part, en disposant la machine pour qu'elle travaille dans les conditions habituelles avec une bonne détente, on peut l'arranger en même temps pour faire fonctionner les deux cylindres avec admission et échappements indépendants à la manière ordinaire et développer momentanément les plus grands efforts à lui demander.

157. Objections. — Deux objections également fondées se présentent tout d'abord :

1° Le travail ne sera égal sur les deux pistons que par exception ; les efforts inégaux amèneront des perturbations dans le mouvement de la machine. Cet inconvénient est réduit au minimum en employant des cylindres intérieurs.

2° Un seul des cylindres ayant son échappement dans la cheminée, la réduction de moitié du nombre des coups d'échappement amènera une notable diminution de tirage. La production de vapeur qui, toutes choses égales d'ailleurs, devra être diminuée dans une certaine proportion lors du fonctionnement Compound, exigera une combustion moins vive ; si l'on a des grilles assez grandes et des tubes de longueur modérée, on produira suffisamment. En fonctionnant momentanément à la manière ordinaire, on consommera plus de vapeur, mais alors le nombre des coups d'échappement se trouvera doublé, et la combustion sera plus vive et la production de vapeur plus active.

158. Application au chemin de fer du Nord de l'Espagne. — Les fig. 5, 6, 7 de la pl. XLIII représentent l'application du système Compound à une machine du chemin de fer du Nord de l'Espagne. La machine primitive avait des cylindres de $0^m,44$ de diamètre et de $0^m,60$ de course. L'un d'eux, celui de droite, a été remplacé par un cylindre de $0^m,600$ de diamètre, dimension maxima applicable à la machine. Les deux pistons sont donc dans le rapport de 1 : 1,86. Le petit cylindre communique avec le grand cylindre par le tuyau *c a′ b′ e*, circuit de grande longueur et

de capacité aussi grande que possible; elle est à 1,69 fois celle du petit cylindre. En même temps ce tuyau réservoir présente une surface de chauffe considérable exposée à la chaleur de la boîte à fumée.

Par raison d'économie, la disposition pour rendre indépendants les deux mouvements de détente n'a pas été appliquée.

159. Tiroir de départ. — La fig. 6 représente la *boîte à tiroir de départ*. La tige *t* peut être manœuvrée par une vis et un levier. Au-dessus du tiroir a été fixée une soupape de sûreté à ressort, pour éviter l'excès de compression, en cas de marche à contre-vapeur. Quand le tiroir est à l'opposé de la position indiquée par la figure, la vapeur utilisée par le petit cylindre se rend par l'ouverture *m* dans l'ouverture *n* qui la conduit dans le tuyau d'échappement, tandis que la vapeur venant directement de la chaudière pénètre par l'ouverture *n'* dans le grand cylindre. En ayant soin d'ouvrir avec précaution l'ouverture *n'*, la vapeur de la chaudière arrive dans le grand cylindre.

160. Tiroir de réduction. — Dans les petites machines il est possible d'obtenir des efforts sensiblement égaux dans les deux cylindres, en forçant la vapeur à se laminer à travers une lumière rétrécie ; mais pour les machines de grande puissance il fallait prendre des précautions spéciales. On emploie dans ces machines le tiroir de réduction automatique destiné à régler la pression dans un rapport déterminé avec la pression dans la chaudière. Dans la fig. 7, pl. XLIII, le côté supérieur de la boîte à tiroir est surmonté d'un espace cylindrique venu de fonte avec elle. Dans cet espace se meut un piston R qui est guidé par une tige d'un gros diamètre passant à travers une garniture.

Deux lumières *l* et *l'* mettent en communication cet espace cylindrique et la boîte à tiroir. Le piston R peut masquer ou démasquer la lumière *l*; la lumière *l'* reste constamment ouverte. La vapeur de la chaudière est en communication directe avec l'espace annulaire à droite du piston R. Lorsque sa pression est suffisante, elle pousse R à gauche, et elle entre dans la boîte à tiroir par la lumière l; mais en même temps, elle passe dans l'espace cylindrique à gauche de R par la lumière l'. Or, la pression de la vapeur s'exerce sur la zone annulaire du piston comprise entre le cylindre et la tige, tandis que sur la surface à gauche la pression de la vapeur s'exerce sur la surface totale du piston. Lorsque la vapeur a atteint une pression voulue, le piston est refoulé vers la droite en vertu de la différence des surfaces pressées et l'admission est arrêtée jusqu'à ce qu'elle recommence, quand la pression aura diminué dans la boîte à tiroir. Si l'on règle les surfaces de droite et de gauche du piston R de façon qu'elles soient proportionnelles aux surfaces du petit et du grand cylindre, on aura réglé la pression de la vapeur de façon que l'effort exercé sur chaque piston soit le même. Le ressort G est destiné à amortir les chocs du piston en cas de déplacement trop brusque.

161. Application au chemin de fer d'Orléans. — Les diagrammes représentés par les fig. 8 et 9 de la pl. XLIII (*Proceedings Institution* of Mechanical Engineers. 1879) ont été pris sur la machine n° 210 du chemin de fer d'Orléans transformée dans le système Compound. La fig. 8 indique le travail de la vapeur dans le petit et le grand cylindre, l'admission étant prolongée au 70 0/0 de la course du piston ; et la fig. 9 avec l'admission arrêtée aux 45 0/0 de cette course.

Dans l'une et l'autre, le tracé en traits interrompus représente le diagramme que donnerait le petit cylindre d'après le rapport des diamètres des pistons. Nous parlerons au chap. XII des résultats obtenus avec les machines Compound, notamment sur le chemin de fer de Bayonne à Biarritz.

162. Mécanisme du changement de marche.— Quel que soit le système de coulisse adopté, il faut toujours que le machiniste puisse agir sur le coulisseau relié à la tige du tiroir de manière à placer la distribution de vapeur soit pour la marche en avant soit pour la marche en arrière.

Le machiniste a sous la main l'appareil destiné à opérer ce changement de marche. C'est un levier q (fig. 13 et 14, pl. I) qui, porté vers l'avant ou ramené vers l'arrière, fait avancer ou reculer la tringle t; celle-ci, par le levier S Q fait tourner l'arbre o sur lequel est calé le levier o f qui soutient la coulisse C C′. Le poids de cet attirail est équilibré par un contre-poids, de sorte que le machiniste n'a que les frottements à vaincre, frottements considérables avec de larges tiroirs et de hautes pressions de vapeur. L'inspection de la figure fait voir que la coulisse C C′, en s'abaissant ou en s'élevant, peut mettre le coulisseau τ en rapport avec la barre λ de l'excentrique de la marche en avant ou avec la barre λ' de l'excentrique de la marche en arrière, et régler le sens de la marche.

Dans les machines pourvues de la coulisse de Gooch, le changement de marche s'opère en déplaçant le coulisseau p et la bielle de commande du tiroir p q en agissant sur la tringle de relevage (fig. 1 et 2, pl. XLIV).

163. Changement de marche a levier. — Les anciennes locomotives avaient un levier de changement de marche L L′ fig. XXV, machine du Gotland, analogue au levier M O des fig. 6^a et 6^b de la pl. XLIV. Le degré de détente était fixé par la position du levier muni d'un verrou que le mécanicien pouvait arrêter sur une des divisions d'un secteur circulaire partagé en un certain nombre de crans correspondant à l'ouverture plus ou moins prolongée de l'admission de la vapeur dans les cylindres.

Avec de grands cylindres et une forte pression, le frottement du tiroir est souvent si élevé que, pour le changement de marche, le machiniste était souvent obligé de fermer le régulateur avant d'opérer le déplacement du levier.

En outre, quand on voulait faire varier le degré de détente, on était astreint à marcher avec une admission de vapeur trop faible ou trop grande par suite de l'intervalle nécessaire qui existait entre les crans du secteur.

164. Changement de marche a vis. — L'application de la

vis au levier de changement de marche est due à M. Belpaire, inspecteur général du chemin de fer de l'État Belge, l'ingénieur distingué qui a fait faire à l'industrie des chemins de fer des progrès considérables. Avec cet appareil, le changement s'opère sans difficulté, rapidement et sûrement; et on peut donner strictement à la vapeur le degré d'admission que comporte le travail imposé à la machine.

Dans les premières applications de la vis, on croyait nécessaire de conserver la faculté de manœuvrer le levier à la main; on disposait l'écrou de la vis en deux pièces, l'une filetée, l'autre lisse. En les écartant l'une de l'autre, à l'aide du verrou VV′ (fig. 6^a et 6^b, pl. XLIV), on rendait libre le levier qui pouvait être porté en avant ou en arrière et fixé dans la position voulue en rendant libres les deux pièces de l'écrou.

Le mouvement de rotation est donné à la vis par le volant A muni d'une manivelle.

M. Kitson a substitué à la vis droite la vis en fuseau représentée dans l'appareil fig. 6, pl. XXIII. Pour échapper à la difficulté de l'écrou, on est tombé dans la difficulté plus sérieuse de la vis courbe.

Aujourd'hui on se sert généralement de l'appareil représenté par les fig. 4 et 5 de la pl. XXIII, que la compagnie P. L. M. avait exposé au Champ de Mars en 1867.

La vis est manœuvrée à l'aide d'un volant à manivelle munie d'un verrou que le mécanicien peut arrêter sur un point quelconque de la circonférence d'une roue dentée fixée sur le bâtis de la vis.

La barre de manœuvre V′ (fig. 1, pl. II) de la coulisse est souvent attaquée directement par l'écrou de la vis V du changement de marche comme dans la machine Sharp Stewart et Cie (fig. 1, pl. VII), ou dans celle de l'Ouest (fig. 1, pl. XI). Souvent aussi elle reçoit son mouvement par l'intermédiaire d'un levier (fig. 4 et 5, pl. XXIII).

L'écrou de la vis porte un index qui marque, au point où il s'arrête sur une échelle graduée, le degré d'admission de la vapeur dans le cylindre.

Cette échelle est, à cet effet, partagée dans sa longueur en deux sections affectées l'une à la marche en avant, l'autre à la marche en arrière ; chacune d'elles porte des divisions qui indiquent les introductions de vapeur correspondant aux dixièmes de la course du piston.

Le zéro de l'échelle correspond à la position du tiroir au point mort.

Si l'on suit sur les diverses planches de l'atlas la trace des pièces qui composent un appareil complet de changement de marche, on reconnaît qu'il comporte en général un très grand nombre d'articulations. Les machines de l'Est, représentée sur les planches II et III, indiquent une disposition qui a le grand mérite de réduire ce nombre.

Quand la barre de relevage a une grande longueur il faut la soutenir par une coulisse (fig. 1, pl. XXIII), ou par un simple support (fig. 1, pl. XI).

§ IV.

DE LA STABILITÉ DES LOCOMOTIVES EN MOUVEMENT[1].

165. CAUSES DE L'INSTABILITÉ. — Diverses causes contribuent à produire l'instabilité des locomotives en marche : les unes sont indépendantes des locomotives, par exemple la courbure ou le mauvais état de la voie, la résistance de l'air, etc. ; d'autres tiennent essentiellement au déplacement relatif des organes dont elle se compose. L'objet de ce paragraphe est d'étudier ces dernières causes et les moyens proposés ou pratiqués pour en réduire ou même supprimer les effets, s'il est possible.

Dans le but de simplifier cette étude, nous supposons la voie rectiligne.

1. Nous devons à l'extrême obligeance d'un savant ingénieur la rédaction de cette Note. Nos lecteurs nous sauront gré de leur avoir ménagé cette bonne fortune.

Comme il s'agit ici de mouvements relatifs, nous rapporterons le mouvement des organes de la locomotive à un système de plans liés invariablement, et le mouvement commun de ce système fournira la mesure de la vitesse et de la variation de vitesse de translation du système parallèlement à la voie.

Sans vouloir préciser davantage pour l'instant, nous pouvons prendre pour l'un de ces plans le plan du châssis par exemple, puis le plan méridien et un troisième plan, perpendiculaire à la voie. Le système de ces plans constitue un système invariable : le problème à résoudre est de supprimer toute tendance à un changement de direction des plans considérés ou à des changements de vitesse, qui pourraient provenir des mouvements relatifs des organes de la locomotive. Nous pouvons, pour plus de simplicité, substituer à la considération des plans celle des trois axes suivant lesquels ils se coupent.

On sait que le mouvement, quel qu'il soit, d'un système invariable, peut se décomposer en trois mouvements de translation dans trois directions rectangulaires, et trois mouvements de rotation autour des mêmes axes. Les causes d'instabilité que nous voulons étudier auraient donc pour effet, si la locomotive était soustraite à toute force extérieure, de produire des mouvements de translation dans une direction autre que celle de l'axe parallèle à la voie, de faire varier la vitesse de translation dans cette direction et enfin de produire des rotations autour d'un ou de plusieurs des axes considérés.

Pour mettre ces effets en évidence, M. Nollau, ingénieur au chemin de fer du Holstein, imagina, en 1848, de suspendre une locomotive à de solides supports et de mettre en mouvement les manivelles motrices. L'expérience a permis de constater l'existence de mouvements de translation et de rotation du châssis ; mais l'action exercée par les câbles de suspension et celle de la gravité ont masqué une partie des effets, notamment le mouvement général de translation dans le sens de la verticale. Quoi qu'il en soit, on pouvait déjà conclure que si la machine, au lieu d'être suspendue, eût été posée sur des rails, les mouvements constatés eussent dû produire des tendances au déraillement et que la résistance des rails devait être capable d'en prévenir les effets. Nous arrivons donc à cette conclusion que la réduction des divers mouvements de nos axes à un mouvement unique et uniforme de translation nécessite, de la part des rails, des réactions qui ne sont pas les mêmes que dans l'état de repos. On aperçoit déjà que l'un des buts à atteindre est que les réactions des rails soient aussi près que possible d'être constantes en grandeur et en direction ; car si l'on y parvient, on ne sera pas obligé de donner aux rails, dans les deux sens perpendiculaires à la voie, une résistance égale à celle qui serait nécessaire, si l'on ne disposait d'aucun moyen de réduire l'amplitude de leurs réactions.

166. Mouvements perturbateurs. — Définissons actuellement les divers mouvements que nous avons à considérer. Pour éviter les circonlocutions, et préparer le lecteur à l'usage des formules qui seront données plus loin, nous prendrons pour axe des x une parallèle à la voie, dirigée dans le sens du mouvement de translation et ayant son origine au point d'intersection de l'axe de l'essieu moteur et du plan méridien : par la même origine, nous mènerons deux autres axes, celui des y horizontal (sens positif du côté de la manivelle la moins avancée dans le sens du mouvement de rotation) et pour axe des z une normale aux précédents (sens positif en bas).

On nomme *mouvement de tangage* le mouvement alternatif de translation parallèlement à l'axe des x ou à la voie. Le mouvement parallèle à l'axe des y n'existe pas; attendu que tous les mouvements des organes s'effectuent dans des plans qui lui sont perpendiculaires. Le mouvement dans le sens des z constitue les *oscillations normales* à la voie. Quant aux rotations : le mouvement autour de l'axe des x a reçu le nom de *roulis* ; le mouvement autour de l'axe des y est le *mouvement* de *galop*, enfin le mouvement autour de l'axe des z s'appelle *mouvement* de *lacet*.

Le mouvement de *tangage* existe indépendamment des ressorts de suspension, et il se transmettrait intégralement au train entier, si le mode d'attelage était tout à fait rigide. Les autres mouvements n'existent, en réalité, qu'à la faveur des ressorts de suspension et du glissement transversal des roues : sans cela, il ne se produirait que des *tendances* à ces divers mouvements. Or, il ne s'agit pas seulement de supprimer ces mouvements, mais encore leur *tendance* à se produire.

Tous les ingénieurs savent suffisamment que le mouvement général de translation d'un système se confond avec celui du centre de gravité et que le mouvement de ce centre est dû entièrement aux forces extérieures, forces qui, dans le cas actuel, se réduisent à la pesanteur, à la résistance de l'air, au poids du système, et aux réactions des rails. Or le mouvement général devant être rectiligne et uniforme, il faut que le centre de gravité reste immobile relativement aux axes qui sont entraînés avec ce mouvement uniforme : alors, les sommes des composantes, suivant une direction quelconque, des réactions des rails seront égales et opposées aux composantes des autres forces extérieures et resteront constantes, comme ces dernières. Les deux composantes du mouvement de translation parallèlement aux axes des x et des z donnent ainsi lieu à deux conditions, tandis que les composantes parallèles aux y n'en fournissent aucune.

Quant aux trois mouvements de rotation, la considération des aires est de nature à faciliter l'intelligence des conditions qui s'y rapportent. Considérons par exemple le mouvement autour de l'axe des y : soit m un des éléments matériels du système, nous projetterons cet élément sur le plan des $z\,x$, ou sur le plan méridien, la distance du point ainsi obtenu à l'origine des coordonnées est le rayon vecteur de la projection de m ; les rayons vecteurs successifs du même point m, décrivent des aires sur ledit plan, et l'aire décrite pendant un temps infiniment petit, divisée par ce même temps, est ce que l'on nomme la *vitesse aréolaire* du rayon vecteur : cette vitesse est, comme les vitesses angulaires, susceptible de prendre le signe plus ou le signe moins, suivant que le rayon vecteur se meut dans le sens adopté pour celui des aires positives ou en sens contraire. Si l'on multiplie chaque aire par la masse m correspondante et que l'on fasse la somme algébrique de tous ces produits, on obtiendra un résultat qui restera invariable tant que le moment des forces extérieures par rapport à l'axe des y restera nul. C'est en cela que consiste le principe de la *conservation des aires*. Si la somme des moments des forces extérieures n'est pas nulle, les aires varieront de telle sorte que le double de la dérivée, par rapport au temps, de la somme des produits des masses par les vitesses aréolaires[1], sera, à chaque instant, égal à la somme des moments, des forces extérieures et de même signe que cette somme.

Ce théorème a lieu, non-seulement par rapport à un système d'axes coordonnés fixes, mais encore relativement à un système d'axes mobiles et de directions constantes se croisant au centre de gravité, quel qu'en soit le mouvement, ou en tout point possédant une vitesse rectiligne et uniforme. Il est donc exactement applicable au cas qui nous occupe.

Concevons que l'on traduise analytiquement le présent théorème, on aura une relation entre les moments des réactions des rails, des poids des organes, de la résistance de l'air, et le double de la dérivée de la somme des produits des masses et des vitesses aréolaires par rapport au temps. Notre but étant de rendre les réactions des rails aussi constantes que possible, nous devons assujétir leurs moments à la même condition ; or, le moment de la résistance de l'air étant supposé constant, nous avons à satisfaire à la condition que la différence entre les moments des actions de la pesanteur et le double de la susdite dérivée soit toujours le plus petite possible.

La considération du mouvement autour des deux autres axes nous fournira deux équations de même forme : en y joignant celles relatives au mouvement de translation, on aura, en tout, *cinq* équations de condition.

1. Cette dérivée pourrait être appelée *somme des produits des masses par les accélérations aréolaires*.

Un moyen qui s'est présenté à l'esprit de plus d'un ingénieur, pour satisfaire à ces diverses conditions, et qui paraît avoir reçu récemment une application, consisterait à composer la locomotive d'organes disposés de manière à être à chaque instant symétriques deux à deux par rapport au plan méridien et au plan des $z\,x$ ou perpendiculaire à la voie.

En dehors d'une telle solution, on n'a essayé d'autre moyen de satisfaire aux conditions précédentes, que de fixer de certaines masses entre les jantes des roues motrices et accouplées, masses que l'on a nommées *contrepoids*.

Les diverses applications que l'on a faites des contrepoids aux locomotives se rattachent, plus ou moins exactement, aux principes qui viennent d'être exposés ; mais jusqu'à présent elles n'ont pas eu le résultat qu'on s'était flatté d'atteindre. Il importe de bien comprendre les causes de cet insuccès et de montrer où en est actuellement la question : il sera facile ensuite d'indiquer les moyens de tirer de l'emploi des contrepoids tout le parti que l'on peut légitimement espérer d'une méthode qui a déjà produit de très importants résultats. Qu'on veuille donc bien nous permettre de présenter ici un rapide examen des tentatives faites pour arriver à la solution de notre problème.

167. Emploi des contrepoids. — A peu près vers la même époque (1847-48), les ingénieurs, en Angleterre et en Allemagne, ont utilisé les théories de la mécanique, dans la recherche des moyens de faire disparaître, par l'emploi des contrepoids, les tendances aux mouvements qui leur paraissaient le plus dangereuses ou nuisibles : ils ont sans doute reconnu l'impossibilité de les anéantir toutes à la fois, puisque leurs préférences se sont traduites par l'adoption de systèmes différents. Les ingénieurs anglais se sont arrêtés à l'idée de faire disparaître les tendances aux *oscillations normales et au mouvement de roulis*. Les ingénieurs allemands, à en juger du moins par le travail de M. Nollau, dont M. Le Chatelier a propagé le système, se sont proposé de faire disparaître les tendances aux mouvements de *tangage* et de

lacet. L'un et l'autre des deux systèmes présentait des inconvénients assez graves, le second en particulier. Personne n'avait indiqué les causes qui peuvent s'opposer à la destruction simultanée des tendances aux divers mouvements ; dans le cas d'incompatibilité entre les diverses conditions à remplir, il restait au moins à rechercher si, au lieu de satisfaire exactement à plusieurs d'entre elles, alors qu'on ferait complétement abstraction des autres, il n'existerait pas un moyen terme, consistant à sacrifier en partie les diverses conditions, de manière à obtenir, au point de vue pratique, le résultat le moins défavorable à divers égards.

Tel était, au fond, l'état de la question, lorsque le mémoire de M. Le Chatelier fut présenté à la Société française des ingénieurs civils. Le comité de cette société chargea M. Yvon Villarceau de lui rendre compte de cet ouvrage. Après en avoir pris connaissance, cet ingénieur déclara ne pouvoir se prononcer, sans avoir repris la question *ab ovo* : le comité l'y engagea vivement et, le 7 mars 1851, eut lieu une première communication qui fut bientôt suivie d'un mémoire complet, publié dans les recueils de la Société (janvier à juin 1851). Des discussions se sont engagées entre MM. Le Chatelier et Yvon Villarceau, auxquelles prirent part les plus compétents parmi nos confrères de la Société.

Voici les conclusions auxquelles est parvenu M. Yvon Villarceau, conclusions qui, combattues d'abord par M. Le Chatelier, n'ont reçu ultérieurement que des confirmations, notamment de la part de M. Couche et de M. Résal (Annales des mines).

Avec la distribution actuelle des masses qui constituent les bielles motrices, il est impossible de faire disparaître simultanément les tendances aux divers mouvements. Une modification de la figure de ces organes se prêterait à la solution du problème, dans le cas de machines à roues accouplées, mais entraînerait des inconvénients tels qu'on ne saurait proposer de la réaliser exactement : cette modification serait d'ailleurs incompatible avec celle qu'exige la destruction des tendances au mouvement *de galop*, dans les machines à roues indépendantes. Ces difficultés ou incompatibilités étant reconnues, il ne s'en suit pas qu'on doive renoncer à perfectionner l'emploi des contrepoids. Les diverses conditions conduisent toutes à un même résultat qui est le suivant : Dans les machines munies des contrepoids réclamés par la théorie, le centre de gravité décrit une courbe assez compliquée (8e degré) mais ne différant d'une ligne droite que de quantités insensibles (ses écarts ne sont que de quelques millièmes de millimètre dans une machine expérimentée au chemin du Nord). Suivant que l'on assigne à cette trajectoire sensiblement rectiligne une direction parallèle à la voie, ou une direction normale (fig. 7, pl. XLVII), on détruit les tendances aux *oscillations normales* et *au roulis*, ou bien les tendances au *tangage et au lacet* : la première de ces directions répond au système anglais, la seconde au sytème allemand. Or, on peut, en faisant varier à volonté la direction de la trajectoire entre la verticale et l'horizontale, partager dans des proportions variables les avantages et les inconvénients inhérents à l'emploi des contrepoids. Si les uns et les autres étaient susceptibles d'être assignés numériquement, en fonction de l'angle qui mesure la direction de la trajectoire du centre de gravité, une simple application de la méthode des maxima et minima suffirait à résoudre la question. En l'absence de toute notion à cet égard, l'expérience seule peut décider. Les bases d'un projet rationnel d'expériences à entreprendre ont été posées par M. Yvon Villarceau (n° 38 de son Mémoire), et la Société des ingénieurs civils a été informée que M. Petiet, notre regretté confrère, mettait à la disposition de M. Yvon Villarceau une des locomotives du chemin de fer du Nord.

168. Expériences au chemin de fer du Nord. — L'objet des expériences était de reconnaître la direction la plus convenable à donner à la trajectoire du centre de gravité, dans l'état présent de distribution des masses des bielles motrices. Supposant que l'on obtiendrait des résultats favorables avec une inclinaison de 30° par rapport à la verticale, M. Yvon

Villarceau fit régler en conséquence les contrepoids de la machine 97 : il fit d'ailleurs les calculs pour d'autres inclinaisons 0°, 60°, et 90°, dans les deux sens par rapport à la verticale, calculs qui devaient servir à continuer les expériences commencées sur l'angle de 30°.

La machine 97 avait été choisie parmi celles qui avaient la plus mauvaise allure. Or, les défectuosités du mouvement disparurent immédiatement et des voyages d'essai, exécutés à diverses reprises, confirmèrent les premières appréciations. Après un premier parcours de 30 000 kilomètres, la machine rentra dans les ateliers et l'on fit un relevé très soigné de l'état des bandages qui fut trouvé très satisfaisant. Le chef des ateliers, M. Nozo, déclara alors à M. Yvon Villarceau que, du premier coup, il avait atteint un résultat que les anciennes méthodes n'avaient donné que très accidentellement et sans qu'il fût possible de le reproduire à volonté. Pour être bien sûrs du résultat obtenu, MM. les Ingénieurs du Nord trouvèrent que l'expérience devait être répétée dans les mêmes conditions. On fit exécuter à la machine, et à plusieurs reprises, de nouveaux parcours de 30 000 kilomètres environ et aucune variation ne se manifesta dans les résultats. Il semblerait qu'on les jugea suffisamment favorables, au point de vue pratique ; car on s'en tint là et les expériences relatives aux directions 60° et 90° ne furent pas exécutées.

Il est seulement à regretter qu'il n'ait été rendu aucun compte de cette première expérience à la Société des ingénieurs civils ; on s'est borné à transmettre à M. Yvon Villarceau les procès-verbaux et les relevés de l'état des bandages. Nous estimons qu'il incombait à M. Petiet, plutôt qu'à M. Yvon Villarceau, de publier les résultats de l'expérience et les appréciations que sa situation lui permettait d'exprimer : M. Yvon Villarceau ne pouvait que décliner sa compétence à l'égard de résultats qui ne touchaient plus que la question économique. Peut-être entrait-il dans la pensée de M. Petiet qu'il était inutile de chercher à améliorer une solution déjà très satisfaisante ; c'est ce que nous sommes portés à croire, après avoir examiné les documents que M. Yvon Villarceau a bien voulu nous communiquer : nous regrettons de ne pouvoir être plus explicite à ce sujet.

169. MÉTHODE DE M. YVON VILLARCEAU. — Un mot maintenant sur le Mémoire de M. Yvon Villarceau et sur ceux qui ont été publiés par divers ingénieurs. L'objet du travail de notre confrère a été la recherche des conditions à remplir. Il a jugé que la voie la plus sûre était d'appliquer l'analyse mathématique, et nous avons vu que le but avait été atteint. Pendant plusieurs années, M. Couche a fait du mémoire de M. Yvon Villarceau la base de son enseignement à l'École des mines. M. Résal et M. Démousseaux de Givré ont suivi d'autres voies ; cela pouvait être utile, puisqu'en appliquant correctement les méthodes analytiques, ils n'auraient fait que reproduire, en le réduisant peut-être, le travail de M. Yvon Villarceau. Procédant par voie de synthèse, M. Résal, qui avait déjà pour le guider la connaissance des résultats obtenus par M. Yvon Villarceau, n'a fait que présenter un mode de démonstration que l'on peut estimer être relativement simple, mais qui ne contient aucun résultat nouveau : l'auteur apporte une confirmation du travail de M. Yvon Villarceau et insiste particulièrement sur les conditions d'incompatibilité signalées par ce dernier. Faisons remarquer cependant que faute de recourir à l'analyse mathématique, M. Résal a été obligé de passer sous silence la considération de la trajectoire sensiblement rectiligne du centre de gravité, trajectoire dont l'inclinaison la plus avantageuse est précisément l'inconnue du problème qu'il reste à résoudre, dans l'état actuel des machines locomotives.

Ainsi, la question de l'emploi le plus convenable des contrepoids en est restée au point où les ingénieurs du chemin du Nord l'ont laissée, après les expériences qu'ils ont répétées sur la trajectoire inclinée de 30°.

Dans cet état de choses, nous croyons ne pouvoir mieux faire que de donner ici les formules de M. Yvon Villarceau pour le calcul des contrepoids : les ingénieurs y trouveront l'avantage de réaliser, à leur gré, le genre de stabilité recommandé en Angleterre, ou celui que préconisent les ingénieurs allemands. Enfin, si les résultats de l'expérience commencée au chemin du Nord leur paraissent plus satisfaisants que ceux obtenus par d'autres méthodes, ils pourront choisir l'inclinaison de 30°, en attendant que de nouvelles expériences aient fait connaître une solution plus avantageuse.

Au reste, pour les éclairer dans leur choix, nous extrairons du Mémoire de M. Yvon Villarceau (p. 93 et 94) le passage suivant qui se rapporte à une machine étudiée par M. Le Chatelier :

« Les contrepoids de M. Le Chatelier, tout en détruisant à » très peu près les tendances aux mouvements de *tangage* et » de *lacet*, augmentent de 44 pour 100 les coefficients qui » mesurent les tendances aux *oscillations normales* et au » *mouvement* de *roulis*. (Dans ce système la trajectoire du » centre de gravité est verticale). Si au contraire la trajectoire » était horizontale, ces dernières seraient sensiblement dé- » truites, et les premières se trouveraient réduites à 0,59 de » leur intensité primitive. Dans le cas d'une trajectoire inclinée » de 45°, les tendances aux mouvements de *tangage* et de » *lacet* seraient réduites aux quatre dixièmes environ de ce » qu'elles étaient avant l'application des contrepoids, tandis » que les tendances aux *oscillations normales* et au *mouve-* » *ment* de *roulis* ne subiraient pas de modifications sen- » sibles. »

FORMULES GÉNÉRALES de M. Yvon Villarceau pour le calcul des contrepoids.

N. B. Nous supprimons des termes qui se rapportent uniquement à la machine 97 du Chemin du Nord et qui n'existent pour aucune autre locomotive.

NOTATIONS.

Abscisses et origine des coordonnées. — Les abscisses positives sont comptées dans le sens du mouvement de translation, à partir du milieu de l'axe de l'essieu moteur principal.

Sens de l'inclinaison des axes des cylindres. — L'inclinaison est l'angle formé par l'axe des abscisses avec celui du piston, mesurée dans le sens des abscisses positives aux abscisses négatives, en passant par le zénith, en sorte que cette inclinaison serait de 180° pour les cylindres horizontaux placés à l'arrière.

θ désigne l'inclinaison ainsi définie ;

Manivelle principale ;

r rayon de la manivelle principale ;

Bielle ;

M′ masse de la bielle [1] ;

B longueur de la bielle ou distance des axes de figure du bouton de la manivelle et de la tête du piston ;

B′ distance du centre de gravité de la bielle à l'axe commun de la tête du piston et de la bielle comptée, de cet axe, vers le bouton de la manivelle ;

B″ distance du centre de percussion relatif à l'axe commun de la tête du piston et de la bielle, ou longueur du pendule simple qui accomplit ses très petites oscillations autour de cet axe, dans le même temps que la bielle ;

T durée des petites oscillations de la bielle autour de l'axe de la tête du piston [2] ;

Piston ;

M′ masse du piston ;

A distance de l'axe du piston au plan méridien, ou demi écartement des axes des cylindres.

Manivelle principale ou d'accouplement ; boutons de manivelle ; bielles d'accouplement. — Ces pièces sont supposées symétriques par rapport au plan parallèle au plan méridien

1. L'homogénéité des formules relatives aux contrepoids permet d'y substituer partout les poids aux masses.

2. A défaut d'une détermination expérimentale de la quantité T, il sera préférable d'employer une valeur simplement estimée de la distance B″, plutôt que d'omettre entièrement les termes où elle figure.

qui passe par leur centre de gravité; s'il en était autrement, il faudrait les décomposer en parties distinctes qui satisfassent à cette condition.

M''' masse de l'une quelconque de ces pièces ou parties distinctes d'une même pièce ;

C''' rayon du cercle décrit par son centre de gravité ;

L''' abscisse du centre de ce cercle ;

Λ''' distance du centre de gravité au plan méridien.

Contrepoids des roues motrices principales.

Notations communes aux deux roues.

μ masse d'un contrepoids ;

λ distance du centre de gravité des contrepoids au plan méridien, valeur commune aux contrepoids portés par toutes les roues.

Notations particulières.

1° Contrepoids de la roue située du côté de la manivelle qui est le moins avancée dans le sens du mouvement de rotation :

ρ distance du centre de gravité du contrepoids à l'axe de l'essieu ;

ε angle du rayon qui aboutit à ce centre de gravité, avec le rayon de la manivelle principale située du même côté, et mesurée dans le sens du mouvement de rotation.

2° Contrepoids de la roue située du côté de la manivelle qui est le plus avancée dans le sens du mouvement de rotation :

ρ_1 rayon aboutissant au centre de gravité du contrepoids ;

ε_1 angle de ce rayon avec la manivelle située du même côté et mesuré aussi dans le sens du mouvement de rotation.

Contrepoids des roues portées par l'un des deux autres essieux.

Notations communes aux deux contrepoids.

μ' masse du contrepoids ;

ρ' rayon ;

ε' angle de ρ' avec la manivelle située du même côté ;

l' abscisse de l'axe de l'essieu.

Contrepoids de l'autre paire de roues. — Mêmes notations que les précédentes, avec deux accents au lieu d'un seul.

Indéterminée θ'. — Angle de la trajectoire sensiblement rectiligne, du centre de gravité de la locomotive, avec le côté inférieur de la perpendiculaire au plan de la voie, mesuré de ce côté vers l'arrière. Deux systèmes de contrepoids calculés avec des valeurs égales et des signes contraires de l'angle θ' présentent le même degré de stabilité : il n'y a de différence entre eux que les positions du système pour lesquelles des actions de même intensité se développent.

L'angle $\theta' = 0°$ ou $180°$ fait disparaître les tendances aux *mouvements de tangage et de lacet*; l'angle $\theta' = \pm 90°$ détruit les tendances aux *oscillations normales* au plan de la voie et au *roulis*. L'expérience faite au chemin du Nord sur l'angle $\theta' = 30°$ a fourni d'excellents résultats.

VALEURS AUXILIAIRES.

π rapport de la circonférence au diamètre (3,1416);

g accélération produite par la pesanteur, par unité de temps, au lieu où les poids ont été mesurés;

φ angle devant être pris entre 0° et 90°; c'est l'angle aigu de la bielle et de l'axe du piston, correspondant à l'angle 45° ou 135° de la manivelle avec cet axe.

$$(a) \qquad \sin \varphi = \frac{r}{B\sqrt{2}};$$

$$(b) \qquad \tan \Theta = \frac{\lambda - A}{\lambda + A};$$

l'ambiguïté de l'angle Θ est indifférente.

$$(c) \qquad k = M'(B - B') + M''B;$$

$$(d) \qquad k' = k \frac{\sin \varphi}{\sin(\Theta + 45°)};$$

$$(e) \qquad \begin{aligned} U &= M'r + M''r + \Sigma(\pm M'''C'''); \\ V &= (M'r + M''r)A + \Sigma(\pm M'''C'''A''').[1] \end{aligned}$$

Dans ces formules et l'une des suivantes, les sommes Σ

1. Dans le cas ou le plongeur n'est pas situé dans le même plan parallèle au méridien que la tige du piston, le produit $M''rA$ doit être remplacé par $(\Sigma M''A'')r$.

s'étendent à toutes les masses M''' situées d'un côté seulement du plan méridien, et les signes + ou — doivent être employés suivant que le rayon C''' est de même sens que la manivelle située du même côté, ou de sens opposé.

$$B''=g\left(\frac{T}{\pi}\right)^2;^{1}$$

(f) $$w_0=M'r\ \frac{B'}{B}\ \frac{B''-B}{\sqrt{\cos\varphi}};$$

(g) $$w_1=\Sigma(\pm M'''C'''L''').$$

FORMULES GÉNÉRALES :

Les deux formules suivantes, qui sont relatives au mouvement de *galop*, suffiront dans le cas de quatre roues couplées seulement, cas auquel on supprimera les termes en μ'' : autrement, il faudra joindre des relations arbitraires à ces formules.

(h) $$\mu'\rho'l'\sin\varepsilon'+\mu''\rho''l''\sin\varepsilon''=w_0\sin\theta,$$
$$\mu'\rho'l'\cos\varepsilon'+\mu''\rho''l''\cos\varepsilon''=w_0\cos\theta-w_1.$$

Ces formules, complétées au besoin par les deux relations arbitraires, serviront au calcul des angles ε' et ε'' et des produits $\mu'\rho'l'$, $\mu''\rho''l''$; d'où l'on déduira $\mu'\rho'$ et $\mu''\rho''$ au moyen des abscisses connues l' et l''. Elles montrent que, dans le cas de machines indépendantes, où μ' et μ'' sont nuls[2] en même temps que w_1, les équations (h) n'admettent d'autre solution que

$$w_0=o,$$

équation équivalente, en vertu des précédentes, à

$$B''=B.$$

Les contrepoids des roues motrices s'obtiendront au moyen des formules suivantes, pour lesquelles nous faisons, afin de simplifier l'écriture,

(h') $$\Pi=\theta+\theta'.$$

1. Voir la note de la page précédente.

2. La somme Σ du 2e membre de (g) ne contient alors que le seul terme relatif à la manivelle principale, lequel est nul, à cause de $\Lambda'''=o$ pour cet organe.

$$(i)\quad \begin{cases} \mu\rho\ \sin\varepsilon = -(\mu'\rho'\sin\varepsilon' + \mu''\rho''\sin\varepsilon'') - \frac{1}{2}\left(U - \frac{V}{\lambda}\right) - k'\sin\Pi\cos(\Pi+\Theta), \\ \mu\rho\ \cos\varepsilon = -(\mu'\rho'\cos\varepsilon' + \mu''\rho''\cos\varepsilon'') - \frac{1}{2}\left(U + \frac{V}{\lambda}\right) + k'\sin\Pi\sin(\Pi+\Theta), \end{cases}$$

$$(j)\quad \begin{cases} \mu\rho_1\sin\varepsilon_1 = -(\mu'\rho'\sin\varepsilon' + \mu''\rho''\sin\varepsilon'') + \frac{1}{2}\left(U - \frac{V}{\lambda}\right) - k'\sin\Pi\cos(\Pi-\Theta), \\ \mu\rho_1\cos\varepsilon_1 = -(\mu'\rho'\cos\varepsilon' + \mu''\rho''\cos\varepsilon'') - \frac{1}{2}\left(U + \frac{V}{\lambda}\right) + k'\sin\Pi\sin(\Pi-\Theta). \end{cases}$$

Les calculs pourront être vérifiés par les deux relations.

$$(k)\quad \begin{cases} \mu\rho\sin\varepsilon + \mu\rho_1\sin\varepsilon_1 = -k'\sin 2\Pi\cos\Theta - 2(\mu'\rho'\sin\varepsilon' + \mu''\rho''\sin\varepsilon''), \\ \mu\rho\cos\varepsilon - \mu\rho_1\cos\varepsilon_1 = -k'\sin 2\Pi\sin\Theta. \end{cases}$$

Le mémoire de M. Yvon Villarceau contient l'étude des différents cas particuliers que l'on peut rencontrer dans les divers modes d'accouplement; l'auteur indique le meilleur choix à faire des relations arbitraires qu'il faut joindre aux équations (*h*) dans le cas de six roues couplées; nous ne pouvons, à cet égard, que renvoyer au mémoire de cet ingénieur.

Disons toutefois un mot de la résolution des équations (*h*) (*i*) (*j*). Moyennant les relations arbitraires dont nous venons de parler, on pourra au besoin ramener toutes les équations à des systèmes de la forme

$$(l)\quad \begin{cases} u\sin\alpha = y, \\ u\cos\alpha = x, \end{cases}$$

dont les seconds membres sont censés connus, et d'où il s'agit de tirer les deux inconnues α et u. Il est clair qu'en divisant les seconds membres l'un par l'autre, on obtiendra la valeur de tang α et l'angle α lui-même, avec une ambiguïté qui sera levée quand le signe de l'inconnue u sera fixé par la nature de la question; autrement l'ambiguïté sera indifférente.

Dans le premier cas, on choisira le quadrant comprenant l'angle α de telle sorte que le produit de u par sin α, ait le signe de y, ou le produit de u par cos α, ait celui de x. Ayant déterminé ainsi l'angle α, on prendra, dans les tables log. sin α et log. cos α ; et il faudra qu'en ajoutant log. tang α et log. cos α la somme obtenue soit égale à log. sin α ce qui offrira une première vérification. Enfin, divisant y par sin α

et x par $\cos \alpha$, on aura deux valeurs de u qui devront s'accorder. Cette manière d'opérer est à la fois plus courte et plus sûre que celle qui consisterait à calculer u par la formule $u = \pm \sqrt{x^2 + y^2}$ que l'on déduirait des formules (l). Il est regrettable que cette méthode universellement appliquée en Allemagne, depuis de longues années, ne soit pas enseignée dans nos écoles.

170. APPLICATION NUMÉRIQUE DES FORMULES. — *Exemple d'application des formules précédentes* à la machine n° 97 du chemin de fer du Nord.

On a partout substitué les poids aux masses correspondantes.

Données et calculs.

Cylindre horizontal situé à l'avant; d'où

$$\theta = 0°.$$

Bielle motrice :

	$M' = 67^{kil}$	$l.\ M' = 1{,}826\ 07$
	$r = 0^m{,}28$	$l.\ r = 9{,}447\ 16$
	$B = 1^m{,}825$	$l.\ B = 0{,}261\ 26$
Éq. (a)		$l.\ \frac{r}{B} = 9{,}185\ 90$
		$l.\ \sqrt{2} = 0{,}150\ 515$
	$\varphi = 6°\ 13'\ 42''$	$l.\ \sin \varphi = 9{,}035\ 385$
		$l.\ \cos \varphi = 9{.}997\ 43$
Éq. (b)	Contrepoids : $\lambda = 0^m{,}7425$	$l.\ \lambda = 9{,}870\ 70$
	Piston : $\Lambda = 0^m{,}9440$	$l.\ \Lambda = 9{,}974\ 97$
	$\lambda - \Lambda = -0^m{,}2015$	$l. = 9{,}304\ 28 -$
	$\lambda + \Lambda = +1^m{,}6865$	$l. = 0{,}226\ 99 +$
	$\Theta = -6°\ 48'\ 48''$	$l.\ \mathrm{tg}\ \Theta = 9{,}077\ 29 -$
Éq. (c)	Bielle : $B' = 0^m{,}900$	$l.\ B' = 9{,}954\ 24$
	$B - B' = 0^m{,}925$	$l. = 9{,}966\ 14$
	Piston et plongeur : $M'' = 173^k$	$l. = 2{,}238\ 05$
	$M'(B - B') = 61{,}974$	$l. = 1{,}792\ 21$
	$M''B = 315{,}725$	$l. = 2{,}499\ 31$
	$k = 377{,}699$	$l. = 2{,}577\ 15$
Éq. (d)	$\Theta + 45° = 38°\ 11'\ 12''$	$l.\ \sin = 9{,}791\ 15$
		$l.\ \frac{\sin \varphi}{\sin(\Theta + 45°)} = 9{,}244\ 23$
		$l.\ k' = 1{,}821\ 38$

Pièces dont les centres de gravité décrivent des cercles parallèles au plan méridien.

	Manivelle motrice.	Manivelle d'accouplem^{t}.	Bouton de maniv. motr.	Bouton de man. d'acc^{t}.	Bielle d'accouplem^{t}.	
M'''	$38^{k},0$	$38^{k},0$	$3^{k},618$	$3^{k},618$	$79^{k},0$	
C'''	$+0^{m},335$	$+0^{m},335$	$0^{m},280$	$0^{m},280$	$0^{m},280$	
A'''	$0,778$	$0,778$	$0,944$	$0,944$	$0,944$	
L'''	$-0,150$ *	$-2,370$	$-0,150$ [1]	$-2,370$	$-1,180$	
$M'''C'''$	$12,730$	$12,730$	$1,013$	$1,013$	$22,120$	$\Sigma M'''C''' = 49,606$
$M'''C'''A'''$	$9,9040$	$9,9040$	$0,9563$	$0,9563$	$20,8814$	$\Sigma M'''C'''A''' = 42,602$
$M'''C'''L'''$	$-1,9095$	$-30,1704$	$-0,1520$	$-2,4009$	$-26,1018$	$\Sigma M'''C'''L''' = -60,735$

Éq. (e)

$$M'r = 18,760 \qquad l.\ M'r = 1,273\,23$$
$$M''r = 48,441$$
$$\Sigma(\pm M'''C''') = 49,606$$
$$U = 116,807$$

2e ÉQUATION. (e)

Piston : Masses composantes

Piston	162^{k}, ordonnée	$0^{m},944$ [2]
Plongeur	11 »	$1^{m},04$

Piston	$M''A = 152,927$	
Plongeur	» $11,44$	
Somme	$M''A = 164,367$	$l. = 2,515\,81$
	$M''Ar = 46,0225$	$l. = 1,662\,97$
	$M'Ar = 17,7093$	$l. = 1,248\,20$

$$\Sigma(M'r + M''r)A = 63,732$$
$$\Sigma(\pm M'''C'''A''') = +42,602$$
$$V = 106,334 \qquad l.\ V = 2,026\,67$$

1. Dans les machines ordinaires cette abscisse est égale à zéro.
2. Voir la note relative à la 2e Eq. (e).

Éq. (f) $\quad T = 1^s,15 \qquad l.\,T = 0{,}060\,70$

$$l.\,\pi = 0{,}497\,15$$

$$l.\,\frac{T}{\pi} = 9{,}563\,55$$

$$l.\,\left(\frac{T}{\pi}\right)^2 = 9{,}127\,10$$

$$l.\,g = 0{,}991\,62$$

$$B'' = \quad 1^m,314 \qquad l. = 0{,}118\,72$$

$$B'' - B = -0^m,511 \qquad l. = 9{,}708\,42 -$$ [1]

$$l.\,\sqrt{\cos\varphi} = 9{,}998\,71$$

$$l.\,\frac{B'' - B}{\sqrt{\cos\varphi}} = 9{,}709\,71 -$$

$$l.\,\frac{B'}{B} = 0{,}092\,98$$

$$l.\,M'r = 1{,}273\,23$$

$$w_0 = -4{,}7416 \qquad l.\,w_0 = 0{,}675\,92 -$$

$$w_1 = -60{,}735$$

Équation (g). Accouplement à l'arrière : les masses μ'' des contrepoids des roues d'avant sont nulles ; l'abscisse de l'essieu d'arrière est

$$l' = -2^m,20 \qquad l. = 0{,}346\,35 -$$

$$w_0 \sin\theta = 0$$

$$w_0 \cos\theta - w_1 = +55{,}993$$

A ces valeurs nous devons joindre, pour former les seconds membres des éq. (g), deux termes qui n'existent que pour la machine 97, et dont nous nous abstenons en conséquence de présenter le calcul : il résulte de cette addition, pour la 1re éq. (g),

$$\mu'\rho' l' \sin\varepsilon' = \ldots.. \qquad l. = 0{,}575\,64 -$$

Quant à la 2e, le terme à ajouter au 2e membre est

$$-15{,}347 ;$$

d'où

$$\mu'\rho' l' \cos\varepsilon' = +40{,}646 \qquad l. = 1{,}609\,02 +$$

1. En comparant cette valeur à celle de B, on trouve $B'' - B = 0{,}28\,B$: on utiliserait ce résultat, à défaut de mesures du temps T, pour les machines dont les bielles auraient sensiblement la configuration de la bielle de la machine 97.

Divisant ces deux équations par l', il vient

	$\mu'\rho' \sin\varepsilon' = +\ \ 1,696$	$l.\ \mu'\rho' \sin\varepsilon' = 0,229\,29 +$
	$\mu'\rho' \cos\varepsilon' = -18,309$	$l.\ \mu'\rho' \cos\varepsilon' = 1,262\,67 -$
	$\varepsilon' = 174^\circ\,42'\,31''$	$l.\ \text{tg}\,\varepsilon' = 8,966\,62 -$ [1]
		$l.\ \cos\varepsilon' = 9,998\,15 -$
		$l.\ \sin\varepsilon' = 8,964\,77 +$
	$\mu'\rho' = 18,387$	$l.\ \mu'\rho' = 1,264\,52 +$
Éq. (h') :	$\theta' = +30^\circ$;	
d'où	$\Pi = +30^\circ$	$l.\ \sin\Pi = 9,698\,97$
Éq. (i)	$\dfrac{V}{\lambda} = 143,209$	$l. = 2,155\,97 +$
	$U - \dfrac{V}{\lambda} = -\ 26,402$	
	$U + \dfrac{V}{\lambda} = +\ 260,016$	
	$\Pi + \Theta = +23^\circ\,11'\,12''$	$l.\cos(\Pi+\Theta) = 9,963\,42$
		$l.\sin(\Pi+\Theta) = 9,595\,20$
		$l.\ k'\sin\Pi = 1,520\,35$
	$-\mu'\rho'\sin\varepsilon' = -\ \ 1,696$	
	$-\dfrac{1}{2}\left(U - \dfrac{V}{\lambda}\right) = +\ 13,201$	
	$-k'\sin\Pi\cos(\Pi+\Theta) = -\ 30,463$	$l. = 1,483\,77 -$
	$\mu\rho\sin\varepsilon = -\ 18,958$	$l.\ \mu\rho\sin\varepsilon = 1,277\,79 -$
	$-\mu'\rho'\cos\varepsilon' = +\ 18,309$	
	$-\dfrac{1}{2}\left(U + \dfrac{V}{\lambda}\right) = -130,008$	
	$+k'\sin\Pi\sin(\Pi+\Theta) = +\ 13,048$	$l. = 1,115\,55$
	$\mu\rho\cos\varepsilon = -\ 98,651$	$l.\ \mu\rho\cos\varepsilon = 1,994\,10 -$
	$\varepsilon = 190^\circ\,52'\,41''$	$l.\ \text{tang}\,\varepsilon = 9,283\,69 +$
		$l.\ \cos\varepsilon = 9,992\,12 -$
		$l.\ \sin\varepsilon = 9,275\,81 -$
	$\mu\rho = 100,457$	$l.\ \mu\rho = 2,001\,98$

1. L'ambiguïté de l'angle ε' a été levée par la condition que le produit $\mu'\rho'$ fût positif.

$\Pi - \Theta =$	$+36°48'48''$	$l. \cos(\Pi - \Theta) =$	$9{,}903\,41 +$
		$l. \sin(\Pi - \Theta) =$	$9{,}777\,58 +$
$-\mu'\rho' \sin \varepsilon' =$	$-\ \ 1{,}696$		
$+\frac{1}{2}\left(U - \frac{V}{\lambda}\right) =$	$-\ \ 13{,}201$		
$-k' \sin \Pi \cos(\Pi - \Theta) =$	$-\ \ 26{,}531$	$l. =$	$1{,}423\,76 -$
$\mu\rho_1 \sin \varepsilon_1 =$	$-\ \ 41{,}428$	$l.\ \mu\rho_1 \sin \varepsilon_1 =$	$1{,}617\,29 -$
$-\mu'\rho' \cos \varepsilon' =$	$+\ \ 18{,}309$		
$-\frac{1}{2}\left(U - \frac{V}{\lambda}\right) =$	$-130{,}008$		
$+k' \sin \Pi \sin(\Pi - \Theta) =$	$+\ \ 19{,}858$	$l. =$	$1{,}297\,93 +$
$\mu\rho_1 \cos \varepsilon_1 =$	$-\ \ 91{,}841$	$l.\ \mu\rho_1 \cos \varepsilon_1 =$	$1{,}963\,04 -$
$\varepsilon_1 =$	$204°16'45''$	$l. \operatorname{tang} \varepsilon_1 =$	$9{,}654\,25 +$
		$l. \cos \varepsilon_1 =$	$9{,}959\,78 -$
		$l. \sin \varepsilon_1 =$	$9{,}614\,03 -$
$\mu\rho_1 =$	$100{,}754$		$2{,}003\,26 +$

Les quantités ε' et $\mu'\ \rho'$ ont les mêmes valeurs pour les roues couplées : les angles ε, ε_1, et les produits $\mu\ \rho$, $\mu\ \rho_1$, se rapportent aux contrepoids des roues motrices principales.

La répartition des masses, de manière à obtenir des moments égaux à $\mu'\rho'$, $\mu\rho$, et $\mu\rho_1$, est un problème familier aux ingénieurs.

Cet exemple d'application numérique convaincra le lecteur que les calculs ne sont ni difficiles, ni longs à effectuer ; ils exigent seulement que l'on soit familiarisé avec l'emploi des règles relatives aux signes.

On trouvera dans la fig. 7, pl. XLVII, la trajectoire sensiblement rectiligne, que décrit le centre de gravité des pièces mobiles (moins les masses des roues, le tout pesant environ 1400 kil.), dans la machine 97. Les abscisses parallèles à la trajectoire sont reproduites en vraie grandeur ; tandis que, pour donner une idée de cette trajectoire, on a été obligé d'amplifier les ordonnées dans le rapport de 1 à 1000 (un à mille).

Par les fig. 8 et 9, pl. XLVII, nous avons représenté les relevées de *l'usé* des bandages de la machine 97 après les parcours indiqués au n° 168, et sur lesquels nous reviendrons plus loin — 203, 204 —.

CHAPITRE III.

LE TRAIN DE LOCOMOTIVE.

Comme le train des véhicules décrit précédemment, — Tome III, ch. I, § 1, — le train des locomotives se compose de trois appareils distincts :

a) le châssis ou cadre ;

b) la suspension ;

c) les essieux montés.

§ 1.

CHASSIS.

171. LONGERONS ET TRAVERSES. — La chaudière et l'appareil moteur reposent sur un *cadre, bâti* ou *châssis* composé de deux parties principales : les *longerons* et les *traverses*, qui forment le cadre proprement dit, et les *plaques de garde*, appendices latéraux occupant sur les longerons la place qui correspond à chaque roue et embrassant la boîte à graissage.

La principale condition à obtenir dans la construction des châssis, c'est la rigidité indispensable pour conserver au mécanisme qu'il porte les relations géométriques assignées aux axes de la machine.

Les cadres se placent, selon le cas, à l'extérieur (machine de Sigl, pl. XXII, fig. 8 ; machines de l'État hongrois pl. XXVII) ; ou à l'intérieur des roues (machine Scharp-Stewart, pl. VII et VIII, machine de P. L. M. pl. XVIII).

Quelquefois même les deux dispositions se trouvent réunies dans une même machine par l'emploi de deux châssis paparallèles régnant tantôt tous deux sur toute la longueur (machine de l'Est, pl. II et III, machine du Nord, pl. IV à VI), tantôt sur une partie seulement de la machine. Dans les premières machines à châssis extérieur, on rencontrait souvent des longerons en bois, armés latéralement de plaques de tôle découpées à leur partie inférieure, de manière à former les plaques de garde. On a remplacé le bois par le fer et aujourd'hui chaque longeron se trouve généralement formé d'une seule pièce en fer, forgée, avec des appendices découpés dans la masse et qui constituent les plaques de garde. La transmission de la force motrice à l'ensemble de la machine se faisant par l'intermédiaire de ces dernières, il faut les relier entre elles par des tirants horizontaux en fer plat, ou mieux par des entretoises venues de forge, disposition qui s'obtient en forgeant des plaques pleines, et en les évidant pour y loger les boîtes à graisse. On garnit les ouvertures des plaques de garde de guides G en fonte ou en fer forgé parfaitement dressées sur leurs faces intérieures entre lesquelles doit glisser la boîte à graisse (fig. 1, pl. XLV).

La traverse qui réunit les deux longerons à l'avant de la machine se fait encore en bois, plus souvent en fer, quelquefois en fonte pour augmenter la charge de l'essieu d'avant. On maintient l'écartement des longerons, dans l'intervalle des traverses extrêmes, par des fermes transversales placées à la partie supérieure du châssis entre les diverses paires de roues, et lorsque celles-ci sont extérieures, par des tirants qui relient les plaques de garde au-dessus des essieux.

Longerons extérieurs ou intérieurs. On a beaucoup discuté, il y a plusieurs années, sur les avantages et les inconvénients des longerons extérieurs et intérieurs. Le coefficient de sécurité, disait-on, est plus grand avec les premiers qu'avec les seconds, la base élastique des supports de chaudière étant plus large. De plus, en cas de rupture d'essieu, le longeron extérieur soutient encore la roue pendant un certain temps, tandis que le longeron intérieur la laisse tomber immédiatement.

Toutes ces raisons sont plus ou moins spécieuses ; la question du choix entre les deux systèmes est une question d'espèce. Avec les longerons intérieurs, les liaisons du cadre sont plus faciles à réaliser ; le châssis est plus léger et plus économique ; la chaudière mieux soutenue ; la visite du mécanisme plus commode. La largeur du profil transversal de la machine est réduite au minimum, même avec des cylindres extérieurs. Les longerons extérieurs laissent plus d'espace pour loger le foyer et la chaudière, ce qui permet de donner à ces parties essentielles des dimensions transversales plus larges. Les fusées des essieux peuvent être de moindre équarissage, circonstance favorable au roulement ; l'installation des cylindres plus facile.

La combinaison des deux systèmes, longerons extérieurs et intérieurs, complets ou partiels, — Est, pl. II et III. Nord, pl. IV à VI, — satisfait à quelques-unes des conditions requises, sauf celles de largeur de l'appareil à vapeur, mais au détriment du poids mort et du prix de revient.

Il n'y a donc rien d'absolu dans les préférences accordées à l'un et à l'autre des systèmes.

En France, on paraît tenir aux longerons intérieurs. En Allemagne, en Autriche et en Hongrie les longerons extérieurs dominent presque exclusivement.

172. Accessoires du chassis. — *Chasse-pierres.* Deux chasse-pierres fixés sur la traverse d'avant ou sur les longerons, quelquefois deux pièces semblables à l'arrière de la machine, descendent jusqu'à 5 ou 6 centimètres au-dessus des rails (fig. 1, pl. XVIII et pl. XIX).

Ils représentent, mais très imparfaitement, le *cow-catcher*, *l'attrape-vache* des américains, qui éloigne de la locomotive tous les objets pouvant faire obstacle à la marche de la machine.

Sans demander autant, l'administration supérieure ferait bien d'exiger le remplacement des simples chasse-pierres par une double charrue dont la face serait garnie d'un rembourrage qui amortirait les chocs et rejetterait hors de la voie les corps que la machine écrase avec les dispositions actuelles.

Balais. En hiver, on suspend aux chasse-pierres des balais chasse-neige attachés par des brides (c. c. fig. 23, pl. XLVI.) (C *p* fig. 1, pl. XXII).

Pour les machines qui doivent marcher habituellement dans les deux sens, on place des chasse-pierres à chaque extrémité. (Fig. 1 et 4, pl. VIII. Machine-tender de l'Ouest, fig. 5, pl. XIII et fig. 1, pl. XVI.)

Plate-forme. Sur le châssis et en contact avec l'enveloppe de la boîte à feu, on place une tôle de 4 à 5 $^m/_m$ sur laquelle se tiennent debout le machiniste et le chauffeur.

Quelquefois cette tôle se prolonge sur les côtés de la machine dans toute sa longueur pour faciliter la visite en marche.

Marche-pied. On monte sur la plate-forme à l'aide d'un marche-pied en fer *m h* (fig. 1 et 2, pl. XXIII) suspendu au châssis. Ordinairement ce marche-pied se compose de deux barres de fer verticales réunies par deux traverses espacées de $0^m,40$ à $0^m,45$ environ, disposition vicieuse, car elle occasionne de graves accidents si le pied glisse. Les palettes en tôle relevée à l'avant valent mieux que les traverses, mais elles n'offrent pas autant de sécurité que l'arrangement en forme d'escalier à jour de la machine d'Orléans (pl. IX, fig. 1). L'escalier oblique en tôle de la machine Scharp (pl. VII, fig. 1) est de beaucoup le meilleur mode d'accès à la plate-forme parce qu'il est fermé de trois côtés.

Garde-corps. Il est composé d'une tôle qui entoure la plate-forme jusqu'à l'avant du foyer. Il est garni en arrière d'une tige isolée qui sert de poignée, et sur la tranche, d'une main courante en fer.

173. ABRIS POUR LES AGENTS DE LA TRACTION. — Les méca-

niciens et chauffeurs, exposés, sur le tablier découvert de la machine, aux influences atmosphériques, ne paraissent pas pouvoir constamment exercer, dans toute sa plénitude, la vigilance requise par la nature de leur service. Il y a là une grave atteinte aux moyens limités que l'exploitation possède pour assurer la marche de ses trains, et aux conditions hygiéniques de ses agents. Lorsque, au contraire, l'arrière de la machine est garni d'un écran à glaces faisant face à la direction du mouvement, d'un toit s'étendant jusqu'au tablier du tender, d'une balustrade en tôle élevée jusqu'à la hauteur des épaules, les agents de la machine, mieux garantis, peuvent porter toute leur attention sur l'état de la voie, sur les signaux de toute espèce auxquels ils ont à prendre garde, et percevoir sans retard les bruits anormaux qui doivent solliciter leur attention.

On a prétendu que les dispositions prises pour abriter les mécaniciens diminuent les garanties de sécurité, en empêchant ces agents de voir ou d'entendre, et les engagent à la négligence.

Nous croyons ces reproches peu fondés; mais eussent-ils même une apparence de raison d'être, il n'y aurait pas lieu d'en tenir compte. Nous avons pu constater souvent que certains machinistes se munissent de paravents mobiles en toile, qu'ils suspendent aux balances des soupapes de sûreté pour se préserver des déjections de la cheminée et se garantir contre les rafales de neige ou de grêle qui les aveuglent. Afin de se soustraire aux effets du froid, de la pluie, de la neige, de la grêle, ou simplement du vent, ils se couvrent la tête d'un capuchon en étoffe généralement très épaisse.

Ces diverses précautions de conservation personnelle, que la surveillance la plus sévère est impuissante à réprimer, limitent bien plus le champ de perception des sens, que les abris installés sur les machines, et étudiés en vue d'obtenir la plus grande somme de sécurité pour la circulation, et de bien-être pour les mécaniciens. N'oublions pas, en effet, que c'est dans les moments les plus pénibles pour le corps que ces agents doivent redoubler d'attention, de vigilance, et qu'ils n'ont pas trop alors de toute leur sollicitude, de la jouissance la plus complète des sens les plus exercés et les plus sûrs, pour diriger leur train et éviter les accidents qu'un instant d'inattention peut occasionner.

Le vœu que nous exprimions, il y a dix ans, a été exaucé. Aujourd'hui on trouve sur toutes ou presque toutes les plate-formes de locomotives tantôt un écran (Nord pl. IV et V ; Ouest pl. XI), tantôt un auvent garni de joues (Scharp Stewart, pl. VII, fig. 1,) tantôt un toit couvrant toute la plate-forme avec demi-parois latérales garnies, comme celles de face, d'une fenêtre (Est pl. II), tantôt un cabinet luxueusement fermé sur trois côtés comme la machine que Grand, constructeur américain, avait envoyée à l'exposition universelle de 1867.

C'est d'ailleurs une question de convenance, de climat et de saison. Les abris fermés ne sont pas tenables durant les grandes chaleurs ; un écran ou un auvent suffit dans ce cas (Ouest, fig. 1 et 2, pl. XX ; P. L. M. fig. 1 et 2, pl. X).

174. Attelage d'avant. — La machine pouvant être reliée par l'avant à un autre véhicule, notamment en cas de double-traction, la traverse de cette extrémité porte en son milieu un crochet de traction semblable à celui que nous avons décrit (tome III, chap. VI, § III, 340), et deux tampons de choc.

La tige du crochet de traction se termine du côté de la machine par une partie filetée munie d'un écrou qui, lorsque le crochet agit, s'appuie soit directement sur la face interne de la traverse de tête soit, ce qui est préférable, sur un ressort d'acier en spirale ou en rondelles. (Tome III, chap. VI, § II). Les rondelles de caoutchouc ne résistent pas au travail de ce crochet de traction ; l'expérience en a été faite aux machines-tenders à quatre essieux moteurs du chemin de fer de Ceinture de Paris.

Les tampons de choc de la traverse d'avant sont semblables à ceux qui ont été décrits précédemment. (Tome III, chap. VI, § III).

La hauteur du centre des tampons au-dessus des rails est de $1^m,042$ avec une latitude de 0,100 pour tenir compte du jeu des ressorts de suspension des voitures et vagons.

Le tampon poussé à fond doit dépasser la traverse de $0^m,370$. A l'état libre, le crochet doit avoir son point d'attelage à $0^m,370$ en arrière du plan vertical tangent aux plateaux des tampons.

175. ATTELAGE D'ARRIÈRE. — La réunion de la machine au tender doit être aussi énergique que possible, car la séparation de ces deux véhicules, en service, pourrait amener des conséquenses désastreuses. Pour l'allure normale de la machine même, il est à désirer qu'une certaine solidarité leur soit imposée, tout en permettant aux deux véhicules de s'inscrire dans les coubes sans trop de résistance au pourtour des roues.

La partie de l'attelage appartenant à la machine se compose tantôt d'une barre d'attelage, tantôt d'un tendeur à vis, tantôt d'un accouplement par bielles, tantôt enfin d'un cadre qui embrasse la boîte à feu et se termine sous le corps cylindrique à l'avant du foyer. La réunion des véhicules est d'ailleurs complétée par deux maillons dits de sûreté.

175. BARRE D'ATTELAGE. — C'est une tige en fer rond, renflée vers le milieu, terminée à ses deux bouts par une douille qui s'engage entre deux tôles fixées au châssis de la machine. Ces plaques percées d'un trou pour recevoir un fort boulon en fer aciéré et trempé, de 5 à 6 centimètres de diamètre, sont garnies de rondelles qui supportent l'usure résultant de l'attelage et que l'on peut remplacer facilement quand le boulon de liaison a trop de jeu. — Machine à marchandises de P. L. M. fig. 1, pl. XVIII.

Tendeur à vis. Il ne se distingue de celui que nous avons décrit (tome III, chap. VI, § III) que par un plus fort équarrissage et par le mode de serrage que nous décrirons en parlant de l'attelage sur le tender.

176. Attelages divers. — On a attribué à ces deux modes d'attache l'usure plus ou moins rapide des bandages des roues d'arrière de la machine. On supposait que cette usure provenait de la gêne que la machine éprouvait pour se déplacer latéralement. Afin de lui laisser toute liberté, on a cherché à reporter le point d'attache au centre d'oscillation ou tout près du centre d'oscillation de la machine. M. Polonceau, au chemin d'Orléans, fixait le crochet de la machine au centre d'un balancier horizontal, dont les deux bras sont articulés à deux tiges en fer attachées au châssis vers le milieu de sa longueur, et les tampons de la machine et du tender se touchent suivant une face inclinée tangente à un cylindre dont l'axe est au centre de la machine.

Cette dernière disposition de tampons est encore appliquée ainsi que l'indiquent les fig. 1 et 2, pl. XXXIII, tender d'Orléans.

Dans l'attelage appliqué par M. Stradal aux chemins Autrichiens, la barre d'attelage du côté de la machine est terminée par une pièce en T ; la petite branche est articulée avec deux bielles inclinées, dont les axes prolongés vont se couper sur celui de la machine vers le milieu de sa longueur, et, comme dans le premier cas, transportent en ce point tout l'effort de traction.

Dans la locomotive de M. Hall projetée pour traîner de fortes charges sur des rampes considérables et des courbes de petit rayon, le foyer en porte-à-faux sur les longerons de la machine reposait sur le premier essieu du tender, comme dans les machines Engerth, la réunion des deux véhicules se faisait par l'intermédiaire d'un cadre en fer forgé a b c d (fig. 5, pl. XLV), embrassant le foyer et allant s'articuler d'un côté en *a* sous la plate-forme du tender, de l'autre en *d* au centre du châssis de la machine, vers le milieu de la longueur de la chaudière.

Vient enfin l'attelage rigide disposé par M. Engerth sur la machine *Steierdorf*. Chaque véhicule porte une barre rigide qui s'assemble à la suivante par un goujon traversant les douilles qui terminent chacune des barres fixes, formant ainsi une articulation placée à la rencontre des deux axes des véhicules.

Tous ces systèmes d'attelage sont entachés du même défaut : trop de latitude dans les déplacements relatifs des deux véhicules accouplés.

177. Triangle articulé. — Le mode d'attache du chemin de fer du Nord Empereur Ferdinand (Autriche-Hongrie) représenté par les fig. 1 et 2, pl. XXXI part du point de vue opposé. On s'est proposé ici de solidariser les déplacements latéraux des véhicules, tout en leur laissant la libre inscription de leur châssis dans les courbes.

La liaison de la machine et du tender a lieu par un triangle dont deux sommets articulés sur le tender et un sommet articulé sur la machine. Celle-ci peut pivoter autour du boulon du sommet du triangle que le tender maintient dans la direction de son axe à l'aide de deux autres sommets.

L'inscription dans les courbes est d'ailleurs favorisée par les tampons que refoule un ressort commandé par un levier et une vis de rappel.

Nous compléterons toutes les indications de l'attelage d'arrière en étudiant l'attelage d'avant du tender — chap. IV.

§ II

SUSPENSION.

Pour amortir les chocs et les détériorations que les inégalités de la voie produiraient sur la machine si les roues et le châssis étaient directement en contact, le cadre est séparé des essieux par un appareil intermédiaire, la suspension, qui, d'une part, prend ses points d'appui sur les boîtes à friction des essieux montés, et de l'autre soutient le cadre par des attaches fixes, la partie intermédiaire étant douée de propriétés élastiques capables d'absorber l'effet des chocs par le travail de flexion (Tome III, chap. VI, § II).

178. Ressorts simples en lames d'acier. — Le châssis repose sur les essieux par l'intermédiaire de ressorts en acier généralement composés d'un certain nombre de feuilles superposées réunies en leur milieu par un boulon ou par une frette. Dans le premier cas, les feuilles sont percées d'un trou pour laisser passer le boulon ; dans le second, elles portent simplement sur leur face inférieure une saillie à laquelle on donne le nom d'*étoquiau*, et par-dessus une cavité dans laquelle s'engage l'étoquiau de la feuille supérieure. Les deux ou trois premières lames sont d'égale longueur et portent le nom de *maîtresses-feuilles ;* les longueurs des autres feuilles vont en diminuant graduellement, jusqu'à la dernière ; les unes comme les autres sont amincies à leurs extrémités pour augmenter la flexibilité du ressort. La suspension peut être directe ou renversée. Dans le premier cas, le ressort étant placé au-dessus de l'essieu, les tiges de suspension sont soumises à un effort de traction et la tige qui transmet les chocs de la boîte à graisse au centre du ressort travaille à la compression. L'avant-train de la machine du Nord (fig. 3, pl. IV) donne un exemple de ce mode de suspension. Pour l'appliquer il faut que l'on dispose au-dessus de la boîte à graissage d'un espace suffisant pour loger le ressort.

Dans le cas où la place manque au-dessus de l'essieu, on a recours à la suspension renversée, où le ressort étant logé en dessous de l'essieu, les tiges de suspension du châssis aux extrémités du ressort travaillent à la compression et la tige de pression du ressort sur la boîte à graissage qui devient un cadre enveloppant la fusée, travaille à la traction. — Tel est le cas représenté par les ressorts appliqués aux roues motrices de la machine Scharp, Stewart et Cie (fig. 1, pl. VII) ou bien par le ressort installé au milieu du maître essieu de la machine à grande vitesse de l'Ouest (fig. 1 et 2, pl. XII).

Le ressort porte généralement à ses extrémités deux boulons qui servent à suspendre le châssis, tandis qu'il repose en son milieu sur la boîte à graisse au moyen d'une tige verticale.

La réunion du ressort au châssis peut se faire de plusieurs manières différentes. Souvent on termine la maîtresse-feuille par une partie renflée percée d'un œil et traversée par un boulon d'articulation auquel est fixée une tige de suspension attachée au longeron par sa partie inférieure; en composant les tiges de support en deux parties réunies par une vis à deux filetages, on se donne le moyen de tendre plus ou moins le ressort au moment du montage. Cette disposition est fréquemment employée sur les machines anglaises.

En France, on perce l'extrémité des feuilles supérieures d'un trou ovale traversé par la tige de suspension filetée à sa partie supérieure et portant un double écrou qui presse l'extrémité du ressort : Machine à 8 roues de Lyon, pl. XXII et XXIII, fig. 1. Machines hongroises, pl. XXVII, fig. 4 et 5. Tender de l'Italie centrale, pl. XXXII, fig. 3.

Les ressorts de suspension sur les roues porteuses de la machine-tender à 4 essieux de Couillet, (pl. VIII, fig. 1), représentent une suspension que l'on préfère quelquefois à la précédente. C'est une tige terminée en crochet à sa partie supérieure ; on évite ainsi de percer les maîtresses-feuilles, une petite encoche dans l'une d'elles étant alors suffisante pour maintenir en place la pointe recourbée de la tige ; on peut, enfin, supprimer l'encoche en terminant la maîtresse-feuille par un renflement.

Une autre disposition consiste à donner à la tige de suspension la forme d'un étrier entourant l'extrémité de la maîtresse-feuille, et terminée, dans le bas, par une tige taraudée avec écrou qui règle le serrage du ressort. (Fig. 3, pl. IV, fig. 1, pl. IX.)

La flexibilité des ressorts doit être *suffisante* pour amortir les chocs provenant des inégalités de la voie ; mais il faut la régler de telle sorte que l'amplitude des oscillations ne soit pas assez grande pour compromettre le bon fonctionnement du mécanisme. En marche normale, elle ne dépasse guère $0^m,010$ à $0^m,012$.

L'épaisseur des feuilles varie de $0^m,010$ à $0^m,015$. (Tom III, ch. V.)

179. Ressorts doubles. — Lorsque l'espace manque pour obtenir, avec le ressort ordinaire, la flexibilité requise, on emploie deux ressorts formant l'appareil dit « à pincette » fréquemment employé en carrosserie. La suspension sur l'essieu d'arrière de la machine P. L. M., fig. 1, pl. XVIII, indique cette disposition. Les deux ressorts séparés par une plaque de friction, ajoutent leurs flexions l'un à l'autre. L'inférieur est réuni à la boîte à graissage par une bride et une tige très courte; le supérieur reçoit la pression du châssis par l'intermédiaire d'une vis qui termine sa bride, l'ensemble étant maintenu par des guides fixés au longeron.

On emploie aussi dans ce cas des ressorts en spirale répartis sur plusieurs points.

180. Ressort transversal. — Dans certains cas spéciaux, la suspension se place transversalement à l'axe de la machine, un seul ressort agissant alors sur les deux boîtes à graissage d'un même essieu ; c'est un moyen de répartir la pression du véhicule également sur les deux fusées et d'éviter les effets d'une inégalité de charge sur les deux roues tels que chauffage des coussinets, perturbation dans l'assiette de la machine.

181. Altération des ressorts. — La flexibilité des ressorts devrait atténuer l'effet des surcharges accidentelles, mais cette flexibilité même est souvent une cause de perturbation quand elle est trop grande ; et d'ailleurs elle peut se trouver modifiée par l'usage. On a constaté, en Allemagne, qu'après un certain temps de service la répartition de la charge se trouvait modifiée par suite du changement opéré dans la résistance des ressorts.

182. Vérification périodique. — Il est donc de toute nécessité, au bout d'un certain temps de service, de vérifier la répartition de la charge appliquée à chaque roue. Cette véri-

fication doit être aussi fréquente que possible, surtout après chaque réparation. Ce moyen seul permet de se rendre compte de l'état des ressorts, de prévenir les ruptures, et d'obtenir une marche régulière de la locomotive.

183. Répartition de la charge. — On sait que la pression des roues développe au point de contact des bandages et des rails une réaction tangentielle, un frottement que les locomotives utilisent sous le nom d'adhérence, pour la propulsion de la machine. — Chap. V. 237 — Cette adhérence est fonction de la charge imposée aux roues motrices, charge qui n'est qu'une fraction du poids total de la machine. Suivant le type de la locomotive, ce poids total est réparti entre tous les essieux de manière à donner à la machine en marche le plus de sécurité possible. Sous peine de changer les conditions du service de la machine, et même de l'exposer aux accidents, cette répartition doit rester constante ou à peu près. Mais c'est cette constance qu'il est difficile d'obtenir.

D'une roue à sa conjuguée, d'une roue à sa voisine, il peut se présenter des inégalités sur la voie qui, à un moment donné, obligent une roue à s'élever ou à s'abaisser au-dessus ou au-dessous du niveau des autres roues. Dans un changement d'inclinaison ou de direction de la voie, le niveau de l'eau dans la chaudière peut momentanément faire déplacer le centre de gravité du poids suspendu et imposer une surcharge à l'un des essieux ou aux roues de l'un des côtés de la machine.

L'emploi d'un ressort indépendant pour la répartition du poids suspendu sur chacune des fusées a donc l'inconvénient grave d'isoler complètement les fusées et de les exposer à subir, le cas échéant, des efforts anormaux. L'idéal de la suspension d'une locomotive serait donc la répartition de la charge sur trois points seulement. On doit chercher à s'en rapprocher le plus possible.

184. Règlement de la charge. — Pour ramener la répartition à son état normal, il faut pouvoir évaluer le poids sous chaque roue séparément. La bascule multiple donne le seul

moyen exact d'opérer cette vérification. Quand un dépôt de machines ne possède pas une bascule de ce genre, on peut employer la petite romaine levier qu'avait exposée, en 1867, M. Erhard, ingénieur des ateliers du chemin de fer de l'État à Dresde. A défaut de ces divers moyens on peut régler la tension des ressorts de manière à ramener le plan du châssis dans un plan horizontal.

185. EMPLOI DES BALANCIERS. — En appliquant un seul ressort sur deux boîtes à graissage voisines, le centre étant relié au châssis, le poids suspendu sur les roues intéressées se trouve également réparti, question capitale pour les essieux accouplés. Lorsque l'écartement des essieux exige, pour l'application de cette disposition, des ressorts d'une trop grande longueur, on a recours à l'emploi d'un levier auxiliaire fixé au ressort par son milieu et transmettant la pression par ces deux extrémités aux boîtes à graissage. (Machines d'Orléans, types 1867 et 1878 et de P. L. M. type 1878, pl. IX.)

La liaison des fusées voisines d'un même côté de la machine peut être obtenue par l'intermédiaire d'un balancier B B′ (fig. 1 et 2. pl. XXV) oscillant autour d'un point fixe puis sur le châssis et dont les extrémités portent les boulons d'attache des ressorts qui reposent par leur centre sur les boîtes à graissage, comme dans le cas des ressorts indépendants. (Machine de l'île de Gotland, pl. XXV.)

La suspension de la machine à 4 essieux de l'Etat hongrois (pl. XXVII, fig. 4) serait peut-être mieux répartie à l'aide de deux balanciers conjuguant, l'un les deux essieux d'arrière, l'autre les deux essieux d'avant. C'est le mode de répartition adopté pour la machine à quatre essieux moteurs de P. L. M. représentée par les fig. 1 et 2. pl. XXII. — Ici les ressorts des deux essieux d'avant sont reliés, de chaque côté, par un balancier à bras égaux ; la charge est ainsi répartie également sur les deux essieux. Les ressorts des deux essieux d'arrière sont aussi reliés par un balancier mais à bras inégaux, disposition qui compense l'excédant du poids du maître-essieu.

La fig. 1, de la pl. XLV montre la disposition appliquée

aux locomotives mixtes à deux essieux accouplés des chemins de fer de la Haute-Italie. Les ressorts des deux essieux d'arrière sont placés en dessous et réunis par un balancier A B qui a pour effet d'égaliser les charges sur les deux essieux.

Suspension à répartition variable. — Certaines machines à quatre essieux moteurs, en Russie, ont trois balanciers de chaque côté. Pour égaliser les charges, les balanciers qui portent les longerons oscillent contre des platines au lieu de pivots fixes, et, en s'inclinant, changent la proportion des bras de levier.

Une disposition qui pourrait avoir la prétention de réaliser la suspension par trois points est représentée par la fig. 21 de la pl. 1. Elle était appliquée par M. Hartmann, de Chemnitz, à une locomotive du chemin de fer du grand-duché de Mecklembourg exposée en 1867.

L'essieu d'arrière *o* supporte à chaque bout un balancier *ab* dont l'extrémité *a* est reliée à un ressort R disposé transversalement ; l'autre extrémité *b* est reliée à un deuxième balancier *cd* supporté par le châssis. Ce balancier transmet ses oscillations par l'intermédiaire de la tige *df* au ressort R′ placé au-dessus de l'essieu *o′*. Cette disposition présente trop de complication. Lorsque, sous une influence quelconque, une surcharge accidentelle agit sur l'un des essieux, une partie de cette surcharge ne se reporte pas instantanément sur l'autre essieu à cause du jeu qui doit nécessairement exister dans les diverses articulations du mécanisme.

186. Ressorts conjugués par leviers coudés. — Dans la fig. 1, des pl. II et III, la machine de l'Est montre les ressorts des essieux accouplés, conjugués au moyen de bielles *b* et de renvois de mouvement d'équerre *b′* faisant office de balanciers dont les bras de levier sont proportionnels à la charge suspendue. Celle-ci ne doit pas être très égale sur les deux essieux, puisque l'un d'eux, le maître-essieu, étant plus lourd que son conjugué, il faut, pour l'égalité de charges sur rails, appliquer une charge suspendue moindre.

Les dispositions précédentes sont fréquemment appliquées et avec avantage pour la répartition convenable de la charge, sur les machines étrangères.

En 1869, nous regrettions qu'on ne fît pas en France un plus fréquent usage des balanciers. Aujourd'hui ce reproche n'est plus aussi généralement mérité.

187. Ressorts en spirale. — Divers essais ont été faits pour substituer aux ressorts à lames superposées les ressorts en spirale, et quelques constructeurs étrangers ont exclusivement adopté ces derniers dans quelques cas particuliers. Souvent on fait usage pour la suspension d'arrière des machines, de ressorts en spirale, qui, placés de distance en distance sur l'essieu, répartissent la charge sur toute sa longueur. On emploie aussi des ressorts métalliques en hélice, avec interposition entre chaque spire d'une lame de caoutchouc de section circulaire.

Des essais exécutés dans le but de remplacer complétement le métal par le caoutchouc pour les ressorts de suspension n'ont pas donné de résultats satisfaisants pour être poursuivis.

Nous ne reviendrons pas ici sur la fabrication et la réception des ressorts, la question ayant été traitée précédemment. — (Tome III, chap VI, § II et § IV. —

§ III.

ESSIEUX MONTÉS.

188. Fonctions des essieux montés. — Ces organes sont de deux espèces : les essieux libres ou porteurs, et les essieux moteurs.

Les premiers n'ont d'autre rôle à jouer que celui de soutenir le châssis. Ils se terminent, au voisinage des roues, par des parties bien calibrées, — les fusées, — qui roulent dans les boîtes à friction disposées pour diminuer la résistance que le frottement occasionne.

Les essieux moteurs sont munis de roues, de fusées et de boîtes à friction, comme les essieux libres. Ils ont, de plus que ces derniers, des manivelles chargées de transmettre aux roues la puissance de la machine à vapeur.

On verra plus loin, chap. V et chap. VI que, suivant sa destination, la machine peut avoir un ou plusieurs essieux moteurs; mais il n'y en a qu'un seul qui reçoive directement l'action des manivelles mises en mouvement par la vapeur, c'est le *maître-essieu* — 147 —. Ces manivelles sont tantôt placées entre les roues, — c'est le cas de l'essieu coudé qui accompagne les cylindres intérieurs, — tantôt elles sont reportées à l'extérieur des roues et reçoivent l'action des cylindres extérieurs. — Ici le maître-essieu est droit. Les autres essieux-moteurs, quand il y en a plusieurs, sont tous droits. On les accouple au maître-essieu par des manivelles et des bielles — 145 et suivants. —

L'intermédiaire de l'essieu et de la suspension du châssis, c'est la boîte de friction, la boîte à graissage, qui transmet au châssis l'impulsion qu'elle reçoit de l'essieu, ou réciproquement, qui transmet à l'essieu l'effort que le châssis a reçu d'un autre essieu. Nous examinerons en premier lieu la boîte à graissage.

189. Guides de boites a graissage. — La boîte est saisie entre deux guides appliqués contre les appendices verticaux faisant corps avec le longeron. Autrefois ces appendices, les plaques de garde, étaient rapportées contre les longerons. Mais depuis longtemps on les enlève dans la pièce en tôle qui forme le longeron. Les guides G G (fig. 1, 2 et 3, pl. XLV) qui se font en fonte ou en acier fondu, ont la forme d'équerres avec oreilles au moyen desquelles on les fixe le long des plaques de garde.

190. Boites a graissage. — Elles sont formées de trois parties : la *boîte*, le *coussinet* et le *dessous de boîte*.

La boîte proprement dite doit être parfaitement dressée sur

ses deux faces latérales, afin de pouvoir glisser à frottement doux entre les deux guides de plaques de garde ; des rebords solidaires avec elle ou adhérents aux guides dans les plaques de garde elles-mêmes s'opposent à ce que son mouvement dans le sens transversal prenne une trop grande amplitude. Elle porte généralement à sa partie supérieure un godet recouvert d'un couvercle dont le fond est percé de trous prolongés au travers du coussinet jusqu'à la surface de la fusée, et au milieu duquel s'élève une portée qui sert de point d'appui à l'extrémité de la tige de pression de l'appareil élastique.

Quelquefois et pour remédier au jeu que le frottement contre les guides des plaques de garde ne tarde pas à produire, on interpose d'un côté, entre les deux surfaces en contact, un coin en fer G (fig. 1, pl. XLV) que l'on peut manœuvrer à l'aide d'une vis de rappel, *le coin de rattrapage de jeu.*

La fonte, quelquefois le bronze, ont été employés pour la fabrication des boîtes ; aujourd'hui c'est le fer forgé, cémenté et trempé, ou le métal Bessemer.

Souvent l'on supprime le coin, en garnissant les faces latérales de la boîte de fourrures en métal blanc. Une garniture en même matière coulée dans l'intérieur remplace souvent le coussinet indépendant en bronze.

La composition de l'alliage employé pour cet usage sur le chemin de fer de l'Est est la suivante :

Plomb.	70	fusible à 500°
Antimoine.	20	
Cuivre.	10	
	100	

La Compagnie de P. L. M. prend, pour 100 parties.

Cu	82
Sn	16
Zn	2

Le Kaiser Ferdinands-Nordbahn se sert de l'alliage suivant : Cu... 82 ; Sn... 18, total 100.

Au chemin de fer d'Orléans, on emploie le bronze phosphuré — 139 — qui est composé comme suit, pour 100 parties :

Cuivre phosphuré à 9 % de phosphore		3,5
Cuivre	(Cu).	74,5
Etain	(Sn).	11,0
Zinc	(Zn).	11.

Par l'emploi de ces diverses compositions, le frottement devient beaucoup plus faible, et, par conséquent, l'échauffement et l'usure des parties en contact ; aussi, les frais d'entretien se trouvent-ils réduits dans une proportion notable.

Le dessous de boîte, destiné à préserver la fusée du contact des corps étrangers et à retenir les gouttelettes d'huile qui tombent de la partie supérieure, a la forme d'un coussinet ou d'une cuvette; réuni à la boîte par un ou plusieurs goujons, il ne touche pas à l'essieu, et renferme quelquefois, lorsqu'il affecte la seconde disposition indiquée, une éponge ou une mèche destinée à absorber l'huile et à lubrifier la fusée.

Cette méthode de graissage de la fusée par-dessous, présente de tels avantages qu'on l'adopte de préférence à toute autre, toutes les fois que cela est possible, le graissage par la partie supérieure étant généralement défectueux, car la pression du coussinet sur la fusée devient quelquefois trop grande pour permettre à la matière graisseuse de pénétrer entre les deux surfaces frottantes ; de plus, les trous percés dans le coussinet s'obstruent souvent, l'écoulement de la matière lubrifiante se trouvant alors arrêté, les surfaces en contact ne tardent pas à s'échauffer et à gripper. Le perçage des trous dans les boîtes et les coussinets, en diminuant leur résistance, cause aussi leur rupture en service.

191. Essieux. *Conditions générales.* — Elles ont été exposées précédemment, — Tome III, IIe partie, 1re section, chap. VI, § VII —; nous les compléterons ici par des considéra-

tions relatives aux essieux moteurs. Ceux-ci doivent en effet résister non seulement aux efforts imposés aux essieux porteurs en général, mais encore à ceux qui résultent de la pression de la vapeur agissant comme moteur ou comme frein ; quant aux essieux accouplés, ils ont à faire face au surcroît d'effort imposé par l'accouplement; la prudence conseille donc d'abaisser à 2 kil. par millimètre carré la résistance demandée au métal. Quand nous parlons de résistance par millimètre carré pour la section des essieux de locomotive, c'est à titre de simple rapprochement, car il n'y a aucune règle pour établir cette section par le calcul, les principales données du problème faisant complétement défaut, et, complication qui s'ajoute encore aux autres, la nature du métal, sa préparation, le mode de fabrication de l'essieu présentant autant de variétés que de provenances. La difficulté de calculer les essieux droits devient une impossibilité pour les essieux coudés. Ici, plus encore que pour les premiers, l'observation seule sert de guide ; c'est le nombre de kilomètres parcourus par certains essieux avant leur rupture qui peut faire adopter, de préférence à d'autres, telles formes, tel métal, et tel mode de fabrication.

192. Dimensions des essieux et tourillons. — Nous donnons dans les planches XIV, XLV et XLII le dessin à grande échelle de quelques essieux moteurs ou porteurs des machines les plus récentes et de leurs tenders. Ces diverses figures renseignent suffisamment le lecteur sur les dimensions des fusées et autres sections des parties principales.

Nous croyons devoir recommander ici une bonne précaution que l'on prend quelquefois, de répartir la charge du maître-essieu sur trois ou quatre points de sa longueur. Cette excellente mesure, adoptée par le Nord (fig. 2, pl. VI), doit être employée toutes les fois que la construction de la machine ne s'y oppose pas.

La tendance actuelle des constructeurs de locomotives est de donner aux fusées de gros diamètres et des longues portées afin de réduire la pression par unité de surface.

Nous avons vu — Tome III, chap. VI, § VII — comment on détermine les dimensions des essieux porteurs.

Pour les essieux-moteurs, avons-nous dit, c'est l'observation seule qui peut guider l'ingénieur dans le choix des dimensions. Voici cependant quelques données d'expérience dont on tient compte.

On ne dépasse généralement pas 20 kilogrammes de pression par centimètre carré de la fusée. Si l'on désigne par P la pression de la machine sur la fusée, par p la pression par centimètre carré, par d le diamètre de la fusée et par l sa longueur on a entre ces divers éléments la relation $P = p.\ d.\ l.$

d étant déterminé d'après l'expérience acquise, l en est la conséquence.

Dans les machines à essieux accouplés, on devrait établir les dimensions des fusées d'après le nombre d'essieux moteurs et la pression que les roues exercent sur le rail. — En pratique on leur donne souvent le même diamètre et c'est à tort.

La pression des roues sur le rail varie d'après le type des machines et le diamètre des roues; ordinairement il se trouve compris dans les chiffres suivants :

Diamètres	*Pression*
2^m,00 et au delà. . . .	6,500 à 7.000 k.
1,50.	6,000 à 6,500
1,00 et en dessous. . . .	4,500 à 5,000

L'adhérence que donne le frottement du bandage sur le rail est estimée en moyenne à 1/6 ou 1/7 du poids. On prend ordinairement $f = 0,15$ mais on peut avoir aussi $f = 0,20$ de la Haute-Italie (fig. 1,2,3, pl. XLV) avec ses roues de 2^m,00 de diamètre pesant sur rail 6000 et 6650 kilogrammes, l'effort tangentiel maximum est $6650^k \times 0,20 = 1330$ kil. et le moment de cet effort sur la fusée sera $1330 \times \frac{2,000}{2} = 1330$.

Ce moment est transporté par la bielle d'accouplement sur la manivelle de la roue accouplée et de là sur celle de la première. Le moment 1,200 de la 2me roue s'y ajoute de sorte que le moment de torsion auquel le maître-essieu est soumis devient 1330 + 1200. — Aussi le constructeur a-t-il donné aux fusées du maître-essieu un diamètre de 0m,185 et à celles de l'essieu accouplé 0m,170.

Dans la machine à 4 essieux moteurs de P. L. M. (fig. 1 à 7, pl. XXII et fig. 6, pl. XLVII) la fusée du maître-essieu a 0m,200, les trois autres 0m,180 de diamètre.

193. Essieu demi-coudé. — Ce type représenté par les fig. 1 et 3 de la pl. XIV est un essieu demi-coudé qui supprime l'un des bras de chacun des coudes des essieux coudés ordinaires, lequel est remplacé par le moyeu et le bouton de manivelle. Il offre l'avantage de pouvoir s'obtenir par un pli allongé de la barre, tandis que les essieux coudés ordinaires imposent un double coude à angle droit, ce qui fatigue nécessairement le métal.

Le seul désavantage qu'il présente c'est un double assemblage dans le moyeu. Comme on ne l'emploie qu'avec longerons extérieurs, on a la faculté d'allonger la portée de calage vers l'intérieur. On peut d'ailleurs le soutenir par un longeron intermédiaire comme le chemin de fer de l'Ouest le fait dans ses machines à grande vitesse à 2 essieux moteurs (pl. XI à XV).

194. Fabrication des essieux. — On peut se reporter au tome III, chap. VI, § VII de la 1re section de la locomotion, pour tout ce qui concerne la fabrication des essieux droits. Celle des essieux coudés est un travail difficile et qui demande le plus grand soin. Deux méthodes sont employées aujourd'hui : la première consiste à faire venir de forge avec le corps de l'essieu deux appendices rectangulaires aplatis, que l'on amène par torsion à 90 degrés l'un de l'autre, et dans lesquels on découpe les manivelles. Il résulte de ce mode d'opérer que les fibres du métal sont interrompues, et que les parties qui auront le plus à travailler seront celles qui présenteront le moins de résistance. Aussi n'est-il pas rare de voir se produire des ruptures dans les pièces ainsi obtenues.

Les essieux coudés fabriqués par la seconde méthode présentent beaucoup plus de garanties. Le paquet étant formé d'une seule masse est chauffé au blanc soudant et étampé sur sa moitié, de manière à lui donner la forme du demi-essieu avec son coude, dans lequel le fer conserve ses fibres dans tout leur développement.

On réchauffe et on donne à la seconde moitié de l'essieu la forme désirée, en ayant soin de placer les deux coudes à 90° l'un de l'autre. On termine enfin par le forgeage les fusées et portées de calage.

La fabrication des essieux en acier fondu comprend, d'une part, la coulée du bloc d'acier qui doit fournir l'essieu, puis le forgeage de ce bloc au marteau.

195. Visite et entretien des essieux. — Le parcours des essieux de locomotives peut atteindre plusieurs centaines de mille kilomètres et quelquefois ne pas dépasser 50,000 kilomètres. La nature du métal et le mode de fabrication sont des facteurs importants de la question ; mais les soins d'entretien contribuent largement à la conservation des essieux en service.

En général, quand l'essieu est sain, d'ailleurs, la prudence conseille d'enlever l'essieu et de le remplacer quand les fusées ont perdu 5 à 7 0/0 de leur diamètre.

La visite et l'enlèvement des essieux seront d'ailleurs assez fréquents, car indépendamment de l'usure de ces pièces, celle des coussinets et des bandages, toutes les avaries intéressant les roues où les boîtes à graisse, enfin la simple inspection de ces dernières, qui doit être répétée plusieurs fois par année, rendent ce travail nécessaire. Il importe donc d'effectuer cette opération avec la plus grande promptitude, afin de ne pas interrompre le service de la machine.

L'enlèvement des essieux peut se faire de deux manières, soit en soulevant la machine, soit en faisant descendre les roues au-dessous du niveau de la voie, tandis qu'on soutient simplement le châssis. Cette dernière méthode entraîne l'établissement d'une fosse et d'une installation particulière :

aussi se contente-t-on quelquefois d'employer le premier moyen. Cependant, en considérant le poids énorme de la machine qu'il faut soulever à chaque opération, on comprend qu'il y ait encore économie à adopter le second.

Sur l'une des voies de l'atelier de réparation, on établit, à cet effet, une fosse, dans laquelle une plate-forme se meut verticalement au moyen de crémaillères, ou mieux de vis à écrous fixes.

Pour enlever les roues d'une machine avec cet appareil, on amène le véhicule de manière à faire coïncider la paire de roues en question avec la plate-forme mobile de la fosse. Les entretoises des plaques de garde enlevées, on abaisse la plate-forme qui entraîne dans son mouvement l'essieu monté. Celui-ci est conduit par un charriot mobile dans la fosse, sous une grue qui l'enlève avec ses roues et le remplace par un nouvel essieu monté que l'on vient appliquer, à la place du premier, par une manœuvre inverse.

Lorsqu'un essieu coudé présente en un point de l'une des manivelles un commencement de rupture, on peut en prolonger le service par l'application d'une frette en fer forgé, embrassant tout le contour de la manivelle. Ces frettes sont embattues au rouge, et leur refroidissement les serre contre l'essieu, qu'elles maintiennent assez fortement pour empêcher la cassure de s'agrandir.

Les frettes procurent un surcroît de garantie même avec les essieux neufs et l'on n'hésite souvent pas à les placer lors de la construction. (Machine du Nord. fig. 1, pl. VI et fig. 4 et 5, pl. XLVII.)

196. Roues. — Les roues sont les supports des véhicules sur la voie. Elles se composent, comme chacun sait, d'un moyeu, d'une jante et d'un corps. En raison de la force centrifuge et des nombreuses perturbations auxquelles elles sont soumises, les roues des véhicules du chemin de fer, et principalement les roues de locomotive, doivent satisfaire à des conditions générales que nous avons développées précédemment. (Tome III, chap. VI, § VIII.) Nous avons également

donné dans ce même paragraphe la description des diverses roues et exposé les procédés employés pour leur fabrication.

Le fer forgé de première qualité et l'acier fondu sont seuls employés pour la fabrication des roues de locomotives. L'emploi des moyeux en fonte est admis en Allemagne, mais il tend à disparaître.

Roues en fonte. — La Compagnie Barnum Richardson qui exploite les mines de fer de *Salisbury*, comté de Litchfield, Connecticut, Etats-Unis d'Amérique, avait exposé en 1878 des roues de vagon en fonte qui présentaient des qualités de résistance très remarquables. A titre de renseignement nous extrayons de la notice que cet exposant a publiée les renseignements suivants qui peuvent intéresser les ingénieurs.

A (fig. 22, pl. XLVI) est la coquille qui doit donner à la jante la forme et la dureté voulues.

Le châssis est d'abord renversé pour y loger le moule en bois et pilonner le sable sur la face supérieure du moule. On retourne le moule et on le surmonte du châssis D qui porte un cylindre E. Le tout est rempli de sable pilonné dans lequel on ménage trois trous pour la coulée de la fonte.

On retourne encore le châssis pour en retirer le modèle en bois qui a laissé son creux.

Le vide F est réservé dans le creux au moyen d'un noyau F suspendu dans le sable à l'aide de trois crochets en fer.

Le châssis est renversé de nouveau et la coulée s'opère par les trous réservés dans le cylindre E. Après le refroidissement, le nettoyage du noyau F se fait par l'orifice H.

Les roues de locomotive diffèrent des roues de vagon par leurs dimensions plus considérables et l'*adjonction* aux jantes des roues motrices, de contrepoids destinés à atténuer l'effet des perturbations provenant des diverses causes qui ont été indiquées précédemment. — Chap. II, § IV —.

Le corps qui réunit le moyeu au bandage est formé de rayons droits qui viennent de forge avec le moyeu et la jante.

197. CONTREPOIDS. — Les contrepoids sont appliqués soit à l'opposé soit du côté de la manivelle.

Dans les premières dispositions de ce genre, les contrepoids étaient indépendants des roues et réunis aux rais et à la jante par des rivets ou des boulons. Mais ces sortes d'assemblages ne tardent pas à prendre du jeu ; pour obvier aux inconvénients qui peuvent en résulter, on rend généralement aujourd'hui le contrepoids solidaire de la roue, en le faisant venir de forge ou de fonte avec elle. La forme du contrepoids est le plus ordinairement celle d'un segment compris entre deux ou plusieurs rais. On rencontre maintenant des contrepoids en forme de croissant, dont la hauteur, dans le sens du rayon, diminue, à partir du plan milieu, leurs extrémités venant se confondre avec la jante.

198. DIAMÈTRES. — Pour la voie de $1^{m},45$ entre-rails, le diamètre minimum que l'on donne aux roues motrices de locomotive est de $1^{m},00$ environ pour des vitesses inférieures à 30 kilomètres par heure ; pour des vitesses supérieures, le diamètre varie, selon la destination de la machine, de $1^{m},50$ à $2^{m},30$.

Les roues accouplées doivent avoir le même diamètre au cercle de roulement. La tolérance maxima d'une paire à l'autre ne dépassant jamais $0^{m},001$.

Pour régulariser l'usure et maintenir l'égalité des diamètres, on fait, autant que possible, occuper à une même paire de roues toutes les positions que la machine admet. — Voir tome III, chap. VI. § IX. —

199. BANDAGES. — Le profil des bandages dépend de celui des rails employés ; il varie par conséquent, comme ce dernier, d'une ligne à l'autre. La surface intérieure du bandage est cylindrique et parfaitement alésée pour pouvoir s'appliquer exactement sur la circonférence extérieure de la jante. A l'extérieur, la face du bandage est légèrement conique et terminée du côté de l'intérieur de la voie par un bourrelet saillant, *boudin* ou *mentonnet*, qui, en s'appuyant contre le champignon du rail, dans le mouvement trans-

versal du véhicule, le maintient sur la voie et l'empêche de dérailler.

Dans certaines machines à roues accouplées, afin de faciliter le passage dans les courbes, on diminue l'épaisseur de ce boudin sur les roues du milieu. Avant l'introduction du jeu transversal des essieux extrêmes, dans les machines à trois et quatre essieux accouplés, on enlevait même totalement le boudin sur les roues intérieures — 206 — ; mais cette pratique qui privait la machine d'un élément de sécurité n'a plus lieu aujourd'hui.

200. DIMENSIONS DES BANDAGES. — Le boudin doit avoir au moins 0m,025 de saillie à partir du sommet du rail, sans dépasser 0m,035 quand l'usure est à son maximum.

L'épaisseur des bandages et l'état d'avancement de leur usure doivent être vérifiés avec le plus grand soin toutes les fois que la machine rentre aux ateliers.

Entre le boudin de la roue et le rail on laisse un jeu de 0m,010 au moins, mais ce jeu ne doit, en aucun cas, arriver à dépasser 0m,025, sauf pour les roues du milieu des machines à trois ou quatre essieux ; ici, on peut le porter jusqu'à 0m,038.

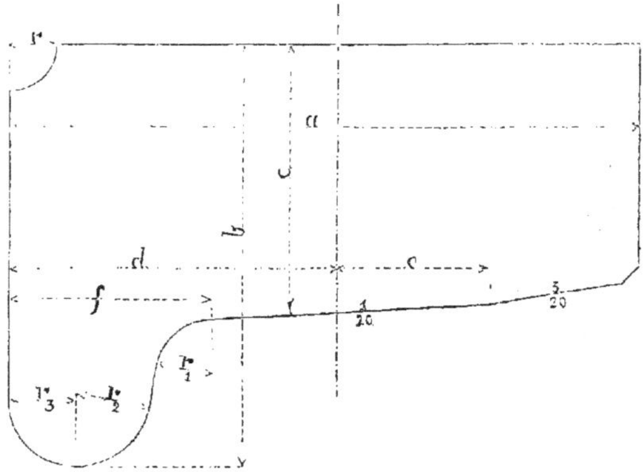

L'écartement des roues d'un même essieu, mesuré entre les faces intérieures des bandages doit être de 1m,360 avec une tolérance de 0m,003 en dessus ou en dessous, l'épaisseur du mentonnet, à la hauteur du congé de raccord, est d'environ $0^m,035$ à $0^m,040$ au sortir de l'atelier.

La largeur du bandage un peu supérieure à celle de la jante de la roue varie de $0^m,127$ à $0^m,152$ (Congrès de Dresde 1865) et son épaisseur moyenne de $0^m,050$ à $0^m,060$.

Le profil ci-contre a été longtemps appliqué aux bandages des machines et tenders du Nord. Voici ses dimensions principales :

$a = 0^m,135$ $d = 0^m,070$ $e = 0^m,0325$
$f = 0^m,044$ $b = 0^m,090$ $c = 0^m,058$
$r = 0^m,010$ $r_1 = 0^m,012$ $r_2 = 0^m,016$ $r_3 = 0^m,0145$.

201. AVARIES DES BANDAGES. — NOUVEAUX PROFILS. — Les roues des locomotives en service éprouvent des avaries qui nécessitent de fréquentes et sévères révisions, souvent des réparations importantes.

On constate, en hiver surtout, des ruptures subites qu'une surveillance incessante pourrait quelquefois prévenir. Les boudins des roues s'amincissent au point que le jeu sur la voie devient excessif ; il faut les ramener à la largeur nécessaire, en prenant sur l'épaisseur des bandages.

Sur les roues motrices on remarque des *creux*, des *plats*, une *gorge*, qui doivent disparaître par un *rafraîchissage* sur le tour. Rappelons, à ce propos, les résultats remarquables obtenus au chemin de fer du Nord par l'application de la théorie de M. Yvon Villarceau — 166 et suiv. — Les bandages en fer de la machine 97 jaugés avec beaucoup de soin à la rentrée en réparation, après un premier parcours de 28473 kilom., n'ont donné que des usures relatives très peu inégales (1 ½ $^m/_m$ au maximum; fig. 8, pl. XLVII) ; après un rafraîchissage suivi d'un nouveau parcours de 19970 kilom., les bandages jaugés de nouveau, n'ont accusé qu'un faux-rond maximum de 2 ¾ $^m/_m$, ainsi que l'indique la fig. 9, pl. XLVII.

Quand on compare ce résultat aux différences d'usure de 5, 6 et 7 millimètres journellement constatés, on doit regretter que la méthode de M. Yvon Villarceau n'ait pas reçu de plus larges applications et donné lieu au moins à des expériences plus prolongées.

202. ATTACHE DES BANDAGES. — RÉVISION. — Tout en cherchant à donner de la stabilité aux machines, on doit aussi approprier le profil des bandages aux difficultés du parcours en courbes raides. — Le chemin de l'Ouest a récemment adopté un profil (fig. 8 et 9, pl. XIV) modifié en vue de ces difficultés nouvelles. Dans les alignements droits et dans les courbes à grand rayon, le bandage roule sur la partie rectiligne *a b*, inclinée à $\frac{1}{20}$, comme le rail. Dans les courbes raides, le roulement se porte sur *b c*, près du boudin, pour la roue extérieure, et sur *a d*, pour la roue conjuguée. Afin d'obtenir un effort de traction moindre, et faire varier plus rapidement le rayon de roulement, le profil a été abaissé de *b* vers *c*, et relevé de *a* vers *d*.

Enfin on pense prolonger la durée du service du boudin en augmentant l'ouverture du double congé de raccord *b c f* et en amincissant la zone extrême *f* du boudin.

La fig. 17, pl. XLVI, montre l'attache employée pour les roues des machines des fortes rampes de Wurtemberg. Ces roues étaient en fonte, pleines, avec des trous dans le corps pour recevoir les boulons et écrous fixant les bandages. La tête de ces boulons est cylindrique et non conique, ce qui ne provoque pas la rupture.

La fig. 7 de la pl. XIV montre le mode de liaison adopté par la Cie de l'Ouest. Il affaiblit très peu le bandage, mais il ne retient pas les morceaux rompus.

Une nouvelle tentative de liaison entre le bandage et la jante a été essayée par l'atelier de Couillet sur la machine-tender à 4 essieux (fig. 1 et 2, pl. VIII). Les bandages sont réunis à la jante par un anneau en zinc coulé dans une gorge à double queue d'aronde creusée dans le bandage et dans la jante (Système Kaselowsky).

L'inventeur pense qu'avec ce mode d'attache on peut donner un serrage moitié moindre qu'avec les procédés ordinaires.

éviter les inconvénients du serrage trop énergique, et prévenir la projection des morceaux de bandages rompus en service.

L'idée n'est pas nouvelle et ne sera probablement pas sanctionnée par l'expérience, car le zinc n'a pas la résistance suffisante pour s'opposer aux efforts latéraux du bandage.

Il y a plus de chance de réussite avec la liaison par agrafes extérieures (fig. 4, pl. XXXVIII de l'Atlas du matériel de transport).

203. APPAREIL A RELEVER LE PROFIL DES BANDAGES. — Cet appareil dû à M. Napoli, ingénieur attaché à la Cie du chemin de fer de l'Est, repose sur le principe suivant :

Si l'on considère une droite de longueur variable qui oscille dans un même plan autour de son point milieu supposé fixe, les extrémités de cette droite décrivent deux figures égales et symétriques.

Mécaniquement cette idée est réalisée au moyen d'une roue d'engrenage A (fig. 10, pl. XL) tournant sur un axe et qui engrène avec deux crémaillères C C, parallèles. Si l'on dispose un crayon E sur l'une des crémaillères et une pointe D sur l'autre, de telle sorte que le crayon et la pointe soient dans un plan vertical passant par l'axe de la roue d'engrenage et de plus à une même distance de cet axe, le crayon tracera sur une bande de papier placée en dessous une ligne reproduisant exactement le chemin parcouru par la pointe.

L'appareil est disposé sur une planchette portant des tiges en fer avec vis de pression qui servent à le fixer sur le bandage. La planchette porte deux petits ressorts à boudins entourant des axes munis de griffes destinées à maintenir la feuille de papier sur laquelle le crayon trace le profil.

Pour permettre à la pointe de suivre toutes les sinuosités du profil, elle peut se mouvoir autour d'un axe sur lequel elle est oblique ; cet axe peut lui-même tourner autour d'un second axe supporté par la crémaillère. L'extrémité de la pointe est placée rigoureusement à la rencontre de ces deux axes de rotation et par conséquent la position de cette extrémité ne varie pas relativement à la crémaillère.

204. Limite d'épaisseur des bandages. — La limite d'épaisseur adoptée en Allemagne pour les bandages de locomotives ou tenders en fer ou en acier est de $0^m,022$; à partir de cette dimension, le bandage n'offre plus assez de garantie de sécurité et doit passer au rebut.

Sur le chemin de fer du Nord, l'épaisseur limite, peut-être trop faible, est fixée comme suit :

Bandages en fer.	Machines	— $0^m,035$
	Tender	— $0^m,025$
Bandages en acier.	Machines	— $0^m,025$
	Tender	— $0^m,020$

§ IV.

Dispositions pour le parcours en courbe.

205. — Malgré la précaution prise sous le nom de *jeu de la voie* — Tome III, chap. 1, § 1, — les roues de machines à grand empatement éprouvent toujours de la difficulté à se placer dans les courbes de petit rayon. Cette difficulté se traduit par une fatigue plus ou moins grande de l'essieu d'avant ou d'arrière, et surtout par l'usure rapide des boudins de bandages.

Il existe plusieurs procédés pour atténuer les inconvénients résultant de la rigidité du châssis qui doit maintenir tous les essieux d'une machine dans une direction sensiblement parallèle. Citons ceux dont l'essai a été fait et appliqué avec assez de suite pour en démontrer le plus ou moins d'efficacité :

1° Bandages sans boudin ;

2° Déplacement des essieux parallèlement à eux-mêmes et obtenu ainsi qu'il suit :

Jeu des fusées dans le coussinet ;

Jeu des coussinets dans la boîte ;

Jeu de la boîte dans les guides.

3° Déplacement des essieux porteurs normalement à la courbe et obtenu ainsi qu'il suit :

Par truc pivotant sur son centre de figure ;

Par truc tournant autour d'un point extérieur.

4° Déplacement des essieux moteurs normalement à la courbe, obtenu par trains-moteurs articulés.

206. Bandages sans boudin. — En passant dans une courbe raide, avec une machine portée par plus de deux essieux, c'est le boudin de la roue intérieure intermédiaire et le boudin qui attaque à l'avant le rail extérieur, à l'arrière le rail intérieur, qui gênent le plus.

La gêne disparaîtrait si l'on supprimait le boudin ; mais supprimer le boudin d'une roue d'avant ou d'une roue d'arrière c'est simplement se priver d'un guide indispensable. Il ne faut donc pas s'arrêter à ce procédé.

Mais ne pourrait-on pas au moins supprimer les boudins d'une ou de deux paires de roues intermédiaires, puisque dans les courbes ils tendent à monter sur le rail ? C'est ce qu'ont fait R. Stéphenson et, à sa suite, plusieurs ingénieurs. La figure ci-dessous représente le profil des bandages sans boudin employé, il y a plusieurs années, par la Cie de l'Est pour les roues intermédiaires.

Le profil définitif est compris dans une ligne enveloppe fi-

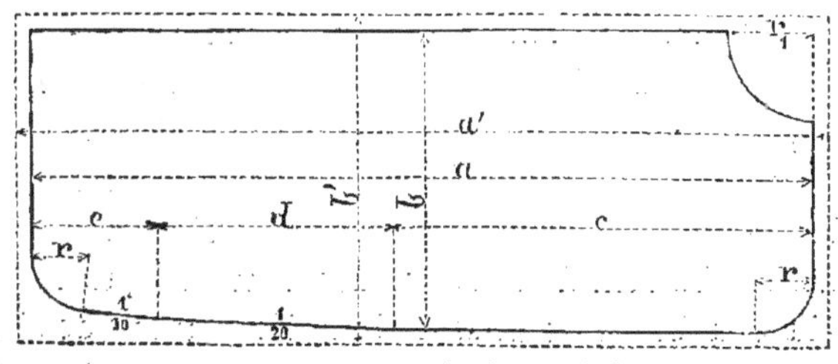

Fig. 453. Profil de bandage sans boudin. (Est.) Echelle $\frac{1}{2}$.

gurant le profil du bandage brut livré par le laminage et qui présentait les dimensions suivantes :

Bandage brut : $a' = 0,^{m}144$; $b' = 0,^{m}060$.
Bandage fini ; $a = 0,^{m}139$; $b = 0,^{m}055$.
$c = 0,^{m}075$; $d = 0,^{m}042$.
$r = 0,^{m}010$.

Quelques années d'expérience ont démontré que la suppression du boudin amenait aussi celle des conditions de sécurité de la circulation et on y a renoncé, avec d'autant plus de raison, que les autres moyens dont nous allons parler atteignent mieux le but proposé sans entraîner les mêmes conséquences.

207. Jeu dans le coussinet. — En permettant aux essieux de se déplacer dans le sens de leur longueur, dès que le rail presserait le boudin outre mesure, la roue s'éloignerait du rail et passerait dans la courbe sans frottement exagéré. Mais il y aurait danger à laisser *flotter* les fusées dans les coussinets ; car la machine n'ayant plus de liaison complète avec les essieux éprouverait, dans le parcours à grande vitesse et en alignement droit, des oscillations qui compromettraient son allure.

208. Jeu dans les boîtes. — Il faut pouvoir limiter le jeu des essieux et même l'arrêter, lorsque le parcours en alignement droit n'exige pas de déplacement latéral.

On peut employer à cet effet l'un des trois procédés suivants :

309. Osselets. — Camille Polonceau plaçait en-dessous de la patte de chacune des tiges de ressort portant sur un essieu un prisme triangulaire en acier, reposant par une de ses arêtes sur la boîte à graissage. Lorsque l'essieu d'avant muni de ces *osselets* entrait dans une courbe, la réaction du rail contre le boudin de la roue extérieure forçait l'essieu de suivre la courbe et de glisser dans les guides des boîtes à graissage, mais le châssis de la machine conservait encore un certain temps sa direction tangentielle à la courbe en fai-

sant incliner les osselets, et ne reprenait sa position normale que lorsque, la réaction des rails cessant, l'osselet revenait dans la situation qu'il avait avant l'entrée en courbe.

Cette disposition a eu son temps de vogue, mais on lui préfère la suivante adoptée depuis l'Exposition de 1867 par la Cie d'Orléans et à la suite, par un grand nombre d'autres lignes.

210. PLANS INCLINÉS. — Cette disposition due à M. Forquenot, ingénieur en chef à la Cie d'Orléans, consiste à placer sur les coussinets deux coins inclinés en sens inverse et à leur appliquer la pression de la tige des ressorts (fig. 10, pl. XXI).

Lorsque les roues entrent dans une courbe, la pression des boudins contre les rails force l'essieu à se déplacer transversalement à l'axe de la machine, et à entraîner le coussinet le long du plan incliné. Quand la roue, arrivée en alignement droit, n'éprouve plus de résistance, elle se trouve ramenée dans sa position normale par la composante du poids de la machine agissant sur la tige de suspension qui presse sur le plan incliné.

Nous trouvons cet appareil appliqué à un grand nombre de machines des réseaux d'Orléans, de P. L. M., de l'Est et de l'Ouest. — Voir chap. VI. —

Il offre le précieux avantage de pouvoir être appliqué aussi bien aux machines ayant tous leurs essieux moteurs, qu'aux machines ayant des roues libres.

211. RESSORTS DE RAPPEL. — M. Caillet maintenait la position moyenne des deux boîtes à graissage par deux ressorts à pincettes montés sur une tige horizontale fixée au bâtis. Les ressorts ne pouvant fléchir que sous une charge de 1,200 à 1,500 kilog., les boîtes ne se déplacent que quand les boudins des roues éprouvent de la part des rails une réaction équivalente. Cette pression des rails cessant en alignement droit, les ressorts repoussent les boîtes dans leur position normale.

212. BALANCIERS HORIZONTAUX. — Nous avons assisté, il y a bien des années, avec un grand nombre de nos confrères con-

voqués par l'éminent ingénieur si regretté, M. Petiet, à un voyage d'essai, fait sur un embranchement de la ligne du Nord conduisant de Chauny à St-Gobain, d'une machine à six essieux accouplés trois par trois, et dont le 1er et le 6e étaient conjugués respectivement avec le 3e et le 4e, par des balanciers horizontaux oscillant chacun autour d'un pivot vertical fixé sur une traverse du châssis. Cet appareil, construit par M. Beugnot, avait pour but de faire éloigner du centre de la courbe les essieux du milieu qui, comme les deux extrêmes, pouvaient glisser dans les boîtes de graissage, et par là de faciliter l'inscription de toutes les roues dans la courbe. L'idée était ingénieuse mais d'application compliquée. Nous l'avons retrouvée dans les locomotives de montagne à quatre essieux moteurs construites par le même ingénieur pour la section de Porretta à Pistoia, ligne de Bologne à Pistoia — chap. VI — mais elle n'a pas eu d'autres applications.

En définitive, le déplacement transversal à la voie appliqué aux premier et dernier essieux, par un plan incliné, reste le moyen le plus simple et le plus efficace quand on veut, avec un train rigide, utiliser l'adhérence de tous les essieux, en prenant la précaution de rendre flexibles les assemblages des bielles d'accouplement et de rendre sphériques les boutons des manivelles extrêmes. (fig. 6, pl. XLVII).

213. Boîtes radiales. — Dans la voiture à vapeur de l'Etat belge (système Belpaire) représentée dans la pl. XXVI, l'essieu d'arrière γ (fig. 1 et 10), qui se trouve à 7m,80 de l'essieu d'avant α, peut se déplacer à peu près normalement à la courbe parcourue. Les coussinets des boîtes à graissage portent des saillies qui, en courbe, glissent dans des rainures ménagées sous le chapeau de la boîte (fig. 11 à 14). Ces rainures sont tracées suivant une conférence dont le centre se trouve sur l'axe de la voiture, entre les deux essieux d'avant.

Avec le moyen dû à M. Edmond Roy, les essieux extrêmes des machines à grand empatement peuvent se placer à peu près normalement aux rails courbes. A cet effet, les boîtes à graissage se déplacent dans leurs guides entre les faces verticales qui sont formées de portions de cylindres dont l'axe se trouve au centre de l'essieu voisin. La fig. 3, pl. XXI, représente l'ensemble des essieux avec leurs boîtes, de la machine à cinq essieux dont trois moteurs construits par la Cie de Matériel à Bruxelles pour le compte de l'État Belge.

Pour opérer le déplacement de l'essieu, la fusée porte vers le milieu de sa longueur (fig. 4, 5 et 7, pl. XXI) une bague qui, sous la pression du boudin contre le rail, entraîne le coussinet puis la boîte qui se déplace et ramène l'axe de l'essieu dans la direction du rayon de la courbe parcourue.

Ces boîtes radiales ne sont applicables aux essieux accouplés qu'à l'aide d'artifices de construction que la pratique n'a pas admis.

214. Bogie. — Le train classique de la locomotive américaine, depuis que Baldwin l'a mis en pratique, vers 1833, se compose d'un ou plusieurs essieux moteurs, et d'un *truck* ou *bogie*, petit châssis à pivot central, chargé d'une partie du poids de la machine répartie entre deux essieux porteurs.

Cette disposition, bien justifiée lorsque l'on n'a pas besoin d'utiliser, pour l'adhérence, tout le poids de la locomotive, a l'avantage de faciliter le passage dans les courbes raides et de diminuer les chances de chauffage des fusées.

On a reproché au bogie à pivot central portant la charge, de ne pas se prêter au déplacement latéral de la machine. Pour racheter ce défaut, on a interposé, entre le truck et la machine, une traverse à pivot sous la machine dont elle porte la charge en son milieu et reliée, à ses extrémités, par deux bielles articulées à des bras fixés sur les côtés du truck.

A l'aide de cet artifice de construction, la machine peut osciller au dessus du truck et lui laisser la liberté de prendre dans les courbes une position à peu près radiale.

Dans la machine exposée, en 1878, par la Compagnie du Nord (fig. 1 à 7, pl. IV), la liaison du bogie avec la machine est obtenue à l'aide d'un tourillon sphérique suspendu sous la machine et d'une douille fixée sur le châssis.

La charge que la machine impose au truck est répartie entre deux pivots sphériques β, β, fig. 5, reposant dans deux crapaudines également sphériques qui peuvent se mouvoir sur des plaques à rebord fixées à la traverse médiane, de part et d'autre du tourillon central.

A l'aide de cette disposition, l'axe transversal du truck peut s'incliner relativement à la direction normale à l'axe de la machine, la charge restant d'ailleurs constante sur les quatre roues. (Voir la description de la machine, chap. VI — 287 —).

215. Train de Bissel a deux essieux. — Dans le truck que nous venons de décrire, l'axe de figure ne quitte que d'une très petite quantité l'axe longitudinal de la machine. Ses roues peuvent bien s'inscrire dans la courbe, mais la machine s'engage brusquement dans cette courbe et éprouve là un choc plus ou moins violent.

Un ingénieur américain, M. L. Bissel, a reporté le centre de rotation en dehors du truck. Ce centre est fixé au châssis de la machine en un point voisin du premier essieu moteur. Il est relié au truck à l'aide d'un cadre qui guide le truck dans ses déplacements.

En passant dans une courbe, l'axe transversal du truck se dirige suivant le rayon de cette courbe en glissant sous la machine la quantité dont il se déplace étant fonction du rayon de la courbe et de la distance de la cheville ouvrière au centre de figure du truck.

La charge de la machine porte sur deux platines à doubles plans inclinés fixés sur le châssis du truck. Quand celui-ci se déplace, cette charge n'est plus également répartie sur les quatre roues; mais l'inégalité momentanée n'affecte pas les conditions de roulement des fusées. En alignement droit, l'inclinaison des platines de support ramène le truck dans sa position normale sous la machine.

216. Train de Bissel a un essieu. — En Europe, on a longtemps considéré comme un impédiment le truck à deux

essieux. Pour échapper à ce reproche, on a réduit le train Bissel à un seul essieu qui peut, mieux encore que les deux essieux primitivement employés, prendre la position exactement radiale nécessaire pour l'inscription du train dans les courbes.

On en a vu l'application sur les lignes du great Eastern Ry et du Métropolitain Ry.

Ce même procédé a été récemment adopté par M. Egger, ingénieur en chef au Central-Suisse, pour les machines tenders que la Compagnie a fait construire dans la Schweizerische Locomotive und Maschinen-Fabrick à Winterthur (Suisse).

Dans cette machine à quatre essieux (fig. 8 et 9, pl. XXI), les trois essieux moteurs n'ont aucun jeu latéral. L'essieu porteur peut prendre une position radiale à l'aide de la bielle triangulaire *n m o* qui peut osciller dans un plan horizontal autour de la cheville ouvrière *o*.

Grâce à un balancier à ressort unique qui réunit les boîtes à graissage des essieux d'arrière, et aux renvois à leviers coudés *b a c b' a' c'* (fig. 8), qui réunissent les ressorts des deux essieux d'avant, la répartition de la charge peut être considérée comme uniformément répartie. L'essieu porteur n'est donc pas exposé à une surcharge accidentelle. Son jeu sous la machine est facilité par les longues tiges qui reportent la pression du ressort sur le coussinet de la boîte à graissage.

La locomotive-tender à quatre essieux pour voie de $1^m,00$, représentée par les fig. 1 à 5, pl. XXX, est munie à l'arrière d'un essieu avec articulation Bissel, qui a permis à son constructeur, M. Beugnot, de donner à la machine un empatement de $3^m,970$ tout en lui permettant de circuler avec toute sécurité dans des courbes de 100^m, 80^m et même 60^m de rayon.

Comme dans les trucks Bissel perfectionnés, la charge de la machine porte sur des plans inclinés *m n* (fig. 3), qui, dans le parcours en alignement droit, ramènent l'essieu dans sa position normale dès qu'il n'est plus sollicité à en dévier par les courbes.

217. Trains moteurs articulés. — Tant que la machine n'a pas besoin d'une puissance de traction supérieure à celle que lui donne l'adhérence partielle, le truck ou bogie remplit efficacement son office de support flexible.

Mais quand il s'agit de développer un effort de traction considérable, lorsqu'il faut avoir recours à l'adhérence totale de la machine en y intéressant tous les essieux, la question se complique, surtout si la ligne doit franchir des rampes fortes en même temps que des courbes à petits rayons.

A l'époque où le gouvernement Autrichien construisait la grande ligne de Vienne à Trieste, dont l'importance politique et commerciale était bien reconnue (1851), on avait adopté par des raisons d'économie exagérée, eu égard au trafic à prévoir, pour la petite section de Gloggnitz à Muerzzuschlag comprenant les deux versants du mont Semmering qui fait partie des Alpes Noriques, des pentes de 25 m/m et des courbes dont le rayon descend à 285m et même à 190m.

Sur cette section, les parties qui présentent les plus grandes difficultés se rencontrent entre les stations de Payerbach et de Semmering, ainsi qu'il ressort des tableaux suivants :

Inclinaisons.

	PAYERBACH-SEMMERING.	SEMMERING-MUERZZUSCHLAG.
1 : 40	8 367m	» m
1 : 43	»	1 707
1 : 45	5 359	3 577
1 : 47	»	2 645
1 : 50	1 145	753
1 : 60	1 522	»
1 : 65	»	325
1 : 70	»	1 327
1 : 80	324	»
1 : 100	1 866	»
1 : 200	165	»
1 : 300	»	1 433
1 : 400	»	370
Horizontales	171	285
Totaux :	18 919m	12 422m

Courbes.

Rayon des courbes.	PAYERBACH-SEMMERING.		SEMMERING-MUERZZUSCHLAG.	
	Nombre.	Développement.	Nombre.	Développement.
190m	23	5 964m	1	63m
227	1	370	»	»
265	1	124	»	»
284	33	5 459	4	803
397	3	343	11	1 536
568	»	»	3	663
758	»	»	1	143
948	»	»	1	213
1 138	»	»	1	205
Totaux :		12 260m		3 628m
Alignements droits :		6 659		8 794
Totaux :		18 919m		12 422m

Les ingénieurs ne disposaient alors pour franchir de telles difficultés que la machine américaine à 2 essieux moteurs à l'arrière, avec avant-train mobile à l'avant, machines flexibles mais absolument insuffisantes pour remorquer des trains de 200 à 300 tonnes de marchandises en un seul voyage, car elles n'avaient qu'un poids adhérent de 17 tonnes.

Un concours fut institué ; plusieurs établissements et de nombreux ingénieurs présentèrent qui des machines, qui des projets.

La machine qui remporta le prix, mais ne survécut pas au concours, était portée par deux essieux fixés au châssis et par deux essieux d'un avant-train mobile. Chacun de ces deux groupes d'essieux était accouplé par des bielles. Le mouvement des essieux de l'avant-train participait au mouvement des essieux d'arrière à l'aide d'une chaîne de Galle enroulée autour de deux poulies à dents, fixées sur les essieux voisins convergents. Le mouvement des essieux d'arrière se transmettait aux essieux également accouplés du tender par une autre chaîne de Galle disposée de même que celle d'avant.

La machine, avec son tender accouplé et son avant-train mobile, présentait donc une adhérence et une flexibilité suffisantes. Mais le mécanisme de transmission par chaîne Galle sur des poulies situées dans des plans différents était impossible en exploitation.

Au concours, l'établissement de Seraing avait présenté une machine composée d'une longue chaudière avec foyer double au milieu de sa longueur, reposant sur deux trucks à pivot montés chacun sur deux essieux accouplés et munis chacun de deux cylindres moteurs.

C'était, en un mot, deux locomotives à deux essieux moteurs reliées par un foyer à deux compartiments.

La fabrique de machines de Gunther à Wiener-Neustadt avait également concouru au Semmering avec une machine composée d'une longue chaudière à foyer unique, portée par deux trucks articulés. Chacun de ces trucks s'appuyait sur un groupe d'essieux moteurs mis en mouvement par deux cylindres à vapeur.

M. Engerth, alors conseiller technique au ministère du commerce d'Autriche, fit adopter par le gouvernement et construire par l'établissement de Seraing un type de machines composé de deux trains articulés, l'un portant la machine, l'autre le tender. Le premier comprend trois essieux couplés, deux cylindres moteurs et tout le mécanisme ; le train du tender se prolonge des deux côtés et en avant de la boîte à feu et porte le poids de cette partie de la chaudière. Il est muni de deux essieux également accouplés.

La liaison des deux trains s'opère par une articulation disposée en avant de la boîte à feu et autour de laquelle les deux véhicules peuvent se déplacer horizontalement et s'inscrire dans les courbes.

Pour faire contribuer les roues du tender à l'adhérence du poids total de la machine et des approvisionnements, le groupe d'essieux du tender est relié au groupe d'essieux de la machine par trois roues d'engrenage : la première calée sur le 3e essieu de la machine, la deuxième sur un arbre intermédiaire, la troisième sur le premier des essieux du tender.

La vogue ne s'attacha qu'un instant, en France, aux machines de ce système, même débarrassées de l'accouplement par engrenages qui ne donnait que de mauvais résultats malgré les soins apportés à leur construction. Cependant, comme nous le verrons plus loin, — ch. VI, — la machine Engerth a eu l'honneur d'amener la création du nouveau type de machines à 4 essieux moteurs et de conduire à de nombreux perfectionnements dans la construction des locomotives.

MM. J.-J. Meyer, de Mulhouse, et A. Meyer fils ont fait construire une locomotive-tender composée d'une chaudière et de deux trains à deux essieux moteurs et à deux cylindres chacun. La chaudière repose sur ces trains par trois pivots : le premier, au centre de figure de l'avant-train, à l'aplomb de la cheminée ; les deux autres placés symétriquement et de chaque côté du centre de figure du train d'arrière.

Les deux trains, reliés par une barre d'attelage rigide dont l'axe passe par le centre du pivot d'avant, sont tenus à distance par des tampons élastiques.

En courbe, les deux trains s'y inscrivent, le premier en tournant sous le pivot d'avant, le second en glissant sous les patins des pivots d'arrière. Dans les changements d'inclinaison, les deux trains peuvent aussi fonctionner librement.

La vapeur passe de la chaudière aux cylindres en suivant de longs tuyaux de cuivre rouge disposés pour pouvoir se prêter aux inflexions et aux déplacements des trains, relativement à la chaudière.

L'échappement a lieu par une rotule analogue à celle qui relie les tuyaux de locomotives et tenders ordinaires ; cette rotule conduit la vapeur du train d'arrière au train d'avant, jusqu'au pivot d'avant qui est creux pour laisser passer la vapeur dans la cheminée.

La chaudière et les deux trains sont facilement séparables et pourraient servir de rechange d'une machine à l'autre.

C'est en effet par là que pèchent toutes ces grandes locomotives à trains multiples et qui, malgré leur puissance et leur flexibilité, feront toujours hésiter les ingénieurs dans l'application de ces types.

Les machines Fairlie sont encore dans le même cas. — M. Fairlie, l'infatigable promoteur des chemins de fer à voie étroite et qui sous ce rapport a rendu de grands services à l'industrie des transports, a fait construire de nombreuses machines à trains articulés, tantôt à quatre cylindres, se rapprochant du type de Seraing dont nous avons parlé, tantôt à deux cylindres comme celle que la figure 4, pl. VIII, représente et que nous décrivons plus loin, — chap. VI, § V.

Dans toutes ces locomotives, le tender est associé à la machine. La chaudière repose sur un bâtis porté par deux pivots autour desquels oscillent horizontalement et verticalement les deux trucks, en épousant sans frottements parasites toutes les inflexions de la voie en plan et en profil.

Observation. — La peinture et l'outillage de la locomotive se trouvent au § III du chapitre suivant.

CHAPITRE IV.

LE TENDER.

---

§ I.

CONSTRUCTION DE LA CAISSE.

218. Ensemble. — Le tender est un véhicule relié à la machine et destiné à contenir l'eau et le combustible nécessaires pour la production de la vapeur.

Il se compose d'une caisse en tôle reposant sur un châssis extérieur entièrement en fer. Pour diminuer les tendances au déplacement du centre de gravité du tender, on donne généralement à cette caisse en tôle, destinée à contenir l'eau d'alimentation, la forme d'un fer à cheval dont le vide est utilisé pour l'approvisionnement du combustible (fig. 3 et 6, pl. XXXII).

Comme la puissance des machines locomotives et la longueur de leur parcours sans arrêts, la capacité des tenders a suivi un notable accroissement; elle atteint aujourd'hui 10 mètres cubes, — chap. VI —; certains tenders portent même un plus grand volume d'eau mais c'est l'exception.

Il peut y avoir avantage, par suite de considérations économiques développées plus loin — chap. XI —, à charger sur le tender une quantité de combustible supérieure à celle qui correspond à la quantité d'eau consommée entre deux alimentations consécutives.

Au chemin de fer de l'Est, le poids de combustible chargé atteint 6,000 kilog. pour les grands tenders à roues de $1^m,20$ et 4,000 kilog. pour les tenders à roues de $1^m,00$.

Les tenders à 6 roues du Brenner — 298 — portent, au départ, 8, 5 m. cub. d'eau et 7, 3 m. cub. de houille ligniteuse; vides, ils pèsent 10, 5 tonnes, et en ordre de marche 26, 3 tonnes.

Mais pour les tenders des machines à grande vitesse, on limite la charge au strict nécessaire. Ainsi les tenders (fig. 6 à 8, pl. XXXI) attelés aux machines représentées par les pl. II et III ne portent, au départ, que 2,500 kil. de houille.

219. Caisse a eau. — La hauteur au-dessus de la plate-forme varie de $0^m,80$ à $1^m, 20$. Les feuilles sont assemblées aux angles à l'aide de cornières, et maintenues dans leur écartement à l'aide de cornières verticales réunies par des bandes de feuillard. Cette précaution est nécessaire pour éviter la déformation des parois sous la pression de l'eau. La partie supérieure de la caisse est fermée par une tôle de $0^m,003$ à $0^m,004$ d'épaisseur.

L'épaisseur des tôles formant les parois des caisses à eau varie de $3^m/_m$ à $5^m/_m$ à l'extérieur; celles à l'intérieur du fer à cheval ont $0^m,006$. La paroi supérieure de la caisse à eau est munie d'une ou de deux ouvertures fermées par un couvercle et destinées à recevoir l'extrémité du tuyau d'alimentation pendant le remplissage; un rebord entourant ces ouvertures empêche les morceaux de combustible ou d'autres objets placés sur la paroi supérieure de tomber dans la caisse. Au-dessous, on place un cône en cuivre rouge percé de trous de $0^m,003$ à $0^m,004$ de diamètre servant à retenir les matières étrangères entraînées par l'eau des réservoirs. Quand il n'y a qu'un seul trou de prise d'eau, il se trouve dans l'axe longitudinal du véhicule, afin de pouvoir recevoir l'eau des grues hydrauliques, quel que soit le sens de la marche. Cet arrangement exige que le bras de la colonne soit assez long pour atteindre le milieu de la voie. On échappe à cette gêne en munissant la caisse à eau de deux trous d'alimentation placés aussi près que possible du bord extérieur du véhicule.

Il faut entretenir avec beaucoup de soin les caisses à eau car elles sont exposées aux avaries. L'eau les oxyde à l'intérieur ; le combustible et les outils les usent à l'extérieur.

Au bas des caisses à eau se trouvent deux soupapes de prise d'eau, dont les sièges en bronze, boulonnés sur le fond, forment saillie de $0^m,05$, afin que les dépôts qui s'y accumulent ne soient pas entraînés dans les tuyaux d'alimentation et n'entravent pas l'accès de l'eau à la chaudière. La tige de la soupape traverse le couvercle de la caisse, et passe dans un écrou en bronze, fixé sur un support ; un volant à manette, claveté à l'extrémité de cette tige, permet au mécanicien de la manœuvrer et d'ouvrir à volonté la soupape. On doit également munir le fond de la caisse d'un ou de deux bouchons de lavage.

220. Tuyaux de prise d'eau. — Les tuyaux de prise d'eau en cuivre rouge partent du fond des soupapes et s'avancent sous le tablier du tender pour se réunir aux tuyaux d'alimentation de la machine.

La jonction de ces tuyaux s'opère à l'aide de deux procédés. Le plus ancien et le plus coûteux se compose de deux tuyaux en bronze, mâle et femelle, réunis par des rotules aux tuyaux de cuivre rouge. Le tuyau mâle du tender pénètre dans le tuyau femelle de la locomotive (fig. 1, pl. XXXII, fig. 1, pl. IX) qui s'évase en entonnoir pour faciliter l'introduction du bout mâle.

Le joint est rendu étanche par un presse-étoupes. Cet appareil a toute liberté de mouvement dans tous les sens, mais il est coûteux de construction et d'entretien.

On lui a substitué depuis plusieurs années un tuyau souple en toile et caoutchouc armé d'un fil de fer en spirale *m h* (fig. 1, pl. XXII) qui se réunit aux tuyaux de cuivre rouge par des écrous roulants.

C'est également par ces tuyaux de raccord que le machiniste dirige la vapeur en excès de la chaudière dans l'eau du tender pour la réchauffer, au moyen d'un tuyau et d'un robinet manœuvré par volant (P′ v′, fig. 2, pl. IX).

Ces tuyaux de raccord sont suspendus au châssis par des ressorts d'acier à boudin.

221. Caisses de service. — A l'arrière du tender se trouve une caisse (fig. 3, pl. XXXII) destinée à renfermer les outils nécessaires en cas d'accident (verrins, leviers, etc.) On la fait quelquefois pénétrer sous la caisse à eau comme le montre la fig. 1, de la pl. XXXII. Deux caisses placées à l'avant contiennent les matières pour l'entretien de la machine et les objets à l'usage particulier du mécanicien et du chauffeur.

Pour pouvoir emmagasiner sur le tender une plus grande quantité de combustible, on dispose quelquefois en avant une cloison à rainures qui le retient à la partie inférieure. La longueur du talus naturel du charbon se trouve ainsi notablement réduite, l'écoulement ne pouvant avoir lieu que par l'intervalle ménagé à la partie inférieure entre le bord de la cloison et le fond de la caisse.

Généralement la caisse à eau repose sur les longerons du châssis par un fond plat. — On perd ainsi, pour les approvisionnements, tout l'espace compris entre le dessus des essieux et le dessus des longerons.— Les fig. 5, 6 et 7 de la pl. XXVIII représentent une disposition appliquée sur le chemin de fer de l'État Hongrois, où la caisse à eau descend jusqu'auprès des essieux. On peut, par là, charger plus d'eau sur un châssis de longueur donnée.

La caisse à eau de ce tender occupe toute la largeur du tender, mais elle est divisée par des cloisons pour entraver les mouvements désordonnés de l'eau.

Le combustible employé dans le pays est une houille imparfaite, le *Braunkohle*, qui occupe un volume plus grand que la houille ordinaire. On le loge dans l'espace qui surmonte la caisse à eau.

222. Prise d'eau en marche. — Les trains à grande vitesse, devant effectuer de très longs parcours sans arrêts intermédiaires, nécessitent des volumes d'eau d'alimentation assez

considérables pouvant atteindre comme nous l'avons dit 12 et même 13^{m3}. Pour ne pas être obligé de donner aux tenders des dimensions trop grandes, M. Ramsbotton, ingénieur du Nort-Western, a imaginé d'alimenter en route sans arrêter. Sur une partie horizontale de la voie se trouve une cuvette de 1 kilomètre environ de longueur occupant l'intervalle entre les deux rails.

Le tuyau d'alimentation est recourbé vers le haut en col de cygne pour déverser l'eau dans la caisse; à sa partie inférieure il se termine par un appendice recourbé dans le sens de la marche du train. A l'aide de leviers de manœuvre ce bec mobile peut être abaissé dans la cuvette et relevé par un contre-poids lorsque l'alimentation est terminée. Pour que l'eau qui pénètre dans le bec fasse ascension dans le tube, il faut que la vitesse du train soit assez considérable.

Ce mode d'alimentation, évidemment très ingénieux, nécessite des conditions locales qui en rendent l'application difficile.

§ II.

TRAIN DU TENDER.

223. Chassis. — Cet appareil se compose d'un cadre formé de deux longerons principaux, et de deux traverses de tête, réunis à l'intérieur par plusieurs longerons et traverses secondaires.

Les longerons extérieurs se font quelquefois en deux flasques (Haute-Italie, fig. 1 à 4, pl. XXXII) découpées dans des tôles de $10^{m}/_{m}$ et d'une hauteur suffisante pour former les plaques de garde avec leurs entretoises, et séparées l'une de l'autre par un intervalle dans lequel passent les tiges et attaches des ressorts.

Les longerons extérieurs des tenders de l'Est, d'Orléans et de P. L. M. sont formés d'une seule tôle dont l'épaisseur est respectivement, $0^{m},022$, — $0^{m},020$, — $0^{m},015$. —

Les longerons et traverses extérieurs sont faits en tôle 0m,008 à 0m,010, avec cornières.

Les extrémités des longerons extérieurs sont comprises entre deux tôles qui, avec les traverses de tête, renferment les appareils de choc et de traction. A l'avant, ces tôles sont doublées de plaques en fer forgé et garnies de rondelles en fer pour recevoir les chevilles d'attelage et de mailles de sûreté.

A l'arrière, ces tôles, réunies par des cornières aux longerons et traverses de tête, doivent être bordées de tôles et cornières rivées destinées à les renforcer, car elles ont à résister aux efforts de la machine et à transmettre au train l'effort de traction. Elle sont munies de rondelles en fer pour recevoir les chevilles des chapes des chaînes de sûreté.

Les châssis des tenders d'Orléans, de l'Ouest et P. L. M. portent sur la face supérieure du châssis un plancher continu en madriers de chêne de 0m,035 d'épaisseur, reliés par des boulons aux cornières du châssis. — Sur ce plancher parfaitement dressé s'appuie par tous les points de sa surface la tôle de fond de la caisse à eau, dont les panneaux doivent être bien planés.

Tous les longerons et toutes les traverses sont réunies entre eux par des cornières dans toute leur hauteur; les assemblages sont ajustés avec soin de manière à arrêter toute déformation du châssis.

224. Attelages du tender. — A l'arrière du tender, c'est-à-dire du côté du train, l'attelage comprend un crochet avec tendeur à vis relié à la chape d'un ressort à lames d'acier (fig. 2, pl. XXXIII) et de deux tampons de choc à lames d'acier indépendants du premier. Comme dans les voitures à grande vitesse du chemin de fer d'Orléans munies d'un attelage semblable, cette disposition donne de très bons résultats. Les démarrages et les arrêts ne réagissent pas d'une façon désagréable dans le train.

Dans l'attelage P. L. M. (fig. 3, pl. XXXII), les deux tampons sont indépendants et le crochet à tendeur ordinaire dispose d'un ressort d'acier en spirale.

Ces deux systèmes d'attelage, concentrés à l'arrière de la caisse à eau et du châssis, imposent aux assemblages des efforts qui doivent amener des déformations. Mais ils rendent libre tout l'intérieur du châssis.

Avec les tampons ordinaires, lors des déplacements des axes de la locomotive et du tender dans les courbes raides, le tampon extérieur abandonne la traverse de la machine qui alors a trop de liberté de mouvement dans le plan horizontal. Aussi prend-on des précautions spéciales pour que les tampons du tender restent en contact avec la machine quel que soit l'angle fait par les axes des véhicules.

Les fig. 1 et 3, pl. XXXIII, reproduisent l'arrangement, adopté par la Cie d'Orléans. Les tampons y sont terminés par une face verticale, mais oblique sur l'axe.

L'attelage représenté par les fig. 2, 3 et 4, pl. XIII, est adopté par la Cie de l'Ouest. Le tendeur est à double rochet; les chaînes de sûreté sont munies de ressorts à rondelles d'acier qui en préviennent la rupture en cas de séparation violente du tender et de la machine.

Les deux tampons intérieurs B B' supportent dans le parcours en courbe des pressions à peu près égales pendant une partie de leur course. Les tampons A A' agissent à la manière ordinaire, de sorte qu'avec ses quatre tampons l'attelage s'oppose aux mouvements de perturbation de la machine sans cependant gêner le passage dans les courbes raides.

Voici les tensions de chacun des tampons dans deux situations différentes des véhicules :

DÉSIGNATION DES TAMPONS.		A	B	B'	A'
		k	k	k	k
1° — Bandes initiales, tampons au simple contact.		250	2000	2000	250
Tension après rapprochement des véhicules de 45mm	en ligne droite.	1000	2200	2200	1000
	en courbe de 1000m de rayon.	1100	2200	2200	900
	en courbe de 500m de rayon.	1180	2250	»	820
2° — Bandes initiales, tampons au simple contact.		250	2000	2000	250
Tension après rapprochement des véhicules de 50mm	en ligne droite.	1100	2400	2400	1100
	en courbe de 1000m de rayon.	1170	2400	2400	970
	en courbe de 500m de rayon.	1250	2400	2400	890

Malgré toutes ces précautions, nous croyons que l'attelage

basé sur le système Rotter du Kaiser Ferdinands-Nordbahn, représenté par la fig. 1 et 2, pl. XXXI, et déjà décrit — 177 — donne plus de stabilité à la machine.

Dans cet ordre d'idées, on peut encore placer au même rang le système d'attelage que nous avons vu exposé en 1878 par MM. Sachnowski et Terrisse, de Moscou. Dans ses parties essentielles, cet attelage est formé par une barre qui du côté de la machine reçoit dans une rainure ouverte la cheville ouvrière à laquelle est attachée le maillon d'un tendeur à vis, et du côté du tender, se termine par deux branches qui s'agrafent au châssis du tender par des charnières horizontales.

Cette fourche permet aux véhicules de suivre toutes les inflexions et les dénivellations de la voie, mais elle les empêche de se séparer dans le sens du plan parallèle aux rails, leurs axes restant articulés autour de la cheville de l'attelage.

Dans le tender de l'Ouest (fig. 1 et 2, pl. XXXII), l'attelage d'arrière se compose d'un crochet de traction dont la tige se prolonge jusqu'à l'avant et se relie par une chape et une cheville à la barre d'attelage de la locomotive — 175 — (fig. 1 à 4, pl. XIII). Deux tampons de choc et deux chaînes de sûreté complètent l'attelage d'arrière qui se trouve exactement dans le plan de l'attelage d'avant.

Dans le tender de l'Est (fig. 6, 7 et 8, pl. XXXI) à 4 roues de $1^{m},220$ de diamètre et à fusées extérieures, l'attelage d'arrière se compose :

D'un ressort unique pour le choc et pour la traction, fortement bandé et articulé en son milieu ; d'un tendeur à vis avec levier de grande longueur, permettant d'obtenir une bande d'attelage de 2000 kilogr. environ ; et de deux tampons dont les tiges sont guidées à leur extrémité, de façon à éviter les coincements.

Des glissoirs en fer cémenté et trempé sont intercalés entre le ressort et ses points d'appui sur les tiges de tampon, de façon à répartir l'effort sur une plus grande surface et à éviter l'usure qui s'oppose au fonctionnement du ressort et peut en provoquer la rupture. — Le plan de l'axe de cet appareil se trouve à 0m,990 au-dessus du rail.

L'attelage d'avant se compose d'un tendeur à vis à double rochet attaché aux plaques d'attelage de la machine et du tender par deux fortes chevilles. Son axe est à 0m955. Le contact des deux véhicules est assuré par deux tampons buttant sur un ressort installé à 0,15 au dessus du tendeur.

Ainsi les organes d'attelage au tender et à la machine forment trois étages, peu distants l'un de l'autre il est vrai, mais assez cependant pour déranger le châssis du tender en cas de choc entre le train et la machine, lors des refoulements par exemple.

Cet inconvénient est plus marqué encore dans les attelages des tenders d'Orléans, de P. L. M. et de la Haute-Italie.

225. Suspension. — Les ressorts de suspension ne diffèrent en rien des ressorts de machines. Ils demandent comme ces derniers des matières de première qualité, une excellente fabrication et un parfait montage.

226. Boîtes a graissage. — Elles sont généralement disposées pour le graissage à l'huile et composées comme celles des voitures et vagons. Seulement elles sont maintenues dans les plaques de garde par des guides analogues à ceux des boîtes à graissage des locomotives.

227. Essieux, roues et bandages. — Les tenders sont toujours montés sur des essieux, roues et bandages identiques ou à peu près aux roues porteuses des locomotives auxquels ils sont attelés. Le diamètre des roues est d'au moins 1m,120 (Ouest) et s'élève même, à 1m,260 (Orléans). Le tender est porté tantôt sur deux essieux, — Est, Ouest, Orléans (fig. 6, 7, 8, pl. XXI, fig. 1 et 2, pl. XXXII), — tantôt sur trois essieux, Haute-Italie (fig. 3 à 6, pl. XXXII, Paris-Lyon-Méditerranée fig. 9, 10 et 11, pl. XXXI), le Brenner.

Nous avons reproduit sur la fig. 7, pl. XLV, les dimensions d'un essieu de tender du chemin de fer représenté par les fig. 6, 7 et 8, pl. XXXI. On y remarque le prolongement du moyeu vers l'intérieur de la voie, disposition qui a l'avantage d'augmenter la résistance du calage et de l'essieu.

228. Freins de tender. — Les freins ordinaires appliqués au tender se composent d'un mécanisme manœuvré à la main, qui fait porter sur les bandages des roues des sabots en bois, en fonte ou en fer, dont le serrage est suffisant pour arrêter le mouvement de rotation et même pour faire glisser les bandages sur les rails, ce qu'il faut éviter autant que possible, car ces pièces s'altèrent rapidement par le frottement et l'échauffement qui en résulte.

Les arrangements pour atteindre ce résultat sont nombreux : généralement on se sert des appareils appliqués à l'enrayage des vagons, appareils dont nous avons déjà parlé (tome III, chap. VII) et sur lesquels nous reviendrons en parlant des freins de locomotives — chap. V, § III.

Les sabots sont fixés sur un support en fer, qui reçoit en son milieu l'action du levier de pression, et qui est tantôt relié au châssis, tantôt indépendant de ce dernier. Dans le premier cas, le sabot se trouve suspendu aux longerons par son extrémité, et participe aux oscillations verticales que les inégalités de la voie font subir aux châssis. Dans le second, il peut glisser horizontalement sur une tringle fixée par ses deux extrémités aux boîtes à graisse, et sa position relativement au centre de la roue ne varie plus, avantage qui a peu d'importance pour les freins des tenders et des machines dont les ressorts doivent avoir peu de flexibilité ; aussi la simplicité du premier système lui assure-t-il la préférence dans ce cas; il permet d'ailleurs de réaliser une condition *essentielle* dans l'établissement d'un système de freins, celle de presser chacune des roues par deux sabots diamétralement opposés; on évite, par ce moyen, de fausser les fusées et de fatiguer les boîtes à graisse, inconvénient qui est la conséquence d'une pression exercée d'un côté seulement de la roue, à moins que cette pression ne soit verticale.

Un levier, une vis, ou une crémaillère avec pignon, sont les trois systèmes employés pour transmettre aux sabots du frein l'effort exercé par le mécanicien. La transmission à vis (fig. 3, pl. XXXII) est souvent appliquée sur les tenders et les machines, mais elle exige beaucoup de temps pour amener les sabots en contact avec les roues ou les desserrer, désavantage que ne présente pas la crémaillère.

Un serrage prompt et énergique peut être obtenu par l'emploi du frein Stilmant (fig. 1, pl. XXXII) appliqué aux roues du tender. Dans ce système, les supports des sabots suspendus aux longerons sont pressés par les faces opposées d'un coin qui descend entre les deux sabots. La pression dépend dans ce système de l'angle du coin, qui peut être calculé pour obtenir le degré de serrage désiré.

Les sabots des freins sont en bois ou en métal. On emploie pour les premiers le bois tendre en ayant soin de le choisir très sec : un bois trop dur et susceptible de se polir par le frottement exigerait, au bout d'un certain temps d'usage, une pression trop énergique pour obtenir le serrage voulu. L'usure des sabots en bois se fait promptement et, quoique pour éviter un renouvellement trop fréquent on leur donne toujours au moins $0^m,10$ à $0^m,12$ de plus que n'indique le tracé théorique, il n'en est pas moins vrai que leur emploi entraîne des réparations fréquentes et un entretien très coûteux. Aussi les sabots en fer ou en fonte, qui résistent beaucoup plus longtemps, sont-ils souvent préférés aux sabots en bois pour les freins des locomotives et tenders.

229. Deux exemples. — *Tender de Lyon*. Ce tender, dont les fig. 9, 10, 11 de la pl. XXXI représentent le diagramme, peut contenir $11^{m3},200$ d'eau et peut recevoir 4000 k. de combustible.

Le châssis est composé, de chaque côté, de deux grands longerons reliés entr'eux, dans le bas, par les guides des boîtes à graissage, et dans le haut par une plate-forme régnant sur toute leur longueur et rivée à des cornières fixées elles-mêmes aux longerons par des rivets. Ces doubles longerons sont reliés solidement entr'eux par les tôles des attelages ; deux petits longerons à l'intérieur, des flèches et traverses, reliés par des rivets, complètent le châssis.

Le tender est supporté par trois essieux présentant un empatement total de 3m,400. L'essieu du milieu peut se déplacer de 0m, 005 de chaque côté de l'axe pour faciliter le passage dans les courbes ; ce déplacement s'obtient par le jeu existant, dans le sens de la longueur de la fusée, entre le coussinet et l'essieu.

Le frein se compose de six sabots en bois appliqués à chaque roue ; ils sont reliés à des balanciers prenant leur point d'oscillation sur les longerons. Le serrage du frein se fait à la main par l'intermédiaire du double écrou Delpech qui a pour but de donner une avance rapide des sabots jusqu'au moment du contact avec les roues et une grande puissance à ce moment pour le serrage du frein.

Poids de l'eau contenue dans les caisses . .	11 200 kil.
Poids du combustible	4000 kil.
Nombre d'essieux.	3
Ecartement des essieux extrêmes	3m400
Diamètre des roues.	1m20
Poids sur rail / Tender chargé — Essieu avant.	10 550 kil.
— milieu.	8 000 kil.
— arrière.	11 450 kil.
Poids total du tender chargé.	30 000 kil.
d° du tender vide, avec agrès. . .	15 100 kil.

Tender d'Orléans. Fig. 1 et 2, pl. XXXIII.

En vue de diminuer le nombre des arrêts des trains rapides, la contenance en eau des tenders, qui était précédemment de 7 mètres cubes, a été portée à 10 mètres cubes, quantité suffisante pour les plus grandes distances qu'on a à franchir sans arrêt sur cette ligne. Il a été possible, dans ces conditions, de faire porter sur deux essieux seulement le poids de 20700 kilogr. du tender, à charge complète.

Les roues sont du même diamètre et les essieux semblables à ceux d'arrière de la machine.

Le frein, à sabots en fonte, est disposé de manière à éviter le nombre des articulations et à assurer un serrage énergique.

Les appareils de prise d'eau dans les gares ont été modifiés de manière à remplir le tender en deux minutes.

Poids de l'eau contenue dans les caisses	10 000 kil.
d° du combustible.	3 000 kil.
Nombre d'essieux	2
Écartement des essieux extrêmes. . .	3m,000
Diamètre des roues au contact. . . .	1m,26
Poids sur rails, par essieu tender chargé. . . . 1er avant.	12 000 kil.
2e —	12 200 kil.
Poids total du tender chargé.	24 200 kil.
d° d° d° vide avec agrès.	11 200 kil.

§ III.

PEINTURE ET OUTILLAGE.

230. Peinture des locomotives. — La réception d'une machine, d'un tender, d'un appareil quelconque, doit se faire *avant* toute application de masticage ou peinture quelconque qui pourrait masquer un vice de qualité ou de construction.

Nous avons vu — chap. II, 132 — que la chaudière de locomotive est enveloppée de feuilles de tôle qui la préservent du refroidissement. Quand la tôle est en laiton poli, elle n'exige pas de peinture. Si elle est en fer, il faut la couvrir, comme toutes les autres parties de la machine qui ne sont pas polies, de plusieurs couches de fond et définitives, entre lesquelles on fait plusieurs masticages et ponçages. L'opération se termine par l'application d'un vernis avec polissage et d'un vernis hydrofuge.

Cette peinture exige beaucoup de soin d'exécution et d'entretien. On l'effectue de la même manière que celle des tenders que nous résumons d'après le cahier des charges des chemins de fer de l'Est.

231. Peinture des tenders. — *Intérieur de la caisse.* Deux couches au minium.

Parois extérieures de la caisse, du châssis et des roues.

1° Une couche d'impression gris-perle (mélange de céruse et de noir de fumée) ;

2° Masticage au vernis (céruse et ocre jaune en poudre) ;

3° Ponçage ;

4° Une couche de gris-perle détrempé à l'essence ;

5° Nouveau masticage (vérification) ;

6° Une couche, vert-olive ;

7° Une seconde couche, vert-olive ;

8° Une couche de vernis ;

9° Polissage ;

10° Réchampis ;

11° Une couche de vernis anglais.

Ferrures.

1° Une couche en minium ;

2° Une première couche en noir ;

3° Une seconde couche en noir.

Les constructeurs américains emploient, pour les abris du personnel conducteur des machines, des bois polis et vernis, dont l'entretien est moins coûteux que la peinture.

232. Outillage des machines de trains. — Toutes les machines locomotives en service, autres que les machines de gare, doivent être munies d'une collection d'outils et d'agrès indiqués dans la liste suivante, enregistrés dans le livret de la machine, et affichés dans la boîte du tender :

1 Caisse à outils ;

1 Pique-feu ;

1 Lance ;

1 Griffe à mâchefer.

1 Pelle à coke avec manche ;

1 Chasse-tampon ;

6 Tampons en fer tournés ;

1 Seau en toile ;

1 Bidon à huile de 4 kilogrammes ;

1 Bidon à huile de 2 kilogrammes ;

1 Burette de 1 kilogramme ;
1 Burette de 1/2 kilogramme à queue de rat ;
1 Burette à petit bec ;
1 Seau à suif ;
1 Lanterne de niveau d'eau avec son pied ;
1 Bouteille en fer-blanc pour l'essence ;
1 Boîte en fer-blanc pour le savon ;
2 Vérins [1] ;
1 Rallonge de vérin ;
1 Cliquet à chariot de vérin ;
1 Grande pince à talon ;
1 Petite pince à talon ;
1 Chaîne longue et 2 chaînes à crochets à 5 mailles ;
2 Plats-bords en chêne ;
2 Cales en chêne pour roues ;
2 Cales en fer pour roues ;
1 Masse en fer avec manche ;
1 Marteau à casser le coke ;
1 Masse en cuivre ;
1 Clef anglaise ;
5 Clefs diverses à fourche ;
1 Rivoir ;
2 Clefs à garnitures ;
1 Rallonge de clef ;
2 Burins ;
2 Bédanes ;
2 Chasse-clavettes en fer ;
2 Chasse-goupilles ;

1. Le vérin est un instrument destiné aux mêmes usages que le cric, mais qui diffère de ce dernier en ce que les crémaillères et son pignon sont remplacés par une vis à écrou fixe. Ce dernier est d'ailleurs porté sur un support mobile horizontalement et manœuvré par une vis de rappel fixée dans le pied de l'appareil. Ce double mouvement rend l'usage du vérin très précieux dans le cas d'un déraillement ; il devient possible avec cet instrument de replacer sur la voie un véhicule déraillé. Quelquefois, les deux vérins se placent sur l'avant de la machine, lorsque sa construction laisse au-dessus de la traverse un espace libre suffisant.

1 Tourne-vis ;
1 Paire de tenailles ;
1 Lime plate de une au paquet ;
1 Lime demi-ronde bâtarde ;
1 Lime queue-de-rat bâtarde ;
3 Manches de limes ;
6 Cadenas ;
1 Lanterne à trois feux ;
1 Drapeau rouge ;
1 Drapeau vert ;
1 Pied de drapeau ;
1 Fourreau double en cuir pour drapeau ;
1 Boîte à pétards garnie de 6 pétards ;
1 Boîte à draps ;
1 Livret d'outillage ;
1 Raclette.

233. Outillage des machines de gare. — L'outillage des machines affectées exclusivement au service des manœuvres de gare est composé de la manière suivante :

1 Caisse à outils ;
1 Pique-feu ;
1 Lance ;
1 Pelle à coke ;
1 Bidon à huile de 4 kilogrammes ;
1 Burette à huile de 1 kilogramme ;
1 Burette à huile de 1 kilogramme à long bec ;
1 Seau à suif ;
1 Lanterne à niveau d'eau avec son pied ;
1 Boîte à savon ;
2 Cales pour roues en bois ;
1 Marteau à casser le coke ;
3 Clefs diverses à fourche ;
1 Rivoir ;
1 Burin ;
2 Cadenas ;
1 Boîte à pétards.

Les mécaniciens étant responsables des outils qui leur sont confiés, chacun de ces outils porte un numéro d'ordre inscrit en regard de son nom sur un livret remis au conducteur de la machine, et portant sa signature ainsi que celle du chef de dépôt.

CHAPITRE V.

DE LA PUISSANCE DES MACHINES.

§ I.

RÉSISTANCES DES LOCOMOTIVES.

233. COEFFICIENT DE RÉSISTANCE DES TRAINS. — Nous avons étudié au § II, chap. II de la 1re section de cette Seconde Partie (Tome II), les diverses résistances éprouvées par les trains en marche, et rappelé les recherches faites en vue d'évaluer ces résistances.

En partant des formules empiriques déduites des expériences entreprises pour la détermination de ces résistances, on calcule sur des valeurs moyennes fixées d'après la nature et la vitesse des trains, savoir :

Trains de marchandises.	3k à 4k, 50
« Omnibus.	5k à 5k, 50
« Directs.	6k à 7k
« Express	7k à 10k

Ces nombres représentent la résistance d'un train par tonne traînée sur voie en palier et en alignement droit. Ils comprennent la résistance propre du train, l'influence du vent, l'influence de la composition du train, etc.

Pour avoir la résistance totale, on fait intervenir l'influence des courbes et des rampes.

Nous avons vu que les rampes donnaient une résistance supplémentaire de 1 k. par tonne de train et par millimètre de rampe.

Les expériences faites par Camille Polonceau pour déterminer l'influence des courbes avaient donné les résultats suivants :

Rayon des courbes.	Résistance par tonne de train brut.
R = 300m,	3k, 90
R = 400m,	3k, 50
R = 500m,	3k, 10
R = 800m,	1k, 90
R = 1000m,	1k, 10
R = 1200m,	0k, 30
R = 1300m,	0k, 00

M. Forquenot est arrivé à des nombres plus faibles.

Pour R = 800m Résistance 1k,50.
R = 1000m Résistance 1k,00.

Ces données, appliquées à la charge et au mode de composition d'un train, aux courbes, pentes et rampes de la ligne, servent à évaluer assez approximativement la résistance totale de ce train.

Pour calculer l'effort de traction que la machine doit fournir, il faut ajouter à la résistance totale du train la résistance totale de la locomotive et du tender.

234. Coefficients de résistances des machines et tenders. — Les résistances des machines considérées comme de simples véhicules se déterminent comme pour les vagons en appliquant les nombres que nous venons d'indiquer. Mais considérées comme machines, les locomotives présentent en outre des résistances spéciales qui varient avec la vitesse, avec la pression de la vapeur, avec le nombre des essieux accouplés, etc. — Pour simplifier les calculs, on a réuni en bloc les coefficients relatifs à ces diverses résistances, et l'on se sert des coefficients inscrits au tableau suivant :

Nombre d'essieux moteurs	Vitesse en kilom. à l'heure.	Résistance en kilogr. par tonne.
1.	60	$2 = 2^1$
2.	45	$4 = 2^2$
3.	30	$8 = 2^3$
4.	15	$16 = 2^4$

Ainsi la résistance totale d'une locomotive à 4 essieux

accouplés pour trains de marchandises sur palier, en alignement droit et temps calme, sera donc :

1° Résistance du véhicule par tonne	4 kil.
2° — de la machine —	16 d°.
Total	20 kil. par tonne.

L'expérience a montré que la résistance d'une locomotive avec son tender, dans de pareilles conditions, varie entre 19 et 23 kilog. par tonne du poids total des deux véhicules.

Il y a bien quelque anomalie, comme l'a très bien fait remarquer M. l'ingénieur A. Mallet, dans une savante *Étude sur l'utilisation de la vapeur dans les locomotives et le fonctionnement Compound* publiée dans les Mémoires de la Société des ingénieurs civils, année 1877, 6ᵉ cahier, à « rapporter au poids des machines des frottements de pistons, tiroirs, glissières, têtes de bielles, etc., » frottements qui doivent amener des résistances au roulement.

Malheureusement nous ne possédons pas d'autres éléments pour apprécier les résistances des machines; il faut donc provisoirement se contenter des résultats fournis par des expériences dirigées suivant ce procédé un peu trop sommaire.

On peut dire, d'ailleurs, pour justifier l'emploi de ce mode d'évaluation, que les frottements du mécanisme sont fonctions de la puissance de la machine, laquelle puissance est à son tour fonction du poids total de la locomotive.

235. Applications des coefficients. — Pour la marche à suivre dans le calcul de la résistance d'un train, appliquons les données qui précèdent :

1° Train de marchandises, machine à 3 essieux accouplés traînant 30 vagons de houille, rayon minimum des courbes $1000^{m},00$; rampe 5 millimètres (charge de chaque vagon : 10 tonnes de houille; poids mort, $4^{t},5$).

Tonnage du train : 30 vagons à 10 tonnes	300^{t}
Poids mort $4^{t},5 \times 30$	135^{t}
Total du tonnage brut	435^{t}

Résistance du train par tonne brute :

Palier — Courbe — Rampe
$4^k + 1^k + 5^k = 10$ kilog.

La résistance totale pour le train seul sera $435 \times 10 = 4350$ kil.

1° Résistance de la locomotive à 3 essieux moteurs et du tender.

Mécanisme — Palier — Courbe — Rampe
$8^k + 4^k + 1^k + 5^k = 18$ kilog.

En supposant que le poids de la locomotive (type représenté par les pl. XIX et XX) soit, en ordre de marche, de $36^t,500$ et celui du tender (fig. 1 et 2, pl. XXXII), de $22^t,500$, soit ensemble de 59 tonnes, leur résistance totale sera $18^k \times 59^t = 1062$ kil.

La résistance totale à vaincre par la machine sera donc 4350 kil. $+ 1062^k = 5412$ kil.

2° Train de 15 vagons de houille, pente, 25 $^m/_m$; courbes, 300^m.

Tonnage du train :	15 vagons à 10^t =	150^t.
	15 vagons à 4,5 =	67,5.
	Total du tonnage brut	$217^t,5$.

Résistance du train par tonne brute :

Palier — Courbe — Rampe
$4^k + 4^k + 25^k = 33$ kil.

La résistance totale pour le train seul sera $217^t,5 \times 33 = 6161$ kil.

La machine destinée à effectuer ce service sera du type représenté par les pl. XXII et XXIII, à 4 essieux accouplés, du poids de $51^t,700$ en ordre de marche avec un tender de $23^t,300$, ensemble 75 tonnes. Nous verrons plus loin que la même machine peut, sur la même section de ligne, desservir des trains différant par la charge ou la vitesse tout en donnant le maximum d'effort.

Résistance de la machine et du tender.

Mécanisme — Palier — Courbe — Rampe

$16^k + 4^k + 4^k + 25^k = 49$ kilog.

Cette résistance sera donc, en supposant le poids de la machine et du tender égal à 75 tonnes, $49^k \times 75 = 3675$ kil. La résistance totale que devra vaincre la machine est donc

$6161^k + 3675^k = 9836$ kilogr.

Cet exemple montre l'influence des pentes et des courbes sur les frais de transport. Ce train à 15 vagons offre, dans les conditions que nous avons supposées, une résistance plus considérable que le train à 40 vagons du premier exemple.

3° Train express de voyageurs, vitesse 70 à 80 kilomètres à l'heure : 10 voitures, courbes de 1000^m, rampes de 5 $^m/_m$;

10 voitures à $7^t,5$ (charge comprise) 75^t

Résistance du train par tonne brute

Palier — Courbe — Rampe

$10^k + 1^k + 5^k = 16$ kilog.

La résistance du train est donc $16 \times 75 = 1200$ kilog.

Si la machine et le tender pèsent ensemble 40 tonnes, la machine n'ayant qu'un seul essieu moteur, la résistance par tonne du moteur et de son annexe sera :

Mécanisme — Palier — Courbe — Rampe

$2 + 10^k + 1^k + 5^k = 18$ kilog.

et la résistance totale $18 \times 40 = 720$ kil.

La résistance totale que devra vaincre la machine sera donc $1200 + 720 = 1920$ kilog.

§ II.

CONDITIONS DU TRAVAIL DES LOCOMOTIVES.

236. Effort de traction. — C'est l'évaluation en poids de l'action que cette machine, circulant sur voie horizontale, peut exercer au contact des roues motrices sur les rails.

Soient Ψ la pression absolue de la vapeur par mètre carré des pistons moteurs;

d le diamètre des cylindres exprimé en mètres;

l la course des pistons qui est égale au diamètre de la circonférence décrite par le bouton de manivelle;

D le diamètre des roues de l'essieu moteur, mesuré à la circonférence de roulement sur les rails;

E la résistance que la machine doit vaincre pour s'avancer sur les rails.

Pour une révolution complète des roues motrices, le travail de la résistance opposée par le train et la machine étant supposé ramené à la circonférence des roues et parallèlement aux rails, est égal à E multiplié par la circonférence de ces roues, soit $E \times \pi 2 \frac{D}{2} = E \pi D$. Ce travail résistant doit être égal au travail moteur de la vapeur, qui est exprimé par la pression exercée sur le piston multipliée par le chemin que ce dernier parcourt pendant la même révolution des roues motrices. La pression de la vapeur par mètre carré, étant Ψ, le diamètre du piston d, la pression sur le piston sera $\Psi \times \pi \frac{d^2}{4}$; le travail pendant un tour de roues, $2\,l \times \frac{\Psi.\,\pi.\,d^2}{4}$, et pour les deux pistons $2 \times 2\,l.\,\Psi.\,\frac{\pi.\,d^2}{4} = l.\,\Psi.\,\pi.\,d^2$. En égalant le travail moteur au travail résistant, nous aurons $E.\,\pi.\,D = l.\,\Psi.\,\pi.\,d^2$,

d'où $$E = \Psi.\,\frac{d^2.\,l}{D}$$

A cette formule théorique qui ne tient pas compte de la différence de pression existant entre la vapeur dans la chaudière et la vapeur à son entrée dans les cylindres, il est nécessaire d'appliquer un coefficient de réduction α. L'effort de traction, en ne tenant pas compte des résistances du mécanisme, est donc, approximativement :

$$E = \alpha\,\frac{\Psi.\,d^2\,l}{D}$$

α est généralement évalué à 0,65. Quelques ingénieurs estiment que pour les machines à grande vitesse il faut l'abaisser à 0,60.

237. ADHÉRENCE. — Cet effort de traction E doit être transformé en travail utile, — autrement dit, — en déplacement longitudinal de la machine. Or, il se produit au pourtour de la roue motrice un effet analogue à celui que subit une roue dentée roulant sur une crémaillère. Si l'on imprime en un point quelconque de cette roue un effort continu et suffisant pour la faire tourner, la réaction des dents de la crémaillère sur celles de la roue forcera la roue à développer sa circonférence le long de la crémaillère ; l'axe de cette roue se déplacera en ligne droite parallèle aux rails et d'une quantité linéaire égale au développement de la circonférence de la roue sur la crémaillère.

En fait les dentures de la roue motrice et de la crémaillère sont remplacées par les innombrables aspérités des métaux en contact qui se pénètrent mutuellement — 25, 27 —. Les réactions de ces dents infiniment petites constituent l'*adhérence* des roues motrices sur les rails, en vertu de laquelle elles peuvent *rouler* et non glisser.

Si l'on désigne par $\frac{p}{n}$ la pression verticale sur le rail exercée par le poids de la partie du véhicule agissant sous le bandage de l'essieu moteur au contact du rail, par f le coefficient d'adhérence de cet essieu sur le rail, coefficient qui dépend de l'état des surfaces en contact, des conditions atmosphériques, etc., etc., le produit $f\frac{p}{n}$ représentera la réaction tangentielle du rail qui empêche le bandage de glisser et le force à rouler en entraînant l'essieu moteur. Elever cette réaction au maximum, c'est obtenir d'une machine le maximum d'effet utile.

Supposons que la résistance du train soit supérieure à cette réaction, effet qui s'exprime par la relation

$$\alpha \frac{\Psi d^2 l}{D} > f \cdot \frac{p}{n} ;$$

les roues sous l'impulsion du mécanisme, continueront à tourner, mais en glissant sur le rail sans avancer ; elles *patineront*, en un mot, et le train restera en place.

C'est presque toujours par défaut d'adhérence que pèchent

les machines. On doit donc autant que possible calculer les organes de la locomotive pour que l'effort sur les pistons rapportés à la jante ne dépasse jamais la valeur de l'adhérence sous les roues motrices, f étant pris à son minimum ordinaire, sans l'augmentation artificielle obtenue à l'aide du sable.

Malgré tout l'intérêt que présenterait une très grande charge imposée aux essieux moteurs, en pratique, dans l'intérêt de la conservation des rails et des bandages, cette charge $\frac{p}{n}$ ne dépasse pas 14 000 kil. y compris le poids propre de l'essieu monté.

238. Coefficient d'adhérence. — La moyenne du coefficient f d'adhérence sur lequel on puisse normalement compter est, en Europe, de $\frac{1}{6}$ environ, soit 0,16 de la pression appliquée par les roues motrices. Il s'élève avec un *bon rail*, c'est-à-dire un rail très sec ou très bien lavé par l'eau, à $^1/_5$ et même à $\frac{1}{4}$, soit 0,20 et 0,25 de la pression exercée sur les rails par les roues motrices [1]. Mais il peut aussi s'abaisser jusqu'à $^1/_{10}$ et moins encore dans certains cas, par exemple, lorsque les rails sont couverts de buée, de verglas ou de vapeur condensée et d'eau graisseuse comme dans les longs tunnels; enfin quand les rails sont encombrés de feuilles tombées des arbres.

Aussi, la prudence conseille de ne compter que sur des conditions moyennes, et de prendre $f = 0{,}14$ en circonstances normales.

239. Nécessité de l'accouplement. — Quand la résistance des trains augmente, pour ne pas restreindre les conditions du trafic, on est conduit à utiliser aussi complétement que possible toute l'adhérence que la machine peut fournir, en intéressant dans la mesure la plus large le poids total de la locomotive dans l'effort à produire.

C'est en accouplant les essieux de la machine qu'on augmente la quantité de réaction que donne l'adhérence ; c'est

1. On dit même qu'en Amérique on a marché avec un coefficient de 0,32.

en les intéressant *tous* à la transmission d la puissance de la vapeur qu'on porte cet effort au maximum.

Par contre, ce maximum de réaction due à l'adhérence coûte cher, car l'accouplement des roues entraîne avec lui des inconvénients. L'emploi des bielles de connexion est une complication pour la circulation à grande vitesse, surtout dans les parties de ligne à petit rayon de courbure, où le parcours des roues extérieures à la courbe est plus grand que celui des roues intérieures ; l'usure inégale des bandages produit des différences sur le diamètre des roues conjuguées, différences qui se traduisent par des réactions dans les transmissions de mouvement, des pertes de force, des frais anormaux d'entretien. Mais c'est une nécessité imposée par l'accroissement des charges et des vitesses sur les lignes à faibles pentes ou par l'augmentation de l'effort de traction réclamé par l'inclinaison des lignes à fortes rampes.

240. Nombre maximum d'essieux accouplés. — Si nous désignons par m le nombre d'essieux de la machine intéressés à l'effort de traction, par $\frac{p}{n}$ la moyenne du poids total de la machine appliquée sous chaque essieu, l'adhérence qui sera utilisée pourra être représentée par l'expression $0,14. \frac{p}{n} \times m$.

Quant à m, dans l'état actuel de l'art des constructions, on ne lui donne plus de valeur supérieure à 4. Il y a eu quelques exemples ou le nombre d'essieux accouplés a dépassé ce chiffre ; mais ce résultat n'est atteint que par des artifices de construction qui ne donnent pas de bons résultats. Toutes les tentatives pour faire $m > 4$ n'ont pas été suivies d'application renouvelée.

Jusqu'à nouvel ordre, on se tire d'affaire avec des machines à 4 essieux moteurs ou bien avec deux machines à 3 essieux accouplés. — Chap. VI § III et § IV.

Ainsi, selon que la machine possédera un, deux, trois ou quatre essieux moteurs, elle présentera en adhérence pouvant être utilisée la valeur de l'expression $0,14. \frac{p}{n} \times m$, m pouvant être égal à 1, 2, 3 ou 4. Supposons qu'une machine à 1 essieu moteur donne $\frac{v}{u}$ = 14000^k. Elle aura une adhérence moyenne de 0,14 × 14000^k × 1 = 1940 kilogr. — Une machine à 4 essieux moteurs chargeant le rail chacun de 13300 kilog. en moyenne aura pour expression de l'adhérence utilisable 0,14 × 13300 × 4 = 7448 kilogrammes.

241. Emploi du sable. — Nous avons dit que, dans diverses circonstances, l'adhérence normale des roues motrices peut descendre en dessous de 0,14 et même de 0,10 lorsqu'entre le bandage et le rail se trouve un corps lubrifiant. Alors le point d'appui de l'effort de traction sur le rail se dérobe comme la glace sous un patin placé dans le sens de la marche et la puissance de la machine ne fait plus équilibre aux résistances du train. On serait exposé à rester en place, ou même à aller à la dérive dans le cas où le train se trouverait sur une rampe, si l'on n'avait recours à une matière dure et menue, le sable siliceux. Ce sable, projeté entre le rail et le bandage, annule l'effet du corps lubrifiant et remplace les aspérités des métaux en contact. C'est pourquoi chaque machine, aujourd'hui, porte du sable sec renfermé dans un réservoir d'où part un tuyau qui conduit la matière sous le bandage. — Le machiniste, en constatant l'insuffisance de l'adhérence, fait descendre du sable sous le rail et rétablit ainsi l'équilibre entre la résistance et l'effort de traction.

Dans les différentes machines représentées par les planches de l'Atlas, le sable se trouve dans le réservoir S. A l'aide d'un mécanisme, généralement une vis d'Archimède, à la disposition du machiniste, le sable conduit par le tuyau s tombe en avant de la roue motrice. Il importe que le sable soit dur et parfaitement sec pour pouvoir donner tout ce qu'on lui demande, et les sacrifices qu'on fera pour l'approvisionner avec ces deux conditions seront largement et amplement couverts par les économies d'entretien du matériel et de combustible épargné.

242. Pression maxima de la vapeur. La formule

$$E = \alpha . \frac{\Psi . d^2 . l}{D}$$

indique que l'effort de traction E de la machine varie en raison inverse du diamètre des roues motrices et en raison directe de la pression de la vapeur, de la section des cylindres et de la course du piston.

Pour avoir un maximum d'effort, il y aurait donc intérêt à employer de fortes pressions, avec de grands cylindres, et à se servir de petites roues motrices.

C'est en effet dans cette voie qu'il faut marcher, mais en tenant compte des diverses conditions de construction et de service auxquelles les locomotives sont assujéties.

Ainsi pour avoir des machines plus puissantes, on a augmenté progressivement la pression dans la chaudière. On s'est arrêté, en France, à une pression de 9 à 10 kilog. pour que l'épaisseur des feuilles de tôle composant le corps cylindrique ne dépasse pas 13,5 à 15 millimètres, épaisseur déjà considérable et que l'on ne réduira qu'en employant des tôles d'acier. En Amérique, on emploie des pressions beaucoup plus élevées ; on est allé jusqu'à 15 atmosphères.— Mais c'est encore l'exception. Pour les chaudières de locomotives, les tôles d'acier ont une épaisseur de $10^m/_m$ à $11^m/_m$.

243. Diamètre des cylindres. — Jusqu'à présent le diamètre des cylindres à vapeur pour les machines à voie de $1^m,45$, se tient entre $0^m,40$ et $0^m,50$. — En France, le chemin de fer de Paris-Lyon-Méditerranée fait exception. On rencontre là des types de machines à grande vitesse dont les cylindres ont $0^m,50$ de diamètre et des machines à 4 essieux moteurs dont les cylindres ont $0^m,54$ de diamètre.

Théoriquement, l'emploi des grands diamètres se justifierait, car il facilite l'application sur une large échelle de la détente ; mais à côté de cet avantage on court risque ou de manquer de vapeur, ou d'être contraint de marcher constamment avec une admission de trop courte durée.

Cette question de l'application à outrance de la détente

n'est pas résolue. Les condensations qui se produisent dans un seul cylindre chargé d'admettre et de laisser détendre la vapeur peuvent bien faire perdre d'un côté ce que l'on espérait gagner de l'autre en se ménageant de larges moyens de détente.

C'est ainsi qu'au chemin de fer de l'Est, après avoir augmenté les diamètres des cylindres à vapeur, on a reconnu que la consommation de vapeur était plus grande; les grands pistons sont donc moins économiques que les cylindres de moyenne grandeur.

Si les machines avaient toujours une pleine charge sur tout leur parcours, évidemment les grands cylindres permettant une grande détente donneraient une économie de vapeur. Mais il n'en est pas toujours ainsi ; les haut-le-pied, la double traction, les trains incomplets, le désir de ne pas allonger les trains outre mesure et occasionner des ruptures d'attelage font que les machines ont rarement leur pleine charge.

Dès lors, si on les calcule pour l'effort moyen au démarrage ou sur les plus fortes rampes du parcours, on peut, en ces circonstances exceptionnelles, ne pas faire intervenir la détente qui, par contre, est utilisée sur tout le reste du parcours.

244. Longueur de course du piston. — C'est encore, dans l'effort de traction, un élément qui doit être tenu entre certaines limites, une longue course de piston demande une longue manivelle. Avec des roues de grand diamètre, point d'inconvénient. Mais avec des roues de petit diamètre, le bouton des manivelles s'approche du plan des rails et du ballast.

Appliquées aux machines à cylindres intérieurs, les grandes manivelles obligeraient le constructeur à relever au delà du strict nécessaire le centre de gravité de la chaudière.

On sait d'ailleurs qu'il y a entre la longueur de la manivelle et celle de la bielle une proportion dont il n'est pas prudent de s'écarter.

De grandes manivelles demandant de longues bielles, celles-ci prendraient dans leurs mouvements des flexions dont l'amplitude pourrait devenir dangereuse. Enfin, comme conséquence, on serait amené à un grand allongement de la machine ou à des porte-à-faux exagérés.

C'est donc une question de mesure ; on prend généralement $l = 1,20 \times d$, à $1,50 \times d$.

245. DIAMÈTRE DES ROUES MOTRICES. — Comme nous le verrons plus loin, le travail demandé à une machine se compose de deux éléments : effort de traction et vitesse ; leur produit donne la puissance d'une machine.

La vitesse V c'est le nombre de mètres parcourus par la machine en un temps donné, et qui dépend du nombre k de tours des roues motrices effectué dans ce même temps. Plus le diamètres D des roues motrices sera grand, moins il faudra faire de nombre de tours pour obtenir la vitesse voulue, puisque $V = k. \pi$ D, et par contre plus D sera petit plus grand devra être k ; mais un plus grand nombre de tours de roues entraîne une plus grande fatigue des bandages et des fusées, un plus grand nombre de va-et-vient du piston et de toutes les pièces du mécanisme, nombre que l'on ne peut pas exagérer sans danger.

Pour les machines à grande vitesse, on ne dépasse plus $D = 2^m,30$, et l'on s'en tient à $D = 2^m,10$, $2^m,00$ et $1^m,90$.

Pour les machines à petite vitesse demandant l'adhérence de toutes les roues de la machine on ne descend plus, en général, en dessous de $1^m,107$ (le Brenner) $1^m,25$ (P. L. M.).

246. AVANTAGES DES CYLINDRES INTÉRIEURS. — La disposition générale de la machine dépend en partie du poids maximum à lui donner. — On sait, qu'à égalité de puissance, deux machines identiques d'ailleurs, ayant l'une des cylindres extérieurs, l'autre des cylindres intérieurs, diffèrent considérablement quant à leur poids. La différence s'élève au moins au $^1/_{10}$ du poids pour des machines à marchandises à 3 essieux moteurs ; on peut s'en rendre compte en examinant l'attache des cylindres, les glissières de la crosse du piston, les contrepoids qui remplacent l'attirail des bielles d'ac-

couplement. Le seul inconvénient, c'est l'essieu coudé. Mais aujourd'hui on fabrique des essieux coudés qui font des parcours considérables, même en fer, et ceux-ci n'occasionnent pas plus d'accidents que les essieux droits. La machine à cylindres intérieurs ferraille moins et, par conséquent, dure plus longtemps en bon état. La distribution de la vapeur se dérange moins, et par suite donne une meilleure marche, une plus convenable dépense de vapeur.

Quant à l'entretien courant en marche, les fosses à visiter sont parfaitement suffisantes pour réparer les petits dérangements de route, et si en outre on a soin de n'employer pour les bielles d'accouplement que des chappes à bagues, on se trouve dans les meilleures conditions de service, à l'abri des négligences ou des maladresses du machiniste.

247. PUISSANCE DE TRAVAIL DES MACHINES. — Pour évaluer le travail d'une locomotive, il faut calculer l'effort de traction que la machine est capable de développer et la vitesse qu'elle peut, sous cet effort, imprimer au train, abstraction faite des causes accidentelles de réduction de travail. L'effort de traction est représenté par l'expression $E = 0,65 \times \frac{p\,d^2\,l}{D}$ et la vitesse par V exprimée en mètres parcourus dans l'unité de temps, une seconde, par exemple. Le travail sera représenté en kilogrammètres par le produit $E \times V. = 0$.

Nous savons que l'effort de traction doit être au moins égal ou supérieur à la résistance du train et de la machine avec son tender. *Cette résistance étant connue*, ainsi que les conditions de construction en plan et en profil d'une section de chemin de fer et celles d'établissement d'une machine donnée, nous pourrons déterminer soit la charge que cette machine pourra remorquer à une vitesse prescrite, ou la vitesse qu'elle prendra en remorquant une charge voulue.

Les deux exemples qui suivent sont l'application de ce principe.

1° La machine à deux essieux moteurs des chemins de fer de Paris-Lyon-Méditerranée décrite plus loin — Chap. VI — et représentée par la fig. 1, pl. X (Cylindre : $d = 0^m,500$ —;

$l = 0^m,650$ —; pression = 9^k—; Roues motrices, D = $2^m,10$ — Poids adhérent = 25,230 kilog.), peut remorquer sur les rampes des diverses sections du chemin de fer, les charges indiquées par le tableau suivant :

NATURE des TRAINS	VITESSE réelle en kilomètres à l'heure	Rampes, en millim. de haut. par mètre de long. 0	2,5	5	10	15
		Nomb. de Tonnes brutes remorquées (Mach. et Tend. non comp.)				
Directs. . . .	50	388	259	187	109	67
Express . . .	60	277	189	137	78	45
Rapides . . .	70	208	145	105	57	30

2° La machine à quatre essieux moteurs des chemins de fer de Paris-Lyon-Méditerranée, décrite plus loin, et représentée par les fig. 1 à 7, pl. XXII, et fig. 1 à 3, pl. XXIII (Cylindres : $d = 0^m,540$—, $l = 0^m,660$ —; pression = 9^k—; Roues motrices, D = $1^m,26$ —; Poids adhérent = 51 700 kil.), peut remorquer, sur les rampes des diverses sections du chemin fer, les charges indiquées au tableau suivant :

NATURE des TRAINS	VITESSE réelle en kilomètres à l'heure	Rampes en milimètres de hauteur par mètre de longueur 0	5	10	15	20	25	30
		Nomb. de Tonnes brutes remorquées (Mach. et Tender non comp.)						
Marchandises	15	2330	865	508	348	256	198	157
Id.	20	1845	726	432	296	217	167	130
Voyageurs. .	25	1425	592	353	241	175	132	101
Id.	30	1175	510	307	209	151	112	85

En tenant compte des charges remorquées et des résistances que les profils imposent, on reconnait que le *travail* effectué par une machine donnée est *à peu près* constant dans tous les cas.

Nous disons *à peu près*, car il peut arriver que, sur une même section, la direction et l'inclinaison de la ligne ainsi que les conditions climatériques varient d'un moment à l'autre et, par conséquent, les résistances.

Dans chaque subdivision de section l'effort de traction doit donc nécessairement faire équilibre aux variations de résistance, ce qui ne s'obtient qu'en modifiant dans un sens ou dans l'autre la vitesse et le degré d'admission de la vapeur dans les cylindres, autrement dit l'importance de la consommation de vapeur, l'adhérence restant d'ailleurs en harmonie avec le travail de la vapeur.

Ainsi la puissance de travail d'une machine donnée dépend des éléments suivants :

P La charge brute,
r La résistance par tonne,
P′ Le poids de la machine et du tender,
r′ La résistance de la machine et du tender considérés comme véhicules,
S La surface de chauffe,
N Le nombre de chevaux disponible par unité de surface de chauffe,
P″ Le poids adhérent de la machine,
m Le coefficient d'adhérence.

248. Évaluation de la puissance de travail. — D'après ce qui précède, cette évaluation ne peut être qu'une approximation et encore très éloignée de la puissance réelle d'une machine.

En supposant que l'on donne à une machine sa vitesse maxima compatible avec la charge qu'elle peut remorquer, le travail de la machine pourra se présenter sous la forme que nous avons indiquée plus haut. C'est ainsi que les ingénieurs de l'Est sont arrivés à la suite de leurs expériences à établir le travail que les types de machines soumis aux expériences peuvent donner, savoir :

Machine Crampton	(vitesse $22^m,30$ en 1")	— 400	chevaux
d° mixte	(— 15 ,30 —)	— 300	»
d° à marchandises	(— 8 ,30 —)	— 300	»
d°	(— 7 ,20 —)	— 275	»
d° à 4 essieux couplés	(— 6 ,70 —)	— 400	»

Si toutes les machines de destination analogue étaient établies suivant les mêmes principes, c'est-à-dire si les Ingénieurs étaient fixés sur la valeur du rapport qui doit exister :

1° entre le poids adhérent et le travail de la vapeur dans les cylindres, 2° entre le volume des cylindres et la surface de chauffe totale, 3° entre la surface de chauffe du foyer et la surface de chauffe des tubes, on pourrait déterminer assez approximativement la puissance d'une machine et comparer son travail à celui d'une autre machine de même genre, mais la base de comparaison manque. C'est là qu'il faudrait diriger les recherches.

Ainsi, pour la surface de chauffe, comment calculer à l'avance la puissance de vaporisation? En nous reportant aux expériences des Ingénieurs du Nord relatée au N° 89, nous avons trouvé que la production de vapeur par mètre carré pourrait être représentée par une courbe hyperbolique de la forme $x\,y = m\,n$ dans laquelle les abscisses x seraient les longueurs des tubes, les ordonnées y la quantité d'eau vaporisée en une heure par mètre carré à la distance x du foyer, et $m\,n$ la quantité d'eau vaporisée par mètre carré du foyer, n la somme de la section droite de tous les tubes rapportés au mètre carré. En posant $m = 170^{l}$, $n = 0^{m2},25$, on trouverait pour une distance $x = 1^{m},00$ par exemple $y = 170 \times 0,25 = 42^{lit},5$ pour $x = 4^{m},00$ — $y = 10^{l},60$ et ainsi de suite.

En faisant la quadrature de la courbe comprise entre deux ordonnées on pourrait évaluer la production de vapeur de chaque chaudière et comparer la puissance de vaporisation avec la consommation des cylindres.

Il serait intéressant d'opérer cette comparaison entre les machines de même destination ayant à peu près la même surface de chauffe totale, mêmes roues motrices, et employant des cylindres de même course et dont les diamètres sont pour les unes $0^{m},440$ et pour les autres $0^{m},500$, consommant par conséquent dans le même temps, et en marchant au même degré de détente, dans le rapport de 485 à 625.

Evidemment les dernières doivent faire un emploi plus prolongé de la détente que les premières. Est-ce un bien ?

249. Évaluation par la puissance indiquée. — M. Mallet, dans l'étude déjà citée et publiée dans les Mémoires de la So-

ciété des Ingénieurs civils, 6e cahier, 1877, propose de revenir à l'évaluation de la puissance par la pression effective de la vapeur dans le cylindre.

La puissance brute se mesurerait alors en faisant le produit de la section des pistons par la pression moyenne effective de la vapeur pendant toute la course; ce produit multiplié par la vitesse du piston donnerait le travail par seconde en kilogrammètres.

Ce serait un procédé pour déterminer au moins un des côtés de la question, car l'effort moyen théorique affecté du coefficient 0,65 est un peu arbitrairement fixé; mais le mode d'évaluation de la pression moyenne n'offre que des garanties d'exactitude relatives.

Les indicateurs généralement employés procèdent tous du même principe: Un petit cylindre *c* (fig. 10, pl. XLIII), contenant un piston surmonté d'un curseur *t*, est mis en communication avec l'intérieur du cylindre dans lequel agit la vapeur dont on veut évaluer le travail. Ce piston est pressé par la vapeur du cylindre d'un côté, et de l'autre par un ressort qui rend ses déplacements proportionnels à la pression de la vapeur. Il entraîne dans ses mouvements le curseur *t* qui marque, à tout instant, la trace de toutes ses positions. On reçoit cette trace tantôt sur une planchette *p* animée d'un mouvement rectiligne alternatif provenant des déplacements de la tige du piston T transmis par les renvois L *o l*, tantôt sur un papier enroulé sur un tambour mu par une corde que tire un appendice à la tige du piston (fig. 11, pl. XLIII).

Avec ces deux procédés, la trace laissée par l'*indicateur* est une courbe fermée dont les abscisses sont proportionnelles aux déplacements du piston et les ordonnées aux différentes pressions de la vapeur durant une évolution double du piston; la ligne courbe supérieure représente les extrémités de ces ordonnées pendant le travail de la vapeur, et la ligne courbe inférieure les extrémités des ordonnées pendant l'échappement.

En supposant que le travail sur les deux faces du piston

soit le même pour chaque demi-course, ce qui n'est complètement exact que si le piston du grand cylindre à vapeur est porté par deux tiges de même diamètre, que si les volumes des espaces nuisibles sont égaux et qu'enfin si les admissions et échappements sont identiques, le périmètre du diagramme tel que ceux des figures 8 et 9, pl. XLIII, renferme une surface qui représente le travail effectif de la vapeur.

A moins d'avoir un mécanisme spécial, monté sur la planchette pour faire déplacer le papier après chaque courbe tracée, le diagramme à courbe fermée ne peut donner que le travail de la vapeur à un moment déterminé.

Pour obtenir le diagramme du travail pendant une période prolongée, on fait tracer la courbe des pressions sur un papier qui se déroule en présentant au traceur une longueur proportionnelle à la course du piston (fig. 12, pl. XLIII).

Ici les courbes tracées sur le papier ne sont plus fermées : elles prennent la forme sinueuse de la fig. 13, pl. XLIII. Pour revenir au diagramme fermé, il faut d'abord connaître le point précis où finit la course du piston, puis transformer le fragment de courbe en réunissant les extrémités de course.

M. Mallet a inventé un appareil dans lequel le papier continu se développe par un mouvement d'horlogerie; les fins de course sont indiquées par des étincelles électriques produites par des contacts placés sur la tête de tige du piston et les glissières.

En même temps que la pression de la vapeur, il faut déterminer la vitesse du piston, ce qui s'obtient en l'évaluant d'après le nombre de tours des roues motrices, ou bien par un compteur à secondes que M. Mallet adapte à son indicateur et qui marque sur le papier, au moyen d'une étincelle électrique, la division du temps.

250. Appareils enregistreurs des Chemins de fer de l'Est. — Le savant géomètre, M. Marcel Desprez, avec le concours de MM. Gerhardt, Flaman et Napoli, ingénieurs, et Barbey, contre-maître au chemin de fer de l'Est, ont collaboré,

sous la direction de M. l'ingénieur en chef Regray, à la construction d'un *vagon d'expériences* que la Cie de l'Est a exposé au Champ de Mars en 1878. Nous ne pouvons ici entrer dans les détails des appareils qui forment un véritable laboratoire de physique expérimentale ambulant. Nous nous bornerons à exposer le programme que l'on s'est imposé et à donner la nomenclature des appareils employés.

« Les recherches expérimentales faites sur les *locomotives* » *en marche*, dit la notice présentée par M. Regray, se sont » jusqu'ici bornées à l'application de dynamomètres de » traction à la barre d'attelage du tender, pour mesurer » l'effort de résistance du train, ou d'indicateurs de Watt, » souvent sur l'un des cylindres seulement de la machine et » même sur l'une des faces du piston, sans que ces expé- » riences aient jamais, à notre connaissance, été faites simul- » tanément, de manière à relier directement les observations » obtenues sur le travail de la vapeur dans les cylindres » au travail réellement effectué dans le même temps et dans » les mêmes circonstances sur le train remorqué.

» Le but des appareils installés dans le vagon d'expé- » riences est précisément de permettre ces recherches, en » mettant à la portée d'un même opérateur les différents » instruments de mesure que comporte la complexité du » problème, sans l'exposer à des dangers qui diminuent les » chances d'exactitude ou empêchent le renouvellement fré- » quent des essais, et sans faire intervenir ou déranger les » agents qui conduisent la machine. »

Ces appareils constituent deux groupes séparés.

A. L'appareil dynamométrique accompagné des enregistreurs d'espaces parcourus, de temps, de vitesse, de nombre de tours de roues et de totalisateur de travail ;

B. L'appareil manométrique accompagné des instruments indispensables pour la mesure du retard des enregistreurs électriques employés pour la transmission à distance des phénomènes accomplis dans les cylindres de la machine.

L'appareil dynamométrique comprend deux groupes de

ressorts à lames horizontales dont les déplacements se transmettent par un levier vertical et une bielle à un crayon qui marque l'intensité des efforts de traction sur une bande de papier se déroulant sous l'action de l'un des essieux du vagon. La courbe que ce crayon décrit représente les efforts sur le train en fonction des espaces parcourus et au moyen des repérés de la voie en fonction des variations du profil.

L'arc de la courbe comprise entre la ligne de zéro et deux ordonnées quelconques est proportionnel au travail des ressorts.

Une came fixée sur l'arbre de l'enregistreur, et agissant par engrenages, donne un coup de pointeau sur la bande de papier à chaque kilomètre parcouru.

Une horloge électrique à remontoir et force constante inscrit automatiquement, toutes les 10 secondes, un signal sur la bande de papier à l'aide d'un électro-aimant.

Ce même électro-aimant fournit, par des interruptions de courant, le nombre de tours de roues et celui des coups de piston par seconde.

Les vitesses sont indiquées et enregistrées par un *tachymètre Napoli* qui se compose d'un double cadre à ailettes mis en communication avec l'arbre de prises de mouvement de l'enregistreur par une série d'engrenages. Les ailettes étant mises en mouvement par la marche du vagon, elles éprouvent de la part de l'air une résistance qui est équilibrée par un ressort. Sous l'action de ces résistances, le cadre porte-ailettes oscille autour de son axe de suspension et marque la vitesse du véhicule au moyen d'une aiguille et d'un porte-crayon relié à l'axe de ce cadre.

L'appareil manométrique se compose :

a) D'appareils explorateurs fixés sur la machine et disposés pour renvoyer dans le vagon d'expériences des signaux électriques indiquant les changements de pression dans les cylindres.

L'inscription de ces signaux se fait sur des tableaux indicateurs qui ont le même mouvement que les pistons de la machine.

b) D'appareils manométriques placés dans le vagon.

c) D'appareils produisant le mouvement des tableaux indicateurs.

d) D'instruments constatant à chaque tour de roue de la machine le synchronisme de ces mouvements.

e) D'instruments électriques produisant les signaux.

Les explorateurs consistent en une membrane d'acier de 1/20 de millimètre d'épaisseur et de 50$^{m}/_{m}$ de diamètre qui sépare une boîte en deux espaces vides dont l'un communique avec l'intérieur des cylindres à vapeur, et dont l'autre est en relation avec une chambre manométrique située dans le vagon.

Cette membrane est relevée avec une tige qui sort de la boîte et se termine par une pince électrique qui frotte contre une pièce bien isolée et formée de rondelles de verres et d'argent superposées. Quand la membrane est au repos, la pince électrique porte contre la rondelle d'argent et le courant électrique passe. Si la membrane est dérangée de son équilibre, la pince se déplace et il y a interruption de courant.

Dans le vagon se trouve un régulateur de pression composé d'un petit cylindre vertical dans lequel joue un petit piston relié au bas de sa tige centrale à une soupape qui s'ouvre dans un récipient en communication avec un réservoir plein d'air comprimé; au-dessus, le petit piston est solidaire d'un ressort à boudin dont on peut régler la bande et mettre le petit piston en équilibre sous la pression de la chambre manométrique d'une part et sous la pression du ressort de l'autre. Si la pression de cette chambre vient à baisser, le ressort presse sur le piston, lequel ouvre la petite soupape inférieure qui laisse rentrer l'air comprimé et fait rétablir l'équilibre.

La vis qui règle la bande du ressort est solidaire d'une tige qui porte les enregistreurs électriques, chargés d'inscrire les signaux provenant de ruptures d'équilibre de la membrane des explorateurs. Ces signaux se traduisent par des points successifs dont l'ensemble fournit les diagrammes de pression.

Les détails des appareils qui produisent les mouvements du piston et les rendent rigoureusement identiques à ceux de la machine; ceux qui servent à en vérifier le synchronisme, ceux des instruments électriques qui donnent les signaux des explorateurs, tous ces détails nous entraîneraient trop loin. Il faut nous borner à constater que l'ensemble de tous ces appareils conduit à la production de diagrammes dont les aires mesurés au planimètre donnent la valeur, à très faible erreur près, de la force développée par chaque course du piston observée

Ces calculs et les relevés du dynamomètre permettent de mesurer avec la plus grande précision possible les efforts de traction, à tous les instants du parcours.

§ III.

LA LOCOMOTIVE CONSIDÉRÉE COMME FREIN.

251. FREINS A MAIN. — Une locomotive, attelée ou non à un train, est assujétie ou à s'arrêter inopinément sur un point quelconque du parcours, ou, tout au moins, à modérer sa vitesse. — Signaux, 4e Partie. —

S'il s'agit d'arrêt régulier en palier ou sur rampe, ou de simple ralentissement, un mécanicien habile et connaissant bien la route peut modérer à temps l'allure de sa machine et devenir maître de la vitesse du train. Mais lorsque l'arrêt est commandé pour un cas fortuit, ou bien si les véhicules descendent une pente égale ou supérieure à $0^{m},005$, ou bien encore, si le train circule avec une allure rapide sur une ligne aux arrêts très rapprochés, autrement dit, si l'on veut obtenir toute la vitesse possible avec le minimum de perte de temps pour les ralentissements, il faut faire usage des freins.

Supposons une machine descendant un plan incliné. Soit P son poids [1] ; on peut décomposer ce poids en deux forces : l'une F parallèle au plan qui produit le mouvement, et l'autre F′ perpendiculaire au plan. Cette dernière n'a d'influence sur le mouvement longitudinal que par la résistance des organes : mais l'action de la force F est égale au produit du poids P par le rapport de la hauteur verticale du plan incliné à sa longueur, rapport qui, dans l'état actuel des chemins de fer, varie de 0 à 0,025 ou 0,030, exceptionnellement à 0,050 ou 0,060. Prenons, pour fixer les idées, une pente de 0,010 et un poids de 40 tonnes sur l'essieu, la force qui tend à faire descendre la machine sera représentée par le produit $40^t \times 0,01$, c'est-à-dire $0^t,400$. Abstraction faite de la vitesse acquise, c'est l'action de cette même force qu'il s'agit de vaincre, si l'on veut arrêter l'essieu sur la pente, ou si l'on veut lui faire remonter le plan incliné. De même que l'on utilise l'adhérence des roues de la locomotive sur les rails pour gravir la rampe, de même aussi on utilise l'adhérence des roues sur les rails pour amortir la descente, en développant à leur pourtour un travail résistant au mouvement.

Appliqués aux tenders, les freins ordinaires se composent d'un mécanisme manœuvré à la main, qui fait porter sur les bandages des roues des sabots en bois, en fonte ou en fer, dont le serrage est suffisant pour arrêter le mouvement de rotation et même pour faire glisser les bandages sur les rails, ce qu'il faut éviter autant que possible, car ces pièces s'altèrent rapidement par le frottement et l'échauffement qui en résulte.

Les dispositions pour atteindre ce résultat sont nom-

1. Ce poids représente l'action de la pesanteur agissant sur tous les corps de la terre.

breuses : généralement on se sert des appareils appliqués à l'enrayage des vagons, appareils dont nous avons parlé. En principe, le frein du tender est affecté uniquement à la locomotive dont il doit arrêter le mouvement en cas de dérangement de la machine. Le train doit pouvoir être enrayé à l'aide de ses propres freins.

Jusqu'à ces derniers temps, lorsque le tender était suffisamment pesant, le train moyennement chargé et la pente peu prononcée, le frein du tender était généralement assez puissant pour produire l'arrêt dans un temps assez court. Mais l'augmentation de vitesse, de charge et d'inclinaison a forcé les ingénieurs à rechercher des moyens plus énergiques pour amortir aussi rapidement que possible la vitesse des trains dans tous les cas qui commandent l'arrêt, cas qui deviennent plus fréquents à mesure que la circulation augmente.

On s'est d'abord attaché à profiter de la masse considérable de la machine locomotive elle-même en appliquant des freins à vis sur ses roues, disposés toutefois de manière à ne pas caler ces dernières. Il suffit, pour cela, de tenir l'effort exercé par la pression des sabots en dessous de l'adhérence des roues sur les rails. Supposons un frein à deux sabots en fer sur chaque roue, si P est la pression exercée par les roues sur les rails, R le rayon des roues, p la pression exercée par les sabots, la roue s'arrêtera, dès que le moment sur le rail sera égal au moment sous le sabot, les coefficients de frottement fer sur fer étant supposés égaux. On aura alors $p\,R = P\,R$ ou $p = P$. Le calcul des organes de transmission de l'effort de l'homme jusqu'aux sabots déterminera la valeur de p.

Les freins à main appliquées aux locomotives doivent satisfaire aux conditions générales communes à tous les véhicules ; le mécanisme de transmission de l'effort aux sabots doit être aussi simple que possible pour ne pas multiplier les organes déjà si nombreux que comportent les machines, et pour ne pas introduire, avec des organes multipliés, de nouvelles cause de dérangement et de renvoi aux ateliers.

Les sabots sont placés ordinairement sur la ligne des centres des roues; leur pression est contre-buttée par les plaques de garde et les fusées qui reçoivent ainsi un surcroît de fatigue. On évite cet inconvénient en appliquant à chaque roue deux sabots diamétralement opposés.

Dans les machines à roues accouplées, l'espace libre entre deux roues n'est pas toujours suffisant pour permettre cette disposition ; dans ce cas on concentre la pression sur une ou deux paires de roues qui la répartissent sur les autres par l'intermédiaire des bielles d'accouplement. Si les sabots sont appliqués à la paire de roues motrices, ordinairement intermédiaires, les bielles d'accouplement disposées de chaque côté se partagent l'effort retardateur du frein ; lorsque les roues d'arrière sont seules soumises à l'action des freins, il faut tenir compte, pour déterminer l'équarrissage des bielles d'accouplement d'arrière, de l'excès de pression déterminé par la mise en jeu du frein.

Les sabots sont généralement supportés par les boîtes à graisse et quelquefois suspendus au châssis. Cette dernière disposition a l'inconvénient de faire varier, avec la charge, la position des sabots relativement aux roues sur lesquelles ils s'appliquent imparfaitement ; de plus, la roue étant emboîtée par le sabot devient ainsi solidaire avec le châssis, ce qui paralyse plus ou moins complétement le jeu de la suspension.

On trouvera dans l'Atlas un grand nombre d'exemples de freins à main appliqués aux locomotives, permettant de se rendre facilement compte de la disposition et du fonctionnement de ces organes.

252. Freins a vapeur. — L'action d'un frein doit être rapide et puissante ; celle des freins à main ne répond pas à ce programme. Aussi a-t-on recherché les moyens de remplacer l'action faible et lente de la main de l'homme par la puissance de la vapeur et son énergique rapidité. Les freins basés sur ce principe ont donc le grand avantage de produire aussi vivement qu'on le désire le ralentissement et

l'arrêt. Mais si ce mode d'enrayage a ses avantages, il n'est pas exempt d'un inconvénient qui peut, dans certaines circonstances, avoir de graves conséquences. Supposons, en effet, qu'au moment où le frein doit agir, la vapeur vienne à manquer de pression par une cause quelconque, — la rupture d'un tube, la fusion d'un bouchon de sûreté, par exemple, — qu'adviendrait-il, dans ce cas, si le train n'avait plus d'autre frein ?

Quoi qu'il en soit, certains chemins de fer ont employé les freins mus par la vapeur. Nous citerons, entre autres, le chemin Rhénan, pour ses deux locomotives de la rampe d'Aix-la-Chapelle, et la ligne de l'Ouest de la Saxe. Les freins à vapeur des machines à six roues de ce dernier chemin étaient disposés de la manière suivante : à égale distance, entre les deux essieux moteurs, — milieu et arrière, — et dans le plan passant par l'axe de la chaudière, se trouve un cylindre à vapeur dans lequel se meut un piston dont la tige pendante traverse l'œil d'un joug horizontal. Aux extrémités de ce joug sont articulées deux courtes bielles transmettant le mouvement du joug aux longs bras de deux leviers suspendus au bâti de la machine ; — du petit bras de chaque levier part une tige articulée à un sabot-patin qui vient porter sur les rails quand la vapeur est admise sous le piston du cylindre. Ce patin est arc-bouté par deux tringles en fer qui vont s'appuyer, l'une au cadre du dessous de l'enveloppe du foyer, l'autre à la plaque de garde de l'essieu d'avant.

Quand la vapeur cesse d'agir sous le piston, les deux longs bras des leviers conjugués sont sollicités à descendre sous l'action de deux contre-poids qui soulèvent les sabots-patins.

La vapeur est amenée au cylindre par un tuyau qui, partant du dessus du foyer, descend verticalement jusqu'à une tubulure arrêtée au bas de l'enveloppe du foyer. Elle rencontre là un robinet disposé pour la diriger à volonté sous le piston et faire agir les freins, ou pour la laisser échapper dans l'atmosphère en faisant office de purgeur, quand le frein doit cesser son action.

Bien que les freins à patin offrent un puissant moyen d'arrêt, il en faut restreindre l'emploi à l'enrayage en pleine voie car, dans les gares, la rencontre des croisements ou traversées amènerait nécessairement des accidents. Il y a plus encore : en pleine voie, un sabot-patin peut heurter un about de rail mal assujéti, ou la pression sous le piston du frein soulever trop brusquement la machine et amener un déraillement. Quant à l'emploi même de la vapeur comme moteur du frein, il peut présenter cet inconvénient, qu'au moment où le cylindre à vapeur doive fonctionner, tous les organes soient remplis d'eau condensée dont l'évacuation occasionnerait une perte de temps.

253. Frein hydraulique. — Cet inconvénient n'existe pas avec le frein hydraulique. M. Webb a construit pour des locomotives-tender et MM. Sharp Stewart et Cie ont appliqué un frein dont les sabots sont mis en activité par la tige d'un piston qui se meut dans un cylindre C où le machiniste peut faire pénétrer l'eau de la chaudière (Machine Sharp Stewart et Cie fig. 1 et 3, pl. VII, fig. 3, pl. VIIII). Le levier coudé *a b*, soulevé par la tige du piston, peut être également manœuvré à la main. — Il agit en tirant sur la tringle *t* et sur les sabots *f* en fonte qui embrassent toute la largeur du bandage, y compris le boudin.

Une description complète du frein hydraulique de M. Webb a été publiée par le journal *Engineering*, page 473 du tome II, 1877.

254. Renversement de la distribution. — Les locomotives sont disposées de manière à pouvoir marcher avec une égale facilité dans les deux sens. Les manœuvres dans les stations, les garages, etc., nécessitent à chaque instant la marche rétrograde. Dès que l'arrêt d'un train a été obtenu par les moyens en usage, le renversement de la position des tiroirs, à l'aide du mécanisme à changement de marche, renverse la distribution de la vapeur, fait tourner les roues en

sens inverse et imprime à la machine et au train un mouvement de recul.

Le renversement de la distribution peut également être appliquée soit à l'arrêt, soit au ralentissement des trains en marche. Les pistons se trouvent subitement pressés en sens inverse de leur mouvement par la vapeur renversée ; mais en vertu de la vitesse acquise par le véhicule, ils refoulent la vapeur devant eux en perdant graduellement leur vitesse jusqu'à ce que la force vive accumulée dans les roues motrices et le mécanisme ait été complétement annihilée par le travail de compression de la vapeur. Alors, si la vapeur renversée a une pression suffisante pour que l'effort sur les pistons, rapporté à la circonférence des roues motrices, surpasse le frottement, la rotation commence à s'effectuer en sens contraire.

A l'origine, les machines locomotives étant peu puissantes, la vitesse modérée, la pression faible, le renversement, en marche, de la distribution était une opération assez facile. Depuis longtemps, les conditions ne sont plus les mêmes; le renversement de la distribution par levier est devenu très difficile. Dans un grand nombre de machines, le levier de changement de marche peut, en effet, revenir brusquement de la position d'*avant* à celle d'*arrière*, et, dans son retour brusque, frapper et blesser le mécanicien. On a expliqué ce fait par la rotation des poulies d'excentriques dont le frottement entraînerait les colliers, les barres d'excentrique et les coulisses, et les amènerait ainsi à fond de course de la marche en avant.

La difficulté de manœuvre, les avaries qu'elle pouvait occasionner et les dangers qu'elle présentait, expliquent la répugnance qu'éprouvaient les mécaniciens à employer le renversement de la vapeur pour ralentir ou arrêter les trains. manœuvre à laquelle ils n'avaient recours qu'à la dernière extrémité.

Avec la commande du levier de changement de marche, à l'aide de l'écrou mobile et la vis fixe que nous avons décrite précédemment, — 164 —, la manœuvre du renversement de la vapeur n'offre plus aucune difficulté et se pratique sans hésitation.

255. TRAVAIL DU PISTON AVEC LA DISTRIBUTION DIRECTE. — Dans la fig. 4, pl. XLIV, la ligne P*p* représente le piston agissant dans un cylindre A B C D dont les lumières sont en A et C. La figure suppose que le piston s'éloigne du fond A B sous l'action de la vapeur entrant par la lumière A que le tiroir vient de découvrir. En marchant dans ce sens, le piston entraîne la manivelle O μ vers O S et fait tourner les roues motrices dans le sens de la flèche F *f*. La vapeur, sur cette face du piston, pendant cette course a exercé sur le piston, pendant l'admission et la détente, une série de pressions représentées par le trait plein de la courbe du diagramme 1, 2, 3, 4, 5. Quand le piston P*p* arrive vers le fond C D, le tiroir démasque la lumière C, la vapeur venant de la chaudière est d'abord refoulée par le piston, qui achève sa course directe, puis elle presse le piston qui commence et poursuit sa marche rétrograde vers le fond A B, en repoussant la bielle et en continuant à faire tourner les roues motrices dans le sens de la flèche F *f*. Pendant cette course rétrograde, la vapeur en pleine admission et en détente a exercé une série de pressions dont le diagramme est représenté par le tracé en traits interrompus 1′,2′,3′,4′,5′.

Pendant ces deux évolutions, la crosse du piston a toujours la tendance à se soulever ; elle est maintenue dans sa direction rectiligne par la glissière supérieure.

La superposition des deux diagrammes permet de mesurer la résultante des efforts exercés par la vapeur sur le piston dans chacune de ses positions, puisqu'il suffit de mesurer la longueur de la ligne du piston P *p* comprise entre deux courbes de même tracé : ainsi la portion *a b* représente l'effort qu'exerce le piston sur la bielle quand il marche de A B vers C D, et *a′*, *b′*, quand il revient de C D vers A B.

La rencontre en *k* des traits des diagrammes de même tracé indique qu'en ces points il y a égalité d'effort de la vapeur sur les deux faces du piston, et qu'à partir de là, la résultante s'oppose au mouvement du piston jusqu'au point où il va s'arrêter et changer de sens de mouvement.

256. TRAVAIL DU PISTON PENDANT LA DISTRIBUTION INVERSE. — Supposons le piston partant de A B, fig. 5, pl. XLIV, quand la distribution est renversée c'est-à-dire quand la lumière A, au lieu d'amener de la vapeur, laisse entrer l'air de la boîte à fumée. En ce moment, dit M. Le Chatelier dans la Notice historique qu'il a publiée en 1869, la lumière C est un peu ouverte, la distribution se trouve dans la position qui correspond, dans la marche à distribution directe, à l'avance à l'échappement, et le mélange gazeux qui remplit le cylindre est momentanément expulsé; mais le bord intérieur du tiroir ferme bientôt cette lumière C. Pendant tout le temps qu'elle reste fermée, période qui correspond à la détente dans la marche directe, les gaz se compriment, opposent une résistance au mouvement de progression du piston et cette résistance est transmise à la manivelle par la bielle dans le sens de la flèche φ_1 : après un certain parcours, la lumière C est démasquée par le bord extérieur du tiroir et le cylindre en communication directe avec la chaudière ; la vapeur pénètre dans l'espace P p C D, se mélange avec les gaz et se trouve refoulée avec eux dans la chaudière.

A ce moment, la résistance opposée par le piston et la bielle contre la manivelle est au maximum, et la crosse du piston presse sur la glissière inférieure.

Lorsque le piston arrive à l'extrémité de sa course en C D, l'admission de la contre-vapeur est fermée, et le mélange gazeux emprisonné dans l'espace libre se détend pendant une période qui correspond à celle de la compression dans la marche directe. Puis le bord intérieur du tiroir démasque la lumière C, et la communication avec l'échappement reste ouverte.

En retournant vers A B, le piston commence par renvoyer une partie du gaz dans l'échappement, les comprime ensuite, puis subit la contre-pression de la vapeur de la chaudière qu'elle refoule jusqu'à l'extrémité de la course vers A B. La résistance sur la manivelle s'exerce par traction comme l'indique la flèche φ_2 et c'est la glissière inférieure qui maintient la tige du piston dans sa direction rectiligne.

Dans la marche à contre-vapeur, le point de rencontre *k* des diagrammes correspondant à l'égalité de pression sur les deux fours, est plus près du milieu de la course et la résistance au mouvement du piston est beaucoup plus prolongée que dans la marche directe.

256 bis. Conséquences du renversement de la distribution. — On sait qu'à chaque évolution, les pistons aspirent, par l'orifice d'échappement, l'air de la boîte à fumée, air chaud chargé de cendres et d'escarbilles, et le refoulent par les lumières d'admission dans le tuyau de prise de vapeur et dans la chaudière si le régulateur est ouvert.

Aussi, quand on n'a pas pris les précautions que nous indiquerons plus loin, les cylindres et tiges de piston s'échauffent ; les garnitures se brûlent, quelquefois le tuyau d'admission et les boîtes de distribution éclatent, la pression dans la chaudière s'élève et les injecteurs n'alimentent plus régulièrement.

257. Frein Debergue. — Cette invention consiste à employer un tiroir régulateur spécial qui, fermé, laisse échapper l'air refoulé par les pistons et permet de l'introduire dans un réservoir spécial. En appliquant sur le tuyau d'échappement une tubulure spéciale pour alimenter les cylindres d'air frais, on évite la haute température des gaz aspirés et l'entraînement des escarbilles.

L'air aspiré est refoulé par les pistons dans un réservoir de capacité limitée où l'on maintient la pression à un degré suffisamment élevé pour que la résistance de l'air fasse équilibre à la puissance vive du train. Le récipient en fonte, d'une capacité de 90 litres, est installé sur le corps cylindrique ; il est percé de trois ouvertures. La première est fermée par une soupape de sûreté, la deuxième par un robinet au moyen duquel le mécanicien, en réglant la sortie des gaz, peut maintenir la pression à un degré fixé à l'avance, la troisième par un tiroir dont la boîte est reliée au tuyau d'admission de vapeur et qui est commandé par la même tige que le clapet fermant l'ouverture de prise d'air. Pour faire agir le frein, on ferme le régulateur, on ouvre le tiroir du récipient et on règle l'ouverture du robinet d'échappement d'air.

Avec cet appareil, le danger d'explosion de la chaudière par suite d'un excès de pression n'est plus à craindre, mais il n'en est pas de même de l'échauffement des cylindres. Ce dernier inconvénient n'a pas empêché d'appliquer le frein à air à la descente de sections à forte inclinaison mais de petite longueur — rampe de St-Germain — rampe de Montmorency — mais il s'est opposé à son emploi sur des pentes prolongées.

Application au chemin du Rigi. — M. l'Ingénieur Riggenbach a complété le système d'enrayage des trains de ce chemin de fer, incliné à 25 pour cent, par l'application du frein à air comprimé. Le tuyau d'échappement porte un réservoir muni de deux soupapes dont l'une s'ouvre quand l'autre se ferme. En marche normale, à la montée, l'une des soupapes laisse sortir la vapeur de l'échappement. Lorsqu'on descend, la distribution étant renversée, puisque la machine n'est pas retournée, cette soupape se ferme et l'autre s'ouvre par l'effet de l'aspiration que produisent les pistons et laisse entrer l'air de l'atmosphère dans les cylindres.

Pour empêcher les cylindres, pistons, etc., de s'échauffer, on injecte dans le tiroir un jet d'eau froide.

258. Frein par l'échappement fermé. — Nos lecteurs liront avec intérêt la note suivante que nous avait communiquée en 1866 M. Edouard Beugniot, sur les *organes employés à la descente des rampes*, dans les locomotives de montagne, établies d'après son système :

« Dans nos locomotives de montagne, construites en 1862, et qui fonctionnent actuellement en Italie, au passage des Apennins entre Poretta et Pistoïa (ligne de Bologne à Florence), j'ai mis à la disposition du mécanicien trois moyens de ralentissement ou d'arrêt, pouvant être employés séparément ou simultanément dans la marche à la descente des rampes :

« 1° Un frein ordinaire à main aux quatre roues du tender ;

» 2° Un frein à main très puissant, agissant sur l'essieu d'arrière de la machine et, par l'intermédiaire des bielles d'accouplement, sur les trois autres essieux de la machine ;

» 3° Enfin et surtout un ensemble de dispositions spéciales ayant pour but, non-seulement de lubrifier les pistons et de les empêcher de gripper à la descente, mais aussi d'en faire de véritables freins, s'opposant aux accélérations de vitesse dues à la gravité.

» Les machinistes se servent rarement du frein appliqué aux essieux de la machine ; ils le conservent pour les temps d'arrêt subits. Ils se contentent d'appuyer contre les bandages des roues du tender les mâchoires du frein, de façon à ce qu'elles frottent sans trop s'échauffer. Pour se rendre maîtres de la vitesse du train, ils emploient surtout les organes spéciaux dont le détail suit :

» 1° Un obturateur hermétique de l'échappement de vapeur ;

» 2° L'addition au changement de marche ordinaire (composé d'un levier, et d'un arc de cercle gradué par crans) d'une manivelle qui commande ledit arc de cercle, par l'intermédiaire d'une tige filetée, et d'un arbre à levier muni d'un écrou ; cette manivelle permet au machiniste de changer la position des coulisses de distribution par fractions de crans aussi petites que possible et sans chocs ; manœuvre impossible à obtenir par le levier lui-même ;

» 3° D'un petit tiroir additionnel, glissant sur le tiroir ordinaire du régulateur de prise de vapeur : ce petit tiroir, qui s'ouvre le premier, sert à déplaquer le grand, et à rendre sa manœuvre très douce ; de plus, il permet au machiniste de laisser arriver aux cylindres telle petite quantité de vapeur qu'il désire, ce qui est indispensable pour la marche à la descente ;

» 4° D'un mouvement de robinets purgeurs, disposé de façon qu'on puisse facilement varier à divers degrés l'ouverture desdits robinets;

» 5° D'une bonne sablière de grande capacité, et se manœuvrant facilement et sûrement. »

Voici maintenant comment la marche à la descente est réglée :

« Aussitôt le train démarré au pas, et engagé sur la pente, le mécanicien ferme l'obturateur de l'échappement, ramène le levier de changement de marche au cran de la marche *en avant* le plus voisin du point mort ; ouvre le petit tiroir du régulateur, de façon à laisser entrer un léger courant de vapeur dans les boîtes à tiroir, et ouvre un cran des purgeurs. Suivant le poids du train, le nombre des vagons à frein, la façon dont on serre ceux-ci, l'état des rails, etc., le train prend la vitesse réglementaire (de 14 à 18 kilomètres à l'heure), ou bien il la dépasse. Dans ce cas, et pour ralentir, le mécanicien, au moyen de la manivelle supplémentaire, manœuvre l'arc de cercle gradué, de façon à diminuer encore l'admission de vapeur dans les cylindres, et à augmenter la compression ; il fait bien, en outre, d'employer le sablier.

» En manœuvrant ainsi, nous n'avons jamais été emportés par la vitesse à la descente des Apennins, où les trains vont jusqu'à cent soixante-quinze tonnes avec inclinaison de 25 millimètres par mètre.

» Tels sont les faits sanctionnés par quelques années d'expérience. Grâce à l'obturateur, il ne s'introduit dans les cylindres aucune des crasses de la boîte à fumée et de la cheminée. Grâce à la possibilité d'une introduction faible mais continue de la vapeur, les pistons et leurs tringles sont continuellement lubrifiés, et il ne se déclare pas d'usures anormales des segments, ni des stoupages ; bref, la descente des trains se fait sans crainte de la part de l'exploitation, et sans dépenses particulières de la part de la traction. »

259. Frein Krauss. — Invité à assister au Congrès des ingénieurs allemands tenu à Munich en 1868, nous avons vu,

dans les ateliers fondés près de cette ville par M. Krauss, un frein qui portait la dénomination de *Dampf repressions-Bremse*, frein à refoulement de vapeur. L'appareil se composait d'une valve fermant l'échappement, et d'une valve permettant à la vapeur refoulée par les pistons de rentrer dans le tuyau de prise de vapeur, et d'un régulateur spécial pour l'admission de la vapeur aux tiroirs. Si l'on ferme ce régulateur, la vapeur venant de la chaudière est aspirée par les pistons et refoulée dans la chaudière. Le travail de compression de la vapeur peut donc s'effectuer sans grand échauffement des cylindres et de leurs annexes.

Ce frein n'a pas été adopté dans la pratique, parce qu'il est un peu compliqué d'exécution et d'une manœuvre délicate, mais s'il était adopté, avec modifications rationnelles, il aurait sur le frein à contre-vapeur le grand avantage de ne consommer ni vapeur, ni eau chaude, dépense importante sur les longues pentes.

260. Frein a contre-vapeur. — Nous avons vu que, par le changement de distribution de la vapeur, on pouvait produire un ralentissement du train et même un arrêt rapide, mais au détriment des organes moteurs. La question reprise avec suite, au chemin de fer du Nord de l'Espagne en 1865 [1] a conduit à la solution de la marche à contre-vapeur qui reste le moyen d'enrayage le plus énergique et le plus simple en ce moment.

Le chemin de fer du Nord de l'Espagne traverse deux chaînes de montagnes où se rencontrent des inclinaisons de $0^m,010$, $0^m,012$ et $0^m,015$ sur 45 kilomètres (traversée des Pyrénées); de $0^m,010$, $0^m,015$, $0^m,018$ et $0^m,020$ sur 72 kilomètres (traversée de Guadarrama). Pour faciliter la descente de ces longues pentes, on a repris le renversement de la dis-

1. Les ingénieurs qui, à cette époque, étaient attachés à l'administration de ce chemin de fer, et qui ont pris part à l'étude et à la solution de la question étaient : à Paris, M. Le Chatelier, ingénieur en chef délégué ; en Espagne, M. Des Orgeries, directeur de la Cie, M. Ricourt, ingénieur en chef du matériel et de la traction, M. Germon, ingénieur ordinaire, M. Bourson, inspecteur du matériel, et M. Steinmetz, chef de dépôt.

tribution de vapeur en appliquant d'abord une soupape d'échappement d'air réglée à la pression que l'on jugeait convenable; mais on avait encore un échauffement considérable dans les cylindres, sans compter plusieurs autres inconvénients. On prit alors comme fluide à comprimer un mélange d'air et de vapeur obtenu en lançant dans le tuyau d'échappement un jet de vapeur sortant directement de la chaudière. Le résultat fut moins défavorable que le précédent, sans toutefois être satisfaisant. On recourut alors à la vapeur seule pour servir à l'alimentation de la compression, en remplissant de vapeur le tuyau d'échappement; le régulateur de prise de vapeur dans le générateur étant ouvert, la vapeur comprimée a été refoulée dans la chaudière. L'échauffement des parties frottantes se trouvait encore réduit, mais d'une manière insuffisante, ce qui engagea les ingénieurs du chemin de fer du Nord de l'Espagne à faire travailler la compression sur un mélange de vapeur et d'eau chaude prises l'une et l'autre dans la chaudière. L'eau ainsi injectée absorbe une partie de la chaleur développée et se transforme en vapeur qui retourne au générateur. Cette ingénieuse disposition fonctionne depuis lors et donne, comme moyen d'enrayage des trains, un résultat satisfaisant.

Les avantages de ces dispositions sont évidents : ainsi, pour suivre toutes les phases de la solution du problème de la marche à contre-vapeur, il est bien préférable de créer dans l'échappement une atmosphère exempte de gaz en se servant de la vapeur de la chaudière que l'on amène par un petit tube qui se bifurque et débouche sous les tiroirs à la base du tuyau d'échappement de chaque cylindre. Outre les inconvénients du premier système on évite ainsi l'introduction dans la chaudière de gaz qui font monter rapidement la pression et empêchent le fonctionnement de l'injecteur. L'injection de vapeur présente encore l'avantage d'éviter l'action des gaz chauds sur les surfaces frottantes, la vapeur lubrifiant au contraire les surfaces.

Toutefois l'injection de vapeur n'empêchant pas l'échauffement des cylindres, on a eu l'heureuse idée d'injecter dans une proportion réglée à volonté, de l'eau prise dans la chaudière. Cette eau en se vaporisant absorbe une partie de la chaleur produite par la compression et limite la température.

On établit, à cet effet, une communication entre la chaudière et la base du tuyau d'échappement au moyen d'un tuyau d'un petit diamètre, muni d'un robinet à la main du mécanicien.

Au moment où il doit renverser la vapeur, le mécanicien ouvre ce robinet; l'eau, sortant de la chaudière où elle était à haute pression et à haute température, entre en ébullition spontanée par suite de la brusque diminution de pression et forme un mélange de vapeur et d'eau, un brouillard aqueux, contenant, en poids, de 85 à 90 pour 100 de vapeur, suivant la pression initiale.

Ce mélange est aspiré dans les cylindres où il achève de se réduire en vapeur; cette vapeur remplit les cylindres et l'excédant s'échappe par la cheminée. Le travail de cette vaporisation nécessite pour s'effectuer l'absorption d'une quantité correspondante de chaleur; la température se trouve ainsi maintenue entre des limites convenables.

261. Application au chemin de fer de Paris-Lyon-Méditerranée. — Les figures 6, 7 et 8, pl. XXXIV, montrent l'appareil employé par la Compagnie du chemin de fer de Paris-Lyon-Méditerranée, pour l'application de la marche à contre-vapeur. Il se compose d'une boîte en bronze à trois compartiments dont deux d'entre eux *a* et *a'*, communiquent avec le troisième *b* à l'aide de lumières devant lesquelles peuvent glisser des tiroirs. L'eau et la vapeur arrivent par les tuyaux aboutissant aux compartiments *a* et *a'* et vont se réunir dans le conduit *b* qui débouche à la base de l'échappement. A l'aide des volants ou des manivelles qui commandent les tiges filetées des tiroirs, le mécanicien règle à volonté l'introduction de l'eau et de la vapeur. Les cylindres,

n'aspirant plus qu'un mélange de vapeur et d'eau, se trouvent à l'abri des grippements, la vapeur, maintenue toujours humide par la présence d'un excès d'eau, demeure sans action sur les garnitures et sans influence exagérée sur la pression de la chaudière.

APPLICATIONS DIVERSES. — La Compagnie de l'Est a employé au même usage deux robinets ordinaires ; les clefs de ces deux robinets se trouvaient à l'origine réunies par une même tige de manœuvre, de telle sorte que le rapport des quantités d'eau et de vapeur injectées demeurait invariable quelles que soient la pression et les conditions de marche de la machine, mais, après avoir reconnu les inconvénients d'une telle disposition, les ingénieurs de la compagnie y ont substitué deux robinets à clefs indépendantes.

Au chemin de fer du Nord, d'après M. Le Chatelier, l'injection de vapeur seule a été appliquée aux machines qui circulent sur des pentes de 0,005 au plus ; l'injection d'eau est réservée pour les machines affectées aux sections où l'inclinaison atteint $0^{m},010$.

Au chemin de fer d'Orléans on emploie pour les machines à fortes rampes une injection d'eau seule; l'appareil n'ayant qu'un seul robinet est ainsi réduit au maximum de simplicité.

262. INSTALLATION DE L'APPAREIL. — La prise d'eau d'injection peut se faire en un point quelconque de la chaudière au-dessous du plan d'eau ; mais le plus commode, c'est à l'arrière, de manière que le machiniste n'ait pas à manœuvrer le robinet au moyen d'une tringle. Il n'a d'autre précaution à prendre que de régler l'ouverture de son robinet de manière à obtenir à la sortie de la cheminée un panache qui soit bien apparent, sans être trop fort ou accompagné d'une émission d'eau.

263. MODE D'EMPLOI DE LA CONTRE-VAPEUR. — La marche à contre-vapeur, mise à la disposition du machiniste, est un moyen d'arrêt des plus puissants, qui permet de descendre sans danger des charges considérables sur des rampes inclinées

et de longue étendue ; mais il importe cependant d'observer que la force d'action aura pour limite celle de l'adhérence et que, par exemple, à la descente d'une rampe et sur des rails humides, les roues de la machine pourront arriver à patiner en sens inverse du mouvement du convoi et rendre complétement inerte l'action du frein à vapeur. Il serait donc imprudent d'abandonner complétement l'usage des freins à main. Dussent-ils ne servir qu'à aider le frein à vapeur dans le cas où ce dernier refuserait le service ou bien à enrayer les véhicules séparés de la machine dans le cas de rupture d'attelage, ou d'abandon d'une portion de train sur une rampe, il importera toujours de les conserver.

Il y a également certaines conditions à observer dans la manœuvre du frein à vapeur et que le mécanicien ne saurait négliger sans compromettre le fonctionnement régulier de l'appareil et retomber dans les inconvénients que nous signalions plus haut. La difficulté de l'usage de cet appareil réside, en effet, dans la mesure des proportions d'eau et de vapeur à injecter dans l'échappement, et dans la position du levier de distribution.

Si le mécanicien néglige d'ouvrir en temps utile les tiroirs à injection, la pression monte si rapidement que l'aiguille du manomètre marche à vue d'œil, l'échauffement et les excès de pression se produisent rapidement.

La conduite des appareils d'injection n'exige que de l'attention, mais, si cette attention fait défaut, on retombe immédiatement dans les inconvénients anciens de la contre-vapeur.

254. Ensemble du frein automatique Westinghouse. — Nous savons que ce frein (Tome III, Chap. VII, § IV) est continu sur toute la longueur du train ; il agit à l'aide de l'air comprimé dans un réservoir principal porté par la locomotive, et emmagasiné dans une série de réservoirs auxiliaires, répartis sur tous les véhicules du train, depuis la locomotive, jusqu'au fourgon de queue. Tous ces réservoirs R (fig. 1, pl. XLIX) communiquent entre eux par une *con-*

duite générale D. Chaque véhicule porte un appareil T dit *triple-valve* et un cylindre à freins C, dont les pistons sont reliés aux leviers L *f* des sabots de frein.

Tant que la pression est maintenue dans la conduite générale, les freins sont desserrés, mais si l'air de cette conduite vient à s'échapper, la diminution de pression qui en résulte provoque aussitôt le jeu des *triple-valves* et les sabots des freins sont instantanément appliqués par suite du passage de l'air des petits réservoirs dans les cylindres à freins.

1° *Manœuvre des freins.* — Le mécanicien fait fonctionner la pompe à air (fig. 2, pl. XLIX), avant de mettre la locomotive en marche, et charge le réservoir principal, la conduite générale et les petits réservoirs sur la locomotive et le tender, à une pression d'environ 5 atmosphères. Les boyaux d'accouplement en caoutchouc sont alors assemblés entre les voitures et tous les robinets sur la conduite principale des freins sont ouverts, sauf le dernier à l'arrière du train.

Lorsque la locomotive est attelée au train, l'air comprimé est admis dans la conduite générale, ainsi que dans les réservoirs des voitures, et une pression uniforme s'établit ainsi dans la conduite générale, les triple-valves, les petits réservoirs et dans le réservoir principal.

Pour serrer les freins, le mécanicien ou le garde ouvre le robinet à soupapes et laisse échapper l'air de la conduite générale. La réduction de pression qui s'opère par là dans cette conduite, fait aussitôt fonctionner les triple-valves, et une partie de l'air emmagasiné dans les petits réservoirs passe dans les cylindres à freins. Par suite les pistons sont repoussés et les freins se serrent.

Pour serrer à fond les freins, il suffit de réduire de 20 0/0 la pression dans la conduite générale seulement. Pour les desserrer, on rétablit de nouveau, par le jeu du robinet, la communication entre le grand réservoir et la conduite générale ce qui rétablit la pression dans cette conduite et recharge les petits réservoirs; en même temps, l'air s'échappe des cylindres et les sabots des freins sont dégagés.

2° *Manœuvres en gare.* — Quand les tuyaux, les réservoirs, etc., sont remplis d'air comprimé, pour dételer des voitures du train, sans pour cela provoquer le serrage des freins, il suffit de fermer les robinets de la conduite qui sont aux bouts de chaque voiture, avant de défaire les accouplements. La pression reste emmagasinée plusieurs heures sur une ou plusieurs voitures détachées d'un train ; et elles sont prêtes, par conséquent, à tout événement. Si les freins se trouvent serrés, alors que la pression ne peut plus être rétablie dans la conduite générale, on les desserre en ouvrant un robinet qui sert à vider le cylindre de chaque voiture.

265. Moteur de la pompe a air. — La fig. 2 de la pl. XLIX représente une section verticale de l'appareil. La machine motrice à vapeur est placée directement au-dessus de la pompe à air ; sa tige θ prolongée sort par le fond inférieur, et sert de tige au piston de cette pompe.

La vapeur arrive de la chaudière par le tuyau n' et remplit l'espace m' compris entre les deux pistons P et p qui composent le tiroir de distribution. Ces deux pistons sont reliés par une tige commune τ. Le piston supérieur présente une surface plus grande que le piston inférieur. Chacun d'eux glisse dans un cylindre muni d'ouvertures qui communiquent avec les fonds du cylindre où agit le piston moteur π.

La boîte du tiroir est surmontée d'un cylindre A′ où se meut un piston P′ de même diamètre que le piston supérieur du tiroir et dont la tige vient buter contre celle qui relie les deux autres pistons. Ce cylindre supérieur a deux ouvertures, dont la plus haute a est pour l'admission et la plus basse c pour l'échappement de la vapeur qui a agi sur le piston P′. Un petit tiroir mobile t, mu par les déplacements de la tige du piston π, ouvre et ferme alternativement ces ouvertures. La chambre A dans laquelle se meut le tiroir t est toujours alimentée de vapeur par le conduit f qui relie cette chambre à l'espace m' m' compris entre les deux pistons P et p.

La vapeur venant de la chaudière pénètre dans l'espace m' m'; elle tend à soulever le piston P′ qui entraînerait le piston p; mais, à ce moment, la lumière a étant découverte, la vapeur de l'espace A vient exercer sa pression sur le piston P′ dont la tige empêche le piston P de monter. La vapeur pénètre alors dans le grand cylindre par la lumière inférieure et soulève le piston π qui effectue sa course ascensionnelle. Au moment où celle-ci s'achève, la plaque m entraîne la tige l et, avec elle, le tiroir t; la communication a, entre la chambre A et le cylindre A′, se trouve à ce moment fermée, en même temps que s'ouvre l'orifice d'échappement e; par là se trouve supprimée la pression de la vapeur sur la face supérieure du piston P′. La vapeur de la chambre m' m' soulève les deux pistons P et p. Le piston P découvre la lumière d'admission et la vapeur agit sur la face supérieure du piston π, en même temps, le piston p étant soulevé, la vapeur usée s'échappe en dessous de cet organe et se rend, par le tuyau n'', à la boîte à fumée.

Le piston π descend donc : un peu avant d'arriver au bas de sa course, il entraîne la tige l l' et le tiroir t. La distribution de vapeur se renverse et le piston prend de lui-même un nouveau mouvement ascensionnel.

Quant à la pompe à air, directement commandée par la tige $0'$ du moteur, elle ne présente rien de particulier. Cette pompe comprime de l'air dans un réservoir principal de 300 litres environ, installé généralement sous le tablier de la machine; elle donne 12 à 40 coups de piston par kilomètre parcouru.

Un manomètre donne la pression de l'air dans la conduite générale des freins. Un modérateur règle l'arrivée de la vapeur et la vitesse du petit cheval, et par suite la pression de l'air dans le réservoir principal.

266. Triples-valves. — Le frein Westinghouse, quoique appliqué sur plusieurs chemins de fer, est encore l'objet de constantes études et de perfectionnements incessants.

Nous avons déjà décrit la triple-valve — tome III, 450 —

mais cet appareil a subi de récentes modifications que nous devons reproduire ici, car c'est la partie délicate de l'invention.

L'air provenant de la conduite générale arrive par le conduit E (fig. 3, pl. XLIX), dans la partie inférieure A de la triple-valve et soulève le piston P. Une ouverture *h*, ménagée dans le centre du piston, laisse pénétrer l'air dans l'espace B, qui le conduit à la tubulure B', de là au petit réservoir de la voiture. La même pression d'air règne donc dans ce petit réservoir, dans la triple-valve et dans la conduite générale pendant que les freins sont desserrés. Le piston P entraîne par sa tige θ un tiroir *t* qui, dans la position indiquée par la figure, établit une communication, par la tubulure F, entre les cylindres des freins et l'air extérieur par l'orifice d'échappement *d*. Lorsque la pression dans la conduite générale se trouve diminuée, soit par l'action du mécanicien ou du garde; au moyen de leurs robinets de frein, soit par une rupture d'accouplement ou toute autre interruption accidentelle, le piston P est instantanément abaissé contre l'épaulement de l'aiguille *g*, ce qui empêche tout retour d'air dans la conduite générale. Le piston P entraîne avec lui le tiroir *t*, lequel, découvrant la lumière *a*, permet à l'air du réservoir de pénétrer dans le cylindre à freins et de serrer les freins. Pour les desserrer, l'air du réservoir est réadmis dans la conduite générale, ce qui fait reprendre au piston P la position figurée, recharge le réservoir et permet à l'air du cylindre à freins de s'échapper dans l'atmosphère. — Pour serrer légèrement les freins, il suffit de produire une légère réduction de pression dans la conduite, ⅓ de kilogramme, par exemple. Cet appareil, avons-nous dit, est très délicat; il réclame de fréquents nettoyages.

La fig. 4, pl. XLIX, représente le dernier perfectionnement apporté aux triples-valves. Le nouvel appareil est muni, à sa partie inférieure, d'une capacité K, fermée par un bouchon à vis V, et destinée à retenir les poussières entraînées par l'air comprimé, venant de la conduite générale; on peut facilement l'enlever, pour mettre à découvert l'intérieur de l'appareil. L'air comprimé venant de la conduite générale passe, ainsi que l'indiquent les flèches, dans le réservoir auxiliaire, en traversant une rainure m, ménagée sur le siège du piston A.

Pour serrer le frein à fond, on met brusquement la conduite générale en communication avec l'atmosphère ; le piston A descend sous l'influence de l'air comprimé du réservoir auxiliaire ; il entraîne avec lui le tiroir qui ferme l'échappement et met le réservoir auxiliaire en pleine communication avec le tuyau F, qui mène au cylindre moteur du frein.

La petite soupape s, logée à l'intérieur du tiroir, a pour but de permettre de serrer les freins modérément ; elle fonctionne quand on laisse l'air comprimé s'échapper graduellement de la conduite générale ; la pression est alors peu différente sur les faces supérieure et inférieure du piston P, de sorte qu'il ne se déplace que d'une petite quantité et doucement. Ce mouvement commence par entraîner la soupape s, dont la tige est fixée sans jeu au piston P, tandis que le tiroir de la triple-valve possède un petit jeu vertical dans la tige de ce piston. L'air comprimé peut alors pénétrer dans la lumière c du tiroir, puis, le piston continuant à descendre, ce conduit arrive bientôt devant la lumière a, de façon à y laisser pénétrer un courant d'air comprimé suffisant pour serrer les freins jusqu'à un certain degré déterminé par l'expérience.

267. Soupape de fuite. — Elle empêche les freins d'être serrés par l'effet d'une réduction de pression, provenant d'une fuite peu importante ; on l'installe en S, entre la triple-valve et le cylindre à freins (fig. 1, pl. XLIX).

L'appareil se compose d'une boîte a a (fig. 5) contenant une soupape s, qui peut se mouvoir librement et appliquer sa partie supérieure contre le siège en caoutchouc c. Lorsque l'air passe lentement du réservoir au cylindre à frein, comme dans le cas d'une réduction graduelle de la pression, par suite d'une fuite, il circule autour de la soupape *s*, sans l'appliquer sur son siège *c*, et s'échappe dans l'atmosphère. L'afflux d'air qui a lieu, au contraire, lorsqu'on réduit *subitement* la pression pour serrer les freins, est suffisant pour soulever la soupape S et l'appliquer contre son siège : de cette manière, l'air comprimé peut passer seulement dans les cylindres à freins.

On a proposé de remplacer cette soupape par une petite rainure, tracée vers le fond de course dans chaque cylindre ; si la quantité d'air admise dans ce cylindre n'est pas considérable, l'air passe dans la rainure, et le frein ne serre pas ; mais dès que l'on admet l'air comprimé en abondance dans le cylindre moteur, la rainure devient insuffisante pour lui livrer passage, le piston la dépasse rapidement, et le frein s'applique avec toute son énergie.

268. Cylindre a frein. — Ce cylindre (fig. 6, pl. XLIX) est à double piston et est employé pour le type de freins à huit sabots. Quand l'air est admis dans le cylindre, par la tubulure F, entre les deux pistons, ceux-ci sont repoussés avec la même énergie ; quand il s'échappe, les ressorts *r r* ramènent les pistons en arrière et desserrent les freins.

Pour les freins à 4 sabots, on se sert de cylindres simples à un piston, établis sur des données identiques.

269. Robinet a soupapes du machiniste (fig. 7, pl. XLIX). — L'air passe du réservoir principal, par la tubulure T, dans la chambre renfermant une pièce cylindrique *c*, dans laquelle est logée la soupape *b*, qu'un ressort *r* soulève et applique contre le siège mobile *d*. La valve de décharge *a* est maintenue contre son siège par le ressort *r'*, équilibrant la pression de l'air de la chambre A, qui communique avec la conduite générale. Le ressort *r'* est comprimé par la calotte de la poignée *p m*, dont le mouvement de rotation règle la tension au moyen d'un filet à pas rapide qui s'engage dans le corps du robinet. La valve *a* et le siège mobile *d* tournent solidairement avec la poignée *p m*. Si on manœuvre celle-ci légèrement à droite, le déplacement de la valve *a* et du siège *d*

ferme la communication entre le réservoir principal et la conduite; la diminution de pression qui en résulte sur le ressort r', permet à une portion de l'air de s'échapper de celle-ci dans l'atmosphère, et détermine le serrage des freins. Si on manœuvre la poignée vers la droite jusqu'à l'arrêt, tout l'air s'échappe de la conduite générale et les freins agissent immédiatement avec leur maximum d'énergie. — Pour desserrer les freins, on tourne la poignée à gauche jusqu'à sa position extrême, elle entraîne avec elle les valves *a* et *d*, et, dans cette position, l'air sous la soupape *b* s'échappe dans l'atmosphère par l'ouverture *o*, permet à cette soupape de descendre par la pression de l'air du réservoir principal, et ouvre la communication du réservoir avec la conduite générale.

270. Valve régulatrice automatique. — A la suite des premières expériences faites, en Angleterre, sur les freins à air, par le capitaine Douglas Galton, M. Westinghouse a introduit dans son système de freins une valve régulatrice automatique, ayant pour but de maintenir la pression des sabots du frein sur les roues, à un degré tel, qu'elles restent, pendant toute la durée de l'arrêt, juste sur le point de glisser sur les rails, cette condition, comme nous le verrons plus loin, étant celle qui donne l'arrêt le plus rapide.

Les expériences de M. Galton ont démontré que le coefficient de frottement des sabots sur les bandages augmente rapidement à mesure que la vitesse diminue, tandis que le coefficient d'adhérence des roues sur les rails ne varie que très peu. Il faudrait donc, pour maintenir les roues juste au point où elles vont glisser sur les rails, exercer sur les bandages une pression plus considérable à l'origine de l'action des freins, que vers la fin de l'arrêt.

Pour arriver à ce résultat, M. Westinghouse interpose, entre chaque triple-valve et le cylindre moteur du frein qui lui correspond, une valve V (fig. 8, pl. XLIX) représentée en détail par la fig. 9. La pièce A de cette valve est mue par le grand bras d'un levier L, dont le petit bras est relié à la bielle de suspension de l'un des sabots du frein. La pièce A est poussée par la tige du piston P, au moyen d'un ressort gradué de façon à la maintenir dans la position indiquée par la figure, tant qu'elle ne subit pas de bas en haut ou de haut en bas, suivant le sens de la marche du train, un effort plus considérable que celui qui correspond à un frottement des sabots sur la roue, précisément égal à l'adhérence *prévue* pour les rails.

Tant que A reste dans sa position moyenne, l'air passe librement par T I F, de la triple-valve au cylindre moteur, lorsqu'elle est ouverte et le frein serré à fond. Dès que le frottement des sabots dépasse la limite qui leur est assignée par la raideur du ressort, la pièce A, cédant à leur entraînement, bascule sur l'un des couteaux *a* et repousse le piston P. Ce mouvement étrangle d'abord le passage de l'air de la triple-valve au cylindre, en fermant en partie l'ouverture $m\ m'\ n\ n'$, puis si le frottement des sabots est assez considérable, il laisse échapper une partie de l'air du cylindre moteur par les orifices $\alpha\ \alpha$, jusqu'à ce que le frottement des sabots ait repris sa valeur normale.

271. Frein a vide. Modification Hardy. — Le principe de ce frein que nous avons déjà décrit (Tome III, page 519) consiste à faire le vide, à l'aide d'un éjecteur, dans une conduite générale communiquant avec des soufflets en caoutchouc placés sous chaque véhicule ; les fonds mobiles de ces soufflets sont reliés avec les tringles qui agissent sur les sabots de frein.

Les fig. 1 et 2 de la pl. IV montrent l'application de ce frein à la locomotive à grande vitesse du chemin de fer du Nord exposée en 1878.

La fig. 1 de la pl. XXXI, matériel de transport, représente l'application de deux éjecteurs A sur la locomotive. L'un de ces éjecteurs est destiné à faire le vide dans les réservoirs du train, l'autre à opérer sur le tender et la machine.

Les pl. XXXIX et XL (matériel de transport) montrent les

dispositions adoptées pour l'application de ce frein aux voitures à voyageurs et aux fourgons à bagages.

M. Hardy, chef des ateliers de Vienne au chemin de fer du Sud de l'Autriche, a apporté au système du frein pneumatique un perfectionnement très heureux en remplaçant les sacs compressibles en caoutchouc par des cuvettes métalliques (fig. 10, pl. XLIX), laissant entr'elles un libre jeu à un diaphragme en cuir *d d*, qui peut se rapprocher du fond de la cuvette supérieure où se produit le vide. La cuvette inférieure également en fonte est placée au-dessous de la membrane flexible et destinée à la préserver contre les morceaux de combustible incandescents et les pierres de la voie.

Au centre M de la membrane, armée en ce point de plateaux en tôle mince, se trouve fixée la tige M L qui agit directement sur le levier de l'arbre du frein. Cet appareil, ainsi disposé, est moins sujet à réparation et à usure que les cylindres en caoutchouc, qui coûtent plus cher, se percent facilement et perdent bientôt leur élasticité; il présente le grand avantage de réduire l'espace dans lequel se fait le vide relatif, c'est-à-dire qu'elle permet une action plus rapide et plus efficace des freins. Enfin ces cuvettes se placent sous les véhicules avec beaucoup plus de facilité que les sacs en caoutchouc.

Dans le système proposé par M. Hardy, deux conduites, tout à fait séparées, mettent l'éjecteur en relation l'une avec les cylindres à vide de la machine et du tender seulement, l'autre avec les cylindres à vide des véhicules. Il en résulte une action beaucoup plus rapide et plus sûre des freins de la machine et du tender, qui agissent alors même qu'il existerait une solution de continuité dans la conduite unique s'étendant dans tout le train, une diminution des dépenses d'installation pour les véhicules, et par dessus tout, une réduction à moitié du nombre des raccords en caoutchouc entre les véhicules du train.

272. Nouveaux perfectionnements. — Sur la demande de la Compagnie du frein à vide Smith, le chemin de fer du

Great Northern a essayé, en avril 1879, un frein à vide automatique dont la fig. 11, pl. XLIX, représente le diagramme.

Sous chaque véhicule se trouve montée une double cuvette Hardy A B. La cuvette inférieure B est munie de deux ouvertures *b* et *c*; la première *b* laisse passer la tige *q* qui relie le fond mobile P aux leviers du frein, la deuxième *c* met en communication la chambre formée par la capsule B et le diaphragme P avec la conduite générale *l l*. La tige *q* porte un renflement *a* réuni au collier *b* par un sac en caoutchouc M remplissant les fonctions de presse-étoupes, et muni intérieurement de deux anneaux en fer qui le protègent contre les déformations latérales que pourrait produire la pression atmosphérique. La cuvette supérieure A, communique par *g* avec un réservoir à vide V relié à la conduite générale par un coude *x* dans lequel se trouve logé un clapet *p* permettant à l'air de la capsule supérieure et du réservoir de passer dans la conduite générale lorsqu'on fait le vide dans celle-ci, mais s'opposant à son retour dans ces deux parties de l'appareil.

Si le vide se fait dans la conduite générale *l l*, il se produit à la fois au-dessus et au-dessous du diaphragme P de sorte qu'il n'y a pas de raison pour que celui-ci se mette en mouvement; mais, si ensuite on laisse rentrer l'air dans la conduite générale, le vide se trouve détruit au-dessous du diaphragme, mais non au-dessus à cause du clapet *p*, le frein est alors serré avec d'autant plus d'intensité que le vide qui existait préalablement dans l'ensemble des appareils était plus grand.

Sur la machine se trouvent montés deux éjecteurs : un petit et un grand. En principe, le petit doit toujours être ouvert pendant la marche du train, pour maintenir le vide dans les appareils et pour contrebalancer les rentrées d'air qui se produisent inévitablement par les accouplements et autres parties du frein. Le grand éjecteur doit servir à desserrer rapidement dans les cas où cela est nécessaire.

273. Frein Becker. — A proprement parler, ce frein n'appartient, pas à la série des freins mis en action par la locomotive. Il n'en est ici question que pour compléter la série des freins continus, commencée au Tom. III, chap. VII, du Matériel de transport. Ce frein se compose de 4 parties principales : 1° l'appareil moteur, 2° l'appareil intermédiaire, 3° la transmission, 4° l'appareil d'embrayage.

1° L'appareil moteur (fig. 6, pl. XLVI, Matériel de transport) consiste en un arbre N suspendu au châssis et portant deux poulies S calées et sur chacune desquelles est montée une couronne R. Lorsqu'on met cette poulie en contact avec le bandage d'une roue en mouvement ainsi que l'indique la figure, la chaîne K se trouve entraînée et fait agir les sabots du frein soit directement soit par transmission.

2° L'appareil intermédiaire (fig. 7) sert à approcher ou à éloigner l'appareil moteur des roues en mouvement. Il se compose d'une poulie S sur laquelle sont deux gorges qui reçoivent deux brins de chaîne k_2 et k_3 fixés sur cette poulie ; un des brins k_3 passe sous le vagon et aboutit à une tringle L, l'autre k_2 se rend au vagon voisin. La chaîne k_1 réunit la poulie S avec l'appareil moteur, et l'arbre qui porte cette même poulie se termine de chaque côté du vagon par deux manivelles employées lors des manœuvres en gare. Un tour de la poulie S opéré soit par la chaîne k_2 ou la chaîne k_3 fait lâcher ou tirer la chaîne k_1 ; d'où résulte le rapprochement ou l'éloignement de la poulie d'embrayage, du bandage moteur.

3° A l'aide de la transmission (fig. 5), les vagons sont reliés l'un à l'autre de telle sorte que chacun d'eux reste indépendant des oscillations de son voisin, et peut, par conséquent, rester isolément enrayé ou désenrayé. L'appareil consiste en deux tiges suspendues à l'extrémité de chaque vagon par une douille à pivot U_1 et U_2 lesquelles tiges se réunissent sur l'axe d'une poulie G. A chaque support U_1 et U_2 est suspendue une poulie r_1 et r_2 ; la poulie G, qui forme la troisième de l'accouplement, est composée de deux moitiés appartenant chacune à l'une des tiges de suspension. Chacune de ces tiges porte un axe; l'un de ces axes est en service, pendant que l'autre reste en réserve. Les chaînes k s'assemblent comme à l'ordinaire par un crochet, et l'extrémité de la chaîne qui ne sert pas reste suspendue pour servir en cas de besoin.

4° L'appareil d'embrayage (fig. 8) sert à mettre les freins en activité ou en repos d'un point quelconque du train, tel que la guérite du garde-train ou le tender. La chaîne de l'appareil intermédiaire qui se développe sous le vagon passe entre trois poulies r_4, r_5, r_6 dont deux r_4 et r_6 sont fixes, tandis que la troisième r_5 peut être élevée ou abaissée à l'aide de la tige p dont l'extrémité supérieure est filetée. Cette tige p se bifurque à sa partie inférieure pour laisser passer, entre ses deux branches, la chaîne et la poulie r_5; l'extrémité filetée est saisie dans un écrou à rochet ou volant g g. En donnant quelques tours de cette roue de gauche à droite, ou de droite à gauche, on peut éloigner l'appareil d'embrayage ou le mettre en action.

Cet appareil a, en outre, une disposition particulière en vue de la mise en action instantanée des freins. A cet effet, la roue à rochet fait écarter de la tige filetée les deux moitiés de l'écrou conducteur, la tige p devenant libre tombe et tous les appareils d'embrayage sont mis en action.

Le frein Becker peut être utilisé soit comme frein continu, soit comme frein appliqué à des groupes de véhicules indépendants les uns des autres, soit comme frein de vagon isolé ou comme frein de manœuvre de gare.

L'application du frein continu est indiquée par la figure 1; la manœuvre est dirigée par une seule personne, soit le machiniste, soit le conducteur. En cas de rupture de train, les véhicules détachés s'embrayent eux-mêmes.

Dans les groupes de véhicules à freins plus particulièrement employés dans les longs trains à marchandises, chacun de ces groupes peut être enrayé par un garde comme le montre la fig. 2; le groupe le plus voisin de la machine peut être manœuvré par le machiniste.

L'application à un vagon isolé ne présente aucune difficulté si ce véhicule est muni de tous les organes, ainsi que le démontrent les fig. 3 et 4, qui représentent un châssis de voiture à voyageurs, muni d'un appareil α pour le chauffage des compartiments, avec une prise d'air frais β, disposée pour agir dans les deux sens de la marche du véhicule. Pour la manœuvre de gare, on se sert de la manivelle représentée par la projection à droite de la fig. 7.

Observation. — Des expériences intéressantes sur les freins continus, sur les coefficients de frottement des freins, etc., ont été faites par M. le capitaine Douglas Galton en Angleterre, et par M. George Marié au chemin de fer de Paris-Lyon-Méditerranée.

On en trouvera le résumé aux Annexes.

CHAPITRE VI.

CLASSIFICATION DES LOCOMOTIVES.

La destination et l'emploi des machines varient, avons-nous dit — 236 et suiv. — avec la quantité d'adhérence disponible. De là une spécialisation, une classification basée sur le nombre d'essieux moteurs que ces machines possèdent, et que nous suivrons tout naturellement dans la description qui fait l'objet du présent chapitre.

§ I.

MACHINES A UN ESSIEU MOTEUR.

274. Conditions du service. — On demande à ce type de machines une grande vitesse imprimée à un train de charge relativement faible, et circulant sur une voie à rampes peu prononcées.

Sous ces machines, la charge des rails à l'aplomb de l'essieu moteur s'élève à 10, 13 et même quinze tonnes. Dans l'état actuel de la fabrication et du poids ordinaire des rails et des bandages, ces dernières limites paraissent exagérées, surtout pour des véhicules animés d'une grande vitesse.

En Allemagne, où les vitesses ne prennent pas les proportions extrêmes que l'on rencontre en Angleterre, les ingénieurs pensent que la charge de 13 tonnes est un maximum; ils conseillent de munir la machine de bons ressorts très élastiques, et de réduire au minimum le poids non suspendu, pour ménager la voie (Congrès de Dresde, 1865).

Dans cette classe de machines, le diamètre des roues de l'essieu moteur est ordinairement compris entre 1m,70 et 2m,50.

275. MACHINES CRAMPTON. — Les premières locomotives à grande vitesse avaient toutes l'essieu moteur placé entre les deux essieux porteurs, et tous trois compris entre la boîte à feu et la boîte à fumée, les cylindres intérieurs fixés à l'avant.

Dans les machines Crampton, l'essieu moteur est placé à l'arrière de la boîte à feu et les cylindres à vapeur sont reportés vers le milieu des longerons.

En plaçant les grandes roues en dehors de la chaudière, et en ramenant les cylindres vers l'arrière, on peut augmenter le diamètre des roues motrices, diminuer la longueur des bielles, la vitesse et le nombre des coups de piston, ainsi que les perturbations de la machine, qui trouve en outre une assiette plus complète dans l'emploi d'un double cadre admettant l'emploi de fusées extérieures. L'ensemble de la machine prend une hauteur très peu prononcée sur la voie, eu égard au diamètre des roues de l'essieu moteur, et une grande stabilité en général, par la répartition des charges sur les roues et l'écartement des essieux extrêmes qui, sur certaines lignes, comme celles du Hanovre, par exemple, a été porté jusqu'à 4m,70, sans donner pour cela plus de difficulté dans l'entretien des bandages, les ingénieurs ayant eu soin de laisser à l'essieu du milieu un jeu latéral de 6 à 7 millimètres, suffisant pour le passage des courbes à rayons descendant jusqu'à 420 mètres.

Dans la machine Crampton, les cylindres et tout le mécanisme sont placés à l'extérieur, de telle sorte que le montage, la visite et le graissage ne présentent aucune difficulté.

Le dessus de l'enveloppe du foyer est en prolongement du corps cylindrique de la chaudière; grande simplification dans la construction, par suite de la suppression du dôme. — Le corps cylindrique est formé de viroles établies suivant deux diamètres, les viroles du petit diamètre pénétrant dans les viroles du grand diamètre, dont le recouvrement sert à faire la double rivure.

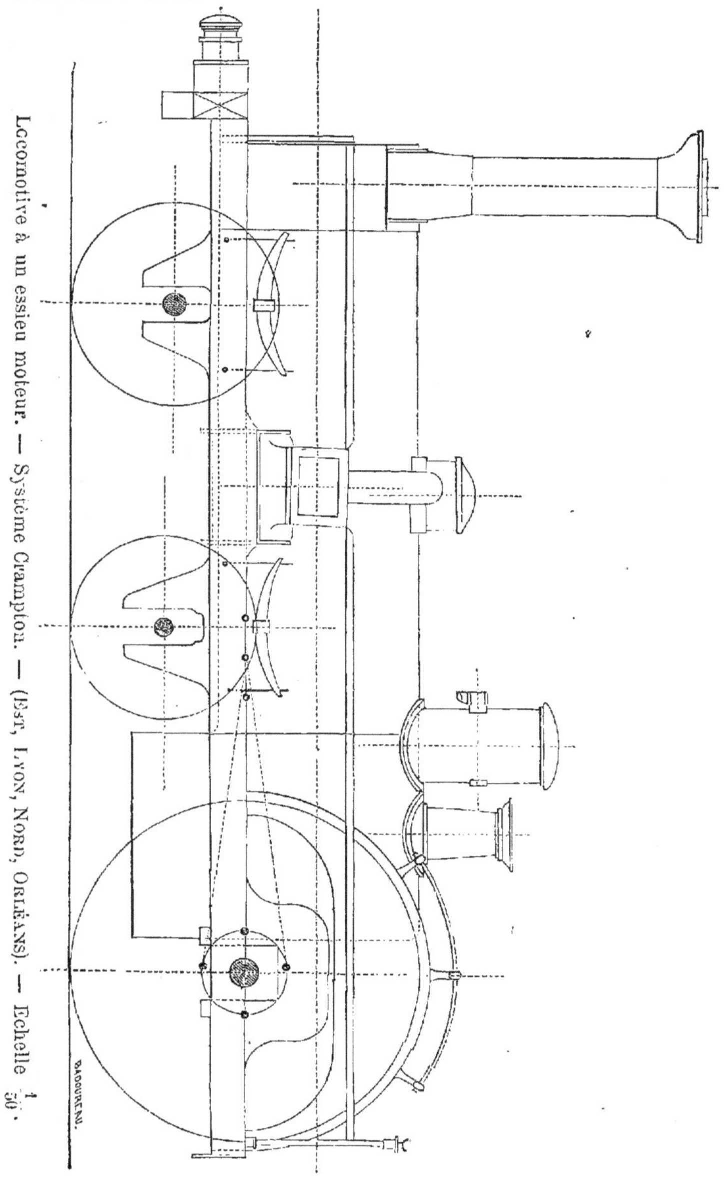

Locomotive à un essieu moteur. — Système Crampton. — (Est, Lyon, Nord, Orléans). — Echelle $\frac{1}{50}$.

La vapeur sort par un tube fendu à sa partie supérieure, qui règne sur toute la longueur de la chaudière dans l'espace réservé à la vapeur ; disposition qui n'empêche pas l'entraînement d'une assez notable proportion d'eau mélangée avec la vapeur.

Machines de l'Est. — La figure page 319 représente le profil de la machine Crampton employée sur les chemins de l'Est français depuis 1852. Les longerons du cadre extérieur sont placés à $0^m,520$ des longerons du cadre intérieur. Leur section est de $0^m,235$ sur $0^m,021$ pour les cadres extérieur et intérieur. Mais au-dessus de l'essieu moteur, cette section prend pour dimensions $0^m,300$ sur $0^m,025$. La machine est portée par cinq ressorts, savoir : deux ressorts en long sur l'essieu d'avant, deux ressorts en long sur l'essieu du milieu, un ressort transversal en dessous de l'essieu moteur.

Sur sections dont l'inclinaison ne dépasse pas $0^m,005$, elle remorque réglementairement neuf voitures en été, huit voitures en hiver, à la vitesse de 72 kilomètres. Souvent, en été, elle traîne douze à treize voitures sans éprouver de retard.

Les conditions d'établissement de ces locomotives se trouvent contenues dans le tableau suivant :

Poids de la machine vide.	23 920 k.
Pression de la machine pleine :	
Sous le premier essieu.	10 000 k.
Sous le deuxième.	1 000 k.
Sous le troisième.	10 275 k.
Pression servant à l'effort de traction. . .	10 275 k.
Pression totale sur les rails.	27 275 k.

CHAUDIÈRE A VAPEUR.		
Enveloppe du foyer	longueur. .	1^m, 400
	largeur . .	1^m, 220
Corps cylindrique	longueur. .	3^m, 400
	diamètᵉ moyen	1^m, 266
Capacité totale de la chaudière.		4^{m3},223
Volume de l'eau. . .		3^{m3},355
Volume de vapeur . .		0^{m3},868
Soupapes, diamètre. .		0^m, 100
Pression de la vapeur.		8 atmos.
Boîte à fumée	longueur. .	0^m, 580
	largʳ moyenne.	—
MÉCANISME.		
Distribution Lumière d'admis.	longueur. .	0^m, 300
	largeur. . .	0^m, 050

Excentriques	avance (m. en avant) . .	9°
	Course. . .	0^{m}, 160
Tiroirs	Course maxi^{m}.	0^{m}, 130
	longueur. .	0^{m}, 364
	largeur . .	0^{m}, 286
	Recouvrement extérieur.	0^{m}, 028
Cylindres	entr'axe. .	1^{m}, 838
	diamètre. .	0^{m}, 400
	Course du piston. .	0^{m}, 560
Grille	longueur. .	1^{m}, 232
	largeur . .	1^{m}, 052
Foyer	larg. min. .	1^{m}, 030
	haut. sous grille . .	1^{m}, 400

Tubes	nombre . .	180
	diamèt. ext.	0^{m}, 049
	longueur. .	3^{m}, 510
Surface de chauffe	foyer . . .	6^{m2},649
	tubes . . .	84^{m2},620
Longueur totale de la chaudière.		5^{m}, 380
Bielles motrices, long^{r}.		2^{m}, 070
SUPPORTS.		
Essieux montés (entr'axes)	1er 2e. . .	2^{m}, 184
	2e 3e. . .	2^{m}, 316
	1er 3e. . .	4^{m}, 500
Roues, diamètre au contact	roues libres	1^{m}, 350 / 1^{m}, 210
	roues motrices . .	2^{m}, 300
Longueur totale de la machine de tampon en tampon. . .		7^{m}, 702

La charge des trains express et rapides ayant considérablement augmenté dans ces dernières années, les machines Crampton sont devenues insuffisantes; on leur a substitué des types divers, à 4 roues accouplées, ayant une puissance de traction supérieure, mais d'entretien plus couteux. — 277 à 290.

On rencontre en Angleterre un grand nombre de machines de vitesse du type *Sharp*, avec des roues motrices dont le diamètre varie entre 1^{m},83 et 2^{m},49, — presque toujours avec cylindres intérieurs, l'essieu coudé muni de quatre boîtes à graisse, chaque roue comprise entre deux d'entre elles, — excellente disposition qui rend l'emploi des essieux coudés plus sûr et plus économique.

La machine du *Great-Eastern*, dont nous reproduisons les dimensions, est à cylindres extérieurs.

La Compagnie du chemin de fer *London and North-Western* emploie deux systèmes de machines à essieu moteur unique. Dans l'un les cylindres sont intérieurs; l'autre est muni de cylindres extérieurs. Leurs roues motrices, placées entre les deux essieux libres, ont 2^{m},30 et 2^{m},33 de diamètre. Le poids servant à l'adhérence est de 11 500 kilogrammes.

Le *Caledonian railway* emploie des machines à cylindres extérieurs mettant en mouvement des roues motrices de 2^{m},49 de diamètre.

Nous ajouterons enfin que l'emploi des cylindres intérieurs avec essieux coudés en acier fondu, dans les machines à trains rapides, se répand de plus en plus en vue de la sécurité.

276. Machine Haswell a quatre cylindres. — On a fait depuis longtemps diverses tentatives pour augmenter la vitesse, la sécurité de marche ou la charge des trains express. Dans cette classe de machines à un essieu moteur, nous trouvons la machine *Duplex*, exécutée par M. Haswell, directeur de la fabrique de machines de la Société autrichienne I. R. P. des chemins de fer de l'État, exposée par la Compagnie à Londres, en 1862.

La machine est portée par un cadre extérieur et trois essieux placés entre le foyer et la boîte à fumée. L'essieu moteur se trouve à l'arrière; au milieu, les deux paires de cylindres, extérieurs, agissant sur une manivelle double, dont les deux tourillons sont aux deux extrémités opposées d'un même diamètre, les roues motrices sans contre-poids. Elle a été établie pour pouvoir circuler sur des rampes de 0^{m},007 $\left(\frac{1}{150}\right)$ et des courbes de 280 mètres de rayon.

Les dispositions adoptées par la machine *Duplex* avaient pour but d'obtenir à la fois l'équilibre horizontal et l'équilibre vertical pour les pièces en mouvement, et par conséquent de faire disparaître à peu près complétement les mouvements désordonnés et les variations de charge des roues. — 165 —

En effet, l'application proposée de deux engins complets à vapeur, agissant de chaque côté sur des manivelles directement opposées, contrebalance chaque action par une action égale et directement contraire. Sur chaque côté de la machine, quand un piston avec sa tige et la bielle correspondante marche en avant, un autre piston, exactement pareil par lui-même et par les accessoires, marche en arrière et à la même vitesse à chaque instant. Si une manivelle tourne de bas en haut, l'autre tourne de haut en bas exactement dans le même angle.

Mais l'équilibre n'est pas absolu; cela tient à ce que les deux manivelles de la même roue ne peuvent être dans le même plan, à égale distance de l'axe de la machine, d'où il résulte que les forces perturbatrices sont bien égales, mais agissent avec des bras de leviers différents. La construction a été étudiée de manière à réduire cette différence au minimum : elle est de $0^m,1280$ seulement.

La condition essentielle de rapprocher autant que possible les plans des deux manivelles du même côté ne permettait pas de satisfaire à une autre condition importante aussi, celle de placer les cylindres horizontalement. L'écart, sous ce rapport encore, est peu considérable dans la machine *Duplex*, car les axes des deux cylindres font avec l'horizontale deux angles égaux, qui ne dépassent pas 2° 30′.

Malgré tout, ces études très intéressantes à tous les points de vue n'ont donné aucun résultat pratique, et le système a été abandonné, en raison de la complication du mécanisme et de l'augmentation de la consommation de vapeur et des frais d'entretien.

§ II.

MACHINES A DEUX ESSIEUX MOTEURS.

277. Conditions du service. — Ce type de machines est employé tantôt au service des trains mixtes ou des trains de marchandises sur des lignes faiblement accidentées, ou bien encore à celui des trains de voyageurs *omnibus*, tantôt enfin au remorquage des trains express sur les lignes à rampes très prononcées.

C'est le type qui tend à se répandre de plus en plus ; car,

aux avantages d'une flexibilité relative dans les courbes, il joint celui d'une augmentation considérable d'adhérence comparativement aux machines à un seul essieu moteur ; de là son nom de *machines mixtes*.

Nous diviserons les locomotives de cette classe en deux catégories :

1° Celle des machines à moyenne vitesse caractérisée par la longueur du diamètre des roues motrices qui se tient entre 1^m,40 et 1^m,60 ;

2° Celle des machines à grande vitesse caractérisée par la longueur du diamètre des roues motrices qui dépasse 1^m,70 et 2^m,00. Cette dernière catégorie sera elle-même subdivisée en deux autres sections :

3° Celle des machines à grande vitesse à trois essieux.

4° Celle des machines à grande vitesse à quatre essieux.

278. Machines mixtes a moyenne vitesse. — L'emploi de ce type est de date assez reculée, car nous en avons vu circuler un spécimen, en 1839, en France, sur les chemins de fer de Versailles et Saint-Germain, sous le nom de la *Victorieuse*. Cette locomotive, sortie des ateliers de MM. Rob. Stephenson et Cie à Neuwcastle, était portée par trois essieux montés, dont deux essieux moteurs conjugés à l'arrière et un essieu libre à l'avant.

Sur les roues de l'essieu intermédiaire se trouvaient des bandages sans boudin, pour faciliter le passage dans les courbes.

Voici quelles étaient les conditions d'établissement de cette machine. Elles diffèrent considérablement de celles usitées aujourd'hui dans l'industrie des chemins de fer; mais il nous paraît intéressant de les rappeler à titre de souvenir et d'enseignement.

Dimensions principales de la machine mixte LA VICTORIEUSE (1839).

Corps cylindrique. — Longueur.	mèt.	2,600
Diamètre moyen.	—	1,110

Capacité totale de la chaudière.	m. cub.	4,600
Volume de l'eau	—	2,000
Volume de la vapeur	—	1,120
Longueur totale de la chaudière	mèt.	4,310

GRILLE.

Surface.	mèt. carr.	0,949
Foyer. — Longueur.	mèt.	0,930
— Largeur	—	1,020
— Hauteur du ciel au-dessus de la grille.	mèt.	1,100
Tubes. — Nombre		145
— Diamètre extérieur	—	0,040
— Longueur totale	—	2,600
Surface de chauffe. — Foyer.	mèt. carr.	5,210
— Tubes.	—	43,065

MÉCANISME.

Cylindres. — Diamètre.	mèt.	0,380
— Course des pistons.	—	0,450

SUPPORTS.

Roues. — Diamètre au contact	Avant.	mèt.	0,980
	Motrices. . . .	—	1,380
Essieux montés. — Entr'axe.	Avant-milieu . .	—	1,450
	Milieu-arrière. .	—	2,080
	Extrême. . . .	—	3,530
Poids de la machine. — Vide.		kilogr.	12,000
— En feu.		—	14,500

279 Machines avec essieux moteurs a l'arrière. — Depuis 1840, ce type s'est introduit sur tous les chemins de fer du monde, et constitue la grande majorité des machines locomotives. Adoptant en principe le type de la compagnie de l'Est en France, nous l'avons appliqué aux machines à trains mixtes sur le chemin de fer de *Hainaut et Flandres* (Belgique), où l'on rencontre fréquemment des courbes de 500 mètres de rayon et des rampes de $0^m.010$.

A l'exception des roues motrices et des plaques de garde de l'essieu d'avant, ces machines étaient exactement semblables aux locomotives à trois essieux moteurs, destinées au service des marchandises [1].

Pour un chemin de fer secondaire, cette disposition est d'un très grand avantage au point de vue de l'entretien et des approvisionnements en pièce de rechange.

Les conditions d'établissement de ces machines sont les suivantes :

CHAUDIÈRE.

Enveloppe du foyer. —	Longueur.	mèt.	1,400
—	Largeur	—	1,110
—	Epaisseur des tôles.	—	0,013
Corps cylindrique. —	Diamètre moyen. . .	—	1,256
—	Longueur	—	3,957
—	Epaisseur des tôles. .	—	0,013
Boîte à fumée. —	Longueur.	—	0,843
—	Largeur	—	1,280
—	Épaisseur de la plaque tubulaire en fer. . . .	—	0,017
—	Longueur totale de la chaudière.	—	6,200
Cheminée. —	Diamètre intérieur	—	0,392
—	Épaisseur de la tôle.	—	0,004
—	Hauteur au-dessus du rail. . .	—	4,300
Grille. —	Longueur.	—	1,200
—	Largeur	—	0,916
—	Surface	m. carr.	1,100
Foyer. —	Longueur.	mèt.	1,200
—	Largeur moyenne.	—	0,965
—	Épaisseur des cuivres. — Plaque tubulaire (autour des tubes). . .	—	0,025
—	Au bas.	—	0,013
—	Plaque arrière et enveloppe . .	—	0,013
—	Hauteur du ciel au-dessus de la grille.	—	1,400

1. Nous ajouterons que, le 14 novembre 1859, nous donnions l'ordre à l'usine de Saint-Léonard à Liége, constructeur de ces machines, de remplacer l'une des pompes alimentaires par un *injecteur Giffard*, ce qui nous paraît être une des premières applications de ce nouveau mode d'alimentation des locomotives, aujourd'hui universellement employé.

Tubes. — Nombre		—	197
— Diamètre extérieur		mèt.	0,0445
— Longueur extérieure aux plaques		—	4,042
— Épaisseur		—	0,002
— Poids par mètre courant		kilogr.	2,28
— Distance verticale d'axe en axe		mèt.	0,0595
Surface de chauffe. — Foyer		m. carr.	7,20
— Tubes (intérieurement)		—	100,26

MÉCANISME.

Distribution. — Lumière d'admission.	Longueur	mèt.	0,300
	Largeur	—	0,040
— Lumière d'échappement.	Longueur	—	0,300
	Largeur	—	0,075
Distribution. — Tuyau d'admission. — Diamètre		mèt.	0,100
— — d'échappement		—	0,130
Excentriques. — Avance		degrés	32
— Course		mèt.	0,116
Tiroirs. — Course maxima		—	0,116
— Longueur		—	0,362
— Recouvrement extérieur		—	0,038
— — intérieur		—	0,007
Cylindres. — Diamètre		—	0,420
— Course des pistons		—	0,600
— Écartement d'axe en axe		—	2,010

SUPPORTS.

Longerons du cadre. — Écartement intérieur			1,196
— Épaisseur			0,030
— Hauteur			0,215
Roues. — Diamètre au contact	Avant		1,300
	Milieu		1,650
	Arrière		1,650
ESSIEUX MONTÉS. — Écartement d'axe en axe	Avant-milieu		1,760
	Milieu-arrière		1,760
	Extrême		3,520
Poids de la machine. — Vide		kilogr.	25 500
— En feu	Avant	—	8 100
	Milieu	—	10 300
	Arrière	—	10 300
	Total	—	28 700

Les machines mixtes, construites par l'ancienne Compagnie du chemin de fer des Ardennes sur le même type, sauf quelques légères différences dans les dimensions, effectuent, avec un poids adhérent de 20700 kilogrammes, sur le réseau de l'Est, le service des trains omnibus, semi-directs, trains mixtes, ou trains de marchandises à grande vitesse. Sur profil dont l'inclinaison ne dépasse pas 0,005, elles remorquent — en été — vingt-et-une-voitures ou vagons chargés de 5 tonnes ; — en hiver — dix-huit, avec une vitesse de 36 kilomètres à l'heure.

Dans ce type de machines, le foyer est en porte à faux, à l'arrière du deuxième essieu moteur.

280. Machines avec essieux moteurs a l'avant. — Les chemins de l'Est et de Lyon possèdent un grand nombre de machines dont les deux essieux moteurs sont reportés à l'avant, et l'essieu libre à l'arrière du foyer. — Les cylindres sont intérieurs, et par conséquent inclinés pour échapper le premier essieu accouplé.

Ces machines doivent remorquer sur rampes *fictives* (chap. VIII) de 10 millimètres, une charge de 50 tonnes, à la vitesse de 60 kilomètres à l'heure, ou 152 tonnes, à la vitesse de 15 kilomètres à l'heure.

Elles possèdent 82 mètres carrés de surface de chauffe, des cylindres de $0^m,420$ de diamètre avec course de $0^m,560$; — diamètre des roues motrices $1^m,500$. Leur poids adhérent s'élève à 21000 kilogrammes, et leur poids total à 24000 kilogrammes. — Timbre : huit atmosphères ; l'effort théorique de traction est de 682 kilogrammes par atmosphère effective, et de 3100 kilogrammes, avec un coefficient de 0,65.

Voici les conditions d'établissement des machines les plus puissantes, construites sur ce type par la Compagnie de Lyon :

Surface de chauffe, 117 mètres carrés ; cylindres (extérieurs), diamètre $0^m,450$, course $0^m,600$; roues motrices, diamètre $1^m,660$. Traction théorique par atmosphère effective, 758 ; effort de traction (avec coefficient de 0,65), 3450 kilogrammes. Poids adhérent 21 700 kilogrammes ; poids total 29 000 kilogrammes. Elles doivent remorquer, sur mêmes rampes que ci-dessus, 149 tonnes à 15 kilomètres à l'heure, et 67 tonnes à 60 kilomètres à l'heure.

281. MACHINE A GRANDE VITESSE A TROIS ESSIEUX. — Ce type s'est propagé très rapidement et il donne d'excellents résultats sur les lignes à grands rayons et faibles pentes, avec des charges modérées.

282. MACHINE D'ORLÉANS, TYPE 1864, 1867. — La fig. page 330 représente le type des douze machines à grande vitesse établies en 1864 par M. Forquenot, ingénieur en chef de la Cie d'Orléans. Elles ont deux essieux moteurs placés vers l'arrière ; le foyer est en porte à faux. La chaudière et les bielles en acier fondu.

Conditions d'établissement.

Poids de la machine vide.	25 960 k.
Pression de la machine pleine :	
Sous le premier essieu (avant).	10 740 k.
Sous le deuxième	12 890 k.
Sous le troisième.	5 560 k.
Pression servant à l'effort de traction. . .	12 890 k.
Pression totale sur les rails.	29 190 k.

CHAUDIÈRE A VAPEUR

Enveloppe du foyer	longueur. .	1^{m}, 520
	largeur. . .	1^{m}, 213
Corps cylindrique	longueur. .	3^{m}, 482
	diamètre moyen	1^{m}, 211

MÉCANISME.

Distribution Lumière d'adm.	longueur . .	0^{m}, 280
	largeur. . .	0^{m}, 035
Section de la tuyère d'échappement. . . .		0^{m2},0146
Excentriques	avance (m. en avant). .	30°
	Course. . .	0^{m}, 120
Capacité totale de la chaudière.		4^{m3},360

Volume de l'eau. . .		2^{m3},760
Volume de vapeur. .		1^{m3},600
Pression de la vapeur.		8 atmos.
Boîte à fumée	longueur . .	0^{m}, 890
	largr moyenne	1^{m}, 194
Grille	longueur. .	1^{m}, 328
	largeur . .	1^{m}, 013
Foyer	longr minim.	1^{m}, 270
	largr minim.	1^{m}, 000
	hauteur sous grille . .	1^{m}, 330
Tubes	nombre. . .	179
	diamèt. ext.	0^{m}, 048
	longueur . .	3^{m}, 650

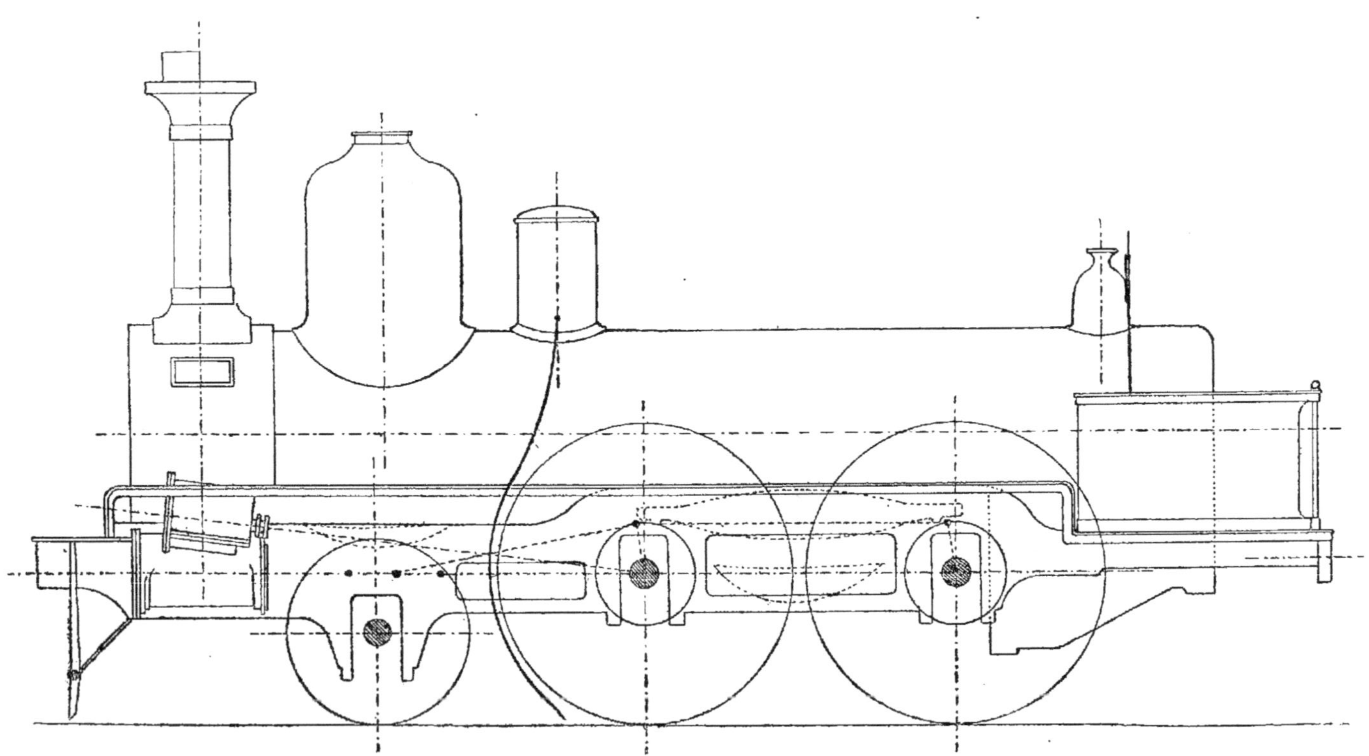

Locomotives pour trains de voyageurs. — Forte traction ; deux essieux moteurs. Orléans. $\frac{1}{50}$.

Surface de chauffe	foyer . . .	9^m, 000
	tubes. . .	92^m, 057
Tiroirs	course maxi^m.	0^m, 120
	longueur . .	—
	largeur. . .	—
	recouvrement extérieur .	0^m, 030
Cylindres	entr'axe . .	1^m, 900
	diamètre. .	0^m, 400
	Course du piston . .	0^m, 65

Bielles motrices, long.		1^m, 930
Supports.		
Distance des essieux extrêmes.		4^m, 300
Roues, diamètre au contact	roues libres.	1^m, 230
	roues motrices . .	2^m, 010
Longueur totale de la machine de tampon en tampon		7^m, 820

283. Machine de l'Est. Type 1878 (E. U. 1878). La création de ce type de locomotives a eu pour but de satisfaire aux nouveaux besoins résultant de l'introduction dans les trains de vitesse des voitures de toutes les classes.

Cette locomotive, représentée par les pl. II et III, est à trois essieux dont un placé sous le foyer et les deux autres sous le corps cylindrique de la chaudière; l'essieu d'avant est porteur, les deux autres sont accouplés. Pour faciliter l'inscription dans les courbes et éviter l'usure rapide des boudins des roues d'avant, l'essieu porteur a, dans ses boîtes à graissage, un jeu transversal de 0^m,01 dans chaque sens. Ce jeu est limité par l'emploi de plans inclinés en fer cémenté et trempé intercalés entre le corps de la boîte et le coussinet.

Les cylindres occupent la même position que dans les locomotives Crampton, entre la roue d'avant et la roue du milieu. L'essieu d'arrière est donc le maître-essieu moteur. Le châssis est complétement en fer; il est composé de quatre longerons; deux intérieurs aux roues et aux cylindres A A, et découpés d'une seule pièce dans une feuille de tôle avec les plaques de garde des roues d'arrière et du milieu; deux extérieurs aux roues et aux cylindres, et découpés également dans une feuille de tôle avec les plaques de garde de l'essieu porteur d'avant. L'épaisseur de tous ces longerons est de 0^m,025.

Les longerons intérieurs sont réunis entre eux par les

supports du corps cylindrique, par ceux de la boîte à feu et par les tôles d'attelage d'avant et d'arrière.

Les longerons extérieurs sont réunis aux longerons intérieurs par l'intermédiaire des traverses extrêmes, des goussets *g g* fixés sur elles, des cylindres auxquels ils servent d'attache et enfin par les supports des glissières *g′ g′* de piston et du mouvement de distribution.

Les essieux d'arrière et du milieu sont à fusées intérieures aux roues, elles sont écartées de milieu en milieu de $1^m,085$.

L'essieu porteur est à fusées extérieures écartées de milieu en milieu de $2^m,460$.

Les fig. 8 et 9, de la pl. XLV indiquent les dimensions de ces essieux. En raison des grandes dimensions données aux fusées, la charge par unité de surface est relativement faible.

La machine est suspendue au moyen de six ressorts à lames en acier fondu. Les ressorts sont placés au-dessous des boîtes, pour les roues accouplées d'arrière et celles du milieu ; ils sont conjugués au moyen de bielles *b* et de renvois de mouvements d'équerre *b′* (fig. 1, pl. II), faisant office de balanciers dont les bras de levier sont proportionnels à la charge suspendue. Tous ces ressorts ont mêmes dimensions.

Les pistons sont du genre Suédois avec âme au milieu de la longueur et évidements symétriques dont les saillies des plateaux épousent la forme ; les segments sont en fonte. La tige du piston est emmanchée à vis dans le piston et par clavette dans la tête du piston ; une fausse tige guide le piston à travers le plateau d'avant du cylindre. La tête de piston est en fer cémenté et trempé ; les coulisseaux sont en fonte garnie de métal blanc, et munis chacun d'un graisseur à siphon ; les glissières de tête de piston sont en acier ; leur section est en forme de T. Un petit longeron intermédiaire *p*, fixé sur les cylindres et sur le support des glissières, porte les guides carrés de la tige de tiroir. Toutes les garnitures sont métalliques, du système Duterne, formées de bagues en métal blanc, sans interposition de ressorts.

Les bielles motrices sont en fer; leur longueur est de 8, 4 fois la manivelle. Les bielles d'accouplement en acier, sont placées à l'intérieur des bielles motrices; leur section au milieu est de $0^m,095$ sur $0^m,035$.

La distribution est à coulisse renversée, dite de Gooch (G, fig. 1, pl. II), dont l'emploi était tout indiqué par la grande distance existant entre le milieu des cylindres et l'axe de l'essieu moteur. Le relevage du coulisseau est à action directe de manière à réduire au minimum le nombre des articulations.

Le graissage des tiroirs et des cylindres est fait à distance au moyen d'un graisseur à deux robinets et à boule, placé sur la plateforme du mécanicien et communiquant au moyen de tuyaux avec la boîte à tiroirs.

La boîte à feu est du type Belpaire à faces planes entretoisées par des tirants en fer vissés dans les tôles et maintenus en outre par des écrous; les entretoises qui réunissent le foyer avec les parois verticales de son enveloppe sont en cuivre rouge, elles sont creuses sur une partie de leur longueur: la tôle formant l'enveloppe du foyer est d'une seule pièce ayant les dimensions maxima: longueur $5^m,150$, largeur $2^m,255$.

Ce foyer a été disposé de manière à pouvoir y brûler des combustibles menus que la proximité des bassins houillers permet à la compagnie de l'Est d'obtenir à bon marché sur les différents points de son réseau. La machine présente une grande surface de chauffe directe combinée avec une grande section de passage donnée aux gaz chauds.

Les appareils d'alimentation sont des injecteurs Friedmann; les robinets de prise de vapeur sont à vis et à cône.

Cette locomotive est munie de l'appareil à injection d'eau et de vapeur, système Le Chatelier, pour la marche à contre vapeur.

Un frein à main, commandé par crémaillère, agit sur la roue porteuse d'avant.

Conditions d'établissement.

Chaudière complète garnie de ses accessoires. .	12 752 kilos
Châssis complet moins les essieux montés. . .	13 833 k.
Essieux montés.	9 195 k.
Total à vide.	35 780 k.

Le poids total en charge se subdivise en :

Poids suspendu total.	27 550 k.
Poids non suspendu	10 938 k.
Total en charge.	38 488 k.

Largeur extérieure de l'enveloppe du foyer, en haut. .	1^m, 295
Diamètre extérieur des grandes viroles du corps cylindrique.	1^m, 295
Diamètre moyen du corps cylindrique.	1^m, 268
Volume de l'eau avec 10 c. au-dessus du ciel du foyer . .	2^{m3},700
Volume de vapeur.	2^{m3},250
Timbre de la chaudière.	9 kilos.
Hauteur de l'axe de la chaudière au-dessus du rail . . .	2^m,100

Les dimensions intérieures du foyer sont :

Longueur	En haut.	2^m, 200
	En bas	2^m, 258
Largeur	En haut.	1^m, 080
	En bas	1^m, 015
Surface de la grille.		2^{m2}, 38
Tubes	Nombre	206
	Diamètre extérieur	0^m, 049
	Longueur	3^m, 500
Section des tuyaux de prise de vapeur.		0^{m2},0122
Section de l'échappement, ouvert en grand . . .		0^{m2},03
id.	serré à fond	0^{m2},0058
Cylindres	Entr'axe.	2^m, 100
	Diamètre	0^m, 450
	Course du piston.	0^m, 640
Bielles motrices, longueur		2^m, 688
Roues, diamètre au contact	Roues libres	1^m, 350
	Roues motrices	2^m, 300

Travail effectué et Consommation. M. l'ingénieur en chef Regray a bien voulu, sur notre demande, faire faire le relevé des parcours des charges remorquées et de la consommation de ces machines ; nous reproduisons ces documents.

Composition des trains remorqués par les Machines 501-510 pendant les mois d'août et septembre 1879.

Nos des TRAINS	DÉSIGNATION des PARCOURS maximum de rampe 6 m/m	KILOMÈTRES	NOMBRE DE VÉHICULES*		
			MAXIMUM	MOYEN	MINIMUM
	Août 1879.				
40) 33	de Paris à Chaumont	262	15	12 6	12
40) 39	d°	262	12	10 2	9
40) 35	de Paris à Troyes	166	13	8 8	8
40) 45	d°	166	21	17 3	15
40) 30	de Troyes à Paris	166	9	6 9	6
40) 40	d°	166	17	13 5	11
40) 34	de Chaumont à Paris	262	16	12 9	11
40) 38	d°	262	16	11 4	9
	Septembre 1879.				
40) 33	de Paris à Vesoul	381	14	12 8	12
40) 35	de Paris à Troyes	166	9	7 6	7
40) 39	de Paris à Chaumont	262	11	9 8	8
40) 30	de Troyes à Paris	166	8	6 4	5
40) 34	de Chaumont à Paris	262	18	14 2	12
40) 38	de Vesoul à Paris	381	14	11 5	9

* Les livres récapitulatifs du Mouvement ne donnent la composition du train qu'en trois points : *points extrêmes et point moyen.* — Les nombres indiqués dans les colonnes : *Maximum et Minimum* n'ont donc qu'une valeur indicative. — Le nombre moyen est approximatif.

CONSOMMATION DE COMBUSTIBLE PAR KILOMÈTRE DE TRAIN

des MACHINES 501 à 510

pendant les mois d'août et septembre 1879.

MOIS	DÉSIGNATION	Août Mne 501 7bre 501-509	Mnes 502-505 do 502	Mne 504 do 504	Mnes 503-509 do 503	Mne 507 do 507	Mnes 505-506 do 505-506	Mne 510 do 510	MOYENNES
Août	Parcours . . km.	6848	4664	6682	6075	6682	6658	6562	
	Consommation par kilomètre. kg	10.57	10.54	10.23	9.58	10.23	10.06	9 63	10.115
Septembre	Parcours . . km.	5902	6282	5782	3760	6140	5972	4736	
	Consommation par kilomètre . kg.	10.94	10.37	11.17	9.14	10.19	9.61	9.20	10.173
Moyenne	Pour les 2 mois. kg.	10.75	10.45	10.67	9.42	10.22	9.85	9.45	10.142

NOTA. — Le combustible est de la houille *menue sans mélange de grosse*, achetée aux charbonnages aux prix de 7 à 8 fr. la tonne.

284. Machine de l'Ouest, type 1878. — Les deux essieux accouplés sont placés à l'arrière de la machine, le maître-essieu au milieu; à l'avant se trouve un essieu porteur. L'essieu d'arrière est directement placé au-dessous du foyer, il est entouré d'une gaîne métallique qui le préserve de l'échauffement (pl. XI, XII, XIII, XIV, XV).

Les cylindres sont placés à l'intérieur des longerons, horizontalement, et en porte à faux en tête de la machine. Le mouvement des pistons est transmis à l'essieu moteur qui n'est que demi-coudé. La pl. XIV donne les détails de cet essieu et des roues motrices et montre les positions relatives des bielles manivelles et excentriques; les manivelles d'accouplement sont calées dans le même sens que les manivelles motrices. Les tiroirs de distribution et les organes qui les mettent en mouvement sont placés à l'extérieur des longerons.

Les cylindres sont boulonnés sur les longerons extérieurs, et, au centre, sur un longeron intermédiaire placé suivant l'axe longitudinal de la machine. Ce longeron central est relié aux longerons extérieurs par des entretoises transversales et par les traverses extrêmes. Les supports du corps cylindrique, construits à dilatation libre, viennent se boulonner sur les trois longerons. L'essieu coudé traverse le longeron médian qui reporte sa pression sur l'essieu à l'aide d'une boîte à graisse et d'un ressort placé en dessous.

La planche XII montre les détails du foyer, du corps cylindrique, de la boîte à fumée, de la prise de vapeur et de l'échappement. Cette machine est munie d'un sablier S dont le fond est formé par deux plans inclinés aboutissant chacun à l'extrémité supérieure d'un tuyau *s s*. A cette extrémité se trouve une soupape qui, à l'aide d'une transmission par leviers et équerres, peut être soulevée par le mécanicien et donner ainsi écoulement au sable; celui-ci descend par le tuyau S et vient se répandre sur les rails en avant des roues motrices. L'attache de la machine au tender a été décrit précédemment — 175 et 224 —.

Conditions d'établissement.

VAPORISATION.

Longueur de la grille	1m, 624
Largeur d°	1m, 078
Surface d°	1m ²,75
Hauteur du ciel du foyer au dessus de la grille. avant	1m, 170
Hauteur du ciel du foyer au dessus de la grille. arrière	1m, 020
Volume de la boîte à feu	1m ³,880
Nombre de tubes	156
Longueur d° (entre les plaques tubulaires)	3m, 850
Diamètre intérieur	0m, 045
Surface de chauffe des tubes	94m ²,35
d° d° du foyer	7m ²,10
d° d° totale	101m ²,45
Diamètre moyen du corps cylindrique	1m, 170
Épaisseur de la tôle	0m, 014
Timbre de la chaudière	9k
Volume de l'eau contenue dans la chaudière avec 0,10 au dessus du ciel du foyer	2m ³,800
Longueur intérieure de la boîte à fumée suivant l'axe de la chaudière	0m, 700
Largeur intérieure de la boîte à fumée dans le sens transversal	1m, 148
Diamètre intérieur de la cheminée	0m, 42

MÉCANISME.

Diamètre des cylindres	0m, 420
Course des pistons	0m, 600
Ecartement des essieux extrêmes	4m, 400
Diamètre des roues motrices et accouplées	1m, 930
d d° de support	1m, 290

PUISSANCE.

Poids sur rails par essieu, locomotive chargée	1er essieu (avant)	11 150k
	2e	12 450k
	3e	12 450k
Poids total de la locomotive chargée		36 050k
d° d° vide		33 000k
Adhérence au 1/6		4 100k

285. MACHINE SHARP, STEWART ET Cie, TYPE 1878. — Cette machine, représentée par les pl. VII et VIII, repose sur trois essieux, un essieu porteur à l'avant, deux essieux moteurs à l'arrière. Dans l'espace compris entre les deux essieux accouplés se trouve placée la boîte à feu qui a une longueur de $1^m,58$ suivant l'axe longitudinal de la machine.

Rappelant par divers côtés les perfectionnements introduits en Angleterre par MM. Webb et Ramsbotton, cette locomotive diffère sensiblement dans son aspect extérieur des machines à grande vitesse du continent.

Les cylindres, placés à l'intérieur des longerons, sont contigus l'un à l'autre et légèrement inclinés. Les pistons sont garnis de bagues en métal à canon. Les tiges de piston, les bielles, sont en acier Bessemer; les coulisses en fer trempé. Les glissières de la crosse du piston sont en fonte, disposées de façon qu'on puisse démonter la tête du piston sans démonter les barres des glissières : arrangement adopté depuis quelque temps en Angleterre pour les cylindres intérieurs. La distribution du système Allen a ses organes en fer trempé. Les poulies et les bagues d'excentrique sont en fonte. Le changement de marche s'opère à l'aide d'une vis avec volant-manivelle placé sur l'un des couvre-roues d'arrière, à la portée du mécanicien.

Les essieux, en métal Bessemer, présentent de grandes portées de calage. Les boîtes à graisse, en fer trempé, du maître-essieu et de l'essieu accouplé, glissent dans des guides en acier fondu, sans coins de rattrapage. Les boîtes à graisse des essieux porteurs sont en fonte, fonctionnant dans des guides en fonte ayant un jeu latéral de $0^m,0127$ de chaque côté. Toutes les boîtes sont munies d'un double plan incliné en fer. Ainsi, quoique la machine ait un empatement total de $4^m,95$, la base rigide n'a que $2^m,641$ de longueur.

Les longerons en fer laminé ont $0^m,0253$ d'épaisseur, $0^m,457$ de hauteur. Ils sont réunis transversalement par la traverse des tampons, par les cylindres, la platine d'arrière et une platine de fonte à l'avant de la machine. Le corps cylindrique est formé de trois viroles pénétrant l'une dans l'autre, la plus petite étant assemblée à la boîte à fumée au moyen d'une bague en fer cornière. Les assemblages longitudinaux ont double rivure, ainsi que le joint qui forme la réunion entre le corps cylindrique et l'enveloppe de la boîte à feu ; il en est de même pour le joint de la boîte à fumée, de la cornière et de la dernière virole du corps cylindrique.

La boîte à feu est pourvue d'une voûte en briques réfractaires et d'un déflecteur à l'intérieur de la porte de chargement. La deuxième virole du corps cylindrique porte un dôme dans lequel se trouve le régulateur. — Au-dessus de la boîte à feu on a placé deux soupapes de sûreté, système Ramsbotton, chargées de 10 kil. par centimètre carré.

L'alimentation se fait avec deux injecteurs, un n° 7 et un n° 9, placés au-dessous de la plate-forme. L'eau est introduite dans des chapelles placées à l'arrière de la boîte à feu et de là portée par des tuyaux jusqu'au milieu du corps cylindrique.

La machine est pourvue du frein hydraulique, système Webb, décrit précédemment — 253 —.

La chaudière est entourée d'une enveloppe en tôle mince formée de plusieurs viroles fixées sur des bagues en fer sans intercalation de bois.

Pour pouvoir graisser, pendant la nuit, les pièces en mouvement, on a disposé deux lampes qui sont fixées dos à dos suivant l'axe longitudinal. Un graisseur automatique — 143 — lubrifie les cylindres et les tables de tiroir.

Conditions d'établissement.

Diamètre des cylindres	0^m, 457
Course des pistons	0^m, 635
Diamètre des roues motrices et accouplées	1^m, 982
d° de support	1^m, 220
Épaisseur des bandages	0^m, 064
Largeur d°	0^m, 134

Écartement des roues extrêmes	4m, 953
d° d° accouplées.	2m, 643
Diamètre de la portée des essieux accouplés. . . .	0m, 184
Longueur de la portée des roues accouplées. . . .	0m, 229
Diamètre de la portée des roues de support	0m, 159
Longueur de la portée d° d°	0m, 254
Diamètre des boutons de manivelle des bulles d'accouplement.	0m, 197
Longueur de la portée des boutons de manivelle . .	0m, 102
Écartement des longerons . . , ...	1m, 258
Plus petit diamètre intérieur de la chaudière . . .	1m, 244
Longueur du corps cylindrique	3m, 126
Épaisseur des tôles	0m, 013
Épaisseur des plaques de boîte à fumée	0m, 023
Longueur de la boîte à feu. — Enveloppe.	1m, 778
Largeur au bas de la boîte à feu	1m, 232
Profondeur du centre de la chaudière	1m, 500
Épaisseur des tôles. — Côtés et dessus.	0m, 013
Corps de la boîte à feu. — Épaisseur des plaques, avant et arrière	0m, 015
Longueur intérieure de la boîte à feu en cuivre. . .	1m, 582
Largeur au bas	1m, 048
Épaisseur des plaques	0m, 013
Surface de la grille	1m 2,640
Épaisseur de la plaque tubulaire à l'endroit des tubes.	0m, 023
d° d° plus bas que les tubes.	0m, 013
Diamètre extérieur des tubes en laiton	0m, 048
Nombre d° d°	219
Surface de chauffe des tubes	105m 2,25
d° de la boîte à feu	9m 2,75
d° totale	115m 2,00
Poids sur chaque essieu, locomotive vide — 1er Avant	9 465k
2e Milieu	11 635k
3e Arrière	11 500k
Poids total de la machine vide	32 600k
Poids sur chaque essieu, locomotive chargée — 1er Avant	10 685k
2e Milieu.	12 900k
3e Arrière	12 400k
Poids total de la machine chargée	35 985k

286. MACHINES MIXTES A GRANDE VITESSE A QUATRE ESSIEUX. — Nous trouvons en France plusieurs exemples de ce système de machines ; sur les chemins de fer d'Orléans, de Lyon, de l'Ouest et de l'Est; en Suisse, en Prusse, en Wurtemberg, en Angleterre, en Russie, etc., elles offrent tous les avantages de la grande vitesse avec ceux de la stabilité.

287. MACHINES DE LA GRANDE SOCIÉTÉ DES CHEMINS DE FER RUSSES. — Type 1861. — Cette société a fait construire, il y a bientôt vingt ans, par l'atelier du Creuzot, des machines à deux essieux moteurs compris entre deux essieux porteurs.

Cette disposition, en faisant disparaître le porte-à-faux du foyer, a permis de donner de grandes dimensions à la grille.

Malgré le grand empatement qu'elle présente, la machine a une flexibilité suffisante, grâce au jeu latéral de 10 m/m que l'on a donné aux essieux porteurs.

Conditions d'établissement.

PRESSION DE LA MACHINE PLEINE.

Sous le premier essieu (avant)	10 050k
Sous le deuxième	11 120k
Sous le troisième	10 800k
Sous le quatrième	7 520k

Chaudière à vapeur.

Longueur de l'enveloppe du foyer . . .		2m,200
Longueur du corps cylindrique		4m,255
Longueur de la boîte à fumée		0m,925
Surface de chauffe	Foyer .	10m²,138
	Tubes .	113m²,140
Longueur totale de la chaudière		7m,380

Supports.

Essieux montés (Entr'axes)	1er — 2e . .	1m,800
	2e — 3e . .	2m,200
	3e — 4e . .	1m,800
	1er — 4e . .	5m,800
Roues, diamètre au contact	roues libres.	1m, 300
	roues motrices .	2m, 100

Diamètre des cylindres à vapeur . . .	0m,440
Course du piston	0m,606

288. MACHINE AVEC AVANT-TRAIN MOBILE DU NORD. — La Compagnie des chemins de fer du Nord emploie depuis quelques années comme combustible la houille *tout-venant*. En 1873, M. Beugniot construisit une machine à grande vitesse modifiée de manière à brûler ce combustible. Il logea, au-dessus d'un essieu reliant des roues de $2^m,10$ de diamètre, un foyer ayant $2^m,34$ de longueur. Cette machine eut un succès complet ; elle put marcher avec du *tout-venant* pur et même avec des charbons presque fins, sans dépasser les allocations normales.

Encouragée par ce succès, la Compagnie fit construire, en 1875 et en 1877, 25 machines semblables pour le service de tous les trains rapides et lourds sur les lignes anciennes dont le tracé ne présente que des courbes à grand rayon. Mais les lignes à fortes rampes, offrent, au contraire, un tracé souvent très sinueux, et il paraissait souvent difficile d'y faire passer des machines avec un empatement rigide de $5^m,50$. La Compagnie modifia les machines précédentes et les munit d'un *bogie*, d'un avant-train articulé. Cette machine, représentée par les pl. IV, V et VI, est destinée, comme les autres, à la traction des express sur les grandes lignes ; mais elle doit aussi servir à faire, sur les lignes à courbes raides, des trains rapides.

Dans les alignements droits, à très grande vitesse, la machine possède une stabilité égale à celle des autres machines ; elle est même beaucoup plus douce.

Grâce au bogie elle ne donne aucune secousse à l'entrée dans les courbes, ce qui ménage les boudins des bandages d'avant.

Cette machine est à mécanisme intérieur ; la fig. 1, de la pl. VII, montre la position relative des divers organes, la pl. V indique le fonctionnement de la machine, et les figures 5, 6 et 7 de la pl. VI donnent tous les détails de construction du foyer et du corps cylindrique. Les détails du bogie — 214 — l'élévation de la machine et du tender sont contenus dans la pl. IV.

Conditions d'établissement.

CHAUDIÈRE.

Grille	Longueur horizontale. . mèt. .	2,273
	Largeur.	1,020
	Surface . . . . . mèt. car. .	2,31
Foyer	Longueur intérieure en haut. mèt. .	2,200
	Largeur — — . . .	1,042
	Hauteur du ciel — au-dessous du cadre à l'AV.	1,580
	Hauteur du ciel — — — à l'AR.	1,010
	Hauteur du ciel — au-dessus de l'axe du corps cylindrique. . .	0,200
	Hauteur du rang inférieur des tubes au-dessus de la grille à l'avant.	0,760
Boîte à feu extérieure	Longueur . . . . mèt. .	2,472
	Largeur en haut.	1,280
	— en bas	1,218
Corps cylindrique	Diamètre intérieur maximum . .	1,251
	Épaisseur des tôles.	0,0145
	Hauteur de l'axe au-dessus des rails.	2,120
Tubes	Nombre	201
	Longueur entre les plaques. mèt. .	3,500
	Diamèt. int. 0,041 ; diamèt. ext. .	0,045
Surface de chauffe	du foyer. . . . . . mèt. car. .	9,37
	des tubes (à l'intérieur).	90,61
	totale.	99,98
Rapport	Surface des tubes à celle du foyer.	9,67
	Surface de chauffe à la surf. de grille.	43,3
Timbre de la pression (en kilogrammes).		10,000
Diamètre des soupapes de sûreté. . . . . mèt. .		0,110
Cheminée	Diamètre intérieur en haut. . .	0,480
	— — en bas . . .	0,390
	Haut^r au-dessus des tubes supérieurs.	1,900
Rapport : Surface de grille à la section de cheminée.		19,5
Boîte à fumée	Diamètre intérieur. . . mèt .	1,251
	Longueur intérieure.	0,831

Capacité	Eau (10 c/m sur le ciel). mèt. cub.		3,050
	Vapeur		2,550
	Totale (eau et vapeur)		5,600

CHASSIS ET ROUES.

Longueur totale du châssis (tampons compris). mèt.			9,310
Longerons intérieurs	Ecartement intérieur		1,256
	Epaisseur 0,022; hauteur minima		0,300
Longerons extérieurs	Ecartement intérieur		2,052
	Epaisseur 0,022; hauteur minima		0,300
Diamètre des roues (au contact)	1res et 2es (Bogie)		1,010
	3es et 4es (accoupl.)		2,100
Ecartement des essieux	1er, 2e		1,800
	2e, 3e		1,930
	3e, 4e		2,590
	extrêmes		6,320
Diamètre des essieux	au corps	1er et 2e (Bogie)	0,145
		3e (moteur coudé)	0,190
		4e (arrière)	0,170
	au calage	1er et 2e (Bogie)	0,180
		3e et 4e	0,210
De milieu en milieu des fusées	1er et 2e essieu (Bogie)		2,000
	intérieures du 3e essieu		1,2425
	extérieures du 3e et 4e essieu		1,985
Fusées des essieux	1er et 2e (Bogie)	Diamètre	0,130
		Longueur	0,240
	intéres du 3me	Diamètre	0,190
		Longueur	0,1225
	extéres de 3e et 4e	Diamètre	0,180
		Longueur	0,260
Tourillons des manivelles motrices	Diamètre		0,200
	Longueur		0,120
Boutons des manivelles d'accouplement	Diamètre		0,085
	Longueur		0,090
Rayon des manivelles d'accouplement			0,360
D'axe en axe des bielles d'accouplement			2,637

Poids des roues montées (bandages neufs)	1res et 2es (Bogie). . . . kil. .	1 160
	3mes (motrices).	3 904
	4mes (arr. accoupl.)	3 340
Ressorts de suspension	1er et 2e 11 feuilles de 90/10; corde 0,800; flèche.	0,070
	intrs du 3e ess. 8 — 75/10, — 0,800, —	0,080
	extrs de 3e et 4e 13 — 90/12, — 0,900, —	0,080

MÉCANISME.

Cylindres intérieurs	Ecartement d'axe en axe. mèt. .	0,760
	Diamètre	0,432
	Course des pistons.	0,610
	Inclinaison sur l'horizontale. . .	0
Bielles motrices	Longueur d'axe en axe.	1,800
	Tourillons des petites têtes — Diamètre.	0,070
	Tourillons des petites têtes — Longueur (deux fois)	0,042
Rapport : Longueur de la bielle à la manivelle . .		5,9
Inclinaison des tiroirs sur l'axe des cylindres. . .		0
D'axe en axe des tiges de tiroirs . . . . mèt. .		0,124
D'axe en axe des coulisses de distribution		0,240
Excentriques	Angles d'avance	30°
	Rayon d'excentricité	0,0625
	Longueur des barres.	1,560
Longueur des lumières (Admission et échappement).		0,330
Largeur des lumières	Admission	0,040
	Echappement	0,100
Recouvrement des tiroirs	Extérieur (deux fois)	0,0335
	Intérieur (deux fois)	0,002
Introduction de vapeur (moyenne au maximum).		76 0/0
Effort de traction (maximum théorique) . . . . kil. .		5 420
— — (coefficient de 0,65)		3 523

POIDS DE LA MACHINE.

Poids de la machine	vide	38 400
	en charge	41 600
Répartition du poids par essieu (machine en charge)	1er (Bogie)	7 200
	2me —	7 200
	3me (moteur).	13 600
	4me arrière.	13 600
Poids utile pour l'adhérence.		27 200
Rapport : Poids adhérent à l'effort de traction		7,72

D'après les renseignements fournis par la Cie du chemin de fer du Nord, ces machines, en remorquant des trains de 16 à 18 voitures, à la vitesse de 65 kilomètres, ont consommé, par kilomètre, en moyenne 8k,89 de houille tout-venant, tandis que les machines Crampton, qui ne remorquent pas douze voitures en moyenne, mais qui ont des foyers étroits et profonds était de 8k,5 en 1877.

289. MACHINE D'ORLÉANS. — Cette machine est portée par quatre essieux : au milieu, les deux essieux moteurs, à chaque extrémité un essieu à roues libres. La machine à cylindres et à mécanisme extérieurs est moins sujette aux mouvements de devers, par suite de l'abaissement de son centre de gravité.

Le grand espacement de ses roues extrêmes, la charge relativement élevée imposée aux roues d'avant; sa liaison au tender, au moyen d'un attelage à ressort et de tampons élastiques suffisamment rigides, lui donnent un surcroît de stabilité; l'application de coussinets à plans inclinés aux roues d'avant et d'arrière facilite le passage dans les courbes à petits rayons. Le foyer, système Ten Brinck — 85 — avec bouilleur, gueulard et clapet de prise d'air a été appliqué à cette machine.

Les barreaux de la grille (système Raymondière) sont disposés en éventail avec gradins latéraux — 69 —. Une enveloppe de laiton poli, avec bourrage de laine de scorie, entoure le corps cylindrique et la boîte à feu toute entière.

Les deux essieux accouplés ont une suspension commune, établie au moyen de balanciers reposant sur les boîtes.

Pour l'alimentation, un injecteur, système Bouvret, et une pompe à double effet à deux pistons, fonctionnant à l'opposé l'un de l'autre.

Un sablier S, muni d'un distributeur à vis d'Archimède w, permet de répandre du sable à la volonté du machiniste.

Conditions d'établissement.

VAPORISATION.

Grilles	longueur	1m,545
	largeur	1m,050
	surface	1m²,62
Hauteur du ciel du foyer au-dessus de la grille	avant	1m,570
	arrière	1m,070
Volume de la boîte à feu		2m³,059
Tubes	nombre	177
	longueur	5m,000
	diamètre intérieur	0m,0425
	Épaisseur	0m,00275
Surface de chauffe	des tubes	135m²,19
	du foyer (avec bouilleur)	10m²,60
	totale	145m²,79
Diamètre moyen du corps cylindrique		1m,250
Epaisseur de la tôle du corps cylindrique		0m,0135
Timbre de la chaudière		9k
Volume de l'eau contenue dans la chaudière avec 0m,10 au-dessus du ciel du foyer		3m³,800
Volume de vapeur		1m³,800
Longueur intérieure de la boite à fumée		0m,900
Largeur transversale (diamètre intérieur)		1m,470
Diamètre intérieur de la cheminée	haut	0m,460
	bas	0m,410

MÉCANISME.

Diamètre des cylindres		0m,440
Course des pistons		0m,650
Ecartement des essieux extrêmes		5m,700
Roues, diamètre au contact	roues accouplées	2m,00
	roues libres	1m,260

PUISSANCE.

Poids sur rail par essieu, locomotive chargée	1er avant	11 400k
	2e	12 900k
	3e	12 050k
	4e	5 450k
Poids total de la locomotive chargée		41 800k
» » vide		37 700k
Puissance de traction (en prenant 0.65 de la pression effective)		3 681k
Adhérence au 1/6		4 158k

D'après le livret de marche des trains, ces machines doivent remorquer, en été, la charge de 165 tonnes à la vitesse de 70 kilomètres sur rampes de $2^{m}/^{m}5$, une charge de 55 tonnes à la vitesse de 60 kilomètres sur rampe de $23^{m}/^{m}$, ou sur les mêmes rampes de $23^{m}/^{m}$, une charge de 100 tonnes à la vitesse de 25 kilomètres à l'heure.

290. MACHINE DE PARIS-LYON-MÉDITERRANÉE.— En raison du diamètre des tubes — $46^{m}/_{m}$ de diamètre intérieur — et de la puissance du foyer, on a cru, dit la Compagnie, dans la note qu'elle a distribuée à l'occasion de l'Exposition de 1878, pour obtenir le maximum de production et d'économie, devoir donner aux tubes de cette machine une grande longueur, environ 5 mètres (fig. 1 et 2, pl. X).

La grande longueur du corps cylindrique et du foyer a nécessité, pour réduire le porte-à-faux, l'addition, en avant et en arrière des roues motrices, d'un essieu de support.

La boîte à feu est du système Belpaire. Le foyer est muni d'un appareil fumivore système Thierry — 88 —.

Le cendrier, complétement fermé en dessous, est muni de portes à l'avant et à l'arrière. L'essieu porteur d'arrière se trouve placé sous le cendrier, dans un double fond où circule un courant d'air provoqué par le mouvement du train, et qui le rafraîchit.

Les coussinets des boîtes à graissage des essieux d'avant et d'arrière, peuvent se déplacer de 1 centimètre de chaque côté de l'axe et permettent, par conséquent, à ces essieux un déplacement égal dans les courbes ; des plans inclinés, placés entre le dessus des coussinets et le corps de la boîte, ramènent les essieux dans la position normale.

La charge afférente aux roues motrices est répartie également sur les boîtes à graissage par l'intermédiaire d'un ressort unique et d'un balancier.

Une caisse, en forme de selle, contenant du sable qui doit être toujours très sec, est installée sur la chaudière ; un tuyau, de chaque côté de la machine, qui s'ouvre par la manœuvre d'une tringle, conduit le sable sous les roues motrices.

Conditions d'établissement.

Poids sur rails par essieu, locomotive chargée.	1er avant	11 180 k.
	2e avant-milieu	12 890 k.
	3e milieu-arrière	12 330 k.
	4e arrière	8 440 k.
Poids total de la locomotive chargée		44 840 k.

VAPORISATION.

Longueur de la grille	2m, 217
Largeur de la grille	1m, 010
Surface de la grille	2m2, 14
Hauteur du ciel du foyer au-dessus de la grille — Avant	1m ,410
Hauteur du ciel du foyer au-dessus de la grille — Arrière	0m ,880
Volume de la boîte à feu	2m3,450
Nombre de tubes	164
Longueur des tubes (entre les plaques tubulaires)	4m, 930
Diamètre intérieur des tubes	0m, 046
Surface de chauffe des tubes	116m2,84
Surface de chauffe du foyer	9m2,00
Surface de chauffe totale	125m2,84
Diamètre moyen du corps cylindrique	1m, 238
Epaisseur de la tôle	0m, 0145
Timbre de la chaudière	9k
Volume de l'eau contenue dans la chaudière avec 0m,10 au-dessus du ciel du foyer	3m3,700
Longueur intérieure de la boîte à fumée	1m, 098
Largeur intérieure dans le sens transversal	1m, 267
Diamètre intérieur de la cheminée	0m, 500

MÉCANISME.

Diamètre des cylindres	0m, 500
Course des pistons	0m, 650
Ecartement des essieux extrêmes	5m, 900
Diamètre des roues accouplées	2m, 100
Diamètre des roues porteuses	1m, 300

Les charges que ces machines peuvent remorquer à différentes vitesses, sur diverses rampes, sont indiquées dans le tableau suivant :

NATURE des TRAINS	VITESSE réelle en kilomètres à l'heure	Rampes, en millim. de haut. par mètre. de long. 0	2,5	5	10	15
		Nomb. de Tonnes brutes remorquées (Mach. et Tend. non comp.)				
Voyageurs :						
Directs. . . .	50	388	259	187	109	67
Express . . .	60	277	189	137	78	45
Rapides . . .	70	208	145	105	57	30

Observation. — Nous reviendrons sur les machines à 2 essieux moteurs à grande et à moyenne vitesse. Elles seront décrites dans le paragraphe V des machines-tenders.

§ III.

MACHINES A TROIS ESSIEUX MOTEURS.

291. Conditions du service. — Cette classe, la plus nombreuse et la plus importante des machines locomotives, se trouve aujourd'hui répandue sur toutes les lignes où le trafic des marchandises a pris une certaine importance.

Il s'agit ici d'avoir une grande puissance de traction, et dans ce but il a fallu sacrifier la vitesse à l'effort. — Aussi ces machines sont-elles caractérisées par les données suivantes :

Une large surface de chauffe ;
Des cylindres de grandes dimensions ;
Des roues de petit diamètre ;
L'accouplement de tous les essieux.

Les roues sont généralement inscrites entre le foyer et la boîte à fumée, afin de réduire au minimum l'écartement extrême des essieux conjugués, et la longueur des bielles d'accouplement.

Les cylindres sont tantôt intérieurs et tantôt extérieurs aux supports de la machine. — Nous avons vu précédemment que la première disposition offre, au point de vue de la stabilité, le plus d'avantages, à la condition, toutefois, d'employer de très bons essieux coudés. — Cette dernière question, jointe à celle des commodités de tous genres que donne la seconde disposition, a engagé les ingénieurs français à adopter les cylindres extérieurs. — Bien que leur écartement occasionne des oscillations horizontales nuisibles à la marche de la machine, on leur donne la préférence.

292. Machine de Paris-Lyon-Méditerranée. — En 1878, la Compagnie P. L. M. possédait 942 locomotives semblables à celle que représente la pl. XVIII. Ces machines font le service des marchandises sur les lignes à pentes inférieures à $0^m,020$ et le service des voyageurs sur les lignes à pentes de $0^m,015$ à $0^m,025$. Ce type de locomotive créé en 1855 a conservé encore aujourd'hui des avantages suffisants pour en continuer la construction.

La boîte à feu est un cube surmonté d'un demi-cylindre du même axe que le corps cylindrique de la chaudière.

Le ciel du foyer est armé de fermes longitudinales, appuyées à chaque extrémité sur les parois verticales avant et arrière du foyer et suspendues en deux points intermédiaires, à l'enveloppe de la boîte à feu qui le surmonte.

Le corps cylindrique se compose de 3 viroles ; celle d'avant porte un dôme renfermant les appareils de prise de vapeur ; ce dôme est surmonté des soupapes de sûreté. Dans le bas du corps cylindrique existent deux poches α α fermées par un bouchon autoclave, et qui facilitent le nettoyage de la tubulure. Le corps cylindrique porte sur les entretoises des longerons, par l'intermédiaire de cales en fer rivées sur la tôle.

La boîte à fumée est boulonnée sur une caisse en tôle formant entretoise des longerons. La chaudière entière peut ainsi s'enlever facilement sans qu'on soit obligé d'écarter les longerons.

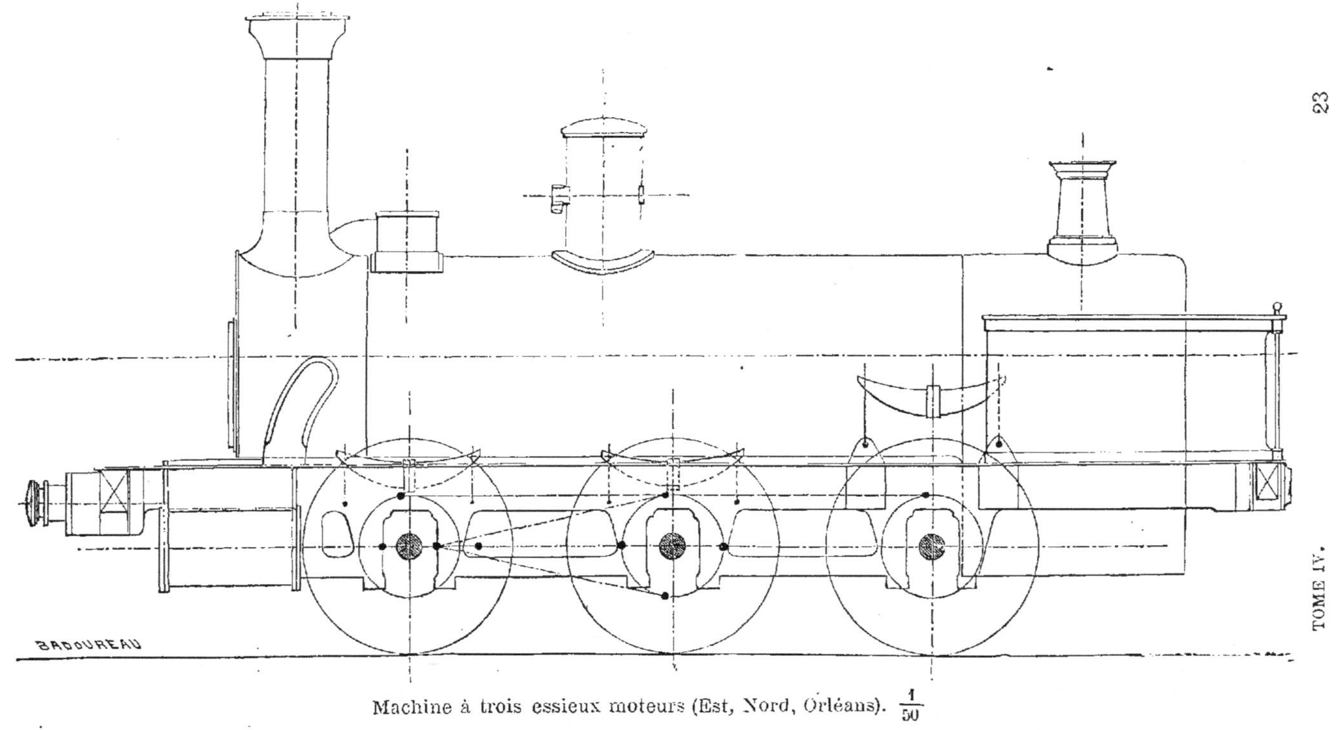

Machine à trois essieux moteurs (Est, Nord, Orléans). $\frac{1}{50}$

Les longerons du châssis ont 0m,028 d'épaisseur. Ils sont reliés entr'eux :

1° A l'avant, par une traverse en bois renfoncée par un fer en ⊐ sur lequel se fait la traction au moyen d'un crochet muni d'un ressort en rondelles Belleville ;

2° Au point d'attache des cylindres sur les longerons, par une caisse rectangulaire en fers cornières et tôle sur laquelle est fixée la boîte à fumée.

3° A l'arrière, par une traverse en bois, par les tôles de l'attelage et des agrafes fixées à la boîte à feu. Un tablier règne sur toute la longueur, au pourtour de la machine.

La machine s'appuie sur chaque boîte à graisse par un ressort spécial. Les ressorts de l'essieu d'arrière sont à pincettes — 179 —.

Les cylindres placés à l'extérieur des longerons sont reliés à ceux-ci à l'aide de boulons. La boîte à vapeur du tiroir et tout le mécanisme de distribution se trouvent à l'intérieur des longerons.

Conditions d'établissement.

VAPORISATION :

Grille	Longueur	1m, 3405
	Largeur	1m, 001
	Surface	1m²,34
Hauteur du ciel du foyer au-dessus de la grille	Avant	1m, 40
	Arrière	1m, 19
Volume de la boîte à feu		1m³,735
Tubes	Nombre	177
	Longueur (entre les plaques tubulaires)	4m, 252
	Diamètre intérieur	0m, 046
Surface de chauffe des tubes		108m²,76
d° d° du foyer		7m²,15
d° d° totale		115m²,91
Diamètre moyen du corps cylindrique		1m, 357
Epaisseur de la tôle		0m, 0145
Timbre de la chaudière		9k

Volume de l'eau contenue dans la chaudière avec $0^m,10$ au-dessus du ciel du foyer . . . . . $3^{m^3},960$
Longueur intérieure de la boîte à fumée . . . $0^m,922$
d° d° (dans le sens transversal). $1^m,357$
Diamètre intérieur de la cheminée . . . . . $0^m,450$

MÉCANISME :

Diamètre des cylindres . . . . $0^m,450$
Course des pistons . . . . $0^m,650$
Ecartements des essieux extrêmes . . . . . $3^m,370$
Diamètre des roues motrices et accouplées . . $1^m,300$

PUISSANCE :

Poids sur rail, par essieu, locomotive chargée.
- 1er avant . . . . 11 060^k^
- 2e milieu. . . . . 11 800^k^
- 3e arrière . . . . 11 800^k^

Poids total de la locomotive chargée . . . . 34 660^k^
Poids total de la locomotive vide . . . . . . 30 500^k^
Puissance de traction (0,65 de la pression effective) dépend de la vitesse.
Adhérence à 0,14. . . . . 4 850^k^

Les charges que ces machines peuvent remorquer à différentes vitesses, sur diverses rampes, sont indiquées dans le tableau suivant :

NATURE des TRAINS	VITESSE réelle en kilomètres à l'heure	Rampes en millimètres de hauteur par mètre de longueur. Nomb. de Tonnes brutes remorquées (Mach. et Tender non comp.) 0	5	10	15	20
Marchandises	25	965	400	236	159	115
Id.	35	675	306	185	124	88
Voyageurs.	45	480	235	144	96	67

293. MACHINE DE L'OUEST. — Cette machine, représentée dans tous ses détails par les planches XIX et XX, appartient au type de machines à marchandises adopté par la Compagnie de l'Ouest depuis 1866.

Elle est destinée à opérer la traction des trains de marchandises sur un réseau où le profil des grandes lignes ne présente pas de rampes dépassant 10 $^m/_m$ en général et où celui de quelques embranchements de peu de longueur atteint 15 $^m/_m$ d'inclinaison. L'effectif total de ces machines en service est de 188.

Conditions d'établissement.

VAPORISATION :

Longueur de la grille	$1^m,400$
Largeur d°	$1^m,014$
Surface d°	$1^{m2},41$
Hauteur du ciel du foyer au-dessus de la grille. .	$1^m,535$
Volume de la boite à feu	$2^{m3},127$
Nombre de tubes.	192
Longueur d° (entre les plaques tubulaires). .	$4^m,300$
Diamètre intérieur d°	$0^m,045$
Surface de chauffe des tubes	$129^{m2},42$
d° d° du foyer.	$8^{m2},10$
d° d° totale	$137^{m2},52$
Diamètre moyen du corps cylindrique.	$1^m,300$
Epaisseur de la tôle	$0^m,0145$
Timbre de la chaudière	9^k.
Volume de l'eau contenue dans la chaudière avec $0^m,10$ au-dessus du ciel du foyer	$3^{m3},700$
Longueur intérieure de la boîte à fumée suivant l'axe longitudinal.	$0^m,870$
d° d° dans le sens transversal.	$1^m,313$
Diamètre intérieur de la cheminée	$0^m,450$

MÉCANISME :

Diamètre des cylindres.	$0^m,460$
Course des pistons	$0^m,640$
Nombre d'essieux	3
d° d° accouplés	3
Ecartement des essieux extrêmes	$3^m,700$
Diamètre des roues motrices et accouplées . .	$1^m,420$

PUISSANCE :

Poids sur rail, par essieu, locomotive chargée.	1er essieu (avant)	12 480k.
	2e d°	12 540k.
	3e d°	11 480k.

Poids total de la locomotive chargée	36 500k.
d° d° vide	32 600k.
Adhérence au 1/6.	6 083k.

294. Machine du sud de l'Autriche. — On sait que la ligne du Brenner relie les chemins de fer Bavarois et le réseau du Tyrol Autrichien au réseau du Tyrol Italien et de la Haute-Italie, en franchissant les Alpes par le col du Brenner. La ligne de montagne proprement dite (fig. 9, pl. XXIX) commence réellement à Insbrück, à la cote 578m, sur le versant Nord, passe le col du Brenner à la cote 1367m et finit à Bolzano (Bozen) sur le versant Sud, à la cote 262m.

Sur une longueur totale de 125 kil. 2, la ligne comprend en partant d'Insbrück, 11 kil. 7, en palier, 35 kil. 7 en rampe, et 77 kil. 8 en pente. Elle se développe en alignements droits sur 64 kil. 6 et en courbes sur 60 kil. 6. Quant au rayon des courbes, il descend fréquemment jusqu'à 285m.

L'inclinaison maxima, 25 m/m, se rencontre sur la section Innsbrück-Brenner. Sur la section Brenner-Brixen elle est de 22 m/m 7 et elle descend à 15 m/m sur la dernière section Brixen-Bozen.

Cette ligne, dit M. l'ingénieur Kramer, dans une monographie très intéressante qu'il a publiée sur le service des machines au Brenner [1], est un des chemins de fer de montagne les plus difficiles à exploiter, non pas seulement à cause de ses courbes raides, mais surtout à cause de la longueur et de la continuité des rampes, ainsi que des conditions climatériques, qui, dans ces altitudes alpestres, font baisser rapidement le coefficient d'adhérence, quelquefois jusqu'à 1/15.

M. Gottschalk, directeur du service du matériel et de la traction des chemins de fer du sud de l'Autriche, a fait étudier par le personnel sous ses ordres, et construire

1. Der Maschinen-Dienst auf der Brenner-Bahn, von Victor Kramer Werkstattenchef der K. K. Priv. Sudbahn-Gesellschafft. — Vienne 1878 Lehmann et Wentzel.

par les ateliers de Neustadt et de Floridsdorf 10 nouvelles machines à trois essieux moteurs, destinées à remorquer les trains de voyageurs pour la traversée du Brenner.

Jusqu'à ces dernières années cette partie du service de la traction s'effectuait à l'aide de machines à trois essieux moteurs du système Hall — 147 —. Ce système, avec ses longerons extérieurs et ses manivelles-fusées, a des avantages incontestables : diminution de la distance entre l'axe de la tige du piston et le plan des cercles de roulement des roues ; — grande largeur du foyer et de la chaudière ; — abaissement du centre de gravité ; — allure très sûre et très tranquille.

Par contre, la pratique a démontré que, surtout dans les sections à tracés exceptionnels, le système Hall occasionnait de fréquentes ruptures des manivelles motrices suivies de celles des essieux.

Après avoir renforcé ces organes autant qu'il était possible, dit M. Gottschalck, dans sa Note sur le service du Matériel et de la Traction en 1876 et 1877. — Mémoires de la Société des ingénieurs civils, 1878, 3e cahier, — après avoir substitué l'acier Bessemer, voire même l'acier Bessemer raffiné au four Martin, au fer principalement employé pour les manivelles et pour les essieux, nous avons dû abandonner ce système de machines et remplacer les châssis extérieurs, par des châssis intérieurs, en conservant le mouvement extérieur.

Après une nouvelle étude des faits de l'expérience et des besoins, on a constaté que les contre-manivelles et têtes de bielles motrices correspondantes donnaient lieu à de trop fréquentes réparations ; qu'avec le petit diamètre des roues exigé par les rampes exceptionnelles, et pour diminuer la largeur de la machine, il fallait renoncer à la distribution extérieure pour adopter la distribution intérieure, en la rendant facilement abordable pour la visite et l'entretien en route.

En partant du dernier type en fonction, on a reconnu, qu'en conservant à peu près les dimensions de la chaudière et du foyer, on pourrait augmenter la pression de la vapeur, le diamètre des cylindres et l'équarrissage des principaux organes de la machine.

La chaudière est en tôle de fer, les essieux en acier Bessemer, les bandages de Krupp, les bielles et leurs coussinets en fer, les boutons de manivelles en fer trempé, les tiges de piston en acier, les colliers d'excentriques en fer et les coulisses en fer trempé.

Les machines sont pourvues du frein Vacuum Smith-Hardy — 271 — du frein à contre-vapeur Le Chatelier, des nouveaux injecteurs Friedmann, d'un graisseur pour les boudins des roues d'avant, et d'une disposition spéciale pour nettoyer les rails à l'aide d'un jet d'eau venant de la chaudière.

Quand on connaît les difficultés d'exploitation du Brenner et la façon victorieuse avec laquelle le service dirigé par M. Gottschalk les a surmontées, on n'est pas surpris de voir accumuler sur un moteur un tel luxe de précautions parfaitement justifiées.

Ainsi disposée, la machine doit remorquer à la vitesse des trains de voyageurs (17 à 20 kilom. à l'heure) des trains de 120 tonnes. — La fig. 8 de la pl. XXIX représente le diagramme de cette locomotive.

Conditions d'établissement.

Grille.	Longueur		1m,708
	Largeur		1 ,000
	Surface.		1m²,70
Foyer.	Hauteur	avant	1m,570
		arrière.	1 ,400
	Longueur.	minimum.	1 ,635
		maximum.	1 ,700
	Largeur.	minimum.	0 ,990
		maximum.	1 ,080
	Epaisseur des tôles du foyer	côté et ciel.	15m/m
		plaque tubulaire.	25

Tubes	Nombre		181
	Diamètre extérieur		52
	Longueur entre les plaques tubulaires		4^m, 275
Surface de chauffe.	Foyer. mèt. car. 8,70 / Tubes. — 126,40	Total	135^m, 10
Chaudière	Enveloppe du foyer.	Longueur	1^m, 880
		Largeur maximum.	1^m, 400
		Largeur minimum.	1^m, 180
	Diamètre moyen du corps cylindrique		1^m, 340
	Longueur totale		6^m, 960
	Hauteur de l'axe de la chaudière	au-dessus des rails	1^m, 965
		au-dessus du cadre du foyer	1^m, 310
	Epaisseur des tôles	Enveloppe du foyer Côtés	$15^{m/m}$
		Enveloppe du foyer Plafond	16
		du corps cylindrique	15
		de la plaque tubulaire de la boîte à fumée	24
	Timbre de la chaudière en atmosphères absolues		11
	Nombre de soupapes		2
	Diamètre des soupapes		0^m ,100
Cheminée, diamètre.	Minimum		0^m, 340
	Au sommet		0^m, 470
Longerons	Ecartement		1^m, 210
	Dimensions des tôles		$32 \times 852^{m/m}$
Essieux.	Diamètre au milieu	Essieux d'accouplement	0^m, 180
		Maitre-essieu	0^m, 180
	Diamètre des fusées	Essieux d'accouplement	0^m, 184
		Maitre-essieu	0^m, 184
	Longueur des fusées	Essieux d'accouplement	0^m, 170
		Maitre-essieu	0^m, 170
	Distance d'entre axes des fusées	Essieux d'accouplement	1^m, 170
		Maitre-essieu	1^m, 170
Roues	Diamètre au contact		1^m, 265
	Ecartement des bandages		1^m, 360

Mécanisme.	Diamètre des cylindres		0m.480
	Course du piston		0m.610
	Distances entre les axes des cylindres		2m.060
	Longueur des bielles motrices		1m.740
	Distance entre les axes des tiges des tiroirs		0m.820
	Course maximum des tiroirs		0m.114
	Course d'excentriques		0m.160
	Avance	linéaire	3m ½ m/m
		angulaire	16°
	Recouvrement	Extérieur	27m ½ m/m
		Intérieur	1
	Dimensions des lumières	Admission	39×280
		Échappement	78×280
Frein pneumatique.	Nombre des cylindres à vide		2
	Diamètre des cylindres à vide		0m,390
	Relation des leviers de transmission		1 : 17
	Effort correspondant à un vide de 1/3 d'atmosphère		13 850k
Poids de la machine.	Vide		36 000k
En service avec 150 m/m d'eau au-dessus du plafond. 300k de combustible 200k de sable.	Essieu d'avant 13 300	Total.	41 000k
	Maitre-essieu 13 850		
	Essieu d'arrière 13 850		

Observation. — Voir au § V les machines-tenders à trois essieux moteurs.

§ IV.

MACHINES A QUATRE ESSIEUX MOTEURS.

295. Conditions du service. — La machine à quatre essieux moteurs rigoureusement parallèles, date, en Europe, de la transformation opérée par M. Desgranges de la machine-tender à marchandises du système Engerth, employée de 1857 à 1860 sur la ligne du Semmering. — 217 —

Le résultat de cette transformation a été la création d'un

type de locomotive séparée du tender, offrant un poids adhérent constant de 46 400 kilogrammes, une surface de chauffe de 153 mètres carrés, et un jeu latéral que le bâtis peut prendre sur l'essieu d'avant, permettant à la machine de s'inscrire sans difficulté, dans des courbes à rayon de 180 mètres, avec un empatement rigide de $3^m,40$.

C'est donc, avant tout, une machine de montagne, destinée à franchir des rampes dépassant 20 $^m/_m$ d'inclinaison et remorquant des trains relativement lourds.

Il lui faut avant tout un poids adhérent considérable ; ce poids adhérent doit être constant et en rapport constant avec l'effort de traction. La surface de chauffe doit être suffisante pour fournir la quantité de vapeur nécessaire à l'effort de traction. Enfin, comme à l'altitude où ces machines sont généralement appelées à fonctionner, le coefficient d'adhérence vient parfois à tomber, les roues patinent fréquemment, d'où résulte une plus grande consommation relative de vapeur et d'eau que dans les machines où le coefficient d'adhérence ne subit pas d'aussi grandes réductions, considération qui augmente encore la nécessité de donner à ces machines une grande surface de chauffe.

Il ne faut cependant pas considérer cette machine comme une heureuse solution de la question des chemins de fer de montagne. C'est un moyen d'exploitation qui ne laisse pas d'être onéreux et dangereux en même temps.

De la vitesse, il n'en peut être question, car la voie ne pourrait pas être tenue longtemps en bon état. La répartition des charges sur les roues est difficile à régulariser, et quand les roues sont petites on ne peut pas y appliquer utilement les balanciers compensateurs.

L'effet utile est faible, car, sur de fortes déclivités, la machine emploie une grande partie de son travail à se remorquer elle-même. Son centre de gravité se déplace de plusieurs centimètres selon le sens de la déclivité de la ligne. Enfin au point de vue de la production de vapeur et de l'emploi de la détente, ces machines ne sont pas compa-

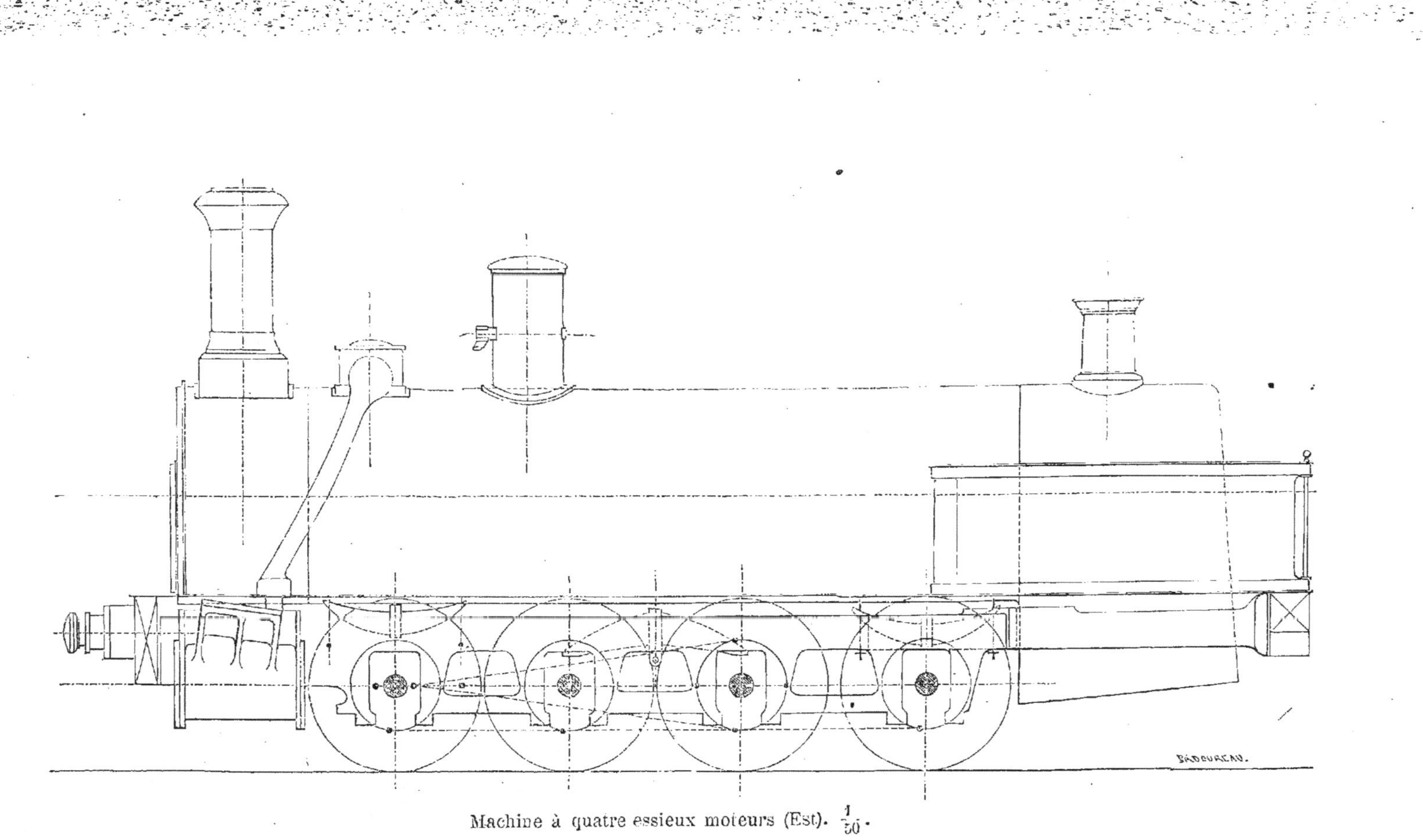

Machine à quatre essieux moteurs (Est). $\frac{1}{50}$.

rables aux machines à trois essieux accouplés, car l'activité du tirage y est plus faible; les tubes sont trop longs pour que la chaleur y soit bien utilisée, et la vitesse trop petite ne permet pas une grande détente.

Quoi qu'il en soit, c'est une nécessité actuelle, mais absolument temporaire, comme la machine Engerth qu'elle a remplacée.

296. Machines du Semmering. — La transformation des machines de ce type a été commencée en 1859-1860 par la Compagnie de l'Est[1], en 1861 par le chemin du Sud de l'Autriche[2].

Les machines Engerth étaient construites pour fonctionner avec les deux essieux du tender accouplés à un essieu de la machine au moyen d'engrenages. Cette transformation de mouvement n'ayant donné que des résultats défavorables, il fallut renoncer à l'accouplement des roues du tender. — 217 —

La machine se trouvait ainsi réduite à trois essieux moteurs donnant un poids adhérent de 37 500 kilogrammes, avec une charge de 13 700 kilogrammes à l'avant et de 18 000 à l'arrière. La machine portait son eau, et vers la fin du parcours de sa section, l'absorption de l'eau d'alimentation réduisait le poids adhérent à 32 000 kilogrammes.

Pour obvier à tous ces inconvénients, on a fixé le quatrième essieu à la machine, en l'accouplant aux trois premiers; le tender a été séparé de la locomotive; en remplaçant la chaudière, plus tard, on a porté la surface de chauffe de 153^{m},39 à 182^{m},20; la boîte à feu extérieure a été faite en acier fondu.

297. Machines de l'Est. — La machine-tender de l'Est pesait, avant sa transformation, 65t,6; après la séparation du tender, les poids sont devenus :

Machine	45,500	69,300
Tender.	23,800	

1. Ingénieur en chef du matériel et de la traction, M. Sauvage, depuis directeur de la Compagnie, et remplacé par M. Vuillemin.

2. Ingénieur en chef du matériel et de la traction, M. Desgranges.

Elle remorque, en été, soixante wagons de houille chargés à cinq tonnes, et en hiver, cinquante à la vitesse de 22 kilomètres, sur profil n'excédant pas $0^m,005$ d'inclinaison.

Depuis cette époque, la Compagnie a commandé de nouvelles machines à quatre essieux moteurs dans lesquelles la chaudière s'allonge jusqu'à la traverse d'avant, ce qui a diminué le contre-poids et augmenté la suface de chauffe ; — en même temps on a raccourci la partie supérieure du foyer, dont l'enveloppe est en tôle d'acier Bessemer de $0^m,013$. Nous croyons qu'on aurait pu descendre jusqu'à $0^m,010$ d'épaisseur.

De même que dans l'Engerth transformée, les roues portent des bandages dont le profil n'est pas semblable pour les quatre essieux : sur le premier, le boudin a une saillie de $0^m,035$ dont le congé est décrit avec un rayon de $0^m,012$. Sur le second essieu, le boudin supprimé, le profil etait horizontal à partir de la circonférence de roulement normale. Les bandages du troisième essieu sont identiques à ceux du premier. Enfin ceux du quatrième portent des boudins saillants seulement de $0^m,025$ avec des congés de 0^m008 de rayon. — 206 —

Cette disposition facilite le passage dans les courbes. En outre, l'essieu d'arrière a un jeu latéral de $0^m,01$ de chaque côté. Les bielles d'accouplement sont rigides ; pour leur permettre de suivre les oscillations transversales de l'essieu d'arrière on compte en partie sur l'élasticité du métal, et principalement sur un jeu égal de $0^m,01$ de chaque côté des têtes de bielles sur leurs tourillons.

298. MACHINE DU BRENNER. — Dans cette machine les longerons sont intérieurs et le mécanisme extérieur. Les trois essieux d'avant sont encadrés d'une manière rigide par le châssis ; l'essieu d'arrière seul a un jeu latéral de $25^m/_m$ dans ses coussinets.

Principales conditions d'établissement.

Surface de grille	mèt. carr.	2, 16
Surface de chauffe du foyer	—	10, 70
— — des tubes. . . .	—	159, 30

Nombre des tubes.	—	205
Longueur —	mètres	4,760
Course-diamètre	—	0,500
Cylindre	—	0,610
Roues. Diamètre.	—	1,106
Pression de vapeur	atm.	9,
Espacement des trois premiers essieux moteurs.	mèt.	2,380
Empatement total		3,560
Poids de la machine vide	ton.	44,
— — pleine		50, 5

Son tender est à 6 roues, chargé de $8^{m3},5$ d'eau et $7^{m3},3$ de charbon ; il pèse vide $10^{t},5$ et $26^{t},5$ en service.

La vitesse est réglée comme suit :
sur la 1re section à 12^{km}, 3 à la montée, à 15^{k} 3 en descendant,
sur la 3e section 17^{km} do 20^{k} do

Le service de traction règle la charge de ces machines à 350^{t} brutes pour 2 machines dont une en queue, sur la section Insbruck-Franzensfeste, et à 300^{t} pour une machine sur la section Bozen-Brixen.

299. Machine de Paris-Lyon-Méditerranée. — L'introduction sur le réseau P. L. M. de lignes avec rampes de 25 à 30 millimètres, et courbes de très petits rayons, a nécessité la construction de ce type de machines représenté par les fig. 1 à 7, pl. XXII, et les fig. 1 à 3, pl. XXIII, et destiné à faire, sur ces lignes, le service des voyageurs et des marchandises.

Les petits diamètres de roues donnant souvent lieu au patinage, on a pris, pour cette machine, des diamètres relativement assez grands ($1^{m},250$).

Pour réduire l'empatement total, il a fallu grouper les quatre essieux entre la boîte à feu et la boîte à fumée, de là, une grande longueur de tubes et de corps cylindrique.

Quoiqu'ainsi groupés, les quatre essieux accouplés ont un empatement assez prononcé ($4^{m},050$) ; on a dû donner à ceux d'avant et d'arrière un jeu transversal considérable.

Les coussinets des boîtes à huile peuvent se déplacer de

$0^m,025$ de chaque côté de l'axe à l'aide des plans inclinés, placés entre le dessus des coussinets et le corps de la boîte. Enfin, et pour suivre ces déplacements d'essieu, la bielle d'accouplement du milieu est réunie à celles d'avant et d'arrière au moyen d'articulations sphériques.

La machine peut, à l'aide de ces arrangements, circuler dans des courbes à rayons de 200 mètres et même de 180 m.

Le poids total de la machine, en charge, est de 52 tonnes presque également réparties, ce qui donne une moyenne de 13 tonnes par essieu. Malgré toutes ces précautions, l'essieu d'arrière et ses coussinets doivent avoir une tendance à s'user plus rapidement que les autres, par la disposition de la machine à s'affaisser vers l'arrière, quand l'eau s'accumule sur le foyer dans les rampes, disposition qui doit corriger l'application des balanciers.

Les ressorts des deux essieux d'avant sont en effet reliés, de chaque côté, par un balancier à bras égaux, qui répartit également (fig. 1) la charge sur ces deux essieux. Les ressorts des deux essieux d'arrière sont reliés par un balancier à bras inégaux, pour compenser l'excédant de poids propre du 3e essieu — le maître-essieu —. La machine porte sur ces balanciers, et comme elle n'a, de chaque côté, que deux points d'appui, la répartition pourrait être invariable, si la voie était toujours bien plane et horizontale. Mais il n'en est pas toujours ainsi.

Le travail considérable imposé à cette machine exige un très grand foyer. Pour ne pas augmenter le porte-à-faux à l'arrière du dernier essieu, on a élargi le foyer, en contre-coudant le longeron, comme l'avait fait la Compagnie de l'Est, — 297 — lors de la transformation des machines Engerth. Le châssis formé par deux longerons en tôle de $0^m,030$ d'épaisseur depuis l'avant jusqu'au foyer, se termine, vers l'arrière, par deux bras en fer forgé, coudés et rivés, qui embrassent la boîte à feu. On a ainsi obtenu une grille de près de deux mètres carrés ; le foyer, très large, est desservi par deux portes.

Les cylindres, placés à l'extérieur des longerons, ont un volume considérable — diamètre 0^m,540, course du piston 0^m,66 ; — grâce à ces dimensions, on devrait marcher avec une admission variant de 0,30 à 0,40 en marche normale et pouvant atteindre 0,45 dans les cas exceptionnels.

Les pistons, avec leur tige prolongée à l'avant sont en fer, forgés d'une seule pièce. Chaque piston, évidé, est garni de deux segments en fonte, logés chacun dans une gorge.

Avec d'aussi vastes cylindres et à la faible vitesse de marche imposée à ces machines, il y aurait intérêt à examiner d'un peu près si ces garnitures ne donnent pas lieu à d'importantes fuites de vapeur.

Conditions d'établissement.

VAPORISATION :

Longueur de la grille	mèt.	1,5365
Largeur —	—	1,350
Surface —	mèt. carr.	2,08
Hauteur du ciel du foyer au-dessus de la grille. avant . . .	mèt.	1,680
Hauteur du ciel du foyer au-dessus de la grille. arrière. . .	—	1,400
Volume de la boîte à feu.	mèt. cub.	3,203
Nombre de tubes		245
Longueur — (entre les plaques tubulaires).	mèt.	5,360
Diamètre intérieur des tubes avant.	—	0,044
Diamètre intérieur des tubes arrière . . .		0,046
Surface de chauffe des tubes	mèt. carr.	189,77
— — du foyer		9,71
— — totale		199,48
Diamètre moyen du corps cylindrique.	—	1,500
Epaisseur de la tôle.	—	0,0155
Timbre de la chaudière	kil.	9
Volume de l'eau dans la chaudière avec 0^m, 15 au-dessus du ciel du foyer	mèt. cub.	6,150
Longueur intérieure de la boîte à fumée suivant l'axe de la chaudière . . .	mèt.	1,180

Longueur intérieure de la boîte à fumée (dans le sens transversal) .	mèt.	1,557
Diamètre intérieur de la cheminée. .	—	0,510
MÉCANISME :		
Diamètre des cylindres.	—	0,540
Course des pistons	—	0,660
Nombre d'essieux	—	4
Nombre d'essieux accouplés	—	4
Ecartement des essieux extrêmes . .	—	4,050
Diamètre des roues motrices et accouplées	—	1,260
PUISSANCE :		
Poids sur rails, par essieu, locomotive chargée. 1er avant	kil.	12 150
2e milieu avant	—	12 150
3e milieu arrière	—	13 700
4e arrière	—	13 700
Poids total de la locomotive chargée.	—	51 700
— — vide.	—	45 300
Adhérence au 1/6	—	7 240

300. Appareil respiratoire. — Les machinistes et chauffeurs qui conduisent les trains de marchandises sur certaines sections des lignes de Paris-Lyon-Méditerranée, avec des machines à quatre essieux moteurs, éprouvent quelquefois un commencement d'asphyxie au passage de certains souterrains.

Ce fâcheux phénomène se produit aussi dans les tunnels du Brenner, lors du passage des trains en double traction. Quand les circonstances atmosphériques sont défavorables, on a vu les agents, ceux de la machine en queue notamment, obligés de descendre de la machine en marche, afin de n'être pas asphyxiés.

Ces malaises sont dus à la défectueuse construction des souterrains dont la section n'est pas suffisante pour évacuer constamment les gaz délétères qui sortent de la cheminée.

Pour parer à cet inconvénient, les machines à quatre essieux moteurs, en service sur la section d'Alais à la Bastide

(Cie de P. L. M.), ont été munies d'un appareil respiratoire, système Galibert, représenté par la fig. 7, pl. XXII.

Cet appareil se compose d'une caisse en tôle *m n*, placée au-dessus de la plate-forme et divisée en deux compartiments affectés l'un au mécanicien et l'autre au chauffeur. De chaque compartiment, qui renferme à peu près 250 litres d'air, part un tube en caoutchouc garni, à son extrémité, d'une embouchure *e* en caoutchouc durci. Chacun des agents, pendant le passage du souterrain, prend dans la bouche son embouchure, aspire l'air pur de la caisse *m n* et y renvoie les produits de l'expiration. Un pince-nez l'empêche de respirer par le nez.

Pour éviter toute fatigue à la poitrine, une poche flexible en caoutchouc *s*, fixée à chaque réservoir, communique par l'intérieur avec l'atmosphère, et maintient la pression du réservoir à la pression atmosphérique.

Le renouvellement de l'air contenu dans la caisse se fait, avant d'entrer dans les souterrains, au moyen d'un aspirateur Giffard, communiquant avec les deux compartiments de la caisse *m n*. Si on ouvre le robinet de prise de vapeur *r*, l'air vicié des 2 compartiments se trouve appelé par les deux tuyaux aboutissant aux robinets *r'* et *r''*, préalablement ouverts ; entraîné par le jet de vapeur, il sort par le tuyau T. L'air frais pénètre dans les deux compartiments par un orifice *u* que l'on ferme, à l'entrée du souterrain, au moyen d'une valve se manœuvrant à la main.

301. Remarque sur l'aérage des tunnels. — La nécessité de ces appareils respiratoires, principalement pour les agents de la machine en queue des trains, démontre mieux que tous les raisonnements imaginables l'insuffisance d'aérage des longs tunnels.

Nous persistons à penser que ces grands ouvrages d'art devraient être traités comme des galeries de mines et pourvus de canaux et machines d'aérage, mises en activité, sinon constamment, au moins après le passage de chaque train. Comme conséquence de cette sage mesure, on verrait disparaître des tunnels : en premier lieu, les causes d'asphyxie du personnel engagé dans les souterrains, voyageurs et *agents de tous les services* ; puis les vapeurs humides et grasses qui amènent la pourriture des traverses de la voie et les patinages.

Il en résulterait certainement une économie dans les dépenses d'exploitation. Mais la routine, et la nécessité d'avouer qu'on n'a pas tout prévu, malgré les avertissements de l'expérience, empêcheront longtemps encore de changer cet état de choses.

On attendra quelques cas de mort d'hommes pour se décider, comme on attend encore une étude de voitures qui mettent les voyageurs isolés à l'abri de l'assassinat.

§ V.

MACHINES-TENDERS.

302. Conditions du service. — Les avantages que procure l'emploi des machines-tenders sont : 1° la diminution du poids mort et de la longueur du train remorqué par la locomotive ; 2° l'augmentation de l'adhérence que procure à la machine le poids des approvisionnements ; 3° la faculté de pouvoir, sans tourner la machine, marcher dans les deux sens.

Dans certains cas spéciaux, comme celui d'une exploitation peu chargée, ou bien, au contraire, d'un service de banlieue très actif, ou bien encore d'une exploitation temporaire et réclamant un grand effort momentané, les avantages de la machine-tender sont évidents et confirmés par l'expérience.

S'il s'agit encore d'un service de réserve, une machine-tender peut, sans être tournée, sans s'aiguiller, aller au secours d'un train en détresse, le prendre en tête ou en queue, selon le cas, et donner le concours le plus efficace.

Comme nous le verrons plus loin, l'augmentation d'adhérence due au poids des approvisionnements n'est pas constante et doit disparaître après un certain parcours. Mais dans les cas que nous envisageons ici, notamment dans un service de banlieue, les trajets sont courts et le poids adhérent reste à peu près proportionnel à la charge remorquée.

Mais quand on aborde les *machines-colosses*, les avantages que l'on prétend recueillir, par l'adoption des dispositions aussi gigantesques, sont plus problématiques qu'on le suppose. La consommation de combustible est proportionnelle au travail produit; on ne peut pas charger sur la machine assez d'approvisionnements pour effectuer de longs parcours.

Alors il faut multiplier les dépôts de charbon et les prises d'eau ; autant de causes d'arrêt et de dépenses supplémentaires. S'il s'agit de réparation, l'infériorité est très marquée. Qu'il survienne une avarie quelconque à l'une des caisses à eau de la machine-tender, celle-ci doit rentrer à l'atelier, et si c'est une machine à quatre cylindres, le service de la traction se trouve par là privé du travail des quatre véhicules que la machine représente.

La réunion des deux moteurs en un seul réalise une économie dans les frais de conduite, c'est incontestable. Il y aurait cependant à examiner si l'entretien de ces *colossales machines* ne laisse pas plus à désirer que celui des machines ordinaires, par suite du surcroît de travail de route imposé au personnel.

Il est des cas, cependant, où les machines-tenders peuvent rendre de grands services. Nous voulons parler notamment des services de banlieue ou d'embranchements de peu d'importance, ou enfin de traction sur une forte pente de longueur très réduite. Ce système de moteurs présente alors de nombreux avantages par les facilités de tout genre qu'il procure.

Ramenée à ces termes, la question est simplifiée, et ces moteurs, établis sur des dimensions modestes, deviennent d'excellents auxiliaires de l'exploitation.

Ce paragraphe est consacré à l'étude des machines-tenders qui doit, dans notre programme, embrasser tous les moteurs de cette catégorie, appliqués à la voie étroite et à la voie large.

Evidemment l'espace réservé à cette étude est beaucoup trop restreint, car la machine pour voie étroite demanderait, à elle seule, qu'on lui consacrât un livre tout entier. Nous serons donc forcé d'abréger.

303. Des machines pour voie étroite. — Les locomotives construites en vue de ce service sont, en général, de simples réductions, à l'échelle, des machines de large voie. Nous croyons que cette pratique est vicieuse. Pour faire une machine légère, et elle doit être légère pour circuler sur des voies économiques, on réduit les dimensions des pièces de toute espèce, sans chercher s'il n'y aurait pas autre chose à faire. La machine à petite voie doit être, avant tout, robuste, rustique, oserons-nous dire, car elle a, relativement, plus à souffrir que la machine de grande ligne ; la surveillance et l'entretien laissent souvent beaucoup plus à désirer. Aussi les réparations deviennent très fréquentes et coûteuses, le nombre des machines nécessaires à une petite exploitation étant plus important qu'il ne devrait l'être, proportion gardée.

Pour nous résumer, nous devons dire ici que la machine véritable, pour voie étroite, n'existe pas encore.

304. Voiture Belpaire a vapeur (État Belge). — Cette voiture, automotrice, est destinée à faire, sur les lignes de banlieue, des départs au fur et à mesure que se présentent quelques voyageurs, au moyen d'installations peu coûteuses pour les arrêts aux passages à niveau, et avec la distribution des billets dans la voiture même.

La voiture est portée sur six roues ; les roues motrices et les roues du milieu sont montées sur essieux parallèles α et β sans jeu dans les boîtes ; les roues d'arrière sont montées sur essieu rayonnant γ (pl. XXVI, fig. 10) dont l'obliquité, au passage des courbes, est obtenue par un déplacement des coussinets dans les couvercles des boîtes à huile (fig. 11, 12,

13 et 14). Ces couvercles portent des rainures obliques dans lesquelles glissent des saillies de même épaisseur, ménagées sur la face supérieure des coussinets ; cette disposition permet un déplacement de 30 millimètres du centre de la fusée de l'essieu sur l'axe de la boîte à huile.

Les roues en fer sont à rayons droits forgés à la presse hydraulique par le système Brunon. Les essieux droits et coudés sont en acier fondu Bessemer ainsi que les bandages.

Les longerons et les traverses de tête en fer ⊐, de 250 millimètres de hauteur, sont assemblés aux quatre angles par des goussets rivés ; la première traverse intermédiaire d'avant est également en fer ⊐, de 250 millimètres de hauteur, et assemblée par des goussets. Sept autres traverses intermédiaires en fer ⊐, de 152 millimètres de hauteur, entretoisent les longerons ; leur assemblage est fait par des cornières rivées.

Les plaques de garde sont en fer forgé, avec guides en acier fondu, rapportés dans la partie glissante des boîtes à huile.

Le châssis en fer est suspendu sur six ressorts en acier fondu avec menottes articulées.

La chaudière est placée dans le sens transversal à l'avant du véhicule : le corps est composé de deux parties cylindriques superposées ; le foyer rectangulaire, dont le ciel est formé par deux parois inclinées réunies par une partie cylindrique, est en cuivre rouge (fig. 2 à 6).

La grille est composée de barreaux de 8 millimètres d'épaisseur, distants de 4 millimètres. Elle est munie d'un jette-feu *l b' a'*.

Les tubes sont en laiton ; la flamme introduite dans la boîte à fumée circule ensuite sur une partie du réservoir de vapeur et forme retour de flamme, avant de se rendre dans la cheminée.

Les parois du réservoir de vapeur, en contact avec la flamme, sont recouvertes de feuilles de cuivre rouge de 2 millimètres d'épaisseur.

A la base de la boîte à fumée se trouve un appendice où se déposent les escarbilles que le machiniste évacue à l'aide d'un clapet commandé par un levier.

La soute à eau est fixée au-dessous du châssis; elle se prolonge vers l'avant par un tuyau horizontal qui se relève verticalement et se termine en entonnoir.

L'alimentation de la chaudière se fait par deux injecteurs verticaux en bronze de 4 millimètres de diamètre, fixés sur le tablier de l'abri du machiniste et devant la chaudière.

Un réservoir à charbon est ménagé dans une dépression du plancher de la chambre du générateur, immédiatement en face de la porte du foyer; une autre soute à charbon à tiroir, de 700 litres de contenance, se trouve le long d'une des parois de cette chambre.

Le mécanisme moteur est installé en dessous du plancher de service du mécanicien, sur une grande plaque en tôle dressée et rabotée, d'une épaisseur de 17 millimètres et inclinée de 4 degrés vers l'essieu coudé α. Cette plaque est suspendue, par une de ses extrémités, à la traverse d'avant du châssis, au moyen d'un support articulé, à la fois parallèlement à l'axe de la voiture, et perpendiculairement à cet axe; l'autre extrémité, terminée par des manchons garnis de coussinets (fig. 8), s'appuie sur l'essieu moteur α.

Les cylindres (fig. 9) sont assemblés sur cette plaque, qui porte les règles et coulisseaux des tiges de piston et l'arbre du mouvement de changement de marche.

Les cylindres, placés à l'avant de la plaque qui les supporte, oscillent suivant un léger mouvement que leur imprime l'extrémité du châssis; des jonctions à genouillère rodées et avec bourrage les réunissent aux conduites de vapeur.

La distribution s'opère par la coulisse qui attaque directement les tiges des tiroirs; ceux-ci ont un recouvrement extérieur de 7 millimètres qui détermine une détente de 1/5. L'avance à l'admission est de 1 millimètre; la largeur des orifices est de 16 millimètres, leur section est de 1/32 de celle des cylindres.

L'échappement débouche dans la cheminée par une tuyère fixe.

La machine est pourvue d'un frein à contre-vapeur et d'un frein américain commandant quatre sabots qui enrayent les quatre roues d'arrière; ce frein peut être manœuvré de l'avant ou de l'arrière par le machiniste ou le conducteur.

La caisse, de $7^{m},965$ de longueur totale, est divisée en trois compartiments : un fourgon à bagages et deux compartiments de voyageurs. La membrure de la caisse est en teack et frêne; le revêtement intérieur du compartiment à bagages est en sapin d'Amérique (pitch-pine) verni; l'accès de ce compartiment a lieu par trois portes roulantes, une sur chaque face latérale du véhicule et la troisième dans la cloison de séparation du couloir d'entrée. Le couloir c' du premier compartiment de voyageurs a 0,750 de largeur; dans la cloison de séparation du couloir et de la caisse existe une porte glissante pour l'accès des voyageurs dans le compartiment contigu.

La caisse proprement dite est divisée en deux compartiments A et B, de mêmes dimensions, chacun d'eux contient vingt-deux places. Dans le premier compartiment B, les banquettes et les dossiers sont formés par des lattes en acajou, espacées à jour; les panneaux des cloisons et des portes sont en bois encadrés de moulures d'acajou.

Dans le second A, les banquettes et les dossiers sont rembourrés; les panneaux des portes et des cloisons sont en érable, avec encadrements ; les rideaux des fenêtres en reps gris, les tringles, anneaux, etc., en cuivre nickelisé.

Les plafonds sont en pitch-pine naturel, sans aucun enduit, les courbes d'impériale apparentes.

L'éclairage est fait par une lampe à huile dans chaque compartiment.

Les planchers sont recouverts d'une toile peinte et de tapis.

La plate-forme d'arrière, qui termine la voiture, donne place à quatre personnes debout, y compris le garde de service.

Des six glaces qui garnissent chaque compartiment, celles du milieu sont mobiles et montées dans des châssis métalliques ; les autres sont fixes et sans châssis.

Les panneaux inférieurs de la caisse sont en tôle de fer avec couvre-joints en fer, les panneaux supérieurs en bois.

Cette voiture prend, sans réactions très sensibles, des vitesses considérables, 70 kilomètres à l'heure, ce qui correspond à une vitesse des pistons de $3^{m},00$ par seconde. Elle peut démarrer sur des rampes de 16 millimètres. Si, en raison du recouvrement des tiroirs, elle se trouve en défaut sur rampes, un robinet spécial amène la vapeur sur les pistons, indépendamment du jeu des tiroirs.

Sur des profils moyens la dépense de combustible est inférieure à 2 kilog. par kilomètre. Cette voiture marche indifféremment dans les deux sens ; inutile de la tourner sur les plaques.

Le service de la voiture à vapeur n'exige que deux hommes, un chauffeur-mécanicien et un garde.

La distribution des billets se faisant dans la voiture même, les installations fixes à établir aux points d'arrêt se réduisent à un simple abri sans aucun personnel. On peut donc multiplier les arrêts sans dépense élevée.

En supposant que la voiture fasse environ 30 000 kilomètres par an, la dépense kilométrique totale (y compris les frais d'entretien et de renouvellement, l'intérêt du capital engagé, le combustible, les salaires) s'élève à 37 centimes. Ce chiffre représente très sensiblement la taxe kilométrique payée par 10 voyageurs de 3e classe en Belgique.

Conditions d'établissement.

VOITURE :

Largeur intérieure à la ceinture.	mèt.	2,850
Longueur à l'extérieur des battoirs. . . .	—	12,240

Écartement des essieux extrêmes.	mèt.	6,800
Diamètre des six roues au contact.	—	0,980

Poids sans voyageurs ni bagages.

Sur l'essieu d'avant	kil	8 700
— du milieu	—	4 350
— d'arrière	—	3 300
Total	—	16 350

Poids en charge avec 50 voyageurs et 500 kil. de bagages.

Sur l'essieu d'avant.	kil.	8 950
— du milieu	—	5 400
— d'arrière	—	5 750
Total. . .	—	20 100

CHAUDIÈRE :

Diamèt. intér. de la partie cylindrique du bas.		mèt.	0,750
— — du haut.		—	0,500
Hauteur à la naissance de la cheminée . . .		—	1,770
Epaisseur des tôles	Plaque tubulaire du foyer, haut .	mèt.	0,025
	— — bas . .	—	0,012
	Côtés et ciel du foyer.	—	0,012
	Plaque tubulaire de boîte à fumée.	—	0,020
	Boîte à feu	—	0,012
	Corps de chaudière	—	0,010
Nombre de tubes.			153
Diamètre extérieur des tubes		mèt.	0,032
Longueur des tubes (entre les plaques) . . .		—	1,455
Surface de grille.		mèt. car.	0,480
Surface de chauffe	du foyer.	—	2,460
	des tubes.	—	19,320
	totale	—	21,780
Capacité de la chambre d'eau..		litres.	580
— — de vapeur.		—	500
Timbre en atmosphères			10
Force en chevaux.			22
Diamètre des cylindres		mèt.	0,170
Course des pistons.		—	0,320
Capacité du réservoir d'eau.		mèt. cub.	1,100
— des caisses à charbon.		—	0,565

305. Voiture automobile Mékarski. — (Fig. 1 et 2, pl. XXVII). Cette voiture ne fonctionne pas, comme la précédente, à l'aide de la vapeur fournie par le moteur. Néanmoins elle nous a paru rentrer dans la classe des machines-tenders, puisqu'elle porte ses approvisionnements qui la font mettre en mouvement.

A ce titre, et toutes réserves étant faites sur la source de l'action mécanique, nous avons pensé être utile au lecteur en lui indiquant cette intéressante solution de la locomotive sans fumée.

Ici le moteur est l'air comprimé qui agit dans les cylindres, de la même manière que la vapeur. Cet air est emmagasiné, au départ, dans des réservoirs fixés sous la voiture. Avant d'arriver dans la boîte à tiroir, il traverse une bouillotte contenant de l'eau chaude destinée à le saturer et à combattre l'effet du refroidissement dû à la détente.

La figure 1 représente l'élévation de la voiture et montre le fonctionnement des mécanismes qui sont placés extérieurement. Le châssis est supporté par deux essieux ; celui d'avant reçoit le mouvement de la tige du piston qui agit, par l'intermédiaire de la bielle, sur une manivelle munie d'un contrepoids destiné à combattre les mouvements perturbateurs du véhicule. Pour simplifier le dessin, on n'a représenté que le cylindre M avec le tiroir et la coulisse, et on a supprimé tout le mécanisme qui commande le changement de marche, les purgeurs, etc..

Au-dessus du châssis se trouve la caisse de la voiture G, qui contient 20 places, et une plate-forme P, placée à l'arrière avec 14 places, y compris celle du conducteur.

L'air comprimé à 25 atmosphères est renfermé dans 12 cylindres en tôle A, placés au-dessous du châssis et reliés entr'eux par des tubulures *d*. Ces cylindres sont divisés en deux compartiments ; les deuxièmes capacités forment une réserve d'air comprimé ; l'espace *a a* peut aussi servir au besoin de réservoir. A l'avant de la voiture se trouvent la bouillotte avec les mécanismes de distribution et la plate-forme du mécanicien. Celle-ci porte un réservoir spécial L qui sert à l'emmagasinement de l'air comprimé par le travail de la gravité sur les pentes d'une certaine longueur.

L'air, comprimé à 25 atmosphères par des machines fixes et emmagasiné dans les réservoirs, arrive par un tube XX à un robinet à 3 voies R_1 (fig. 2) ; l'air de réserve peut arriver au même robinet par un deuxième tube *u u*. Le manomètre *m* est mis en communication par l'intermédiaire du tube l'', muni d'un robinet, avec l'air du réservoir. L'air comprimé, de réserve, peut passer par le tube *l*; il suffit pour cela d'intercepter la communication entre le manomètre et le tube l'. Supposons que le mécanicien ait tourné le robinet R_1 de manière à laisser passer l'air provenant du tube XX et arrêter l'air de réserve qui arrive par le tube *u u*.

L'air comprimé du réservoir pénètrera dans l'espace compris entre les deux robinets R_1 et R_2 ; si ce dernier robinet est ouvert, l'air passera dans le tube *z* qui aboutit à la partie inférieure de la bouillotte. Cette partie la plus ingénieuse de l'invention de M. Mékarski, est remplie d'eau chaude à 170° environ, jusqu'aux 3/4 de sa hauteur ; l'air, en se détendant, traverse l'eau, se réchauffe et se rend au-dessus du niveau de l'eau, dans l'espace E. En tournant le robinet *y* de manière à intercepter la communication entre le manomètre et la réserve, l'air qui se trouve dans la bouillotte indique sa pression sur le manomètre m'. Au-dessus de la chambre de distribution E se trouve un régulateur de pression à diaphragme S, servant à régler à volonté la pression de l'air contenu dans la bouillotte, au moyen de la vis *t* et du volant V. En ouvrant le robinet R, l'air convenablement comprimé passe par le tube *g* (fig. 1) et vient dans la boîte à tiroir ; il pénètre enfin dans le cylindre M où il exerce son action sur le piston et s'échappe ensuite dans l'atmosphère après s'être détendu complétement. (N N indicateur de niveau.)

Le robinet R_3 sert à charger la bouillotte d'eau chaude.

Ces voitures automobiles fonctionnent sur les tramways de Nantes.

306. MACHINE POUR UNE EXPLOITATION AGRICOLE. Pl. XXIV. — Cette machine, construite par M. Corpet, ingénieur à Paris, et en service dans une exploitation du Nord, se compose d'une chaudière tubulaire horizontale à foyer intérieur, reliée au châssis par deux tôles verticales situées l'une à l'avant, l'autre à l'arrière.

Les deux cylindres à vapeur fondus ensemble sont intérieurs aux longerons qu'ils entretoisent. La machine est portée sur deux essieux reliés par des bielles d'accouplement extérieures aux roues ; le maître-essieu est à l'arrière. Les boîtes à graisse reçoivent la pression de la machine, par l'intermédiaire de chandelles et de ressorts en rondelles Belleville.

Un système d'écrous mobiles sur les chandelles permet de régler la pression de la machine sur chaque fusée.

La caisse à eau se trouve au-dessus de la chaudière qu'elle embrasse sur une demi-circonférence. Elle se termine à l'arrière par deux caisses à charbon latérales. L'alimentation se fait par une pompe à excentrique et par un injecteur de 8 chevaux.

La prise de vapeur est en haut du dôme.

Une caisse à outils fixée à l'arrière de la plate-forme sert de banc; un abri léger soutenu par quatre colonnes préserve le machiniste de la pluie.

Le levier de changement de marche est placé à droite de la machine. Le levier de frein est placé à gauche.

Cette machine roule sur des rails vignoles de 6 kilog. 5. Elle franchit des courbes de 15 mètres de rayon et gravit des rampes de 20 $^{m}/_{m}$ en remorquant une charge de 13 tonnes. Sa vitesse moyenne est de 12 kilomètres à l'heure.

Conditions d'établissement

Diamètre des cylindres	mèt.	0,152
Course des pistons	—	0,254
Surface de chauffe totale.	mèt. carr.	7,293
Volume d'eau dans la chaudière . .	mèt. cub.	0,458
Timbre de la chaudière	kil.	8

Diamètre des roues.	mèt.	0,450
Écartement d'axe en axe des essieux.	—	0,890
Largeur de la voie entre rails. . .	—	0,750
Effort de traction	kil.	678
Volume de la caisse à eau.	mèt. cub.	0,358
— — à coke	—	0,340
Longueur totale de la machine . . .	mèt.	2,880
Largeur.	—	1,300
Poids de la machine vide	kil.	2 840
— — en charge . . .	—	4 000

307. Locomotive pour voie de $0^m,50$. — La fig. 6 de la pl. XXX représente le diagramme d'une locomotive construite par l'usine de Couillet pour voie de $0^m,50$, et destinée au service des usines, chantiers, etc., — elle pèse 2 500 kilog. à vide.

La consommation de combustible est d'environ 200 kilog. en dix heures de travail. Le foyer est en cuivre rouge, les tubes en laiton, les bandages en acier et le mouvement en fer aciéreux, cémenté et trempé; les têtes de bielles, garnies de coussinets en bronze dur.

D'après le constructeur, la locomotive avec ses soutes à moitié pleines pèse 3 000 kilog.; elle peut remorquer 24 tonnes sur palier et 5 tonnes sur une rampe de 35 millimètres, en supposant l'adhérence égale au 1/7 du poids moyen, l'effort de traction étant évalué à 15 kilog. par tonne pour les vagonnets et à 25 kil. pour la locomotive; enfin, en comptant un kilog. en plus par tonne et par $1^m/_m$ de rampe.

308. Locomotives Brown. — Cette locomotive, dont la fig. 3, pl. XXVII, représente le diagramme, a été exposée en 1878 par la Société de construction de Winterthur. Elle est spécialement construite pour le service des Tramways. Le mécanicien peut se placer à l'avant ou à l'arrière de la machine qui est munie, à cet effet, de doubles leviers de commande, pour le changement de marche, le régulateur et les freins. Pour mettre les cylindres et le mécanisme de la distribution à l'abri des accidents et de la poussière, ces

organes ont été fixés au-dessus de la plate-forme du mécanicien. La transmission du mouvement des pistons aux roues motrices est faite par l'interposition de deux balanciers, dont le mouvement se transmet aux organes de la distribution à l'aide d'une solution de cynématique très intéressante.

Les boîtes à tiroir étant placées au-dessous des cylindres, l'eau de condensation peut sortir à chaque course de piston sans l'emploi de robinets. La chaudière est en tôle d'acier et timbrée à 15 atmosphères. La vapeur et l'eau y occupent un grand espace; une grande variation de niveau peut se produire sans inconvénient pour le service. L'inventeur a eu en vue, par là, d'alimenter la chaudière et le foyer à de longs intervalles.

La cheminée est à double enveloppe et le tuyau d'échappement de vapeur est pourvu d'une soupape automatique réglant le tirage selon le travail de la locomotive, et empêchant les cendres, ainsi que la suie et l'air chaud, d'être aspirés dans les cylindres par l'effet d'un changement de marche subit.

La machine est pourvue d'un frein à contre-vapeur et d'un frein ordinaire à sabots.

Voici quelques indications que le constructeur nous a données, lors de l'Exposition universelle de 1878, sur l'emploi de ces machines, indications que nous n'avons pas été en mesure de contrôler.

Frais d'entretien par jour.

		Type n° 1	Type n° 2
Amortissement et intérêts.		8f	6f
Réparations.		4f	3f 50
Deux hommes à 5 fr.		10f	10f
Consommation de coke, à 3 fr. les 100 k.		5f 40	4f 20
Huile, graissage et bourrage. . . .		4f	3f
Total des frais d'entretien par jour.		31f 40	26f 70
Poids de la machine à vide.	kilogr.	6 300	5 000
— — en charge. . .	—	7 600	6 000

		Type n° 1.	Type n° 2.
Volume de l'eau dans la chaudière. .	mèt. cub.	0,630	0,630
— — le réservoir . .	—	0,450	0,450
Combustible.	kilogr.	200	180
Diamètre des roues.	mèt.	0,680	0,600
Longueur extrême.	—	3,600	3,600
Largeur.	—	1,900	1,900
Hauteur.	—	3,200	3,200
Empatement	—	1,500	1,500
Pression dans la chaudière.. . . .	kilogr.	15	15

Des machines de ce type font le service du tramway à Paris, de l'Etoile à Courbevoie.

309. Machines de banlieue (Ouest). — La Compagnie de l'Ouest possède un grand nombre de machines-tenders pour le service des voyageurs de banlieue. Les pl. XVI et XVII représentent une machine-tender à 6 roues, dont 4 accouplées de $1^m,65$ de diamètre, destinée à remorquer sur les lignes de banlieue et notamment sur la ligne de Versailles R. D qui est en rampe continue de 5 $^m/_m$, des trains comportant jusqu'à 1 200 places de voyageurs. L'approvisionnement en eau suffit pour des parcours à pleine charge de 30 à 35 kilomètres.

Les caisses sont disposées en long, et, par conséquent, quelle que soit la quantité d'eau qu'elles renferment, les charges des essieux conservent à peu près le même rapport entre elles.

Ce modèle, créé en 1856, est aujourd'hui représenté par plus de 100 machines sur les lignes de la Compagnie de l'Ouest et a été reproduit sur d'autres lignes.

310. Machine pilote (Ouest). — La Cie de Fives-Lille a exposé, en 1878, une machine construite sur les plans de la Compagnie de l'Ouest et qui reproduit la machine de banlieue allongée à l'arrière.

Cette machine-tender à cylindres et à distribution intérieurs fait le service de *pilote*, c'est-à-dire de machine de réserve. La fig. 5 de la pl. XIII en donne le diagramme. Devant faire des parcours plus longs, ses approvisionnements ont dû être augmentés. Allongée par l'arrière, elle a reçu un second essieu porteur qui assure sa stabilité en marche.

Ses caisses renferment les agrès nécessaires au service des machines de secours. Les soutes à eau contiennent 6 500 litres, quantité égale à celle d'un tender ordinaire. Les boîtes à huile des deux essieux porteurs sont munies de plans inclinés.

Cette machine devant fonctionner indifféremment dans les deux sens, la position de ses deux essieux porteurs a été déterminée de façon à ce que leur charge réponde à cette condition.

La plaque tubulaire de la boîte à fumée n'a pas de bords emboutis ; elle est assemblée au corps de la chaudière et à la boîte à fumée par de fortes cornières extérieures (Voir pl. XVII, fig. 1).

La machine est munie d'un changement de marche à vis, d'un frein à contre-vapeur et d'un échappement à valves mobiles.

Le régulateur, à l'extérieur du dôme, porte un tuyau de prise de vapeur pénétrant dans ce dernier ; il est recourbé à sa partie supérieure afin d'éviter l'entraînement de l'eau.

Les garnitures des tiges du piston, des tiroirs et du régulateur, sont métalliques et du système Duterne.

Deux injecteurs aspirants verticaux du système Turck alimentent la chaudière.

La machine a été établie de telle sorte que les masses, qui sont variables en service, donnent pour les quatre essieux une charge aussi égale que possible, deux à deux.

ÉTAT de l'approvisionnement de la Machine.	RÉPARTITION DU POIDS SUR LES ESSIEUX				
	Essieu d'avant.	Maître-Essieu.	Essieu accouplé.	Essieu d'arrière.	Totaux.
	kil.	kil.	kil.	kil.	kil.
Complet. . . .	9800	12300	12300	10000	44400
A moitié. . . .	8925	11325	11275	8725	40250
Au tiers. . . .	8640	1100	10900	8325	38865

Conditions d'établissement.

Diamètre des cylindres	mèt.	0,420
Course des pistons	—	0,560
Timbre de la chaudière	kil.	8, 5
Longueur extérieure de la boîte à feu	mèt.	1,720
Largeur — — —	—	1,120
Longueur extérieure du foyer. en haut	—	1,420
Longueur extérieure du foyer. en bas	—	1,470
Largeur intérieure du foyer	—	0,932
Hauteur du foyer au-dessus de la grille avant	—	1,00
Hauteur du foyer au-dessus de la grille arrière	—	1,150
Longueur des tubes entre les plaques tubulaires	—	4,000
Diamètre intérieur des tubes	—	0,045
Nombre de tubes	—	149
Surface de chauffe du foyer	mèt. carr.	6,04
Surface de chauffe des tubes	—	93,62
Surface de chauffe totale	—	99,66
Surface de grille	—	1,37
Volume de l'eau dans la chaudière	mèt. cub.	2,450
Volume de la vapeur	—	1,560
Volume de l'eau dans les caisses	—	6,500
Poids du combustible dans le foyer	kil.	200
Poids du combustible dans les caisses	—	1 800
Poids de la machine vide	—	33 500
Poids de la machine en état de service	—	44 400
Ecartement des essieux extrêmes	mèt.	5,10
Ecartement des axes des tiges des tiroirs	—	0,140

311. Machines anglaises. — Le service de la banlieue de Londres se fait principalement avec des machines-tenders.

La machine du North-London a deux essieux moteurs avec avant-train mobile, cadre et cylindres intérieurs. Les soutes à eau sont dispersées sur les flancs et à l'arrière. La soute à charbon se place en travers, à l'arrière.

312. Machine Fairlie a deux essieux moteurs. — Pour que la machine puisse se déplacer facilement dans les deux sens, — dans le sens horizontal pour faciliter le passage des

courbes à faible rayon, et dans le sens vertical pour éviter les chocs aux changements de pente, — M. Fairlie supprime le châssis rigide et charge la chaudière de tout l'effort de traction. La chaudière repose sur deux bogies placés l'un à l'avant, l'autre à l'arrière (fig. 4, pl. VIII).

Au centre des cadres des bogies, se trouve la douille d'une articulation dans laquelle pénètre une pièce fixée à une forte plaque rivée au centre de la partie cylindrique de la chaudière. Ces bogies peuvent ainsi tourner autour de ces tiges et s'adapter librement aux courbes et contre-courbes dont le rayon est supérieur à 30 mètres. Autour du centre d'oscillation se trouve un segment de cercle portant une rainure sur sa face supérieure; sur la chaudière, autour de la tige, est fixé un anneau correspondant, muni sur sa face inférieure d'une saillie qui s'engage dans la rainure. Cette disposition a pour but de répartir sur une plus grande surface l'effort de traction transmis à la chaudière.

Les cylindres sont placés sur le bogie d'avant dont les deux essieux sont accouplés; les tuyaux d'admission et d'échappement de la vapeur présentent des assemblages à rotule et à stuffing-box, ce qui leur permet de suivre les mouvements relatifs de la chaudière et des bogies.

Le corps de la chaudière s'étend dans les deux sens en avant et en arrière du foyer qui est au centre; il se termine à chaque bout par une boîte à fumée communiquant avec le foyer à l'aide de tubes, à la manière ordinaire. Au lieu de laisser échapper les gaz par deux cheminées placées sur les boîtes à fumée qui terminent cette double chaudière, M. Fairlie établit un retour de flammes; les gaz traversent de chaque côté la chambre à vapeur et viennent se réunir dans une caisse unique placée au-dessus du foyer; une cheminée surmonte cette caisse.

Dans les fortes machines de M. Fairlie, la chaudière est supportée par deux bogies, ayant chacun deux ou trois essieux couplés et un mécanisme spécial. Lorsque la chaudière a une grande longueur, M. Fairlie préfère mettre une cheminée sur chaque boîte à fumée en employant alors un double retour de flamme. Cette disposition présente l'avantage de nécessiter un tuyau d'échappement de moindre longueur, ce qui réduit les condensations et augmente le tirage.

Mais ces locomotives présentent les inconvénients inhérents aux machines à double mécanisme ; les chances d'avarie étant deux fois plus nombreuses, la machine doit séjourner deux fois plus longtemps à l'atelier. La perte provenant du temps nécessaire à la réparation étant représentée par le nombre 1, dans le cas d'une machine unique, elle sera représentée par le nombre 4 dans le cas d'une machine double comme celle de Fairlie.

De plus, ces machines présentent de très graves inconvénients en cas de déraillements ; il est difficile de remettre sur rails une aussi grande masse, sans détériorer certains organes de la machine qui devrait présenter pour cette circonstance des points d'appui solides comme le cadre des locomotives ordinaires.

Enfin, ces machines, portant elles-mêmes leur eau et leur combustible, ne sauraient avoir une adhérence constante.

Néanmoins, les machines Fairlie peuvent rendre de grands services sur les chemins de fer à voie étroite, à fortes rampes et à courbes de petits rayons.

Conditions d'établissement de la machine représentée par la fig. 4, pl. VIII.

Largeur de voie . . . . $1^{m},435$

Cylindres.	Diamètre des cylindres.	mèt.	0,406
	Course du piston.	—	0,559
Chaudière.	Diamètre intérieur de la chaudière.	—	1,250
	Longueur du corps cylindrique. .	—	3,200
	Epaisseur des tôles.	—	0,014

Foyer.	Longueur du corps du foyer. . .	—	1,549
	Largeur extérieure — au fond .	—	1,117
	Hauteur moyenne	—	1,930
	Epaisseur des tôles du foyer. . .	—	0.011
Roues.	Nombre de roues.		8
	Diamètre des roues motrices. . .	mèt.	1,676
	— — d'arrière. .	—	1,219
	Épaisseur des bandages	—	0,063
	Largeur —	—	0,127
Bogie d'avant.	Ecartement des essieux.	mèt.	1,981
	Diamètre. —	—	0,152
	— des coussinets . . .	—	0,165
	Longueur. — . . .	—	0,203
	Diamètre du moyeu.	—	0,184
	— des colliers	—	0,203
	Entre les axes des coussinets. . .	—	1,092
	Longueur totale	—	1,651
Bogie d'arrière.	Diamètre des essieux	—	0,111
	Diamètre des coussinets.	—	0,139
	Longueur. —	—	0,203
	Diamètre du moyeu.	—	0,152
	Diamètre des colliers	—	0,191
	Distance entre les axes des coussinets.	—	1,111
	Longueur totale.	—	1,660
Mécanisme.	Course du tiroir	—	0, 114
	Recouvrement du tiroir	—	0, 028
	Avance du tiroir.	—	0, 004
	Grandeur des orifices d'admission.	mèt. car.	0, 009678
	Grandeur des orifices d'échappem.	—	0, 027098
	Nombre de tubes dans la chaudière.		181
	Diamètre extérieur des tubes . .	mèt.	0, 050
	Epaisseur — . . .	—	0, 002
	Largeur intér. au fond du foyer.	—	1, 003
	Longueur — — . .	—	1, 473
	Hauteur moyenne	—	1, 346
	Epaisseur des tôles.	—	0, 012
	— de la plaque tubulaire. .	—	0, 022

Surface de chauffe des tubes. . .	mèt. car.	94, 94
— — du foyer. . .	—	6, 69
— totale. . .	—	101, 63
Volume des soutes à eau	mèt. cub.	5, 450
Poids du combustible.	kil.	3 000
Poids de la machine vide. . . .	—	34 000
— pleine. . . .	—	44 000

Nous avons décrit, dans *les Chemins de fer nécessaires*, une machine Fairlie, en fonction sur la petite ligne modèle de Festiniog, qui a donné des résultats très intéressants. Les ingénieurs des lignes à voie étroite trouveront là d'utiles indications.

313. Machines a quatre cylindres du Nord. — Cette machine a été établie en vue d'obtenir à la fois une grande adhérence, une grande vitesse, une production considérable de vapeur, en évitant les inconvénients de l'accouplement des essieux.

La chaudière se compose d'un vaste foyer ayant $3^{m},33$ de surface de grille, du système Belpaire, — d'un corps cylindrique renfermant des tubes de $3^{m},50$ de longueur, — d'un sécheur et réservoir de vapeur, surmonté d'une cheminée horizontale.

Elle repose sur un cadre assez bas et s'étend au-dessus des roues libres. Pour échapper à l'accouplement des essieux moteurs on les a fait mouvoir chacun par une paire de cylindres. Le nombre d'essieux est de cinq, dont trois intermédiaires ; les deux extrêmes sont moteurs. L'écartement de ces derniers est de $5^{m},17$.

Les distributions de vapeur des deux paires de cylindres sont commandées par le même levier de marche.

Les trois essieux du milieu ont un jeu latéral de 2 centimètres, de manière à se déplacer dans les courbes.

La force étant répartie sur quatre cylindres au lieu de deux, les pistons sont plus légers ainsi que les bielles et tout le mécanisme.

Elle porte un approvisionnement de 7000 kilogrammes d'eau et 2000 kilogrammes de combustible.

Un point important à signaler, c'est la réduction du diamètre des roues des essieux moteurs à 1m,60, tandis que les roues motrices des locomotives de trains express ont généralement près de 2 mètres. Mais l'expérience ayant engagé les ingénieurs de la Compagnie du Nord à revenir du diamètre des roues motrices des machines Crampton de 2m,300 à celui de 2m,10, ils étaient revenus du diamètre de 2m,10 à celui 1m,60. — Or, en supposant la vitesse des pistons de la machine à quatre cylindres égale à 1 mètre par seconde, la vitesse de la circonférence de la roue est de 7m,39. — Dans la machine Crampton cette vitesse est de 6 mètres.

Le nombre de tours de roues par seconde, pour la même vitesse de marche, est plus grande pour la première que pour la seconde machine ; à la vitesse de 72 kilomètres, par exemple, les roues de la première feront quatre tours, quand celles de la seconde n'en feront que trois.

Malgré la consciencieuse étude de ces machines, le type à quatre cylindres à grande vitesse, n'a pas réalisé les espérances des constructeurs ; il manquait de stabilité.

Conditions d'établissement.

Grille.	Longueur		mèt.	1,475
	Largeur		—	1,775
	Surface		m. carr.	2,620
Foyer. — Hauteur du ciel au-dessus de la grille		Avant.	mèt.	1,372
		Arrière.	—	1,160
Chaudière. — Diamètre du corps cylindrique			—	1,278
Tubes. — Nombre				356
—	Longueur (entre les plaques)		mèt.	3,500
—	Diamètre extérieur		—	0,040
—	Épaisseur		—	0,0015
Surface de chauffe.	Foyer		m. carr.	10,06
	Tubes		—	144,76
	Sécheur		—	12,00
	Totale		—	166,82

Tension de la vapeur (atmosphères)			9
Cylindres. — Diamètre		mèt.	0,360
— Course des pistons		—	0,634

SUPPORTS.

Roues. — Diamètre au contact.	Avant	mèt.	1,600
	1er intermed.	—	1,050
	2e intermed.	—	1,050
	3e intermed.	—	1,050
	Arrière	—	1,600
ESSIEUX MONTÉS.— Écartement d'axe en axe.	Avant. — 1er interm.	—	1,450
	1er — 2e interm.	—	1,125
	2e — 3e interm.	—	1,185
	3e interm.— Arrière.	—	1,410
	Extrême	—	5,170
Poids de la machine. — Vide		kilogr.	35 600

314. MACHINE DU GRAND-CENTRAL BELGE A DEUX ESSIEUX MOTEURS. — Construite par la Société de Marcinelle et Couillet (Belgique) en 1878.

Cette locomotive-tender mixte à quatre essieux (fig. 1 et 2, pl. VIII) a été exécutée sur les dessins de M. Maurice Urban, ingénieur en chef du Grand-Central. Elle a été étudiée pour remorquer des trains peu chargés.

Quatre roues porteuses, dont l'empatement est de $4^m,800$, encadrent quatre roues motrices de $1^m,700$ de diamètre, sur lesquelles le poids adhérent est uniformément réparti de chaque côté de la machine, au moyen de balanciers suspendus à un ressort unique.

Les cylindres et le mouvement sont extérieurs aux longerons. La distribution de vapeur, du système Walschaert, est munie d'un appareil indicateur du mouvement du tiroir qui permet un contrôle courant, et un réglage facile de la distribution, sans démonter les couvercles des chapelles. Cette disposition, proposée par M. Belleroche, ingénieur du matériel de la Compagnie, est également appliquée dans les machines fixes.

Le foyer du système Belpaire est alimenté au charbon menu demi-gras.

Les tubes sont en *fer au bois*. Les essieux sont en acier Bessemer, les bandages en acier fondu au creuset, et le mécanisme en fer fin grain, les boîtes à graisse en métal dit « acier coulé », de même que les guides des boîtes à graisse auxquels on donne la forme d'un U renversé, encadrant l'ouverture du longeron lorsqu'on ne peut donner à celui-ci une hauteur suffisante.

Les caisses à eau placées de chaque côté du corps cylindrique communiquent entre elles par un tuyau qui maintient le niveau de l'eau sur un même plan horizontal.

La machine est munie d'un frein à vis à sabots en fonte agissant sur les roues motrices. Pour serrer les freins, il suffit, en tournant la manivelle, de faire monter la branche *b* du levier coudé *a b* : la branche *a* s'avance vers la gauche et transmet son déplacement par l'intermédiaire de la tige rigide *t t* à la branche *b'* du levier coudé *a' b'*; la branche *a'* s'élèvera en entraînant la tige rigide *f* et par suite les sabots.

Cette machine porte des appareils de chauffage par circulation d'eau chaude, système Belleroche, adopté par la Compagnie du Grand-Central belge, où on l'a étudié depuis 1875. Les injecteurs d'alimentation sont munis, à la sortie du jet d'eau, de deux tuyaux de refoulement qui permettent de diriger l'eau soit vers la chaudière, soit vers le train.

L'eau, en passant par l'injecteur, acquiert une température de 70° et la vitesse nécessaire pour parcourir le circuit chauffeur. La jonction, entre les voitures, se fait par deux tuyaux en caoutchouc; sous les banquettes, l'eau circule dans des tuyaux en fer étiré, et sous les pieds des voyageurs dans des chaufferettes en fonte.

La déperdition de calorique est de 2 500 calories par voiture et par heure. L'eau chaude qui a circulé dans le train revient directement aux injecteurs de chauffage et d'alimentation, où elle se mélange à l'eau froide des caisses à eau.

Conditions d'établissement.

Surface de chauffe du foyer	mèt. car.	7, 920
— — des tubes	—	98, 170
Diamètre du corps cylindrique	mèt.	1, 252
Épaisseur des tôles	—	0, 012
Longueur intérieure de la boîte à feu	—	2, 000
Largeur — —	—	1, 080
Hauteur — —	—	1, 380
Nombre de tubes		188
Diamètre extérieur des tubes	mèt.	0, 050
Longueur entre les plaques tubulaires. . . .	—	3, 500
Capacité totale de la chaudière	mèt. cub.	4, 900
Volume de vapeur	—	1, 750
— d'eau avec 0^m,10 d'eau sur le foyer. .	—	3, 150
Capacité des soutes à eau	—	5, 000
— — à charbon	—	3, 000
Poids de la machine à vide.	kil.	37 500
— — en ordre de marche . . .	—	49 200
Écartement intérieur des longerons	mèt.	1, 250
D'axe en axe des roues extrêmes	—	4, 800
Diamètre des roues motrices.	—	1, 700
Diamètre des roues porteuses	—	1, 140
Diamètre des cylindres.	—	0, 440
Course des pistons	—	0, 600
Entre-axes des cylindres	—	1, 980
Poids adhérent à vide	kil.	20 900
— en charge pleine.	—	25 800
— moyen	—	23 350
Effort de traction $0,65 \frac{\Psi' d^2 l}{D}$	—	3 650
Coefficient moyen d'adhérence		1/6, 4

315. Machine de Baldwin. — Le cas du service temporaire sur forte rampe de faible longueur s'est présenté en 1854, lorsqu'il s'agit de faire franchir la chaîne des Alleghanys au chemin de fer qui devait relier Richmond (Virginie) à l'Ohio. La réunion des deux lignes séparées par la montagne devait s'effectuer au moyen d'un tunnel, dont

la construction souffrit de longs retards. Suivant les conseils de l'ingénieur Ellet, on établit un chemin provisoire à ciel ouvert, à travers le col, en s'attachant aux sinuosités du terrain ; la construction dura sept mois.

Cette petite section se développait sur $12^k,5$ en deux versants ; la longueur du versant ouest était de 3 248 mètres avec une inclinaison qui s'élevait jusqu'à $0^m,053$ par mètre, et en moyenne à $0^m,042$.

A l'est, le chemin s'étendait sur 3 812 mètres avec une inclinaison maxima de $0^m,056$ et moyenne de $0^m,049$.

Les courbes étaient tracées avec des rayons de 92 mètres (300 pieds), et sur un point le rayon descendait à 72 mètres.

La machine affectée au service de cette section, et construite par MM. Baldwin et Cie, portait son eau et son combustible. Elle avait trois essieux moteurs, avec roues couplées de $1^m,067$ de diamètre et un écartement extrême, de boudin à boudin en contact avec les rails, de $2^m,847$. Les deux essieux d'avant, avec leurs boîtes à graisse reliées par deux jougs en fer, se déplaçaient transversalement, ces boîtes à graisse étant réunies par un balancier qui pivotait autour d'un point fixe pris sur chacun des longerons de la machine.

L'accouplement des roues d'avant s'effectuait par des bielles de connexion, reliées aux roues du milieu sur un point de la manivelle situé entre le corps de la roue et l'attache de la bielle d'accouplement de la roue du milieu avec la roue d'arrière. De cette façon, les bielles d'arrière restaient parallèles aux longerons, tandis que les bielles d'avant prenant la direction des jougs, se plaçaient dans les courbes suivant une direction parallèle à la corde de l'arc parcouru, l'essieu d'avant se déplaçant parallèlement à lui-même. Les cylindres, extérieurs, avaient pour dimension $0^m,419$ de diamètre et $0^m,508$ de course. Avec son approvisionnement de $2^{m3},83$ d'eau et $2^{m3},83$ de bois, en état de marche, elle pesait près de 25 tonnes (55 000 lbs.).

Pour faciliter le passage dans les courbes, un ressort pressait contre le boudin des roues des éponges imbibées d'huile.

Ces machines ont ainsi fonctionné pendant deux ans et demi sans interruption, remorquant soit deux vagons à huit roues pour voyageurs et un vagon à huit roues pour bagages, soit trois vagons à huit roues pour marchandises. La vitesse imprimée au train se tenait entre 12 kilomètres à la remonte et 8 kilomètres à la descente.

316. MACHINES ISABELLE II. — Cette machine a été construite pour le chemin de fer Isabelle II (Alar del rey à Santander, Espagne) par l'usine de Saint-Léonard à Liége, sur les plans de M. Waessen, directeur de l'usine.

La longueur du chemin à parcourir est de 139 kilomètres comprenant, en nombres ronds :

13 kilomètres en palier,
77 kilomètres en rampe de $0^m,010$;
14 » » de $0^m,010$ à $0^m,015$;
35 » » de $0^m,015$ à $0^m,020$, et des sections avec des courbes de rayon descendant à 400, 350 et 300 mètres.

Les conditions imposées par la Compagnie au constructeur, quant à la disposition des machines à marchandises, renfermaient la clause suivante :

— Remorquer un train de 200 tonnes brutes sans compter la machine, sur rampes de $0^m,020$ dans des courbes à rayon inférieur à 300 mètres, à la vitesse de 20 kilomètres à l'heure. — La machine repose sur trois essieux moteurs à l'arrière, et sur un avant-train mobile, qui diffère des trains américains en ce que ceux-ci pivotent autour d'une cheville ouvrière fixée à la machine, tandis que l'avant-train de la machine en question jouit d'un mouvement de rotation partielle autour d'un pivot sphérique fixé sur la longueur d'un levier articulé à l'une de ses extrémités vers le milieu de la chaudière ; à l'autre extrémité ce levier supporte la boîte à fumée, en empruntant l'intermédiaire de deux coins en acier fondu couchés sur deux doubles plans inclinés.

En alignement droit, le levier est dirigé suivant l'axe de

la chaudière et tous les essieux sont parallèles. Dans les courbes et par la pression latérale des rails contre les boudins des roues, l'avant-train tourne autour de son pivot d'une part et, de plus, il s'écarte du plan passant par l'axe de la chaudière d'une quantité variable avec le rayon de la courbe.

La chaudière, en se déplaçant, exerce sur les plans inclinés une pression qui fait équilibre à l'effort latéral produit par les boudins des roues contre les rails extérieurs, et qui se traduit par un abaissement du châssis mobile. Lorsque ce dernier effort cesse, la pression sur les plans inclinés fait descendre les taquets, et le train mobile se replace dans l'axe de la chaudière.

317. Machine de l'État belge. — Cette locomotive, représentée par la pl. XXI dans ses dispositions principales, a été étudiée en vue de desservir les lignes à profil accidenté et les lignes d'embranchement sur lesquelles n'existent pas de plaques tournantes de grandes dimensions.

La machine repose sur cinq essieux, trois moteurs au milieu, un porteur à chaque extrémité et rayonnant (fig 3). Indépendamment des embases extérieures des fusées, ces essieux portent, au milieu de chaque fusée, une embase cylindrique saillante de 20 millimètres et de 50 millimètres d'épaisseur, servant à entraîner les boîtes à graissage dans leurs guides, lors du passage dans les courbes — 213 —.

Les guides des boîtes en fonte dure mélangée d'étain sont, ainsi que les boîtes dans leurs parties en contact avec celles-ci, formés par des parois verticales cylindriques inclinées sur les longerons, et tracées horizontalement avec un rayon de $2^m,600$ pris sur l'axe longitudinal de la machine, et symétriquement par rapport à cet axe.

La partie inférieure des tiges de pression des ressorts d'avant et d'arrière repose sur des crapaudines en bronze glissant horizontalement sur le couvercle en fer forgé des boîtes à graisse.

Indépendamment du frein à contre-vapeur et de la manœuvre à vis, la machine est pourvue d'un frein automatique à air comprimé du système Wertinghouse, dont les six sabots agissent sur les roues accouplées. — 264 et suiv. —

La disposition adoptée permet de remorquer, dans les deux sens, un train muni de freins du même système.

La pompe à air et son moteur à vapeur sont installés à l'intérieur de l'abri du machiniste et du côté droit; le robinet de prise de vapeur du moteur et le robinet de distribution d'air ont leurs commandes respectives sous la main du machiniste; sur le tuyau de prise de vapeur est placé le lubrificateur automatique du moteur. Le réservoir d'air principal et le réservoir auxiliaire sont placés sous la plate-forme du machiniste.

Le robinet de distribution, suivant la position de la commande, peut régler l'action de l'air du réservoir auxiliaire et celle de l'air envoyé par le réservoir principal pour serrer et desserrer les freins du train.

Le réservoir auxiliaire de la machine, de même que ceux de chaque voiture du train, sont maintenus en charge par la conduite de tuyaux allant d'un bout à l'autre du train.

Les tuyaux et les réservoirs auxiliaires sont en communication au moyen d'un distributeur, appareil spécial fonctionnant automatiquement par une variation de pression dans la conduite; il permet l'introduction de l'air du réservoir auxiliaire sur le piston de commande des freins.

Le serrage du frein de la machine s'opère par l'action de l'air sur le piston du cylindre à simple effet, placé sous le tablier du machiniste; à l'avant des réservoirs d'air, la tige transmet par une série de leviers, bielles et balanciers, l'action du piston sur les blocs de freins.

Le desserrage s'opère en rétablissant la pression dans la conduite, afin de recharger les réservoirs auxiliaires, et l'air des cylindres s'échappe dans l'atmosphère.

Dans la disposition adoptée, les blocs sont suspendus de manière que la pression agit toujours dans le même sens sur les six roues couplées; les rapports des leviers et des balanciers de commande des traverses d'entraînement des blocs sont proportionnés pour obtenir sur chaque roue le sixième de l'effort total qui est de 18 900 kilos ou 3 150 kilos par bloc, avec cinq atmosphères de pression dans le réservoir auxiliaire.

Conditions d'établissement.

Grille. —	Longueur	mèt.	2, 739
	Largeur	mèt.	1, 110
	Surface	mèt. car.	3, 00
Foyer. —	Hauteur du ciel au-dessus du cadre, avant	mèt.	1, 315
	Hauteur du ciel au-dessus du cadre, arrière		1, 015
	Longueur intérieure		2, 710
	Largeur intérieure, bas		1, 076
	— haut		1, 170
Tubes —	Nombre		226
	Diamètre extérieur	mèt.	0, 045
	Épaisseur		0, 0025
	Longueur entre les plaques		3, 467
Surface de chauffe. —	Foyer	mèt. car.	10, 950
	Tubes à l'intérieur	—	98, 550
	Surface totale	—	109, 500
Chaudière. — Boîte à feu extérieure.	longueur	mèt.	2, 906
	largeur en bas	—	1, 282
	— en haut	—	1, 376
Diamètre extérieur moyen du corps cylindrique.		—	1, 300
Longueur totale extérieure de la chaudière		—	7, 148
Hauteur de l'axe au-dessus du rail		—	2, 100
Épaisseur des tôles. — Du foyer.	en bas	—	0, 025
	en haut	—	0, 012
Parois longitudinales du foyer			0,015-0, 012
Ciel du foyer			0, 012
Plaque d'arrière du foyer			0, 012
Capacité de la chaudière		mèt. cub.	5, 580
Timbre en atmosphères (pression effective)			8
Cheminée. —	Hauteur au-dessus des rails	mèt.	4, 300
	Diamètres		0^m465-$0^m 535$

Châssis. — Longueur totale à l'extérieur des tampons	mèt.	11, 940
Longueur à l'extérieur des traverses.	—	10, 950
Écartement intérieur des longerons.	—	1, 848
Roues et essieux. — Diamèt. des 6 roues couplées.	—	1, 700
— des 4 roues porteuses.	—	1, 060
Écartement intér. des bandages.	—	1, 355
Écartement d'axe en axe des essieux. 1-2 (avant).	—	2, 200
2-3 . . .	—	2, 000
3-4 . . .	—	2, 000
4-5 . . .	—	2, 200
Extrêmes .	—	8, 400
Mécanisme. — Diamètre des cylindres	—	0, 450
Course des pistons	—	0, 600
Approvisionnements. — Capacité des caisses à eau.	mèt. cub.	9, 950
— à charbon.	—	2, 000
Poids. — Machine à vide	kil.	41 900
— en ordre de marche. . . .	—	58 000
Répartition des charges, en ordre de marche .		
Essieu. — N° 1 (avant)	kil.	10 000
2.	—	12 500
3.	—	13 000
4.	—	12 500
5.	—	10 000
Adhérence au 1/6	—	6 338
Effort de traction avec 0,65. Ψ	—	3 800

318. Machine Beugnot pour voie étroite. — (Fig. 1 à 5 pl. XXX). Cette locomotive-tender, étudiée en vue des lignes très sinueuses et munies de rails de 18 à 20 kilog. le mètre courant, a été construite de manière qu'elle pût non-seulement traîner sa charge à petite vitesse — 15 à 20 kilomètres à l'heure —, mais encore prendre impunément des vitesses de 30 kilomètres à l'heure, là où le tracé le permet. A cet effet, la locomotive-tender a été posée sur quatre essieux — trois essieux accouplés aussi rapprochés que possible l'un de l'autre, soit $2^m,070$ d'entr'axe des essieux extrêmes pour des roues de $0^m,900$ de diamètre, et un quatrième essieu, derrière

le foyer, sous la plate-forme du mécanicien, ledit essieu mobile radialement autour d'une cheville ouvrière comme Bissel le fait à l'avant des locomotives américaines, ce qui donne un empatement total de 3m,970 qui rend la machine très stable à toutes les vitesses. Elle peut néanmoins franchir facilement des courbes de petits rayons, de 100, de 80 et même de 60 mètres, grâce au peu d'écartement des essieux rigides. Cette disposition des essieux permet en outre de tenir la boîte à feu en dehors du plan des roues, et de lui donner par conséquent les dimensions désirables.

La machine est munie d'un frein à vis à doubles mâchoires appliqué aux roues motrices, d'un frein à contre-vapeur, d'un changement de marche à vis, d'une distribution de vapeur Allan et de deux injecteurs Friedmann. Les essieux, bandages et mécanismes sont en acier fondu.

Conditions d'établissement.

Poids de la machine à vide	kil.	18 000
Eau dans la chaudière et combustible sur la grille	—	1 500
Poids de l'eau dans les soutes	—	3 000
Poids du combustible	—	1 000
Outillage et personnel	—	300
Poids de la machine en service	—	23 800
Poids sur le train Bissel	—	2 800
Adhérence moyenne	—	19 000
Puissance de traction, coefficient 1/7	—	2 715
Diamètre moyen de la chaudière.	mèt.	1,00
Timbre de la chaudière	kil.	8, 5
Nombre de tubes.	—	123
Diamètre intérieur des tubes.	mèt.	0,041
Longueur entre les plaques	mèt.	3,150
Surface de la grille	mèt. car.	1,00
Surface de chauffe du foyer	mèt. car.	4,00
— — des tubes	—	50,22
— — totale	—	54,22
Diamètre des cylindres.	mèt.	0,350

Course des pistons	mèt.	0,460
Diamètre au contact des roues accouplées . .	—	0,900
— — — porteuses. . .	—	0,700
Empatement total des essieux moteurs . . .	—	2,070
— — — extrêmes. . .	—	3,970
Longueur totale de la machine	—	7,690
Largeur	—	2,540
Hauteur de la cheminée au-dessus des rails. .	—	3,000

Une machine semblable doit être mise en service sur la ligne des Hermes à Beaumont (Oise).

318 *a*. Machine de l'ile de Gotland. — Cette machine figurait à l'Exposition universelle de 1878. Elle est destinée au service des marchandises du chemin de fer à voie étroite de l'île de Gotland (Suède).

Les fig. 1 et 2 de la pl. XXV en donnent l'élévation longitudinale et le plan à l'échelle de $0^m,04$ et non pas à 1/40 comme l'indique le dessin. La voie a $0^m,891$ entre rails.

Les tampons et les crochets d'attelage *t* et *t'* sont réunis sur la même tige, dans l'axe de la machine et à $0^m,792$ au-dessus du sol.

Le ciel du foyer et l'enveloppe extérieure sont réunis par des entretoises.

La distribution s'opère à l'aide de la coulisse Allan. La tige du tiroir ne se trouve pas dans l'axe des lumières mais bien vers le bord extérieur de la boite à vapeur.

Le changement de marche s'effectue par levier LO L' — 163 — sans addition de la vis.

Les ressorts des essieux ont 9 lames d'acier de 70/10, ceux des essieux d'avant sont accouplés par un balancier B B'. Une sablière S suspendue au longeron donne le sable entre les deux roues d'avant.

Les trois essieux peuvent être enrayés par un frein à main.

Conditions d'établissement.

Surface de la grille.	mèt. car.	0,579
Surface de chauffe du foyer	—	4,150

Surface de chauffe des tubes.	mèt. car.	38,850
Nombre des tubes		126
Longueur	mèt.	2,377
Diamètre extérieur.	—	0,042
Diamètre moyen du corps cylindrique	—	0,863
Longueur totale de la chaudière	—	3,404
Pression effective dans la chaudière	kil.	10
Diamètre des cylindres	mèt.	0,280
Course des pistons	—	0,406
D'axe en axe des cylindres	—	1,314
Longueur de la bielle motrice	—	1,450
Diamètre des roues au contact	—	0,990
Ecartement des essieux extrêmes	—	3,050
— intérieur des longerons	—	0,754
Poids sous les roues AV	kil.	5 260
— — milieu	—	5 280
— — AR	—	5 260
Poids de la machine en charge.	—	15 800
— vide	—	12 550
Capacité des soutes à charbon	—	300
— — à eau	mèt. cub.	1,660
Effort de traction (70 % admission).	kil.	2 000

318 *b*. Machine de Wohlen-Bremgarten. — Ce chemin de fer, qui s'embranche à Wohlen, station de la ligne Aarau-Muri (réseau du Central-Suisse), a une longueur de 7 kilom. en rampe constante de 15 $^m/_m$ sur 2 100 mètres à partir de Wohlen, et sur 3 560 mètres à partir de Bremgarten. La ligne a des courbes très nombreuses, dont le rayon descend jusqu'à 300 mètres.

Deux machines-tenders à 3 essieux moteurs, construites en 1876, font le service des voyageurs et des marchandises. La vitesse moyenne est de 30 kilom. à l'heure, avec charge normale de 100 tonnes brutes. Le trafic, en temps ordinaire, est faible ; mais les jours de fêtes ou de marché, il est très actif et nécessite alors une puissance de traction relativement élevée. Des trois essieux moteurs, celui du milieu seul a du jeu dans ses boîtes : 5 $^m/_m$ de chaque côté de l'axe.

Les chaudières sont composées de tôles de fer (Creusot

nos 4 et 6) de 13m/m; les foyers, de feuilles de cuivre de 15m/m, avec plaques tubulaires avant et arrière de 20 et 25m/m ; les tubes sont en acier de 1 1/2 à 2 m/m d'épaisseur.

Les cylindres sont sans chemise de vapeur, mais avec enveloppe de cuivre et matelassage de laine de scorie. Les tiroirs, à canal intérieur, sont en fonte. Les pistons, en fer, sont creux et formés de deux disques soudés ensemble ; la garniture composée de deux anneaux en fonte.

Le changement de marche est à vis, la distribution par la coulisse Allan — 145 —. L'échappement est fixe ; l'orifice de la tuyère au niveau de la rangée supérieure des tubes. Les ressorts des deux essieux d'avant sont accouplés par un balancier. Le frein à main agit sur les roues d'arrière par doubles sabots en fonte.

Telles sont les données qui ont dirigé l'établissement de ces deux machines, construites par l'atelier principal du Central-Suisse, sous la direction de M. l'ingénieur Egger, à l'obligeance duquel nous devons ces renseignements (fig. 23, pl. XLVI).

Conditions d'établissement.

Poids de la machine en charge.	kil.	29 020
— — vide	—	22 500
— de l'eau dans les soutes	—	3 400
— — dans la chaudière	—	2 120
— de la houille	—	1 000
Chaudière. — Tension effective de la vapeur. .	atm.	10
Diamètre	mèt.	1,180
Longueur entre les plaques tubulaires	—	2,700
Diamètre des tubes.	—	0,045
Nombre de tubes	—	185
Surface de chauffe directe	mèt. car.	5,50
— — totale.	—	68,00
Roues et essieux. — Diamètre des roues . . .	mèt.	1,100
Ecartement des essieux. Avant-milieu. . . .	—	1,400
Ecartement des essieux. Milieu-arrière . . .	—	2,100
Ecartement des essieux. Avant-arrière. . . .	—	3,500
Diamètre des fusées	—	0,100

Longueur des fusées		mèt.	0,160
Mécanisme. — Cylindres — Diamètre		—	0,340
—	Course	—	0,500
—	Entr'axe	—	1,950

318 *c*. Machine du Central-Suisse. — Cette machine à quatre essieux dont trois moteurs (type de 1878), que nous avons signalée à propos de son Bissel à l'avant — 216 —, est destinée à faire le service des trains mixtes et des trains de marchandises, sur sections à rampes de 16 $^{m}/_{m}$ et courbes de 300^{m} de rayon, à la vitesse de 20 à 30 kilomètres. Ses soutes à eau α, α, sont en dessous de la chaudière, chaque compartiment étant réuni à son voisin par un tuyau de communication 0, (fig 8 et 9, pl. XXI), muni d'un bouchon de vidange *v*.

Les dispositions adoptées pour la construction de la chaudière sont les mêmes que celles appliquées à la machine Wohlen-Bremgarten ; toutes deux ont l'enveloppe du foyer aplatie à la partie supérieure et parallèle au ciel du foyer ;

Les pistons sont composés de deux disques en acier fondu, reliés l'un à l'autre par la tige même des pistons.

Conditions d'établissement.

Surface de chauffe. — Foyer		mèt. car.	7,600
	Tubes	—	102,400
Nombre de tubes			171
Cylindres. — Diamètre		mèt.	0,420
—	Course	—	0,600
Roues. — Diamètre			1,280
Longueur totale de la machine			10,649
Largeur			2,760
Hauteur			4,280
Capacité des soutes à charbon		kil.	3 380
—	à eau	—	6 700

Les cinq machines de ce type sont calculées pour remorquer des trains de 320 tonnes brutes sur rampes de 10 $^{m}/_{m}$ à la vitesse de 20 à 30 kilomètres à l'heure.

319. MACHINES A QUATRE ESSIEUX MOTEURS DE GIOVI. — La ligne de Gênes à Turin rencontre, à quelques kilomètres de la première de ces villes, une ramification de la chaîne des Alpes qui a nécessité l'adoption d'un profil des plus accidentés. La section de Gênes à Pontedecimo, qui a 14 kilomètres de longueur, se développe avec des rampes inférieures à 12 millimètres, tandis que celle de Pontedecimo à Busalla, qui s'étend sur $10^k,5$ seulement, se présente avec une pente moyenne de $0^m,0257$ dont le maximum, au passage des *giovi*, s'élève jusqu'à $0^m,02868$ dans le souterrain et $0^m,035$ en voie découverte.

Ces différences brusques d'inclinaison ont conduit à scinder le service de traction. Sur la section de Gênes à Pontedecimo, les trains sont remorqués par des machines pesant 25 tonnes, à deux essieux moteurs et avant-train mobile; les roues motrices ont $1^m,40$ de diamètre.

La section de Pontedecimo à Busalla était exploitée par des machines-tenders à deux essieux moteurs, accouplées par leur plate-forme d'arrière, formant un groupe de quatre essieux moteurs, conduits par un mécanicien et un chauffeur. Ces machines remorquaient des trains de 80 à 100 tonnes, suivant l'état de la voie et plus facilement sur les rampes découvertes de $0^m,035$ que dans le souterrain humide, incliné seulement de $0^m,028$.

Voici quelles étaient les principales dispositions de ces machines :

Timbre		7 atmosphères.
Surface de chauffe. — Foyer		14 mètres carrés.
—	Tubes	130 —
Cylindres. — Diamètre		$0^m,356$
—	Course des pistons	0 ,558
Roues. — Diamètre		1 ,066
Poids des deux machines réunies		54000 kilogrammes.

Anticipant sur l'ordre que nous avons adopté, ajoutons que, plus tard, on a remplacé la machine à quatre essieux par des machines à six essieux moteurs, réunis par groupes de trois essieux sous chaque machine. Ces locomotives présentent les dimensions suivantes :

Timbre de la chaudière	7,8 atmosphères.
Surface de chauffe. — Foyer	14^{m2},600
— Tubes	186 ,400
Cylindres. — Diamètre	0^m,406
— Course des pistons	0 ,558
Roues. — Diamètre	1 ,220
Poids des deux machines réunies	63000 kilogrammes.

Elles remorquent en été 120 tonnes de poids brut, à 15 kilomètres à l'heure.

320. Machines-tenders a quatre essieux moteurs. — *Machines du Nord.* La machine à 4 essieux moteurs du chemin de fer du Nord (France) est du système des machines-tenders, mais à cadre rigide, faisant porter à ses roues motrices tout son approvisionnement. Le foyer est placé au-dessus des roues et des longerons du cadre. On lui a donné une grande largeur, ce qui a permis de disposer dans la chaudière un grand nombre de tubes : la grille est du sytème Belpaire. Afin de mettre le plus grand nombre possible de tubes dans le corps cylindrique, il a fallu restreindre le volume de vapeur disponible et reporter le réservoir dans un second corps tubulaire, traversé, et entouré par la fumée. La chaudière porte aussi un sécheur qui a pour but d'augmenter le volume de vapeur et de lui enlever une partie de l'eau entraînée.

321. Machines a cinq essieux moteurs d'Orléans [1]. — Cette machine, la plus puissante de toutes celles que nous offre l'Exposition de 1867, est destinée au service des marchandises entre Aurillac et Murat (ligne de Figeac à Arvant). Dans les deux sens, le profil de la voie entre ces deux points extrêmes offre des rampes de $30^{m}/_{m}$, et le tracé suit plusieurs courbes de 300^m de rayon. Sous ces conditions, la machine doit remorquer 150 tonnes de poids brut à la vitesse de 15 à

1. Extrait de notes prises par l'auteur à l'Exposition de 1867.

25 kilomètres, atteignant ainsi le maximum de l'effort que peuvent supporter actuellement les attelages du matériel roulant sur rampes de $30^{m}/_{m}$.

De telles conditions ne peuvent être obtenues qu'en donnant au moteur des dimensions inusitées et en arrivant ainsi à un poids considérable. Ainsi qu'on peut le voir en examinant le tableau des conditions d'établissement, le poids de la machine en service, atteint le chiffre énorme de 60 630 kilos, qui, répartis également sur les 10 paires de roues, donnent une charge de plus de 12 tonnes pour chaque essieu. Sous cette pression, et pour peu que le trafic acquière quelqu'importance, une voie de construction ordinaire ne saurait résister longtemps. D'autre part on ne doit pas se dissimuler qu'un moteur aussi puissant est toujours très coûteux d'entretien ; mais l'objection la plus grave à lui faire c'est l'inégalité du service qu'elle doit effectuer. Pour que son usage fût vraiment économique, il faudrait qu'elle travaillât toujours aussi près que possible de son maximum de puissance ce qui ne se présentera que sur les points à forte déclivité ; sur la presque totalité du parcours, une machine ordinaire serait suffisante.

Alors, au lieu de décrocher au pied de la rampe la machine ordinaire pour lui substituer cette lourde machine, décrocher celle-ci de l'autre côté du faîte, pour la remplacer par une 2e machine ordinaire, il vaudrait mieux franchir le faîte au moyen d'une simple machine de renfort ajoutée à la machine du train.

Pour ces diverses raisons, nous pensons que les machines à grande puissance, comme celle qui nous occupe et celle que nous verrons plus loin exposée par la Cie du Nord, ne représentent pas la vraie solution de la question de traction économique des fortes charges sur des lignes à profil accidenté, — mais qu'il faut plutôt la chercher dans un service de renfort convenablement organisé.

Abstraction faite de ces observations, la machine qui nous occupe présente, dans ses dispositions d'ensemble et de détails, une supériorité incontestable. Le mouvement est communiqué directement des cylindres à l'essieu du milieu qui le transmet ensuite aux deux groupes d'essieux d'avant et d'arrière par deux bielles d'accouplement situées chacune d'un côté de la bielle motrice. La grande largeur du foyer a amené l'emploi d'un double châssis, extérieur pour les essieux d'arrière, intérieur pour ceux d'avant et pour le maître-essieu. Les suspensions des deux essieux d'arrière et des deux essieux d'avant sont réunies à l'aide de balanciers qui assurent l'égalité de répartition de la charge et méritent d'être signalés comme un progrès introduit dans la construction des machines françaises, en retard, de ce côté, sur les machines allemandes et belges.

Le mouvement latéral des essieux, nécessaire pour le passage de la machine dans les courbes, en raison de l'écartement des roues extrêmes ($4^m,53$) est obtenu à l'aide de la disposition à plans inclinés que nous avons déjà signalée précédemment. Dans cette dernière application, toutefois, M. Forquenot, l'habile ingénieur de la Cie d'Orléans, a placé la pièce mobile non plus entre la boîte à graisse et le siège d'appui des ressorts de suspension, mais entre le coussinet et la boîte à graisse afin de ne pas gêner le mouvement vertical de glissement.

Pour ne pas contrarier le jeu latéral des essieux par la raideur des bielles, celles-ci sont réunies par une articulation sphérique, les tourillons de manivelles restant d'ailleurs cylindriques.

La Cie ne possède que trois machines de ce type, appliquées aux sections de Brive à Nexon, d'Arvant à Figeac ($16^m/_m$ à $30^m/_m$).

Leur charge est de	295 t.	sur	16 $^m/_m$	pour	25 kil.	à l'heure.
—	245	—	20	—	20	—
—	220	—	23	—	20	—
—	150	—	30	—	15	—

Elles n'ont parcouru que 23 718 kil., soit 7 906 kil. en moyenne en 1878.

Ce type de machine-colosse n'a pas été reproduit, mais les remarquables détails de construction qu'il présentait ont été imités par tous les constructeurs de machines de grande puissance.

322. MACHINE A CINQ ESSIEUX MOTEURS DE LA LIGNE DE STEYERDORF [1]. — On a vu, à l'Exposition universelle de 1862, une machine à 5 essieux accouplés et à châssis articulé, exposée par la Société I. R. autrichienne des chemins de fer de l'État et destinée à faire le service de la ligne de Steyerdorf à Orawitza. La nature toute spéciale du chemin, qui présente sur une longueur de 16,2 kilom. des pentes de $20^{m}/_{m}$ et de nombreuses courbes dont quelques-unes n'ont que 114^{m} de rayon, nécessitait la construction de machines puissantes et pouvant cependant passer facilement dans des courbes de petit rayon. Les Ingénieurs du chemin en question ont pensé trouver la solution du problème dans l'emploi d'une locomotive à dix roues accouplées, montée sur un châssis composé de deux parties articulées et susceptible de former ainsi un certain angle qui lui permit de franchir sans difficulté des courbes très prononcées. La difficulté d'accoupler deux groupes d'essieux ainsi indépendants l'un de l'autre, a été résolue par l'emploi d'une disposition ingénieuse, dont le principe consiste à communiquer le mouvement de l'un à l'autre par l'intermédiaire d'un faux-essieu dont la position, relativement aux deux essieux qu'il réunit, a été géométriquement fixée de manière à conserver toujours aux bielles de transmission leur longueur invariable.

La machine construite d'après ces données et que nous avons vue, en 1862, au sortir des ateliers de construction, c'est celle que nous avons pu examiner de nouveau cette année, après un service de 3 ans, sur la ligne en question. Il résulte des états tenus par la Société autrichienne, que la machine a effectué, depuis l'ouverture du chemin en novembre 1863 jusqu'à fin juin 1866, un parcours de 36 028 kilomètres exclusivement sur ce chemin, à la vitesse de 12,14 kilomètres à la montée et de 15,17 kil. à la descente.

1. Même observation qu'au sujet de la machine décrite au N° 321.

L'entretien de cette machine a donné lieu, pendant cette période de trois années, aux résultats suivants :

Le faux-essieu d'abord trop faible, fut remplacé dès les premiers jours de 1864 et n'a pas manqué depuis lors. — Les coussinets des bielles et ceux du faux-essieu n'ont pas été remplacés, mais simplement regarnis de métal blanc après une certaine usure, ce qui a donné lieu à une dépense par kilomètre de fl. 0,00584. L'entretien des roues a coûté par kilomètre de parcours fl. 0,01197.

Les autres réparations ont exigé une dépense de fl. 0,0553 par kilomètre.

Terminons par cette observation : les caisses à eau qui, primitivement, faisaient partie de l'arrière-train de la machine, et occasionnaient sur l'essieu d'arrière une charge de 12 tonnes, ont été placées sur un train spécial portant également la caisse du fourgon et réuni à la machine par une cheville ouvrière.

Ce dernier détail faisait pressentir le sort réservé à cette nouvelle tentative de transmission de mouvement à outrance intolérable pour l'exploitation des chemins de fer.

323. Machines a six essieux moteurs du Nord. — Établir une machine puissante pouvant circuler dans des courbes de rayon moyen, avec six essieux moteurs réunis sous un bâti rigide, sans dépasser la charge de 12 000 kilogrammes pour chacun : tel a été le problème résolu par M. Petiet, ingénieur en chef du matériel et de l'exploitation de la Compagnie du Nord (France).

La machine est du genre des locomotives-tenders; elle porte ses approvisionnements d'eau et de combustible pour un long parcours.

La chaudière est semblable à celle des machines à deux essieux moteurs du même chemin que nous avons décrites plus haut — 313 —.

Le mécanisme, qui est complétement extérieur, comprend quatre cylindres à vapeur conjugués deux à deux. Chaque couple actionnant un groupe de trois essieux, a un régulateur séparé, mais les deux couples n'ont qu'un seul levier de mise en marche.

Renvoyant au n° 313 pour la description des chaudières de ce type de machine, nous nous bornerons à en donner les dimensions principales aux Annexes.

L'empatement de la machine est de six mètres. Les bandages des roues sur les troisième et cinquième essieux moteurs ont des boudins minces; les essieux extrêmes ont un jeu de $0^{m},015$ de chaque côté, soit en totalité de $0^{m},030$. L'écartement des essieux fixes n'est que de $3^{m},720$; par ces dispositions, la machine peut passer facilement dans les courbes de 200 à 300 mètres de rayon. Les manetons d'accouplement sont cylindriques et les bielles extrêmes peuvent prendre un jeu latéral au moyen d'une articulation, dont l'axe est vertical, ménagée entre elles et les bielles médianes.

Ces machines remorquaient sur la ligne du Nord (rampes de $0^{m},005$) quarante-cinq vagons chargés à 10 tonnes, avec une vitesse de 20 kilomètres à l'heure. Sur la rampe de $0^{m},018$ de l'embranchement de Saint-Gobain, une de ces machines a remonté un train de 267 tonnes avec une vitesse moyenne de $14^{k},6$ à l'heure.

Ce type de machine a été abandonné à cause de la complication des mécanismes qui nécessitaient des réparations trop fréquentes.

324. Machines a tender moteur. — Après des essais infructueux de machines à trois essieux moteurs, destinés à remplacer la traction par chevaux des vagons vides remontant les rampes de Rive-de-Gier à St-Etienne, M. Verpilleux, constructeur de machines et entrepreneur de la traction sur le chemin de fer de Saint-Etienne à Lyon, mit en service sur ce chemin, en 1844 et 1845, huit machines de son invention qui consistait à placer sous le tender deux cylindres à vapeur semblables à ceux de la machine, tous puisant leur alimentation dans la même chaudière. Chaque véhicule était ainsi porté par deux essieux moteurs. L'attelage

s'opérait au moyen d'une barre rigide prenant ses points d'attache au centre de chaque véhicule.

Voici quelles étaient les principales conditions d'établissement de ces machines :

Timbre de la chaudière	5 atmosphères.
Grille. — Surface	1 mètre carré.
Surface de chauffe.	57 mètres carrés.
Cylindres. — Diamètre	0^{m},265
— Course des pistons . . .	0 ,750
Roues. — Diamètre au contact	1 ,220
Essieux. — Écartement	1 ,70
Poids de la machine.	17 200 kilogrammes.

L'ingénieuse idée d'intéresser à l'effort de traction le poids du tender était plus séduisante que pratique : les cylindres avaient une trop faible section. — M. Clément Désormes, qui succéda à M. Verpilleux, supprima les cylindres du tender, augmenta le diamètre de ceux de la machine, et ajouta un troisième essieu moteur, en prenant les mesures nécessaires pour faciliter le passage des roues accouplées dans les courbes raides.

325. Machines du Great-Northern. — A partir du 27 mai 1863, le chemin de fer du Great-Northern, en Angleterre, s'est servi de locomotives à tender-moteur qui lui ont permis d'augmenter considérablement sa puissance de locomotion.

Procédant des mêmes idées que M. Verpilleux, l'ingénieur en chef des machines du Great-Northern-Railway, M. Archibald Sturrock a utilisé pour l'adhérence le poids du tender, en appliquant à ce véhicule une paire de cylindres (voir aux Annexes). La vapeur leur est fournie par la chaudière de la machine. En sortant des cylindres, la vapeur traverse des tuyaux horizontaux rangés vers le fond de la soute à eau; celle qui n'est pas condensée s'échappe par un tuyau vertical dans une petite cheminée surmontée d'un entonnoir contre lequel vient frapper l'eau entraînée par la vapeur, et qui, condensée, retombe dans la soute du tender. Le mouvement est imprimé à l'essieu du milieu du tender et l'accouplement se fait à l'extérieur des boîtes à graisse. La machine a trois essieux moteurs; le troisième essieu qui se trouvait en arrière du foyer est maintenant placé sous la grille, qui est fortement inclinée d'arrière en avant, par suite de l'allongement du foyer.

Les roues du tender ont $1^m,37$ de diamètre, celles de la machine $1^m,52$.

La machine agrandie pèse 35 tonnes, soit 11660 kilogrammes sur chaque essieu, et le tender, au départ, 21 tonnes, soit 7000 kilogrammes sur chaque essieu.

L'ancienne machine remorquait trente vagons; la nouvelle en traîne de quarante à quarante-cinq.

L'augmentation de dépenses amenée par cette modification est de 10,000 francs environ.

Ces machines ont l'avantage de fournir un frein plus puissant contre l'action du train, puisque le tender est plus lourd, et d'apporter un surcroît de puissance de traction au moment où le train en a besoin pour franchir les points difficiles.

Cette transformation a été un moment imitée par plusieurs lignes en Angleterre et sur le réseau de l'Est en France.

325 *a*. MACHINES A TENDER-MOTEUR DE L'EST. — Les deux machines que cette Compagnie a fait construire dans les ateliers de Graffenstaden, pour l'exploitation de la section de Luxembourg à Spa, dont les longues rampes atteignent une inclinaison de $0^m,025$ ont été construites sur les données suivantes :

Grille. —	Longueur		mèt.	2,35
—	Largeur		—	1,068
—	Surface		—	2,51
Foyer. —	Hauteur du ciel, du dessous du cadre	Avant	—	1,85
		Au-dessus de la roue d'arrière.	—	1,535
—	Largeur intérieure	En haut	—	1,320
		En bas	—	1,068
—	Longueur horizontale, au-dessus de la grille.		—	2,258

Foyer. — Epaisseur des cuivres.	Enveloppe	mèt.	0,14
	Plaques d'arrière	—	0,15
	Tubulaire		0,015 et 0,25
Tubes. — Nombre		—	276
—	Diamètre extérieur	mèt.	0,049
—	Epaisseur	—	0,0024
—	Longueur entre les plaques	—	3,000
Surface de chauffe. — Foyer (avec bouilleur de 3 mètres environ)		m. car.	14,85
—	Tubes	—	117,05
—	Total	—	131,90
Chaudière. — Diamètre moyen du corps cylindr.		mèt.	1,500
—	Epaisseur des tôles du corps cylindrique	—	0,011
—	Enveloppe du foyer (acier Bessemer)	—	0,012
—	Timbre de la chaudière (pression effective)	kil.	9
Machine. — Nombre d'essieux accouplés			3
—	Ecartement extrême des essieux	mèt.	3,550
—	Diamètre des roues	—	1,300
—	Cylindres. Diamètre intérieur	—	0,420
	Course	—	0,600
—	Ecartement des cylindres d'axe en axe	—	0,900
—	Poids vide	kil.	30 500
—	Poids en charge	—	35 500
Tender. — Nombre d'essieux accouplés			3
—	Ecartement extrême des essieux	mèt.	3,251
—	Diamètre des roues	—	1,200
Cylindres. — Diamètre		—	0,380
—	Course	—	0,420
—	Ecartement d'axe en axe	—	0,750
Poids. — Vide		kil.	15 000
—	En charge	k.	23 000 à 27 000

La Compagnie n'a fait construire que deux machines sur ce type qui ne pouvait pas répondre au but proposé ; ce n'était en définitive que deux machines-tender sans approvisionnements suffisants et sans adhérence constante.

326. Machines de gare. — Les machines-tenders de gare

sont destinées à la manœuvre des vagons dans les grandes gares. Elles doivent marcher dans les deux sens et avoir beaucoup d'adhérence. Les roues, de petit diamètre, sont toutes accouplées. Les réservoirs d'eau pourront être placés au-dessous et le long du corps cylindrique et reposer sur les longerons.

En Angleterre, pour faciliter le passage dans les courbes, on n'accouple que les deux essieux extrêmes. Dans quelques locomotives du chemin de fer de l'Ouest, on trouve deux essieux seulement, tandis qu'aux chemins d'Orléans, de Lyon, de l'Est et du Nord, on fait reposer la machine sur trois essieux qui servent à l'adhérence.

Au North-Western, les locomotives de gare n'ont que quatre roues ; mécanisme intérieur ; le foyer placé dans le corps cylindrique, comme dans la machine de Hackworth, la *Sans-pareille*.

Il va sans dire que toutes ces machines sont munies de sabliers et de freins énergiques. Dans les machines à deux essieux de l'Ouest, chaque roue est pressée *verticalement* sous un sabot serré par un levier du deuxième genre, mis en mouvement au moyen d'une traverse à écrou, que fait monter ou descendre une vis verticale dont la tige porte une roue d'angle engrenant avec un pignon placé à l'extrémité de la tringle de manœuvre.

Il va sans dire que ces machines doivent être pourvues d'un toit. L'écran protecteur n'est pas nécessaire.

327. Machines de l'Ouest. — La chaudière est de la forme dite *des machines Crampton*, avec l'enveloppe du foyer renflée. Le foyer est légèrement pyramidal.

La prise de vapeur se fait dans un dôme placé près de la cheminée. Les cylindres et le mécanisme sont extérieurs. Les soutes à eau se trouvent comprises entre les longerons, sous toute la longueur du corps cylindrique, deux bossages laissant passer les essieux d'avant ; les caisses à charbon forment rampes. Les roues d'arrière reçoivent les sabots du frein à main.

Ces machines, qui peuvent développer un effort de traction assez élevée, ne sont cependant pas susceptibles d'effectuer un service de transport à longue distance, parce que leur approvisionnement est trop restreint.

328. Machines du Hanovre. — Dans cette machine, les trois essieux moteurs ne se trouvent pas, comme dans la précédente, compris entre le foyer et la boîte à fumée. Ici l'essieu d'arrière est rejeté au delà du foyer. Les cylindres et le mécanisme sont extérieurs.

Les soutes, pouvant contenir 6 mètres cubes d'eau et 2000 kilogrammes de houille, se trouvent, partie sous la chaudière, partie à l'arrière de la machine.

Quand les soutes sont complétement vides, mais la machine en état de marche, la locomotive pèse 30000 kilogrammes. Quand elle est complétement approvisionnée, elle pèse 38900 kilogrammes ; le poids moyen déterminant l'adhérence est donc de 34450 kilogrammes, uniformément réparti sur les trois essieux.

329. Machine du Nord. — L'exposition universelle de 1878 renfermait cette machine dite *de manutention*, destinée à traîner les vagons entre la gare et le port de Compiègne, et en second lieu, à remplacer les chevaux de manœuvre.

La machine porte à l'arrière un treuil ou cabestan analogue aux cabestans fixes mus par la pression hydraulique des gares anglaises et de la gare d'Anvers et qui, comme ceux-ci, sert à traîner les vagons et à les faire tourner sur plaques ; la machine elle-même peut se tourner sur plaque à l'aide de son cabestan et de poulies folles fixées au sol.

La machine pèse, vide, 7400 kil.; en service, 9950 kil. Elle porte sur deux essieux moteurs. En supposant les approvisionnements épuisés, le poids utile pour l'adhérence est encore de 8150 kilogr. La machine peut traîner sur palier 80 à 90 tonnes et peut remorquer un poids égal au sien sur rampe de 70 $^{m}/_{m}$.

Le treuil ou cabestan est mis en mouvement par une machine Brotherhood. Il fait, à vide, 200 tours par minute, et peut développer sur la corde un effort maximum de 450 kil.

suffisant pour manœuvrer deux vagons sur une voie latérale, ou perpendiculaire à celle qu'occupe la machine au repos.

Conditions principales d'établissement.

CHAUDIÈRE.

Grille.	Diamètre	mèt.	0,790
	Surface		0,49
Foyer.	Diamètre intérieur		0,790
	Hauteur du ciel au-dessous du cadre		1,450
	Hauteur du ciel au-dessus de la grille		1,370
Corps cylindrique vertical.	Diamètre intérieur (maximum)		1,000
	Hauteur (jusqu'à la base de la cheminée)		2,700
	Épaisseur des tôles		0,011
56 tubes (Field).	Longueur (dans le foyer)		0,600
	Diamètre intérieur		0,050
	Épaisseur		0,0025
Diamètres intérieurs du tube bouilleur (conique)		0,170 à	0,310
Surface de chauffe.	Du foyer	mèt. car.	3,48
	Du bouilleur		0,54
	Des tubes		5,28
	Totale		9,30
Rapport	Surface de chauffe à la surface de grille		19
	Surface des tubes à celle du foyer		1,67
Timbre de la pression en kilogrammes			9,000
Diamètre des soupapes de sûreté		mèt.	0,035
Cheminée.	Diamètre intérieur en haut		0,252
	Diamètre intérieur en bas		0,180
	Hauteur au-dessus du ciel du foyer		2,250
Rapport.	Surface de grille à la section de cheminée		24,5
Capacité.	Eau (30 centimètres sur le ciel)	mèt. cub.	0,650
	Vapeur		0,650
	Totale (eau et vapeur)		1,300

CHASSIS ET ROUES.

Longerons.	Écartement intérieur	mèt.	1,303
	Épaisseur		0,016
Diamètre des 4 roues (au contact)			0,620
Écartement des 2 essieux			1,500

Diamètre des essieux.	Au corps	mèt.	0,095
	Au calage		0,085
De milieu en milieu des fusées			1,240
Fusées des essieux.	Diamètre		0,090
	Longueur		0,160
Tourillons des manivelles motrices	Diamètre		0,050
	Longueur		0,060
Boutons des manivelles d'accouplement. Roues motrices	Diamètre		0,060
	Longueur		0,046
Roues d'accouplement	Diamètre		0,045
	Longueur		0,046
D'axe en axe des bielles d'accouplement			1,677
Poids des roues montées (bandages neufs)	motrices		
	accouplées		
Ressorts de suspension.	10 feuilles de		60/8
	Corde sous charge	mèt.	0,530
	Corde de fabrication		0,520
	Flèche de fabrication		0,010
	Flexibilité par 1000 kilogr.		0,0082

MÉCANISME.

Cylindres extérieurs.	Écartement d'axe en axe	mèt.	1,820
	Diamètre		0,180
	Course des pistons		0,250
	Inclinaison sur l'horizontale		0,1635
Bielles motrices.	Longueur d'axe en axe		1,375
	Tourillons des petites têtes	Diamètre	0,040
		Longueur	0,040
Rapport : Longueur de la bielle à la manivelle			11
Inclinaisons des tiroirs sur l'axe des cylindres			0
D'axe en axe des tiges de tiroirs			1,093
D'axe en axe des coulisses de distribution			1,033
Rayon des coulisses de distribution			0,605
Excentriques.	Angle d'avance		30°
	Rayon d'excentricité		0,021
	Longueur des barres		0,550
Longueur des lumières (admission et échappement)			0,100
Largeur des lumières.	D'admission		0,014
	D'échappement		0,052

Recouvrement des tiroirs.	Extérieur 2 ×.	mèt.	0,0095
	Intérieur 2 ×.		0,0005
Introduction de vapeur (moyenne au maximum)			75 0/0
Effort de traction (maximum théorique)		kil.	1175
Effort de traction pratique (coefficient de 0,65)			764

LOCOMOTIVE-TENDER.

Longueur totale à l'extrémité des tampons		mèt.	4,311
Saillie des tampons sur l'axe des roues extrêmes.	A l'avant		1,338
	A l'arrière		1,473
Hauteur du tablier au-dessus des rails			1,000
Approvisionnements.	Volume d'eau	mèt.	1,500
	Poids du combustible	kg.	300
	Poids de l'outillage		100

MACHINE BROTHERHOOD ET CABESTAN.

Nombre de tours par minute (machine)		200
Diamètre moyen du tambour	mèt.	0,400
Nombre de tours par minute (cabestan)		40
Effort maximum sur le câble	kg.	450
Vitesse maxima par seconde	mèt.	0,830

POIDS.

Poids de la machine.	Vide	kg.	7 400
	En charge complète		9 950
Répartition du poids par essieu (approvisionnements complets.)	Avant		5 600
	Arrière		4 350
Poids utile pour l'adhérence (minimum)			8 150
Rapport de l'effort de traction pratique au poids adhérent			10,6

DIMENSIONS PRINCIPALES ET POIDS DES LOCOMOTIVES EXPOSÉES EN 1878 (SECTION FRANÇAISE).

(Extrait du tableau dressé par M. Pollet, ingénieur délégué).

DÉSIGNATION DES DIMENSIONS ET POIDS.	Unité	Orléans	P. L. M.	Nord	Est	Midi	Ouest	Ouest	Sud-Est	Orléans	P. L. M.	P. L. M.	Ouest	Orléans	Bayonne à Biarritz	Nord	Corpet et Bourdon	Fives-Lille	Société de Passy	Société des Batignolles	Cail et Cie	Larmanjat	Cail et Cie	Cail et Cie	Corpet et Bourdon	[illegible]	Harding	Wecher & Richmond	Cail et Cie
		LOCOMOTIVES À LA VOIE NORMALE															LOCOMOTIVES À VOIE ÉTROITE									LOCOMOTIVES DE TRAMWAYS			Locomotives routières
…ur de la grille	mèt.	[illegible]	[illegible]	[illegible]	[illegible]	[illegible]	[illegible]	[illegible]	[illegible]	[illegible]	[illegible]	[illegible]	[illegible]	[illegible]	[illegible]	[illegible]	[illegible]	[illegible]	[illegible]	[illegible]	[illegible]	[illegible]	[illegible]	[illegible]	[illegible]	[illegible]	[illegible]	[illegible]	[illegible]
… —	—	[illegible]	[illegible]	[illegible]	[illegible]	[illegible]	[illegible]	[illegible]	[illegible]	[illegible]	[illegible]	[illegible]	[illegible]	[illegible]	[illegible]	[illegible]	[illegible]	[illegible]	[illegible]	[illegible]	[illegible]	[illegible]	[illegible]	[illegible]	[illegible]	[illegible]	[illegible]	[illegible]	[illegible]
… —	m. carr.	[illegible]	[illegible]	[illegible]	[illegible]	[illegible]	[illegible]	[illegible]	[illegible]	[illegible]	[illegible]	[illegible]	[illegible]	[illegible]	[illegible]	[illegible]	[illegible]	[illegible]	[illegible]	[illegible]	[illegible]	[illegible]	[illegible]	[illegible]	[illegible]	[illegible]	[illegible]	[illegible]	[illegible]
…r du ciel du foyer au-dessus de la grille, Avant	mèt.	[illegible]	[illegible]	[illegible]	[illegible]	[illegible]	[illegible]	[illegible]	[illegible]	[illegible]	[illegible]	[illegible]	[illegible]	[illegible]	[illegible]	[illegible]	[illegible]	[illegible]	[illegible]	[illegible]	[illegible]	[illegible]	[illegible]	[illegible]	[illegible]	[illegible]	[illegible]	[illegible]	[illegible]
…r du ciel du foyer au-dessus de la grille, Arrière	—	[illegible]	[illegible]	[illegible]	[illegible]	[illegible]	[illegible]	[illegible]	[illegible]	[illegible]	[illegible]	[illegible]	[illegible]	[illegible]	[illegible]	[illegible]	[illegible]	[illegible]	[illegible]	[illegible]	[illegible]	[illegible]	[illegible]	[illegible]	[illegible]	[illegible]	[illegible]	[illegible]	[illegible]
… du foyer	m. cub.	[illegible]	[illegible]	[illegible]	[illegible]	[illegible]	[illegible]	[illegible]	[illegible]	[illegible]	[illegible]	[illegible]	[illegible]	[illegible]	[illegible]	[illegible]	[illegible]	[illegible]	[illegible]	[illegible]	[illegible]	[illegible]	[illegible]	[illegible]	[illegible]	[illegible]	[illegible]	[illegible]	[illegible]
… de tubes		[illegible]	[illegible]	[illegible]	[illegible]	[illegible]	[illegible]	[illegible]	[illegible]	[illegible]	[illegible]	[illegible]	[illegible]	[illegible]	[illegible]	[illegible]	[illegible]	[illegible]	[illegible]	[illegible]	[illegible]	[illegible]	[illegible]	[illegible]	[illegible]	[illegible]	[illegible]	[illegible]	[illegible]
…ur des tubes (entre les plaques tubulaires)	mèt.	[illegible]	[illegible]	[illegible]	[illegible]	[illegible]	[illegible]	[illegible]	[illegible]	[illegible]	[illegible]	[illegible]	[illegible]	[illegible]	[illegible]	[illegible]	[illegible]	[illegible]	[illegible]	[illegible]	[illegible]	[illegible]	[illegible]	[illegible]	[illegible]	[illegible]	[illegible]	[illegible]	[illegible]
…re intérieur des tubes	—	[illegible]	[illegible]	[illegible]	[illegible]	[illegible]	[illegible]	[illegible]	[illegible]	[illegible]	[illegible]	[illegible]	[illegible]	[illegible]	[illegible]	[illegible]	[illegible]	[illegible]	[illegible]	[illegible]	[illegible]	[illegible]	[illegible]	[illegible]	[illegible]	[illegible]	[illegible]	[illegible]	[illegible]
… de chauffe des tubes (à l'intérieur)	m. car.	[illegible]	[illegible]	[illegible]	[illegible]	[illegible]	[illegible]	[illegible]	[illegible]	[illegible]	[illegible]	[illegible]	[illegible]	[illegible]	[illegible]	[illegible]	[illegible]	[illegible]	[illegible]	[illegible]	[illegible]	[illegible]	[illegible]	[illegible]	[illegible]	[illegible]	[illegible]	[illegible]	[illegible]
— du foyer	—	[illegible]	[illegible]	[illegible]	[illegible]	[illegible]	[illegible]	[illegible]	[illegible]	[illegible]	[illegible]	[illegible]	[illegible]	[illegible]	[illegible]	[illegible]	[illegible]	[illegible]	[illegible]	[illegible]	[illegible]	[illegible]	[illegible]	[illegible]	[illegible]	[illegible]	[illegible]	[illegible]	[illegible]
— totale	—	[illegible]	[illegible]	[illegible]	[illegible]	[illegible]	[illegible]	[illegible]	[illegible]	[illegible]	[illegible]	[illegible]	[illegible]	[illegible]	[illegible]	[illegible]	[illegible]	[illegible]	[illegible]	[illegible]	[illegible]	[illegible]	[illegible]	[illegible]	[illegible]	[illegible]	[illegible]	[illegible]	[illegible]
…re moyen du corps cylindrique	mèt.	[illegible]	[illegible]	[illegible]	[illegible]	[illegible]	[illegible]	[illegible]	[illegible]	[illegible]	[illegible]	[illegible]	[illegible]	[illegible]	[illegible]	[illegible]	[illegible]	[illegible]	[illegible]	[illegible]	[illegible]	[illegible]	[illegible]	[illegible]	[illegible]	[illegible]	[illegible]	[illegible]	[illegible]
…ur de la tôle	—	[illegible]	[illegible]	[illegible]	[illegible]	[illegible]	[illegible]	[illegible]	[illegible]	[illegible]	[illegible]	[illegible]	[illegible]	[illegible]	[illegible]	[illegible]	[illegible]	[illegible]	[illegible]	[illegible]	[illegible]	[illegible]	[illegible]	[illegible]	[illegible]	[illegible]	[illegible]	[illegible]	[illegible]
… de la chaudière	kil.	[illegible]	[illegible]	[illegible]	[illegible]	[illegible]	[illegible]	[illegible]	[illegible]	[illegible]	[illegible]	[illegible]	[illegible]	[illegible]	[illegible]	[illegible]	[illegible]	[illegible]	[illegible]	[illegible]	[illegible]	[illegible]	[illegible]	[illegible]	[illegible]	[illegible]	[illegible]	[illegible]	[illegible]
… de l'eau contenue dans la chaudière avec 0m10 au-dessus du ciel du foyer	m. cub.	[illegible]	[illegible]	[illegible]	[illegible]	[illegible]	[illegible]	[illegible]	[illegible]	[illegible]	[illegible]	[illegible]	[illegible]	[illegible]	[illegible]	[illegible]	[illegible]	[illegible]	[illegible]	[illegible]	[illegible]	[illegible]	[illegible]	[illegible]	[illegible]	[illegible]	[illegible]	[illegible]	[illegible]
… de la vapeur contenue dans la chaudière	—	[illegible]	[illegible]	[illegible]	[illegible]	[illegible]	[illegible]	[illegible]	[illegible]	[illegible]	[illegible]	[illegible]	[illegible]	[illegible]	[illegible]	[illegible]	[illegible]	[illegible]	[illegible]	[illegible]	[illegible]	[illegible]	[illegible]	[illegible]	[illegible]	[illegible]	[illegible]	[illegible]	[illegible]
…r intérieure de la boîte à fumée suivant l'axe de la chaudière	mèt.	[illegible]	[illegible]	[illegible]	[illegible]	[illegible]	[illegible]	[illegible]	[illegible]	[illegible]	[illegible]	[illegible]	[illegible]	[illegible]	[illegible]	[illegible]	[illegible]	[illegible]	[illegible]	[illegible]	[illegible]	[illegible]	[illegible]	[illegible]	[illegible]	[illegible]	[illegible]	[illegible]	[illegible]
…r intérieure de la boîte à fumée dans le sens transversal	—	[illegible]	[illegible]	[illegible]	[illegible]	[illegible]	[illegible]	[illegible]	[illegible]	[illegible]	[illegible]	[illegible]	[illegible]	[illegible]	[illegible]	[illegible]	[illegible]	[illegible]	[illegible]	[illegible]	[illegible]	[illegible]	[illegible]	[illegible]	[illegible]	[illegible]	[illegible]	[illegible]	[illegible]
…re intérieur de la cheminée, En bas	—	[illegible]	[illegible]	[illegible]	[illegible]	[illegible]	[illegible]	[illegible]	[illegible]	[illegible]	[illegible]	[illegible]	[illegible]	[illegible]	[illegible]	[illegible]	[illegible]	[illegible]	[illegible]	[illegible]	[illegible]	[illegible]	[illegible]	[illegible]	[illegible]	[illegible]	[illegible]	[illegible]	[illegible]
…re intérieur de la cheminée, En haut	—	[illegible]	[illegible]	[illegible]	[illegible]	[illegible]	[illegible]	[illegible]	[illegible]	[illegible]	[illegible]	[illegible]	[illegible]	[illegible]	[illegible]	[illegible]	[illegible]	[illegible]	[illegible]	[illegible]	[illegible]	[illegible]	[illegible]	[illegible]	[illegible]	[illegible]	[illegible]	[illegible]	[illegible]
…e des cylindres	—	[illegible]	[illegible]	[illegible]	[illegible]	[illegible]	[illegible]	[illegible]	[illegible]	[illegible]	[illegible]	[illegible]	[illegible]	[illegible]	[illegible]	[illegible]	[illegible]	[illegible]	[illegible]	[illegible]	[illegible]	[illegible]	[illegible]	[illegible]	[illegible]	[illegible]	[illegible]	[illegible]	[illegible]
… des pistons	—	[illegible]	[illegible]	[illegible]	[illegible]	[illegible]	[illegible]	[illegible]	[illegible]	[illegible]	[illegible]	[illegible]	[illegible]	[illegible]	[illegible]	[illegible]	[illegible]	[illegible]	[illegible]	[illegible]	[illegible]	[illegible]	[illegible]	[illegible]	[illegible]	[illegible]	[illegible]	[illegible]	[illegible]
… d'essieux	—	[illegible]	[illegible]	[illegible]	[illegible]	[illegible]	[illegible]	[illegible]	[illegible]	[illegible]	[illegible]	[illegible]	[illegible]	[illegible]	[illegible]	[illegible]	[illegible]	[illegible]	[illegible]	[illegible]	[illegible]	[illegible]	[illegible]	[illegible]	[illegible]	[illegible]	[illegible]	[illegible]	[illegible]
— accouplés	—	[illegible]	[illegible]	[illegible]	[illegible]	[illegible]	[illegible]	[illegible]	[illegible]	[illegible]	[illegible]	[illegible]	[illegible]	[illegible]	[illegible]	[illegible]	[illegible]	[illegible]	[illegible]	[illegible]	[illegible]	[illegible]	[illegible]	[illegible]	[illegible]	[illegible]	[illegible]	[illegible]	[illegible]
…ment des roues extrêmes	—	[illegible]	[illegible]	[illegible]	[illegible]	[illegible]	[illegible]	[illegible]	[illegible]	[illegible]	[illegible]	[illegible]	[illegible]	[illegible]	[illegible]	[illegible]	[illegible]	[illegible]	[illegible]	[illegible]	[illegible]	[illegible]	[illegible]	[illegible]	[illegible]	[illegible]	[illegible]	[illegible]	[illegible]
…re des roues motrices et accouplées	—	[illegible]	[illegible]	[illegible]	[illegible]	[illegible]	[illegible]	[illegible]	[illegible]	[illegible]	[illegible]	[illegible]	[illegible]	[illegible]	[illegible]	[illegible]	[illegible]	[illegible]	[illegible]	[illegible]	[illegible]	[illegible]	[illegible]	[illegible]	[illegible]	[illegible]	[illegible]	[illegible]	[illegible]
— de support	—	[illegible]	[illegible]	[illegible]	[illegible]	[illegible]	[illegible]	[illegible]	[illegible]	[illegible]	[illegible]	[illegible]	[illegible]	[illegible]	[illegible]	[illegible]	[illegible]	[illegible]	[illegible]	[illegible]	[illegible]	[illegible]	[illegible]	[illegible]	[illegible]	[illegible]	[illegible]	[illegible]	[illegible]
…ur rails, par essieu, la locomotive vide, 1er avant	kil.	[illegible]	[illegible]	[illegible]	[illegible]	[illegible]	[illegible]	[illegible]	[illegible]	[illegible]	[illegible]	[illegible]	[illegible]	[illegible]	[illegible]	[illegible]	[illegible]	[illegible]	[illegible]	[illegible]	[illegible]	[illegible]	[illegible]	[illegible]	[illegible]	[illegible]	[illegible]	[illegible]	[illegible]
2e	—	[illegible]	[illegible]	[illegible]	[illegible]	[illegible]	[illegible]	[illegible]	[illegible]	[illegible]	[illegible]	[illegible]	[illegible]	[illegible]	[illegible]	[illegible]	[illegible]	[illegible]	[illegible]	[illegible]	[illegible]	[illegible]	[illegible]	[illegible]	[illegible]	[illegible]	[illegible]	[illegible]	[illegible]
3e	—	[illegible]	[illegible]	[illegible]	[illegible]	[illegible]	[illegible]	[illegible]	[illegible]	[illegible]	[illegible]	[illegible]	[illegible]	[illegible]	[illegible]	[illegible]	[illegible]	[illegible]	[illegible]	[illegible]	[illegible]	[illegible]	[illegible]	[illegible]	[illegible]	[illegible]	[illegible]	[illegible]	[illegible]
4e	—	[illegible]	[illegible]	[illegible]	[illegible]	[illegible]	[illegible]	[illegible]	[illegible]	[illegible]	[illegible]	[illegible]	[illegible]	[illegible]	[illegible]	[illegible]	[illegible]	[illegible]	[illegible]	[illegible]	[illegible]	[illegible]	[illegible]	[illegible]	[illegible]	[illegible]	[illegible]	[illegible]	[illegible]
…tal de la locomotive en ordre de marche	—	[illegible]	[illegible]	[illegible]	[illegible]	[illegible]	[illegible]	[illegible]	[illegible]	[illegible]	[illegible]	[illegible]	[illegible]	[illegible]	[illegible]	[illegible]	[illegible]	[illegible]	[illegible]	[illegible]	[illegible]	[illegible]	[illegible]	[illegible]	[illegible]	[illegible]	[illegible]	[illegible]	[illegible]
— vide	—	[illegible]	[illegible]	[illegible]	[illegible]	[illegible]	[illegible]	[illegible]	[illegible]	[illegible]	[illegible]	[illegible]	[illegible]	[illegible]	[illegible]	[illegible]	[illegible]	[illegible]	[illegible]	[illegible]	[illegible]	[illegible]	[illegible]	[illegible]	[illegible]	[illegible]	[illegible]	[illegible]	[illegible]
…tilisé pour l'adhérence (maximum)	—	[illegible]	[illegible]	[illegible]	[illegible]	[illegible]	[illegible]	[illegible]	[illegible]	[illegible]	[illegible]	[illegible]	[illegible]	[illegible]	[illegible]	[illegible]	[illegible]	[illegible]	[illegible]	[illegible]	[illegible]	[illegible]	[illegible]	[illegible]	[illegible]	[illegible]	[illegible]	[illegible]	[illegible]
…de traction calculé par la formule : $E = 0,65 \frac{d^2 l}{D}$	—	[illegible]	[illegible]	[illegible]	[illegible]	[illegible]	[illegible]	[illegible]	[illegible]	[illegible]	[illegible]	[illegible]	[illegible]	[illegible]	[illegible]	[illegible]	[illegible]	[illegible]	[illegible]	[illegible]	[illegible]	[illegible]	[illegible]	[illegible]	[illegible]	[illegible]	[illegible]	[illegible]	[illegible]
…ace calculée à 1/5 du poids utile (maximum)	—	[illegible]	[illegible]	[illegible]	[illegible]	[illegible]	[illegible]	[illegible]	[illegible]	[illegible]	[illegible]	[illegible]	[illegible]	[illegible]	[illegible]	[illegible]	[illegible]	[illegible]	[illegible]	[illegible]	[illegible]	[illegible]	[illegible]	[illegible]	[illegible]	[illegible]	[illegible]	[illegible]	[illegible]

CHAPITRE VII.

MOTEURS DIVERS.

Notre programme ne nous permet pas de décrire tous les moteurs simplement proposés ou temporairement utilisés dans l'industrie des transports; il nous a cependant semblé intéressant de ne point passer sous silence quelques dispositions qui ont trouvé ou qui peuvent encore trouver une application dans certains cas déterminés, et que les perfectionnements de la science appliquée conduiront peut-être un jour à un emploi plus général. Nous rangerons ces moteurs en trois classes : I. Moteurs funiculaires. — II. Moteurs fixes. — III. Moteurs à rail auxiliaire. Nous y ajouterons la description d'une classe de moteurs, annexes indispensables d'une exploitation de chemin de fer interrompu par un bras de mer ou un grand fleuve, qui ne comporte pas de pont fixe. Nous avons nommé les *Bateaux-Transbordeurs*.

§ I.

MOTEURS FUNICULAIRES

381. Système Stephenson et Maus. — Comme type de système funiculaire dont on a vu beaucoup d'exemples à Londres, à Liverpool et à Glascow notamment, en Angleterre, et en France, sur les chemins de fer de Saint-Etienne,

d'Epinac, etc., avant l'application des locomotives aux fortes rampes, nous rappellerons les moteurs des plans inclinés qui conduisent le chemin de fer venant de l'est de la Belgique à la station de Liége, construits par M. Maus, ingénieur en chef.

La différence de niveau entre les deux lignes mises en communication par ces plans inclinés est de 110 mètres sur 4 kilomètres partagés en deux sections; la pente moyenne est de $0^{m},0275$.

Au milieu de la longueur se trouve la machine fixe composée de deux moteurs ayant chacun deux cylindres à vapeur. Chaque moteur est affecté à une section spéciale de la rampe; et, à cet effet, il agit sur deux tambours desservant la partie du plan incliné qui le concerne. Néanmoins, les quatre tambours sont indépendants les uns des autres et disposés pour être mus indistinctement par les deux machines. Sur chaque section, le câble moteur, celui de la voie montante, par exemple, mis en mouvement par l'un des tambours, passe sur trois poulies de renvoi qui le conduisent à la voie descendante, sa tension étant réglée par un contrepoids attaché au chariot souterrain qui porte une de ces poulies de renvoi.

L'effort de traction ou de retenue est transmis aux trains montants ou descendants par un truck muni de mâchoires qui saisissent le câble moteur; ce véhicule est en outre armé de freins à sabots du système Laignel, que les gardes-train peuvent manœuvrer en cas de besoin.

Depuis l'introduction des perfectionnements dans la construction des locomotives, le service des plans inclinés de Liége et de leur analogue aux abords d'Aix-la-Chapelle peut sans difficulté se faire par locomotives et cela plus économiquement que par machines fixes.

382. Système de Lyon a la Croix-Rousse. — Voir tome III, n° 457.

383. Tunnel de Galata-Pera. — Voir tome III, n° 485.

384. Chemin de fer de Lausanne-Ouchy. — Nous avons déjà parlé de ce chemin à propos des freins (Tome III,

n° 459), mais il s'est glissé, dans nos renseignements, quelques erreurs que M. le directeur Lochmann a bien voulu nous signaler, ce qui nous engage à reproduire ces renseignements mais rectifiés.

Le chemin de fer de Lausanne-Ouchy part des quais du village d'Ouchy au bord du lac Léman, à la cote 377^m, et s'élève jusqu'à Lausanne dans la vallée du Flon près du Pont-Pichard, à la cote 482^m,50.

Cette différence de niveau de 105^m,50 est rachetée par un plan incliné présentant à sa partie inférieure une pente de 0^m,070 à laquelle succède une pente de 0^m,056, puis vers sa partie supérieure une pente de 0^{m}120. La gare d'Ouchy est en pente de 0^m,030. La traction s'effectue au moyen d'un câble rond enroulé sur un tambour mu par une turbine à double effet. Cette turbine est mise en mouvement par les eaux du Gronet, accumulées dans le lac de Brêt et qui lui arrivent à la pression de 14 atmosphères environ.

Le câble moteur est attaché au crochet C de la tringle K Q reliée au vagon-frein par la bielle A B et la chape d'un ressort R R fixé au châssis (fig. 1 et 2, pl. XXXV. Matériel de transport).

Ce vagon-frein, toujours placé au bas du train qu'il pousse à la montée et retient à la descente, est muni de deux sortes de freins. 1° Un frein à sabot S S agissant sur une poulie P calée sur l'essieu de chaque paire de roues.

Ces freins sont mus par le conducteur du train au moyen de la tringle *t t'* et du levier coudé *s r m* et d'une vis.

2° Un système de quatre patins *p p* maintenus, soulevés par les leviers *l h* et la poulie à déclic π.

En faisant partir le déclic, le conducteur provoque la chute des patins sur les rails et l'arrêt presque immédiat du train.

En outre, tous les autres vagons sont munis de freins à sabots, très puissants et solidement construits, agissant sur les jantes des roues et qui sont semblables *aux freins ordinaires* de chemins de fer.

Ainsi les freins du Lausanne-Ouchy ne sont pas automatiques. On a estimé que, dans les conditions de pentes inférieures au coefficient de frottement de fer sur fer, les freins employés pourront toujours amener l'arrêt du train en cas de rupture très improbable du câble. Un frein automatique dépendant de la tension du câble était du reste inapplicable, dans les conditions d'arrêts aux stations et de chargements très variables des trains ainsi que des changements de pentes.

Les épreuves suivantes, faites par ordre du Département Fédéral des chemins de fer, ont prouvé l'efficacité des mesures prises.

Remarquons ici que les ingénieurs de cette Compagnie estiment que l'on peut avoir plus de confiance dans l'action opportune de serre-freins agissant sur des freins ordinaires qu'ils emploient journellement, que sur l'action d'un appareil compliqué, rarement en action, tel qu'on aurait pu l'adopter en faisant quelque chose d'analogue au frein de la Croix-Rousse.

Grâce à l'obligeance de M. le directeur Lochmann, qui nous a communiqué tous ces renseignements, nous pouvons reproduire ici le résultat de ces expériences qui justifient pleinement les prévisions des auteurs du projet.

Essais du 20 février (Vor-Collaudation) sur une pente de 65 pour 1000 :

« *a*. Un *vagon à voyageurs* [1] fut remonté sur la rampe sur une longueur d'environ 20 mètres ; il atteignit, après avoir parcouru ce chemin, une vitesse de 3 mètres. Les *sabots* tombés, il s'arrêta après un patinage de 1 mètre et demi.

» *b*. Le même *vagon à voyageurs*, remonté de 50 mètres et détaché du train, atteignit, après avoir parcouru ce chemin, une vitesse de $6^m,5$ à peu près. Les *sabots* l'arrêtèrent après un patinage de $5^m,4$.

1. Cette voiture se composait d'une caisse à deux compartiments, l'un pour vingt voyageurs, l'autre pour les bagages, et monté sur le châssis représenté par les figures 1 et 2, pl. XXXV (Matériel de transport). Le poids propre du vagon est de 6500 kilogrammes, celui des vagons plateformes, 4000 kilogrammes. (Note de M. Lochmann.)

» *c*. Une *plate forme* fut remontée de 60 mètres ; détachée du train, elle parcourut 42 mètres en 8 secondes. Les freins *ordinaires* l'arrêtèrent après un patinage de 18 mètres.

» *e*. Un train, composé de quatre vagons plate formes, fut remonté d'environ 50 mètres. Détaché, on l'arrêta subitement avec deux freins. Le même résultat est obtenu ensuite avec un seul frein.

» *Essais du 6 mars 1877 (Collaudation) sur une pente de 120 pour 1000 :*

» I. Un *vagon à voyageurs* et un *vagon plate forme* furent détachés ; après un parcours de 30 mètres, le train atteignit, grâce à l'emploi constant des freins du vagon plate forme, une vitesse de $3^m,5$ seulement. Il fut arrêté au moyen des sabots après un patinage de $1^m,100$.

» II. Un *vagon à voyageurs* fut détaché, après un parcours de 30 mètres ; il fut arrêté à la vitesse de $5^m,5$ par les patins après un patinage de 5 mètres. »

385. SYSTÈME AGUDIO. — L'exploitation des plans inclinés, exécutés suivant les systèmes qui viennent d'être exposés, exige :

1° Une pente relativement faible, sans quoi, si l'on veut avoir une forte pente et remorquer un train pesant, le câble doit prendre une section considérable ;

2° Un alignement droit sans aucune courbe, attendu que les courbes excluent l'emploi du câble plat et que le câble rond cause de grandes pertes de travail par sa roideur, s'use beaucoup sur les poulies de la voie dans les courbes, etc., etc. Par suite de ces deux conditions, l'établissement d'un chemin de fer pour franchir une montagne devient une cause de dépense considérable comme premier établissement et comme entretien journalier.

M. Agudio, ingénieur italien, a trouvé une solution très intéressante du problème à résoudre : — établir le plan incliné en courbe, ce qui permet de suivre les ondulations du sol, et réduire les dimensions du câble remorqueur, solution qui consiste à substituer au câble unique deux câbles distincts.

Le premier, de forte section, est le câble *toueur* ; il repose au milieu de la voie, sert de point d'appui au train, et, à cet effet, passe deux fois sur les gorges de deux tambours portés par un truck ou locomoteur placé à la queue du train.

Le second câble, dit *câble moteur*, est sans fin. Ses deux brins circulent en sens inverse sur des poulies placées de chaque côté du câble toueur.

Aux extrémités supérieure et inférieure du plan incliné se trouvent deux moteurs d'égale puissance. Celui du sommet, au moyen de poulies motrices, attire en haut le brin ascendant ; celui du pied de la rampe tire en bas le brin descendant du câble moteur.

Les deux brins de ce câble passent sur des poulies fixées à droite et à gauche des tambours du truck sur lesquels passe le câble toueur. Au moyen d'un embrayage, les poulies de droite et de gauche donnent le mouvement aux tambours du locomoteur, qui prend alors le mouvement et la vitesse voulus. Par cette disposition, l'effort du câble moteur est réduit de moitié, puisque le brin descendant produit un travail équivalent au brin ascendant, ce qui permet d'en réduire la section à la moitié du câble ordinaire.

De plus, on peut donner aux poulies motrices une vitesse de rotation beaucoup plus considérable qu'aux tambours du câble toueur ; on réduit donc encore, par l'intermédiaire d'engrenages, la tension du brin moteur de manière à la ramener au 1/6 ou au 1/8, etc., etc., de celle qu'exige le système de la traction directe.

Le brin ascendant s'enroule, au haut de la rampe, sur deux poulies analogues à celles du truck toueur, et passe ensuite autour d'une poulie horizontale fixée à un chariot mobile sur un plan fortement incliné, et qui sert de tendeur au câble moteur. Au pied de la rampe, le brin descendant reçoit une disposition exactement semblable.

Une application de cet ingénieux système a été faite sur le

plan incliné de Dusino, partie abandonnée du chemin de fer de Turin à Gênes, et qui présente une pente variable de $0^m,027$ à $0^m,032$, avec des courbes et des contre-courbes dont les rayons descendent jusqu'à 350 mètres.

Le mouvement était donné aux deux brins du câble moteur par deux machines locomotives fixées sur châssis aux extrémités du plan incliné, et qui communiquaient le mouvement aux poulies motrices du câble par l'intermédiaire de poulies de friction, appliquées contre la roue motrice de la machine au moyen d'un balancier et d'un contre-poids.

Les expériences de Dusino ont duré pendant les six derniers mois de 1863, et ont donné lieu à des rapports très favorables de plusieurs commissions scientifiques déléguées à cet effet.

M. Agudio a introduit successivement deux améliorations à son système. En premier lieu, il a substitué un rail intermédiaire au câble toueur et des roues horizontales aux roues verticales du locomoteur qui prenaient leur adhérence sur ce câble.

Le locomoteur ainsi transformé a figuré à l'Exposition universelle de 1867. Ici, trois couples de roues horizontales mues par les roues du câble moteur s'appliquent contre le rail intermédiaire, à l'aide de ressorts, comme dans le système Fell que nous décrirons plus loin, et forcent le locomoteur à prendre le mouvement que lui donne le sens de marche du câble moteur.

En second lieu, le rail central a été remplacé par un rail à crémaillère double dont les dents sont verticales. Les roues horizontales, munies de dents à leur pourtour, engrènent avec la crémaillère et n'ont plus besoin des ressorts pour les appliquer contre le rail intermédiaire.

Le système Agudio ainsi modifié a été appliqué en 1870-1872, à titre d'expérience, au Mont-Cenis, de Lans-le-Bourg au col, sur une longueur de 2^k 2 avec une inclinaison moyenne de 0,244. Au lieu des deux machines fixes placées, l'une en haut, l'autre en bas du plan incliné, qui entraînaient les câbles moteurs de Dusino, on n'a employé qu'une seule machine, des turbines Girard, au pied de la ligne ; et au lieu d'un seul câble moteur, on en a appliqué un de chaque côté du locomoteur.

L'expérience a justifié les vues des constructeurs, mais elle n'a pas avancé la question du passage des hautes montagnes, ainsi que l'espérait M. Agudio. — On recule toujours devant des changements de système de locomotion sur une même ligne. Et cependant, lorsque le trafic ne justifie pas les immenses dépenses de premier établissement des lignes à pentes moyennes, c'est par là que l'on devrait débuter, sauf à revenir, après quelques années d'expérience, au mode de traction par locomotives. Quoi qu'il en soit, le système de M. Agudio trouvera, tôt ou tard, quelques applications, lorsqu'il s'agira d'utiliser des forces motrices naturelles, telles que des cours d'eau, et que la ligne à établir ne comportera pas un emploi convenable des machines locomotives.

386. Système Handyside. — La locomotive (fig. 10, pl. XXIX) est attachée au train par une chaîne en acier ou par un câble en fils d'acier qui s'enroule sur un tambour T monté entre les longerons de la machine. La rotation de ce tambour est produite, soit directement, soit à l'aide de deux cylindres distincts.

De chaque côté du châssis de la machine se trouvent suspendues une ou plusieurs pinces ou griffes *s* qui, étant abaissées sur les rails, saisissent fortement les côtés de ces derniers et rendent ainsi la machine stationnaire. En arrivant au pied d'une forte rampe, on déroule le câble et la locomotive monte seule à la hauteur voulue. Alors le mécanicien arrête la machine et abaisse les griffes qui pincent fortement les rails ; le tambour est mis en mouvement et enroule le câble qui tire le convoi jusqu'à la machine.

387. Chaînes flottantes. — L'étude des moyens de transport spéciaux à l'exploitation des mines n'entre pas dans notre programme. Signalons cependant un système moteur, celui dit des *chaînes flottantes*, qui peut recevoir quelques appli-

cations d'intérêt général, comme un raccordement d'usine, d'exploitation, à une grande artère de circulation.

Largement employé, en premier lieu, dans le district de Manchester, dans le Staffordshire, dans le Cheshire, il est passé depuis quelques années à Mariemont en Belgique, à Anzin, à Lievin et à Ferfay en France. Ce système, décrit par M. Brull (Mémoires de la Société des Ingénieurs civils; 3e cahier, 1878), consiste à faire cheminer entre deux rails saillants ou à ornière en fer, fonte, ou acier, espacés de $0^m,56$ l'un de l'autre, une chaîne sans fin entraînée dans son mouvement par une poulie motrice et une poulie de renvoi à son extrémité, et à accrocher à cette chaîne des vagonnets pleins ou vides.

Chaque vagonnet introduit sous la chaîne s'y cramponne à l'aide d'une fourche dentée qui engrène dans les maillons. On a soin d'espacer les vagonnets d'au moins 10 mètres l'un de l'autre; ils cheminent avec une vitesse de 2 à 3 km. à l'heure.

Ce système de transport se prête aux applications les plus variées. Le prix de premier établissement s'élève en moyenne à 20 000 fr. par km. de double voie; le prix de revient du transport d'une tonne de houille varie entre 4 et 16 centimes par km.

388. Cables aériens. — Pour le transport des matières qui ont à franchir une grande différence d'altitude, ou à passer par dessus des terrains qu'on ne peut pas couvrir de constructions, ou enfin pour établir une communication provisoire entre deux points séparés par un espace que l'on ne veut pas occuper entièrement, on se sert de câbles en fil de fer porté par des chevalets, et sur lesquels roulent des poulies qui supportent des vagonnets chargés. Le mouvement est donné à ces vagonnets par un câble sans fin enroulé sur le tambour d'une machine fixe placée à l'extrémité du câble porteur.

La Société Schneider et Cie, exploite dans l'Isère, à Sainte-Madeleine, près Allevard, une mine de fer carbonaté spathique dont les produits sont expédiés à l'usine du Creusot. Cette mine est située à l'altitude 1100^{m}. — Le chemin de fer qui mène les vagons pleins au Creusot passe à l'altitude 500^{m}. — Cette différence de 600 mètres doit être franchie par un chemin de fer divisé en trois plans inclinés automoteurs, à trois rails, à voie de 1^{m},20, portant un truck pesant 5600 k. y compris 2800 k. de minerai, et tiré par un câble rond en acier de 0^{m},027 s'enroulant sur des tambours de 5^{m},600 de diamètre.

En attendant l'exécution de ces plans automoteurs, la Société du Creusot a fait descendre ses minerais au moyen d'un câble porteur de 0^{m},030 de diamètre sur 1559 mèt. de longueur, suivant une pente moyenne de 0^{m},400 par mètre, soutenu par huit chevalets d'une hauteur moyenne de 18^{m},00 au dessus du sol. La portée maxima des neuf travées est de 360 mètres.

Les vagonnets suspendus aux poulies qui roulent sur le câble porteur pèsent 410 kil. à vide et 1700 kil. en charge. Ils sont mis en mouvement par un câble moteur en acier de 0^{m},010 s'enroulant sur des tambours de 2^{m},00 que fait tourner la machine fixe établie à l'extrémité du câble porteur ; la vitesse du vagonnet s'élève jusqu'à 5^{m},00 par seconde.

Les frais d'exploitation de ce mode de transport sont élevés et les chutes de vagonnets assez fréquentes. Mais c'est un expédient très utile dans certains cas.

§ II.

MOTEURS PNEUMATIQUES.

389. Système a basse pression. — Ce mode de propulsion, proposé depuis longtemps, a été appliqué vers 1840 sur le chemin de Kingston à Dalkey, ou de South-Devon Railway, en Irlande, et sur la rampe de Saint-Germain en France. Il consiste à faire le vide dans un tube, en avant d'un piston attaché au véhicule à transporter. Ce piston, ayant ses deux faces soumises à des pressions différentes, doit se mouvoir

du côté où la pression est le plus faible, où le poids de l'atmosphère cesse d'agir.

Sur la rampe de Saint-Germain, on avait établi, dans l'axe de la voie, un tube en fonte de $0^m,63$ de diamètre, ses génératrices supérieures remplacées par une fente longitudinale recouverte d'une lame de cuivre garnie de plaques de tôle formant soupape. L'aspiration de l'air que renfermait le tube était faite au moyen d'une machine à vapeur fixe, placée au sommet de la rampe.

Dans le tube circulait un piston relié au véhicule par l'intermédiaire d'une tige verticale en fer, attachée à un train de galets qui soulevait la soupape pour effectuer la rentrée d'air du piston. A la suite, en arrière de la tige de connexion, venait un galet qui refermait la soupape.

Ce système occasionnait des frais d'entretien plus élevés que ceux entraînés par l'emploi des locomotives à grande adhérence ; aussi a-t-il été abandonné ; mais, comme le système Agudio, il est susceptible de donner de bons résultats dans des cas spéciaux où la force motrice serait à bas prix.

On en peut dire autant du système J.-B. Piatti, de Milan, qui consiste à donner l'impulsion au piston moteur, non pas avec la pression atmosphérique, mais à l'aide de l'air comprimé et refoulé dans la conduite.

Une idée analogue, conçue dans des proportions plus importantes, a été reprise dans ces derniers temps pour un projet de traversée des Alpes, au moyen d'un tube à grande section qui envelopperait le train tout entier.

390. Application a l'exploitation des mines. — M. Blanchet, directeur des houillères d'Epinac (Saône-et-Loire), a eu l'idée d'appliquer le moteur pneumatique, à basse pression, à l'extraction des mines.

Son système consiste en un tube métallique librement suspendu dans le puits comme les colonnes de pompes, et contenant un piston qui remorque directement un train d'un nombre déterminé de chariots placés dans une cage. Le tube, qui est en communication par le bas avec l'atmosphère pour prendre de l'air et pour en échapper, est relié par le haut avec une machine pneumatique et raccordé aussi à l'air extérieur par divers orifices qui sont ouverts et fermés à volonté. A l'ascension du train, sous l'action de la machine pneumatique, l'air libre, pris au fond du puits, entre dans le tube. A la descente du train, opérée par l'admission de l'air sur le piston, l'air entré dans le tube pendant l'ascension est refoulé au dehors.

Des portes et des taquets, des registres et des robinets correspondant aux recettes du fond et de l'extérieur, permettent de faire entrer dans la cage et d'en faire sortir à volonté des chariots pleins ou vides. Des baromètres et des appareils de sonnerie, des compteurs et des chronomètres indiquent où se trouve le train, soit à la montée, soit à la descente.

Le tube est simple ou conjugué.

Dans le premier cas, il comprend une seule colonne dans laquelle monte et descend alternativement un seul train chargé ou vide.

Dans le second cas, il comprend deux colonnes conjuguées entre elles de telle façon qu'un train vide descend dans la première, en même temps qu'un train plein monte dans la seconde.

Tel est son rôle général, à côté duquel il en a un autre tout particulier basé sur l'influence exercée par la pression barométrique sur les dégagements de grisou.

A la faveur de la puissante machine pneumatique, capable de mener le vide à une demi-atmosphère, les mines peuvent être disposées pour être fermées en l'absence des ouvriers, et la dépression de l'air peut y être poussée aussi loin que le permettent la constitution et la nature des puits et galeries.

Sous cette dépression anormale, le grisou sera délogé des espaces qu'il occupe et soutiré par les fissures et les pores de la houille, des massifs dans lesquels il est comprimé.

Le tube comprend, indépendamment de la machine pneumatique : 1° des viroles de diverses sortes en fer, acier et fonte, assemblées entre elles au moyen de boulons ; 2° divers organes consistant en portes, taquets, robinets, registres, clapets, soupapes, tuyaux d'échappement, de manœuvre et d'équilibre, touches et baromètres nécessaires à son fonctionnement ; 3° le train avec son piston, sa cage et ses chariots.

Le train est composé : 1° d'un piston supérieur ; 2° d'une cage contenant les chariots ; 3° d'un piston inférieur.

Le piston supérieur est formé de deux pistons distants entre eux d'une longueur plus grande que la hauteur des portes du tube, et plus petite que la distance existant entre deux portes. Cette disposition permet au train de franchir sans difficulté les portes, où le tube est incomplètement cylindrique.

C'est au piston supérieur qu'est attelée la cage à neuf étages qui reçoit neuf chariots.

Le piston inférieur termine le train, lui sert de guide et de fermeture dans le trajet, et permet l'accomplissement des diverses manœuvres aux recettes. Il est muni d'une soupape qui est ouverte durant la route au cas où le train porte des voyageurs.

La réception aux recettes se fait en trois manœuvres dans lesquelles sont pris et remplacés successivement, trois à trois, les neuf chariots du train. La première manœuvre correspond aux numéros 1, 4 et 7 ; la seconde aux numéros 2, 5 et 8 ; la troisième aux numéros 3, 6 et 9.

L'exécution de chaque manœuvre a lieu en faisant venir successivement par le jeu des robinets d'admission et d'échappement d'air le train contre les taquets de retenue et d'appui qui correspondent entre eux. Le train est soulevé et abaissé à volonté, sous l'action de l'air qui permet de le diriger absolument comme si l'on agissait avec la vapeur sur le piston d'une machine.

Les pistons sont construits soit en bois, soit partie en bois, partie en acier. Ils doivent, sous le moindre poids possible, offrir la résistance voulue pour leur service ; être souples afin de donner lieu à peu de frottement, et étanches pour éviter les fuites.

L'acier donne le moindre poids pour la meilleure résistance.

La souplesse et l'étanchéité sont obtenues en faisant usage d'une garniture composée de cuir derrière lequel agissent 48 segments de bois ou de métal creux poussés par 96 ressorts en fil de laiton.

La cage est de même construite en acier pour que son poids soit aussi réduit que possible. Elle est semblable aux cages employées dans les puits à câbles. Elle n'offre que la particularité d'être attelée aux pistons par une tige à suspension autour de laquelle elle tourne librement sur des anneaux sous un très faible effort. On peut ainsi, dans le cas où les rails ne correspondent pas à ceux des recettes, la ramener aisément à la main dans la position qu'il convient qu'elle occupe pour sortir les chariots du tube.

Qu'il y ait un seul tube ou deux tubes conjugués, l'installation dans le puits doit être disposée pour permettre, d'une part, de pénétrer dans le puits avec les engins ordinaires, cages, bennes et câbles desservis par une machine auxiliaire, afin de pouvoir entretenir le revêtement de soutènement des puits, visiter l'extérieur des tubes et leurs supports, approfondir les puits et prolonger les tubes.

Les avantages du système sont nombreux :

Il permet d'exploiter les mines à *toute profondeur* avec un avantage d'autant plus grand sur les câbles, que la profondeur elle-même est plus grande.

Il supprime les câbles et donne l'économie résultant de cette suppression.

Il contribue à l'aérage et, par suite, à l'abaissement de la température des mines.

Il permet non-seulement de descendre, sans dépense de force, les ouvriers, les fers, bois, remblais et tous matériaux nécessaires à l'exploitation, mais encore d'utiliser le travail produit par tout train descendant en tirant parti de la vitesse qu'il imprime à l'air sortant du tube.

Il peut être employé à l'épuisement de l'eau comme à l'extraction des minéraux en la faisant venir dans des caisses ou bennes attelées au piston à la façon de la cage à chariots.

Il utilise mieux que les machines à câbles, avec un seul tube, la force dépensée, et avec deux tubes conjugués, il donne un rendement d'autant meilleur que le poids mort des trains disparaît dans ce cas pour ne laisser en jeu que le poids utile qu'ils renferment (extr. d'une Note de M. Blanchet).

391. Système L. Gonin a haute pression. — Cet ascenseur proposé par M. L. Gonin[1], ingénieur en chef du canton de Vaud, a pour but de conserver, pour les lignes de montagnes, le système moteur à simple adhérence, en complétant, par un effort additionnel, ce qui manque à la locomotive au moment où elle quitte un palier ou une faible déclivité pour aborder une forte rampe.

Cet appareil se compose d'un tube en fonte A (fig. 11, 12, 13, pl. XXIX) établi au milieu de la voie ferrée, sur les mêmes traverses que les rails. Ces derniers sont posés sur des longuerines, pour élever leur niveau à la hauteur du dessus du tube, en sorte que rien ne gêne la circulation des trains ordinaires sur la voie.

Ce tube est coupé sur toute sa longueur par une rainure disposée d'une part pour livrer passage à une tige verticale dont nous verrons plus loin la destination, et de l'autre pour recevoir une soupape longitudinale qui ferme le tube quand la tige verticale est passée.

Des appareils compresseurs refoulent de l'air sous pression dans ce tube et font mouvoir, dans la direction voulue, un piston dont le prolongement porte la tige verticale dont nous venons de parler, et qui sert de barre d'attelage. Cette barre se compose de deux bandes de fer H H qui sont écartées l'une de l'autre dans l'intérieur du tube pour

1. Notice sur l'ascenseur à air comprimé, etc., par Louis Gonin, ingénieur en chef des ponts et chaussées du canton de Vaud. Bulletin de la Société Vaudoise des ingénieurs et des architectes, 1879. Lausanne. Georges Bridel, éditeur.

embrasser la soupape, se rapprochent en traversant la rainure, s'écartent de nouveau, en sortant du tube, pour laisser passer entre elles la platine qui supporte la soupape. Elle se relie à un chariot porteur d'un tampon, qui transmet à un contre-tampon, fixé à l'un des véhicules du train placé sur la voie, l'effort imprimé au piston par l'air comprimé qui le chasse devant lui. Ce chariot porte-tampon roule sur deux rails E fixés sur les nervures qui consolident le tube A. La soupape longitudinale a une section trapézoïdale, composée d'une bande de bois B recouverte d'un cuir gras et comprise entre deux lames de fer plat. Cette soupape est suspendue de mètre en mètre par des tringles, réunies à leur partie supérieure par une bande continue de fer plat, suffisamment large pour recouvrir la rainure et soutenir la soupape quand elle ne fonctionne pas.

Les installations fixes pour comprimer l'air nécessaire à l'application de l'ascenseur Gonin se composeront de turbines, de compresseurs et de réservoirs d'air.

Le réservoir d'alimentation fournit au compresseur de l'air comprimé à 3 ou 4 atmosphères. Le volume de ce réservoir est tel que la quantité à en tirer pour remplir le tube de propulsion, sur les deux tiers de sa longueur, ne fera baisser la pression dans le réservoir que d'environ trois quarts d'atmosphère. Le compresseur porte la pression de cet air à 6 ou 8 atmosphères pour le lancer dans le tube derrière le piston propulseur. Lorsque les deux tiers environ de la course sont parcourus, on arrête le compresseur, le train continue à marcher sous la pression de la détente de l'air comprimé, et arrive à l'extrémité du tube, l'air ayant encore une pression d'environ 4 1/2 atmosphères.

A ce moment, on ouvre une communication directe du tube A au réservoir; il s'établit une égalité de pression entre ces deux capacités. Alors on met en communication l'aspiration du compresseur avec le réservoir. Le compresseur, remis en marche, commence à aspirer avec une pression égale au refoulement, puis la différence de pression augmente et on arrête l'aspiration lorsque la pression dans le tube est redevenue sensiblement égale à celle de l'atmosphère.

Le tube est alors disposé pour laisser redescendre le piston et un train. Le poids du train descendant sera employé à comprimer l'air refoulé dans le tube devant le piston et à l'emmagasiner dans le réservoir alimentaire.

Par des calculs comparatifs, en prenant pour exemple le chemin du Gothard (fig. 12, pl. XXIX), M. Gonin assure une économie considérable sur les frais d'exploitation et sur ceux de premier établissement des rampes d'accès du Gothard.

Au lieu des longs et coûteux développements en lacets et en spirales souterraines que ces rampes exigeront pour se maintenir à l'inclinaison maxima de 25 $^{m}/_{m}$ ou 30 $^{m}/_{m}$, M. Gonin proposerait de franchir l'espace compris entre la partie en pente de 15 $^{m}/_{m}$ des thalwegs de la Reuss et du Tessin, et les embouchures du tunnel, à l'aide de trois plans inclinés à 70 $^{m}/_{m}$ réunis par des rampes inclinées à 15 $^{m}/_{m}$. Chacun de ces trois plans inclinés serait muni d'un ascenseur construit sur les données indiquées plus haut, et viendrait en aide aux locomotives de plaine pour franchir, sans rompre charge, la traversée du Gothard, d'Altorf à Biasca.

Les expériences faites à Plainpalais dans l'établissement de la Société genevoise de construction, dirigé par M. l'ingénieur Turrettini, ont montré la parfaite étanchéité du joint et le rendement économique de l'ascenseur. Quant à la valeur industrielle du système, l'expérience seule peut décider. Il est à désirer qu'une application de l'ascenseur Gonin vienne bientôt en démontrer l'efficacité.

Si, comme nous n'en doutons pas, le système de M. Gonin répondait à l'attente de son auteur, la jonction des vallées, séparées par des barrières industriellement infranchissables, se ferait sans tarder, à l'aide de ce système, au grand profit de ces contrées aujourd'hui reléguées et isolées des grands courants de la circulation.

§ III.

MOTEUR HYDRAULIQUE.

392. Le chemin de fer Girard. — « Les chemins de fer » actuels et surtout les locomotives, en raison des mouvements alternatifs dont sont animés certains organes et de » l'action destructive qu'exerce la force centrifuge sur les » roues animées d'une très grande vitesse, paraissent avoir » donné aujourd'hui le maximum de vitesse qu'ils peuvent » atteindre.

» Poursuivre la loi du progrès, il faut trouver un mode de » transport qui soit au chemin de fer ce que ceux-ci ont » été par rapport aux routes de terre. »

Le regretté M. Girard, ingénieur civil bien connu par ses remarquables travaux d'hydraulique appliquée, poursuivi par les deux pensées qui précèdent, avait imaginé, après de longs et minutieux tâtonnements dont l'origine remonte à l'année 1852, et qui dénotent chez ce fécond inventeur de rares qualités, l'énergie et la persévérance jointes à un grand talent d'observation, M. Girard a imaginé, disons-nous, *le chemin de fer glissant à propulsion hydraulique.*

Concevons, établies sur une base résistante, deux plates-bandes en fonte, larges de $0^m,280$, et distantes de 2 mètres d'axe en axe. A l'extérieur, une saillie en retour d'équerre limite ces plates-bandes, qui deviennent ainsi deux rails à ornière ouverte vers l'axe de la voie. Ces rails sont dressés sur leur face supérieure, ajustés et réunis bout à bout dans toute la longueur du chemin. Tous les cent mètres, on rencontre un joint compensateur destiné à conserver la continuité de la face supérieure des rails, tout en laissant aux plates-bandes la facilité de suivre les mouvements variés de dilatation causés par les différences de température. A cet effet, les deux abouts de rails sont coupés symétriquement suivant deux plans verticaux inclinés de 45° sur l'axe de la voie. Le vide triangulaire qui en résulte est comblé par une plate-bande découpée en coin, dont les faces latérales sont aussi inclinées à 45° par rapport à son axe dirigé perpendiculairement à celui de la voie. Il est pressé dans ce sens par un levier à contre-poids qui le maintient en contact constant avec les deux abouts des rails, dont il comble la solution de continuité, s'éloignant de l'axe de la voie, si les rails dilatés le poussent en dehors, rentrant au contraire vers l'intérieur, si les rails se contractent. A côté de l'axe de la voie s'élève, au-dessus du sol, une tubulure en fonte à section rectangulaire, dont le bec recourbé s'allonge horizontalement, son axe faisant avec celui de la voie un angle de quelques degrés. Cette tubulure, désignée sous le nom d'injecteur, se rattache sous le sol à une conduite d'eau sous pression alimentée par une machine fixe. A côté de cette tubulure se trouve, au-dessus du sol, une petite manivelle destinée à ouvrir le robinet qui met en jeu la soupape de sortie de l'eau, dont l'écoulement a lieu par le bec de l'injecteur. Voilà, en deux mots, ce qui constitue la partie fixe du chemin de fer de M. Girard.

La partie mobile se compose d'un truck prenant ses points d'appui sur les rails plates-bandes, par l'intermédiaire de quatre patins en fonte qui constituent l'essence même du chemin de fer glissant.

Supposons un bloc de fonte de forme rectangulaire, ayant même largeur que le rail plate-bande, $0^m,80$ de longueur et $0^m,08$ d'épaisseur, évidé dans le sens de l'axe principal. Au croisement des deux axes, un renflement, alésé dans son milieu, livre passage au pivot qui rattache le patin au truck, ce pivot venant prendre son point d'appui sur des ressorts à lames. En outre du vide occupé par les ressorts, on a enlevé de chaque côté deux larges bandes de métal ; enfin les deux saillies latérales servent au guidage.

Retournons le patin sens dessus dessous ; nous voyons dans la face par laquelle il s'appuie sur le rail : 1° au pourtour, une série de cannelures, parallèles au côté du patin, alternées et interrompues de distance en distance dans leur longueur ; 2° de chaque côté du grand axe, deux cavités longitudinales communiquant entre elles par une petite rainure à l'une de leurs extrémités, et par une petite tubulure, avec un réservoir d'eau sous pression, placé sur le truck. Le pivot, dans ses mouvements verticaux, fait tomber ou descendre une petite tige qui règle l'arrivée de l'eau sous le patin.

Enfin, si, par la pensée, nous retournions le truck sens dessus dessous, nous verrions, disposée dans l'axe du truck, une longue pièce de fonte divisée en deux parties. Celle qui se trouve immédiatement en contact avec le truck forme conduite qui sert à distribuer à droite et à gauche l'eau sous pression, par des tuyaux reliés aux patins glissants au moyen de la petite tubulure dont nous avons parlé.

La seconde partie de la longue pièce, qui porte le nom de turbine rectiligne, est ouverte sur ses faces verticales ; la liaison s'opère entre les faces supérieure et inférieure au moyen de cloisons curvilignes, verticales, venues de fonte avec tout l'ensemble de la pièce dont elles représentent les aubes.

A droite de la turbine rectiligne et à chaque extrémité du truck, nous voyons deux aiguilles horizontales, mais obliques relativement à l'axe principal du truck, destinées pendant le mouvement, la première à ouvrir, la seconde à fermer le robinet qui donne accès à l'eau du piston moteur de la soupape des injecteurs.

Remettons maintenant toutes choses en place, le truck reposant sur la voie par l'intermédiaire de ses quatre patins. Sur le tablier du truck nous voyons un réservoir d'air et d'eau sous pression qui peut être alimenté par une petite pompe, au moyen d'un moteur quelconque.

Ce réservoir, mis en communication avec le tube longitudinal, refoule l'eau en dessous des patins. Cette eau sous pression tend à se loger dans les deux cavités ménagées sous le patin et y emprisonne une certaine quantité d'air qui fait ressort et forme régulateur de pression. Cherchant à s'échapper, elle soulève ces patins et avec eux le truck. Lorsque les patins restent horizontaux, l'écoulement se fait régulièrement à leur pourtour; mais, s'ils prennent une certaine obliquité, les cannelures font office de barrage à l'écoulement de l'eau dont la pression s'élève du côté où le patin se rapproche du rail. L'effet inverse se produit du côté du patin qui est soulevé, puisque, la section du débit de l'eau augmentant, la pression diminue sur cette partie du patin. La différence de pression rétablit l'équilibre et le patin reprend son parallélisme à la voie. Si nous admettons maintenant le truck soulevé par l'eau interposée sous le patin, et soumis à un effort longitudinal *quelconque*, par exemple, celui de l'eau sous pression lancée contre les aubes de la turbine rectiligne dont le truck est armé, nous le voyons prendre un mouvement qui deviendra d'autant plus rapide que l'impulsion sera plus énergique. Lorsque les patins sont convenablement établis et alimentés, la résistance au mouvement est excessivement faible, 1/1000 environ. Le chemin de fer glissant serait donc déjà, à ce point de vue, un perfectionnement. On y trouve, de plus, des moyens d'arrêt extrêmement puissants : il suffit, pour enrayer le mouvement, de fermer l'admission de l'eau sous les patins. Ces derniers s'appuient alors directement sur les rails et le frottement des surfaces en contact devient suffisant pour arrêter le mouvement, du moins jusqu'à une certaine limite de pente.

Restent toujours les résistances de la traction sur les rampes — IIe partie, Ire section, Chap. I, § II, — Pour les vaincre, la propulsion hydraulique devrait prendre une importance considérable, entraînant des frais d'installation et d'exploitation dont le développement ne pourrait être couvert que par une nature de trafic largement rénumératrice : celle du transport des voyageurs à des vitesses inconnues dans l'état actuel de la science.

Jusqu'à quelles limites ce transport desservirait-il les frais dont il s'agit ? Nous n'oserions nous prononcer dans aucun sens à ce sujet. Le passé nous apprend, en effet, à nous méfier des jugements prématurés, des opinions trop absolues, surtout en fait de locomotion. Dans certains cas spéciaux, sous certaines conditions particulières, comme le transport des lettres et des dépêches par exemple, le système de Girard peut devenir une solution intéressante à étudier[1]. « C'est, comme le disait l'inventeur lui-même, à l'expérience *seule* de résoudre la question. »

§ IV.

MOTEURS A RAIL AUXILIAIRE.

393. Machines a roue dentée et crémaillère. — Nous avons vu qu'à l'origine de la locomotion à vapeur (— chap. I, § III, 26, —) les constructeurs recherchaient principalement les moyens de trouver sur la voie une résistance suffisante pour forcer la machine d'avancer, ne croyant pas encore aux effets de l'adhérence des roues sur les rails. Mathew Murray avait, en 1812, construit pour la houillère de M. Blenkinsop une machine à pignon et roue dentée engrenant sur une crémaillère fixée le long des rails. Cette machine fonctionna pendant plusieurs années, d'une manière satisfaisante, et, en 1825, elle était encore en usage sur le chemin de fer de Leeds, où se trouvaient des parties en rampe de 1/15 ou 0,066.

Vers 1848, le même procédé fut employé sur le chemin de Madison à Indianopolis (Indiana. Etats-Unis d'Amérique) pour franchir la rampe de 1/17 ou 0,059 sur 1 kilomètre environ

1. M. Girard a eu l'occasion d'appliquer son principe de glissement aux tourillons des arbres de transmission chargés de poids s'élevant jusqu'à 35000 kilogrammes.

Les expériences prouvent que le frottement des tourillons parfaitement graissés est réduit, par l'interposition de l'eau sous pression entre les surfaces frottantes, à un centième.

de longueur qui sépare la ville de Madison de la rive nord de l'Ohio.

MM. Baldwin et Cie de Philadelphie, qui plus tard ont construit la machine du Blue-Ridge — 315 —, fournirent pour l'exploitation de cette rampe deux machines établies comme suit :

a) Chaudière horizontale avec foyer à dôme renflé ; 112 tubes de $0^{m},051$ de diamètre et $4^{m},30$ de longueur.

b) A l'avant, deux cylindres extérieurs inclinés ; diamètre $= 0^{m},432$; course $= 0^{m},559$, agissant sur quatre essieux accouplés portant des roues de $1^{m},220$ de diamètre.

c) Au milieu, deux cylindres verticaux ; diamètre $= 0^{m},432$; course $= 0^{m},457$, faisant mouvoir, par des bielles pendantes, un arbre à manivelles extérieures, muni d'un pignon qui engrenait avec une roue dentée. Cette dernière roue pouvait s'élever ou s'abaisser à la volonté du mécanicien, étant fixée à un arbre suspendu, par des bielles pendantes, à un levier coudé que mettait en mouvement la tige du piston d'un cylindre embrayeur à vapeur horizontal de $0^{m},177$ de diamètre, placé vers l'arrière sur la chaudière de la machine.

Cette roue d'engrenage, lorsqu'elle était abaissée, correspondait à une crémaillère fixée entre les deux rails ; mue par les deux cylindres verticaux, elle ajoutait la puissance développée sur leurs pistons à celle des cylindres agissant sur les huit roues porteuses de la machine. Lorsque le surcroît d'adhérence donné par la crémaillère n'était plus nécessaire à la marche, le piston du cylindre embrayeur était ramené vers l'arrière, relevant ainsi l'arbre de la roue d'engrenage qui se trouvait dégagée des dents de la crémaillère.

Les machines, sans le tender, pesaient 30 1/2 tonnes. Elles ont fonctionné pendant plusieurs années d'une manière satisfaisante à tous les points de vue.

Il est facile de voir par un calcul élémentaire que le travail de la machine appliqué à la crémaillère est, sauf la partie absorbée par les frottements, totalement utilisé pour la traction de la charge remorquée.

394. Système Riggenbach. — *Le Rigi* [1]. Un Ingénieur aux vues hardies et intelligentes, M. Riggenbach, et deux hommes énergiques, MM. Nœff et Zchokke, se sont associés pour exécuter le projet de relier par un chemin de fer le pied et le sommet de la montagne du Rigi. Tous les touristes savent que du sommet de cette montagne, située entre le lac des Quatre-Cantons (Vierwaldstaetter See), le lac de Zug et le lac de Lowerz, on jouit d'un point de vue splendide. La base du Rigi se trouve à la cote 440^m, environ, et son sommet, le Rigi-Kulm à la cote 1800^m,00. La différence d'altitude à racheter par le chemin de fer est donc de 1360 mètres.

Le point de départ est sur les bords du lac, à Vitznau, où les bateaux à vapeur, venant de Lucerne en moins de trois quarts d'heure, déposent les voyageurs. Le chemin traverse le village de Vitznau avec une pente de 67 millimètres par mètre ; il franchit sur un remblai assez élevé un ravin large et profond ; la pente est ici de *vingt-cinq centimètres par mètre* ; puis il traverse un contre-fort de rocher par un souterrain de 80 mètres de longueur, à la suite duquel se trouve l'ouvrage d'art capital de la ligne, un viaduc de 75 mètres de longueur, sur le Schnurtobel qui coule à 23 mètres de profondeur. Ce pont est établi avec une inclinaison de 25 p. % et présente en plan une courbe de 180 mètres de rayon.

Au-delà du pont, à la suite d'un nouveau remblai, le chemin est taillé sur le flanc d'un rocher abrupt. On arrive ainsi à un endroit appelé Freibengen, où est établie la prise d'eau d'alimentation des machines et une voie de garage ; de là, jusqu'à la station de Kaltbad, le tracé suit sensiblement la pente du terrain avec des inclinaisons variant de 19 à 25 p. %.

La partie du chemin de fer concédée par le canton de Lucerne s'arrête au Staffel-höhe, après avoir franchi une hauteur de 1120 mètres, sur un parcours de 5100 mètres. La partie comprise entre le Staffel-höhe et le Rigi-Kulm (différence

1. Extrait d'une note publiée par M. l'Ingénieur Mallet dans les Mémoires de la Société des Ingénieurs civils, 1871-1874.

d'altitude 190^{m}) appartient à une autre Compagnie autorisée, par le canton de Schwitz, à construire et exploiter une seconde ligne qui monte au Rigi, mais en partant d'Arth sur le lac de Zug. Cette ligne a une longueur de 9150 mètres avec des rampes maximum de 20 pour 100 et des rayons de 180 mètres.

Enfin on a établi, sur la crête de la montagne, entre le Rigi-Kulm et le Rigi-Scheideck, une troisième ligne à voie de 1 mètre qui a 6700 mètres de longueur.

La voie du premier chemin de fer du Rigi, représentée sur les fig. 3 et 4, pl. XXIX, se compose des rails de support, à écartement normal, entre lesquels se trouve la crémaillère.

Les rails du type Vignoles, pesant 16^{k},5 par mètre courant, sont fixés par des crampons sur des traverses espacées de 0^{m},750, deux longuerines latérales extérieures à la voie et formant contre-rails sont reliées aux traverses par des tire-fonds. Cet ensemble donne à la voie une grande résistance, augmentée, pour plus de sécurité, par des massifs en pierre de taille enterrés, de distance en distance, à 1^{m},50 dans le sol.

La crémaillère, fixée sur les traverses au moyen de tire-fonds, se compose de deux fers laminés à rebords, écartés intérieurement de 125 $^{m}/_{m}$ (fig. 4), et pesant chacun 21 kilog. au mètre courant.

Les dents, dont la section est représentée fig. 3, pénètrent dans les fers à rebords, par des trous circulaires avec parties méplates, pour que les dents ne puissent pas tourner; elles sont rivées au dehors. Le pas, ou l'écartement d'axe en axe de deux dents voisines, est de 100 millimètres.

La crémaillère est construite par tronçons de 3^{m},00 de longueur comprenant 30 dents ; les joints sont faits par des platines en fer boulonnées.

Avec le système à crémaillère, on ne peut pas employer les changements de voie ordinaires. On se sert de portions de voie mobiles sur des galets et très analogues à des plaques tournantes. Ces voies mobiles, formées de deux rails et d'une portion de crémaillère, ont une longueur suffisante pour recevoir les trains, soit 12 à 15 mètres, et peuvent se mettre en rapport avec les unes ou les autres des voies fixes.

La machine (fig. 1) est portée par deux essieux γγ, ββ sur lesquels peuvent tourner librement quatre rous de 0m,636 de diamètre.

Les essieux portent, sans intermédiaire de ressorts, le châssis formé de deux longerons en fer évidés par intervalles ; ces longerons reçoivent latéralement, et de chaque côté, le mécanisme moteur, au milieu la chaudière, à une extrémité la caisse à eau et à combustible, et à l'autre extrémité une caisse à bagages.

La chaudière est fixée à demeure sur le châssis de manière qu'elle soit verticale dans la position de marche moyenne, c'est-à-dire sur une pente de 20 p. °/₀ environ.

La pression normale absolue dans la chaudière est de 12 atmosphères.

Les pistons, de 0m,27 de diamètre et 0m,40 de course, commandent par des manivelles extérieures l'arbre moteur α α sur lequel sont calés deux pignons *a a*, de 14 dents chacun, engrenant avec des roues *b b*, de 43 dents calées sur l'essieu γ γ. Au milieu de cet essieu est fixée la roue dentée *c* qui engrène avec la crémaillère. Cette roue, représentée à une plus grande échelle par la fig. 4, a 2m,00 de développement et par conséquent 20 dents du pas de 100 millimètres ; elle est faite en acier Krupp de qualité supérieure ; les dents sont profilées en arc de développante de cercle.

Sur l'essieu β β se trouve également une roue dentée *c'* engrenant avec la crémaillère et servant de guide et de moyen d'arrêt.

Sur de pareilles rampes la machine doit être pourvue de moyens d'arrêt ayant la plus grande efficacité possible.

Sur l'arbre moteur α α est calée une poulie *f* dont le pourtour présente des rainures angulaires; sur cette poulie peuvent s'appliquer, sous l'action de leviers et d'une vis de commande mis en mouvement par le volant V', des mâchoires à cannelures qui serrent fortement les poulies et constituent un frein très énergique.

L'essieu β β porte aussi deux poulies à cannelures f_1 f_1, sur lesquelles le mécanicien peut presser plus ou moins fortement au moyen du volant V, des tringles à levier *p q*, *r s*, et des sabots *S* et *S'* qui présentent des saillies pénétrant dans les cannelures des poulies.

La modération de la vitesse, quand le train descend, est confiée exclusivement à un frein à air d'une disposition particulière. Le régulateur R est fermé ; à la descente, la marche des tiroirs est naturellement renversée, sans qu'on ait à employer le changement de marche. L'air aspiré par les pistons est refoulé dans le tuyau d'admission *m* et ne peut rentrer dans la chaudière; il s'échappe par une ouverture S munie d'un robinet à l'aide duquel le mécanicien règle la pression résistante qui s'exerce sur les pistons. Sur le tuyau d'échappement de vapeur *c c* se trouve un appareil *x* composé d'une boîte contenant une soupape, manœuvrée à la main, qui ferme l'accès du tuyau d'échappement; cette boîte porte une enveloppe tournante, comme un boisseau de robinet, et percée d'une ouverture qui donne accès à l'air extérieur pendant la marche renversée.

Les pistons aspirent ainsi, non pas les gaz chauds amenés par le tuyau *c'* et qui contiennent toujours des matières solides très nuisibles aux cylindres, mais de l'air venant directement de l'atmosphère par l'ouverture *x*.

Conditions d'établissement.

Longueur totale	mèt.	5,925
Hauteur de la cheminée au-dessus des rails . . .	—	4,800
Diamètre des cylindres	—	0,270
Course des pistons.	—	0,400
Vitesse des pistons par seconde	—	2,173
Ecartement des cylindres d'axe en axe.	—	1,800
Ecartement des essieux	—	3,000
Diamètre des roues de support.	—	0,630
Diamètre de la roue dentée motrice (20 dents) . .	—	0,630

Largeur des dents	mèt.	0,102
Diamètre des roues intermédiaires (43 dents). . .	—	0,684
— des pignons (14 dents)	—	0,222
Largeur des dents	—	0,150
Timbre de la chaudière	atm.	12
Diamètre —	mèt.	1,176
Surface de grille . . . . , ...	m. car.	0,78
— de chauffe totale.	—	50,00
Diamètre extérieur des tubes . . . . . : . . .	mèt.	0,051
Nombre de tubes		168
Longueur —	mèt.	1,870
Section de passage des tubes . . . , ...	m. car.	0,269
Volume d'eau de la chaudière.	m. cub	1,100
Contenance de la caisse à eau	—	1,100
Poids de la machine en service	kil.	12 500
Vitesse de la machine (6 k. 40 à l'heure)	mèt.	1,770

L'exploitation de ce petit chemin de fer, qui a lieu, en été seulement, du 1er mai au 1er octobre, est très fructueuse.

Avant l'établissement du chemin de fer, le nombre des visiteurs du Rigi était au maximum de 50000 par année.

Le nombre des voyageurs en chemin de fer, en 1871, première année d'exploitation, était de 60262. Le nombre a doublé depuis cette époque.

Sur la nouvelle ligne, qui vient d'Arth au Rigi, les machines locomotives sont pourvues d'une chaudière horizontale à tubes courts plus convenables au service que la chaudière verticale dont le foyer est trop petit.

395. Chemin d'Ostermundingen. — Ce chemin de fer dont la longueur ne dépasse pas 3 kilom. est destiné à relier les carrières d'Ostermündingen à la ligne de Berne à Thun. La ligne comprend deux paliers et une rampe intermédiaire de 500 mètres de longueur inclinée au 1/10.

La crémaillère plus simple et plus légère que celle du Rigi n'existe que sur la rampe.

En palier, l'adhérence des roues d'arrière de la machine suffit pour la traction. A chaque extrémité de la rampe on a établi, sur les paliers, une longueur de crémaillère de $3^m,00$ disposée de manière à pouvoir s'élever parallèlement à elle-même de quelques centimètres ; ce mouvement vertical lui est communiqué par deux excentriques circulaires placés sous la voie et mus simultanément par des leviers rattachés à un levier de manœuvre, analogue à celui d'un changement de voie.

Une machine, arrivant à l'extrémité de la rampe, s'arrête sur le tronçon de crémaillère mobile abaissé ; une manœuvre de levier relève le tronçon à son niveau et engage les dents de la roue de la machine entre les échelons de la crémaillère. Ceux-ci viennent souvent butter sur les dents de la roue de la machine, sans que l'engrènement se produise ; il faut alors faire avancer ou reculer la machine, à la pince, de l'épaisseur d'une portion de dent.

Comme au chemin du Rigi, les bielles motrices impriment le mouvement à un arbre *α α* (fig. 5 et 6, pl. XXIX) portant deux pignons *b b* de 20 dents chacun, et au milieu deux poulies-frein *f f* à contour cannelé de $0^m,315$ de diamètre. Ces pignons engrènent avec des roues *a a* portant chacune 61 dents encastrées ; elles sont calées sur un fort arbre dont le milieu renflé porte une roue à 24 dents en acier fondu ; c'est cette roue qui engrène avec la crémaillère.

Les boutons de manivelle de l'essieu coudé portent, à côté et à l'extrémité des bielles motrices, des bielles d'accouplement B (fig. 6) qui commandent des manivelles calées sur l'essieu d'arrière qui devient moteur sur les parties de niveau.

Les roues d'arrière, qui ne sont pas calées sur l'essieu, deviennent solidaires avec lui à l'aide d'un système d'embrayage qui, à la volonté du machiniste, les entraîne dans le mouvement de l'essieu, ou leur rend la liberté.

Cette disposition, rendue nécessaire par la différence de parcours des roues d'arrière sur les rails, et de la roue dentée sur la crémaillère, pour un coup de piston, réalise très simplement un système à deux vitesses qui permet de réduire celle du train sur les rampes où la machine doit développer son maximum de puissance.

396. Chemins vicinaux. — La locomotive, que représente la fig. 7, pl. XXIX, est destinée à desservir les chemins de fer vicinaux qui s'établissent sur des routes existantes. Au moyen de cette machine, on peut marcher à toute vitesse, la mise en mouvement des quatre roues motrices R étant directe, sans aucun intermédiaire, comme dans la locomotive ordinaire.

Pour atteindre ce but, on a monté sur chaque essieu moteur deux roues ou poulies folles *r*, et l'on a ajouté à la voie deux rails de plus, destinés à recevoir ces roues sur les parties à crémaillère.

Comme les rails intérieurs sont placés un peu plus haut que les rails extérieurs, au moment où la locomotive entre dans la partie à crémaillère, les roues motrices quittent les rails ordinaires et tournent en l'air, les rails intérieurs donnent le mouvement à la roue dentée qui engrène dans la crémaillère, de sorte que les deux mouvements sont entièrement indépendants l'un de l'autre.

On peut ainsi passer de la voie ordinaire dans celle à crémaillère et *vice versâ* sans arrêt et sans débrayage.

Les ateliers d'Aarau (Suisse), sous la direction de M. Riggenbach, construisent ces locomotives à voie large ou étroite; leur poids varie de 5 à 18 tonnes en état de service. La locomotive représentée par la fig. 7 pèse 7 tonnes et peut remorquer, outre son poids propre, un train de 40 tonnes, avec 25 kilom. de vitesse sur rampe de 10 $^{m}/_{m}$; un train de 20 tonnes, à la même vitesse, sur rampe de 30 $^{m}/_{m}$; et le même poids, à la vitesse de 10 kilomètres, sur rampe de 70$^{m}/_{m}$, avec l'addition de la crémaillère.

397. Machines a roues horizontales adhérentes. — La crainte de manquer d'adhérence, surtout pour gravir les rampes très prononcées, a toujours préoccupé tous les ingénieurs[1]. MM. Charles Vignoles et le capitaine John Ericsson,

1. Zerah Colburn, *Locom. Engineer.*, p. 70. — M. Desbrières, *Mémoires de la Société des ingénieurs civils*, 1865, p. 491.

célèbres ingénieurs, l'un anglais, l'autre suédois, prirent, le 7 septembre 1830, un brevet d'invention pour un projet, applicable aux fortes rampes, d'un rail auxiliaire et d'une paire de roues à axes verticaux pressant ce rail sur ses deux faces latérales, et qui, par les révolutions qui leur seraient imprimées, remorqueraient un train là où les roues motrices verticales d'une machine glisseraient sans effet utile.

Le 15 octobre 1840, nous trouvons un brevet d'invention pour un projet analogue, pris par Henri Pinkus.

Le 18 décembre 1843, M. le baron Séguier communique à l'Institut de France et prend, le 5 décembre 1846, un brevet pour un projet d'application du rail médian.

Le 13 juillet 1847, nouveau brevet pris en Angleterre par George Escol Sellers, sous le nom de A.-V. Newton, comprenant dans son ensemble le projet Vignoles, c'est-à-dire : adjonction à une machine locomotive ordinaire, fonctionnant avec ses roues accouplées sur les parties horizontales ou modérément inclinées, d'une seconde paire de cylindres qui faisaient tourner, par pignons et roues d'angle, deux roues horizontales pressant les deux faces d'un rail auxiliaire établi sur les parties fortement inclinées de la ligne, de telle sorte que l'adhérence effective pouvait être accrue pour ainsi dire indéfiniment. Chaque paire de cylindres avait son régulateur particulier, ce qui permettait de faire fonctionner à volonté chaque moteur.

M. Sellers construisit quatre ou cinq machines de ce type, destinées au chemin de fer de Panama, probablement avant que l'on eût arrêté les pentes modérées que cette ligne suit aujourd'hui. Ces machines n'y furent jamais transportées ; on les transforma depuis ou bien on les détruisit.

Plus récemment, deux autres machines d'un modèle presque identique aux précédentes, furent établies pour l'exploitation d'un chemin de houillère en Pensylvanie. Mais, pour des raisons autres que des questions techniques, les machines n'entrèrent pas en service.

Nous arrivons enfin à l'année 1863, dans laquelle M. J.-B.

Fell, de Sparkbridge, Lancashire, prit en janvier et décembre deux brevets de perfectionnement aux machines locomotives et aux voitures de chemin de fer. Une première application de la machine de M. Fell eut lieu à titre d'essai dans le Derbyshire, sur le chemin de fer de Cromford à High-Peack appartenant au réseau d'exploitation du bassin houiller qui s'étend au sud de Manchester vers Sheffield.

La voie, établie sur le plan incliné de Whaley-Bridge en rampe de 1 /14 ou 0,072 sur 145 mètres de longueur, se détachait au sommet du plan incliné pour se diriger vers un coteau dont elle gravissait les flancs par une ligne ondulée et tracée suivant des courbes et contre-courbes de 50 mètres de rayon, avec des inclinaisons variant de 0,072 à 0,100, en moyenne 0,083, sur un développement de 720 mètres.

Les deux rails latéraux étaient espacés de $1^m,10$, et le rail auxiliaire fixé à plat sur des coussinets en fonte qui le soutenaient à $0^m,20$ environ au-dessus de la surface de roulement des rails latéraux.

La machine-tender qui a circulé sur cette voie possède une surface de $41^{m2},85$, et pèse en état de marche $16^t,5$ et vide $14^t,4$. Elle se compose, comme celle de M. Sellers, de deux mécanismes distincts.

Le premier, que nous désignerons sous le nom de *mécanisme extérieur*, comprend une paire de cylindres extérieurs de $0^m,298$ de diamètre, dont les pistons, avec une course de $0^m,457$, font mouvoir les manivelles des deux essieux moteurs, espacés de $1^m,601$, et portant des roues de $0^m,606$ de diamètre au roulement.

Dans le second mécanisme, qui est intérieur, on trouve deux cylindres horizontaux placés entre les roues porteuses de la machine, l'un à l'avant, l'autre à l'arrière. Ils agissent chacun sur un système de deux roues horizontales de $0^m,408$ de diamètre, placées de part et d'autre du rail auxiliaire, contre lequel elles sont pressées par des ressorts en spirale. La tension de ces ressorts peut se régler au moyen d'un volant à la portée du mécanicien.

Le 24 janvier 1864, des essais furent faits avec cette première machine. Seule, avec une pression de huit atmosphères et marchant sous l'impulsion de son mécanisme extérieur, elle s'arrêta sur le plan incliné, manquant d'adhérence. Le mécanisme intérieur étant alors mis en mouvement à son tour, la machine gravit la rampe avec la plus grande facilité. Elle en fit de même avec les charges auxquelles on l'attela jusqu'à concurrence de 44 tonnes de poids brut (y compris son propre poids), sous des vitesses variant de 17 à 15 et 8 kilomètres, selon l'importance du train remorqué.

Ces essais se poursuivirent jusqu'en février et parurent tellement concluants qu'une Société se décida à répéter l'expérience sur la partie du mont Cenis la plus difficile à exploiter à ciel ouvert. Si les nouvelles expériences étaient satisfaisantes, la Société devait obtenir la concession du chemin de fer installé sur la route du mont Cenis en attendant le percement du tunnel de Modane à Bardonnèche [1].

Ces essais furent repris sur une ligne établie provisoirement aux abords du col, entre Lanslebourg et le sommet; les faits ressortant de ces effets suffirent pour décider les gouvernements français et italien à concéder la ligne. Sans nous arrêter aux détails de construction de la voie et de ses accessoires, détails pour lesquels nous renvoyons aux intéressants Mémoires qui ont été publiés d'une part par le capitaine Tyler [2], de l'autre par M. Desbrières [3], nous nous bornerons à décrire succinctement la nouvelle machine qui servit de type aux dix locomotives construites par MM. Gouin et Cie pour la Compagnie du chemin de fer du mont Cenis.

La machine a huit roues motrices, quatre roues verticales et quatre roues horizontales, toutes ensemble mises en mouvement par *deux* cylindres à vapeur placés dans l'intérieur

1. Captain Tyler, *Report to the Board of Trade.*
2. Imprimé par ordre de la Chambre des communes, le 23 juin 1865.
3. Mémoires et comptes rendus de la Société des ingénieurs civils, 1865, p. 457.

du châssis. La machine est presque en totalité construite en acier. En voici les principales conditions d'établissement :

Poids de la machine. — Vide		kil.	16 500
—	En ordre de marche	—	17 500
Chaudière. — Longueur		mèt.	2,512
—	Diamètre	—	0,962
Tubes. — Nombre			158
—	Longueur	mèt.	2,600
—	Diamètre	—	0,0375
Surface de chauffe		m. car.	55,986
—	de grille	—	0,930
Pression dans la chaudière		atm.	8
Pression effective sur les pistons		—	5
Cylindres (deux). — Diamètre		mèt.	0,380
—	Course	—	0,406
Essieux montés. — Entr'axe extrême		—	2,092
Roues verticales. — Diamètre		—	0,685
Roues horizontales. — Diamètre		—	0,685
—	Entr'axe	—	0,620

L'adhérence supplémentaire donnée par les roues horizontales est facilement réglée par le mécanicien du haut de la plate-forme. La pression est appliquée au moyen d'une tige en fer portant deux pas de vis à filets opposés et qui agit sur deux châssis placés de part et d'autre du rail médian. Ces châssis sont séparés des porte-coussinets des roues horizontales chacun par six ressorts en spirale qui pressent sur ces dernières pièces. La pression maximum qu'on peut donner aux roues horizontales est de 24 tonnes, soit 6 tonnes par roue.

Les véhicules destinés à circuler sur ce chemin de fer, probablement le premier qu'on aura exploité dans les conditions les plus désavantageuses, sont munis de quatre galets horizontaux de $0^m,20$ à $0^m,25$ de diamètre, fous autour d'axes verticaux fixés au châssis, et disposés deux à deux aux extrémités du véhicule, de chaque côté du rail médian. « C'est, dit M. Desbrières, l'emploi de ces galets qui transforme en frottement de roulement, le glissement des boudins des roues verticales contre les rails extérieurs dans les courbes et permet de franchir des courbes impraticables à tout autre matériel. C'est aussi cet emploi qui rend tout déraillement impossible, aussi bien pour le train que pour la machine. »

Ces prévisions, la dernière entre autres, ne se sont point réalisées. Plusieurs déraillements ont eu lieu, en descendant à grande vitesse, au passage sans interposition d'alignement droit, des courbes de 40^{m} de rayon aux contre-courbes.

L'exploitation a rencontré de grandes difficultés provenant de l'insuffisance des parties couvertes de la ligne, longues cependant de 16 kilom. Les galeries voûtées en pierre ont bien résisté contre les avalanches ; mais celles en bois recouvert de tôles ondulées se sont affaissées sous le poids de la neige accumulée par le vent.

Les machines à 2 et à 4 cylindres réclamaient de fréquentes et coûteuses réparations. Malgré la pression considérable exercée contre le rail intermédiaire par les roues horizontales, sous l'action de ressorts énergiques, l'adhérence a fait fréquemment défaut.

C'est là, en effet, le vice capital de la machine Fell. Nous avons constaté, *de visu*, qu'à l'altitude du Mont-Cenis, en Europe, on ne peut pas compter sur l'adhérence simple pour gravir de fortes rampes de grande longueur.

Cependant, M. Fell a transporté son matériel, devenu inutile depuis le percement du tunnel du Mont-Cenis, à Cantagallo (Brésil).

Il s'y trouvait, en 1876, neuf machines à 4 cylindres et 15 machines à 2 cylindres [1].

D'un autre côté, le Gouvernement de la Nouvelle-Zélande a aussi adopté le système Fell pour l'exploitation d'une rampe de 70 $^{m}/_{m}$ sur 4 kilom. de longueur, avec quatre machines à 4 cylindres.

(1) Note de M. Desbrières : *Mémoires* de la Société des ingénieurs civils ; 3e cahier, 1876.

Malgré cela, nous persistons à penser que, s'il faut avoir recours au rail intermédiaire associé à la locomotive, aucun système ne surpasse en efficacité mécanique le rail crémaillère à denture horizontale Riggenbach ou à denture verticale Agudio.

Quant au moteur en lui-même, s'il s'agit d'utiliser la force mécanique des chutes d'eau, nous préfèrerions l'emploi de l'air comprimé pour faire marcher un moteur analogue à la machine Mekarski.

§ V.

TRANSBORDEURS DE VÉHICULES.

398. Conditions du service. — Les chemins de fer rencontrent quelquefois de larges cours d'eau, de grands lacs, des bras de mer, etc., qui n'admettent pas l'établissement d'un pont fixe, tantôt parce que la dépense ne serait plus en rapport avec les avantages à en retirer, tantôt parce que les conditions locales ne se prêtent pas à une construction de ce genre Pour tourner la difficulté et rétablir la circulation des trains que la solution de continuité occasionnée par l'amas d'eau interromprait, en forçant à des transbordements longs et onéreux, on a eu l'idée d'établir entre les deux extrémités des voies interrompues une communication par eau, au moyen de bacs recevant sur leur pont les véhicules en transit. Ces bacs transbordeurs peuvent être mis en mouvement soit par des roues à aubes ou à hélices, soit au moyen d'une machine prenant son point d'appui sur un câble toueur, soit enfin par un remorqueur ordinaire. Les eaux qui constituent la solution de continuité sont généralement à niveau variable et notablement inférieur à celui des rives. Pour les franchir, il faut donc racheter par un procédé quelconque la différence qui existe entre le niveau des eaux et la plate-forme de la voie de terre ferme, que l'on tient aussi

élevée que possible, pour éviter les effets des inondations. Le problème a trouvé deux solutions différentes, deux procédés bien distincts : bateaux à pont mobile, atterrissage fixe ; bateaux à pont fixe et atterrissage mobile.

399. TRANSBORDEMENT PAR BATEAU A PONT MOBILE. — Il consiste à disposer sur un bateau d'une grande largeur, et d'une longueur suffisante pour recevoir un certain nombre de vagons, une plate-forme, garnie d'une ou deux voies de fer, pouvant s'élever ou s'abaisser horizontalement au moyen de vis et de cabestans, de manière à mettre les rails de la voie d'eau à la hauteur des rails de la voie de terre. Un pont-levis comble le vide existant entre ces deux voies, et aussitôt amarrés les vagons peuvent rapidement passer de l'une à l'autre. Avantageux sous ce dernier rapport seulement, ce système présente l'inconvénient d'exiger l'emploi de bateaux d'une très grande largeur, pour compenser le surélèvement du *métacentre* [1], nécessité par la position des vagons placés à une certaine hauteur au-dessus du plan de flottaison.

Le bac transbordeur du Nil, — remplacé depuis par un pont fixe, — qui était établi d'après ce premier système, avait une coque plate de 18^{m},28 de largeur et un tablier mobile à deux voies, pouvant prendre différentes positions selon le niveau des eaux du Nil, qui varie de 0 mètre à 8^{m},25. Le mouvement de translation horizontale était imprimé au navire par deux machines à vapeur de quinze chevaux, placées sur le pont et actionnant les poulies sur lesquelles s'enroulaient deux chaînes de touage noyées dans le fleuve, distantes l'une de l'autre de 18^{m},60, et formées de maillons de 0^{m},635 de long et 0^{m},088 de large, en fer rond de 0^{m},028 de diamètre.

400. TRANSBORDEMENT PAR BATEAU PLONGEANT. — La gare des chemins de fer du Wurtemberg à Fridrichshafen, sur le

1. Centre de courbure de la courbe décrite par le centre de pression du volume d'eau déplacé dans les diverses oscillations horizontales du navire, et qui doit se trouver placé au-dessus du centre de gravité du système flottant. (M. Belanger, *Cours de mécanique*.)

lac de Constance, a été reliée à la gare des chemins de fer du Nord-Est Suisse, à Romanshorn, sur le même lac, par un service de ferry-boat, capable de porter 12 vagons, et analogue à ceux que nous décrivons plus loin — 402 —. Ce bateau présente cette particularité qu'il est divisé en neuf compartiments dont les deux extrêmes peuvent au besoin être remplis d'eau.

Cette disposition a pour but de faciliter le chargement ou le déchargement des véhicules à transborder, dans le cas où la crue du lac élèverait le pont du bateau au-dessus des plans inclinés mobiles affectés au service sur chaque rive. On laisse à ce moment l'eau pénétrer dans les compartiments extrêmes et le bateau plonge d'une profondeur suffisante pour mettre son pont au niveau des plans inclinés des appareils d'embarquement.

Le chargement fait, on vide les compartiments à l'aide d'une pompe à vapeur.

Le second procédé, — pont fixe et atterrissage mobile, — peut à son tour se diviser en deux systèmes : transbordement vertical ; transbordement par plans inclinés.

401. Transbordement par ascenseur vertical. — Le chemin de fer d'Aix-la-Chapelle à Gladbach et Crefeld rencontre le Rhin à Ruhrort. Sur chaque rive du fleuve se trouve une tour carrée à cinq étages, dont la base repose sur trois murs, deux perpendiculaires, le troisième, celui qui touche à la berge, parallèle au cours du fleuve. Ces trois murs forment donc une espèce de port, dont l'ouverture du côté du fleuve laisse place à l'introduction d'un ponton flottant, garni de rails sur son plancher. Dans le vide compris entre les trois murs, se meut verticalement un tablier en charpente supportant deux voies ; il se rattache, par l'intermédiaire de quatre fortes tringles en fer, à un joug en fonte qui coiffe un long piston plein se mouvant dans un cylindre en fonte dont la base repose sur un plancher en fer établi à cinq mètres au-dessus des rails de terre ferme. La tête du piston est guidée par deux glissières fixées contre deux mon-

tants en bois. Le cylindre moteur est en communication, par une conduite d'eau sous pression, avec un accumulateur du système Armstrong, la pression étant obtenue au moyen d'une machine à vapeur (voir 1re partie, t. II, chap. VIII, § II, 301). Il porte à sa base une large tubulure, dans laquelle nous voyons trois soupapes; l'une règle l'admission de l'eau sous-pression dans le cylindre et produit l'ascension du piston ; la deuxième donne écoulement à l'eau, lorsqu'il s'agit de laisser descendre le piston. Cette eau se rend, par un tuyau vertical, dans une bâche placée au cinquième étage du bâtiment. De là elle s'écoule vers la machine alimentant l'accumulateur.

La troisième soupape, enfin, introduit l'eau sous pression dans un second cylindre auxiliaire muni d'un piston moteur disposé en sens inverse du piston du cylindre principal. Celui-ci en effet agit par traction directe sur les chaînes de la plate-forme mobile. Le piston auxiliaire n'agit sur ces mêmes chaînes que par l'intermédiaire d'une chaîne et d'une poulie de renvoi.

Ce second piston est nécessaire lorsqu'il s'agit de transborder une locomotive. Sauf ce cas particulier, le piston principal est suffisant pour descendre ou monter deux vagons à la fois.

Supposons qu'il s'agisse de transborder un train arrivant par la voie de terre ferme.

Pour faire la manœuvre du transbordement, le tablier mobile est arrêté par un verrou, de manière à faire correspondre le niveau de ses rails avec celui des rails de terre ferme. Les vagons sont alors poussés sur la plate-forme. Le mécanicien ouvre d'abord la soupape d'admission, les verrous d'arrêt du tablier sont tirés, puis la deuxième soupape, celle d'écoulement, est mise en jeu, la machine à vapeur soutenant d'ailleurs la pression dans l'accumulateur.

Le tablier avec sa charge descend et s'arrête sur ses verrous à la hauteur des rails du ponton qui doit passer les vagons. Arrivés sur l'autre rive, les vagons sont poussés sur le tablier, enlevés, par la pression de l'eau dans le cylindre moteur, jusqu'au niveau des rails de terre ferme.

En 1856 le passage s'effectuait sur canots remorqués par un bateau à vapeur. A cette époque, nous avons vu la manœuvre du transbordement s'opérer dans les délais suivants :

Descente de deux vagons chargés à 10 tonnes, — de 4 à 5 minutes ;

Traversée d'une rive à l'autre avec seize vagons, — quatre par ponton, — 45 minutes.

Depuis cette époque, le passage d'eau s'effectue sur un bateau à vapeur dont le pont porte les rails.

402. Transbordement par plans inclinés. — A notre connaissance, le système de Ruhrort n'a pas trouvé d'imitateurs.

Il n'en est pas de même du transbordement par plans inclinés. Ce système, en service depuis de nombreuses années sur les embouchures des rivières le Forth et le Tay en Écosse, a reçu, avec quelques variantes plus ou moins importantes, plusieurs applications sur le continent, notamment au passage de l'Elbe, entre les stations de Hohnstorf et de Lauenbourg (lignes du Hanovre et de Prusse), sur le Rhin à Elten et à Rheinhausen, près de Duisburg (chemins rhénans), sur le Danube, sur le lac de Constance, etc.

Nous empruntons à un Mémoire de MM. Funk (Ober-Baurath), conseiller supérieur des travaux, et Welkner (Ober-Maschinen-meister), ingénieur en chef des machines, aux chemins de fer du Hanovre, les détails qui suivent sur les bateaux transbordeurs d'Ecosse et l'application qui en a été faite à l'embouchure de l'Elbe.

Les deux fleuves le Forth et le Tay produisent deux solutions de continuité sur la ligne de fer qui, partant d'Edinburgh, met cette ville en communication avec le nord de l'Ecosse, en passant par Perth et Dundee. Véritables golfes sujets à des variations considérables de niveau, les eaux à franchir présentent sur le *Forth*, entre les gares de

Granton et Burnt-Island, une largeur de 5 1/2 milles anglais (8^k,850). L'estuaire du *Tay* n'a que 7/8 de mille (1^k,400) de largeur, entre les gares maritimes de Broughty-Ferry et Tay-Port.

En chacun de ces points, les rails de la gare viennent aboutir à ceux d'un plan incliné — à 1/8 sur le Forth, 1/6 sur le Tay — qui descend jusqu'au niveau le plus bas qu'atteignent les eaux. Au Forth, les plans inclinés sont construits en maçonnerie. Ceux du Tay consistent en charpentes de pilotis et longuerines, portant des rails Brunel renversés. Il s'y trouve deux voies, avec cette particularité que les rails intérieurs sont assez rapprochés pour former une troisième voie. Sur ces plans inclinés se meut une plate-forme en charpente supportée par vingt-quatre roues en fonte de 2′,6″ (0^m,761) de diamètre, armées à la jante d'une saillie continue qui en partage la largeur en deux parties égales, cette saillie se logeant dans le creux des rails Brunel.

A l'extrémité inférieure de cette plate-forme on trouve un pont-levis qui met en communication directe les rails de la plate-forme avec ceux du pont du transbordeur. Ce pont-levis est élevé ou abaissé au moyen de chaînes mues par deux treuils placés sur un chevalet que porte la plate-forme.

Pour ménager aux vagons le passage du bateau sur la plate-forme, sans amener quelque accident ou avarie, il faut que l'inclinaison des rails du pont-levis se tienne autant que possible vers 0,01. Le bateau, armé à ses deux extrémités d'un gouvernail, ne pouvant d'ailleurs s'approcher de la rive qu'à la distance fixée par son tirant d'eau d'une part et la hauteur de la marée de l'autre, il faut que la plate-forme se déplace le long du plan incliné pour prendre le niveau du bateau. Ce déplacement s'effectue au moyen d'une chaîne attachée à l'axe du milieu de la plate-forme, et qui à son autre extrémité s'accroche à volonté dans les maillons d'une chaîne sans fin qu'une machine fixe à vapeur établie au sommet du plan incliné fait mouvoir au moyen d'un embrayage. L'arbre de couche principal que cette machine met également en mouvement porte trois tambours, au diamètre de 0m,913, correspondant aux trois voies du plan incliné. Sur chaque tambour, qui peut être mis en mouvement ou arrêté par le mécanicien, à l'aide d'embrayage, est enroulé un câble en chanvre de 2″ (0m,051) de diamètre, armé à son extrémité libre d'un étrier qui s'adapte au crochet d'attelage des véhicules à transborder.

La dépense d'établissement des plans inclinés, machines fixes, chariot, plate-forme, chaînes et cordes, s'est élevée :

Pour le Forth, à 250 000 francs ;

Pour le Tay, à 220 000 francs.

Les bateaux transbordeurs sont construits en fer — machines munies de roues à aubes, — un gouvernail à chaque extrémité pouvant être mû et arrêté indépendamment de l'autre.

Ceux du Forth ont 52m,423 de longueur, 10m,363 de largeur au milieu, 16m,630 à l'extérieur des roues ; ils calent, à vide, 1m,457, et en charge 1m,980. Leur pont est garni de trois voies qui, aux extrémités, se reforment en deux voies correspondant à celles des plans inclinés. Ils chargent 33 à 35 vagons à quatre roues, opèrent la traversée entre Granton et Burnt-Island en 26 minutes et font de huit à dix voyages par jour.

Le *Leviathan*, le plus ancien bateau de ce type, construit chez M. R. Napier, à Glascow, a coûté 405 750 francs. Les bateaux du *Tay* sont plus petits ; leur pont, disposé en dos d'âne à partir de l'axe des roues avec une inclinaison de 0m,011, et muni de deux voies seulement, mesure 42m,670 de longueur, 6m,70 de largeur, extérieurement aux roues 12m,430. — Deux machines oscillantes de 120 chevaux de force. Ils déplacent 200 tonnes, et calent 1m,683 d'eau.

Ils chargent 15 à 17 vagons à quatre roues, font douze à quatorze traversées par jour, et transportent ainsi en moyenne 180 vagons. Le prix du *Napier* a été de 229 500 francs.

Les frais d'exploitation pendant six mois, en 1861-1862, pour le transbordement sur le Forth de 37 618 vagons, se sont ventilés de la manière suivante, non-compris la main-d'œuvre d'approche dans les gares :

Machine fixe et appareils mécaniques, 768 l. st. fr. 19200.

Bateaux à vapeur. . . . . 1305 l. st. 32625.

Ce qui donne, en comptant 2,5 tonnes par vagon en moyenne, 55 centimes pour frais de traversée d'une tonne de *chargement net*.

Le transbordement, soit pour charger, soit pour décharger les bateaux, s'effectue en plusieurs opérations qui comprennent la manœuvre de deux, trois et jusqu'à cinq vagons à la fois. Sur chaque voie, trois hommes ramènent la corde au bateau ou la remontent, selon le sens de la manœuvre [1].

Les données qui ont servi à la rédaction du projet de traversée de l'Elbe, entre Hohnstorf et Lauenburg, procèdent des mêmes principes, mais avec des modifications résultant des circonstances inhérentes à la question elle-même. Le trafic étant beaucoup moins considérable et la durée de traversée très courte, on n'a installé qu'une seule voie sur le bateau transbordeur. La disposition des voies aux abords des plans inclinés étant très favorable aux manœuvres des vagons, on a compté que le chargement ou le déchargement en 2 ou 3 opérations de 2 à 3 vagons à la fois durerait en moyenne 8 minutes, la traversée 8 minutes, le temps perdu pour le départ et l'accostage 11 minutes, soit en totalité pour un seul voyage dans un sens une demie-heure ; soit enfin par jour 20 traversées simples, produisant un mouvement annuel de 60000 tonnes de marchandises traversant l'Elbe dans chaque sens.

1. C'est en amont du passage du Firth of Tay que l'on a établi en 1877 un pont fixe de 3153m,62 de longueur, composé de 85 travées, dont les plus larges ont une ouverture de 74m,67. Le dessous des poutres latices qui portaient ces travées, se trouvait à 25m,60 au-dessus des hautes mers de vive eau.

Le 28 décembre 1879, à 7 h. 14, du soir, au moment où sévissait une violente tempête, le train d'Edinburg à Dundée, composé d'une machine et son tender, de cinq voitures à voyageurs et d'un fourgon, arrivé sur le pont à un mille du rivage, est tombé dans l'eau, avec 13 travées du pont, dont onze de 74m,67 d'ouverture et deux de 69m,15.

Les plans inclinés du Tay sont au 1/6, ceux du Forth au 1/8. Pour ceux de l'Elbe, les ingénieurs, désireux de faciliter le passage des plans inclinés sur les voies horizontales aux vagons à six roues dont on voulait ménager les ressorts et les tampons d'une part, et en même temps laisser entre le gouvernail et le plan incliné un espace libre d'au moins $0^m,457$, — 18″ — pour tenir compte de l'oscillation du navire agité par les lames, ont adopté l'inclinaison de 1/9 (0,111). La hauteur des eaux varie de $5^m,548$; on a descendu le pied du plan incliné à la cote — $1^m,17$ et reporté son sommet au niveau des rails, soit à la cote + $7^m,00$. La longeur du plan incliné atteint ainsi $74^m,00$; celle du chariot plate-forme $30^m,25$, y compris la portée du pont-levis qui est de $7^m,59$.

La voie se compose de rails ordinaires avec traverses et longuerines fixées sur pilotis.

Dans l'axe se trouve une ornière en fonte dont le fond est garni de dents contre lesquelles vient buter un fort valet en fer, placé au bas du chariot pour le maintenir en place, les joues formant guides de la forte chaîne qui sert à faire monter ou descendre le chariot, lorsque son extrémité supérieure est accrochée à la chaîne sans fin mise en mouvement par la machine fixe.

C'est le fer qui constitue la charpente du chariot plate-forme de l'Elbe, la charpente en bois des constructions analogues en Écosse exigeant une quantité considérable d'armatures, de renforts, et de réparations fréquentes, etc., etc. Cependant les poutres du pont-levis sont formées de deux longuerines en bois portant des rails Brunel, armées sur leurs faces verticales de tôles et cornières qui forment renforts et garde-roues.

La manœuvre du levage du pont-levis s'effectue à la main, au moyen d'un treuil placé sur l'échafaudage qui fait corps avec le chariot plate-forme. La chaîne de traction du contrepoids et du treuil passe sur une poulie fixée à l'extrémité supérieure d'une bielle inclinée qui peut pivoter sur son pied retenu au pont du chariot ; cette bielle forme bissectrice de l'angle des deux brins de la chaîne, celui d'en haut restant toujours parallèle au plan de la plate-forme.

La machine fixe est à haute pression, à deux cylindres de 0^m,330 de diamètre. Par une transmission spéciale, elle fait mouvoir le chariot plate-forme, dont on fixe la position d'abord au moyen du verrou d'arrêt indiqué plus haut, et de plus par des freins puissants répartis sur les axes des roues de la chaîne sans fin, et sur le volant même de la machine fixe. Les leviers de tous ces freins, comme ceux de la mise en marche de la machine, sont sous la main du mécanicien.

Le bateau porte deux gouvernails indépendants l'un de l'autre et manœuvrés du haut du balcon en arcade qui surmonte les tambours. Il a 4^{m3},30 de longueur entre les heurtoirs qui se trouvent à l'aplomb des axes des gouvernails, 7 mètres de largeur à la flottaison, 11^m,88 en dehors des tambours : une seule voie, dans l'axe du bateau.

Les chaudières et la machine placées sous le pont sont divisées en deux parties égales et symétriques, disposées de chaque côté de l'axe longitudinal du bateau, les cylindres inclinés agissant directement sur les manivelles de l'arbre moteur.

La Compagnie des chemins de fer Rhénans a fait exécuter, sous la direction de M. Hartwich, ingénieur général et conseiller intime, deux traversées sur le Rhin, l'une à Elten entre Arnheim et Clèves, l'autre à Rheinhausen près Duisburg, qui diffèrent essentiellement des dispositions décrites plus haut. Ici la variation de niveau des hautes eaux et des eaux moyennes est de 6 mètres. On a pu racheter cette différence de hauteur au moyen de deux rampes inclinées à 1/48 (0^m,021), qui forment le prolongement des voies de la gare et, comme telles, peuvent être desservies par les locomotives.

Sur ces rampes se trouvent deux petits chariots dont le tablier garni d'une voie est incliné à 1/12 (0^m,0833) en sens inverse des rampes des berges, le côté le plus élevé s'adossant à l'extrémité du pont du bateau et la partie basse en contact avec la rampe étant formée d'un plan mobile équilibré par des contre-poids, à la manière des patins des chariots roulants des chemins de fer Badois et de l'Est. (1re partie, t. II, — 278 —.) Chariot du Nord, 2e p. —481 —.

Les rampes sont à deux voies : à chaque voie correspond un bateau toueur naviguant entre deux câbles immergés. Ces deux câbles, de $0^m,045$ de diamètre, formés de sept torons composés chacun de sept fils de fer de 5 millimètres et demi de diamètre, aboutissent au centre d'une poulie horizontale montée sur un chariot-tendeur constamment rappelé en arrière par une chaîne dont l'une des extrémités est fixée dans le terrain, tandis que l'autre soutient un contre-poids de 7 500 kilogrammes, suspendu dans un puits.

Chacun des câbles d'amont, amarrés par des ancres mouillées à 100 mètres environ du passage, sert de guide au bateau toueur. Les câbles d'aval s'enroulent autour de deux grandes poulies à gorge de $7^m,25$ de diamètre, qui sont mises en mouvement au moyen d'une transmission à courroies par une machine à vapeur à deux cylindres horizontaux, placée avec ses chaudières et tout le mécanisme sur le côté d'aval du bâtiment.

Le pont, qui a 45 mètres de long et $5^m,75$ de large, ne porte qu'une seule voie disposée en trois alignements raccordés par des courbes, l'alignement du milieu, qui a 19 mètres de longueur, étant rejeté de $0^m,40$ vers l'amont, afin de laisser l'espace libre à l'installation des machines ; les voies sont munies à chaque extrémité de heurtoirs placés en tête de barrières qui, tournant autour d'un axe horizontal fixé à la coque du bâtiment, peuvent s'effacer en dessous du pont et laisser passer les vagons.

Chaque bateau peut transporter, en une traversée simple, cinq voitures de voyageurs à quatre ou cinq compartiments.

Les abords des rampes sont défendus par des épis s'avançant à une assez grande distance dans le fleuve pour détourner le courant, préserver les rampes des affouillements et mettre les bateaux accostés à l'abri de l'agitation des vagues.

403. Transbordement sur gabarres. — Sur le lac de

Constance — 400 — le transbordement des vagons, entre Lindau, gare extrême des chemins Bavarois, et la gare de Romanshorn, s'effectue à l'aide de grandes gabarres portant huit vagons sur deux files.

Ces gabarres sont prises en remorque par les grands bateaux à vapeur qui font le service des voyageurs.

404. TRANSBORDEMENT SUR PONT DE BATEAUX. — Un trafic peu important; un cours d'eau navigable dont le lit se déplace et devient quelquefois à sec sur certaines parties : telles étaient les conditions que présentait la jonction de deux lignes secondaires qui relient Carlsruhe-Maxau (Bade) à Winden-Maximiliansau (Palatinat-Bavarois), séparées par le cours du Rhin à Maxau[1]. La Direction des chemins de fer du Palatinat, reculant devant l'établissement d'un pont fixe ou d'un service de bateaux transbordeurs, se décida pour l'installation d'un pont de bateaux.

La construction s'étend sur 363 mètres de longueur, dont 129 mètres sur les deux rampes de rives et 234 mètres sur les trente-quatre bateaux-pontons qui forment la traversée du Rhin. — Les deux rampes ont une inclinaison variable de $0^m,00$ correspondant aux plus hautes eaux, à $0^m,040$ qui se présente lorsque le Rhin est au plus bas niveau.

La largeur des pontons est divisée en trois sections. — Celle du milieu a $3^m,50$ et sert au passage du chemin de fer, qui n'a qu'une voie. Les deux autres sections, à droite et à gauche des rails, avec $4^m,20$ de largeur chacune, sont destinées à la circulation des piétons et des voitures de routes ordinaires.

Les trains qui circulent sur le pont se composent de quatre vagons à marchandises chargés à 10 tonnes, remorqués par une locomotive-tender à quatre roues, pesant $17^t,50$.

Ces machines, établies sur les mêmes principes que les machines de gares construites pour les usines de M. de

1. Station fluviale, située à peu près à égale distance de Kehl et de Manheim.

Wendel [1], près Saarbruck, ont les dimensions suivantes :

Surface de chauffe	mèt. car.	51,00
Diamètre de la chaudière	mèt.	1,06
Longueur totale de la chaudière	—	4,12
Cylindres. — Diamètre	—	0,28
— Course	—	0,46
Roues. — Diamètre	—	0,92
Entr'axe des deux essieux	—	2,10
Poids de la machine vide	tonnes.	15

Les rampes, aux abords du pont de bateaux, inclinées à $0^m,030$, sont gravies sans difficulté par ces machines.

Essayée sur les rampes accostant aux bateaux transbordeurs de Ludwigshafen, inclinées à $0^m,08$, une de ces machines, avec 6 atmosphères de pression effective, a remorqué un vagon chargé à 10 tonnes [2].

1. Machines-tender à deux essieux accouplés, établies comme suit :

Chaudière. — Diamètre	mèt.	0,75
— Longueur totale y compris le foyer.	—	2,10
— Épaisseur des tôles de fer	—	0,0107
— Épaisseur des plaques de cuivre du foyer	—	0,010
— Épaisseur des plaques tubulaires en cuivre	—	0,015
— Épaisseur des plaques tubulaires en fer de la boîte à fumée	—	0,015
Tubes. — Nombre		113
— Longueur	mèt.	1,000
— Diamètre intérieur	—	0,030
— Épaisseur	—	0,002
Surface de chauffe. — Du foyer	mèt. car.	2,500
— Des tubes	—	9,225
— Totale	—	11,725
Pression de la vapeur	atm.	7
Cylindres. — Diamètre	mèt.	0,180
— Course	—	0,350
Essieux. — Diamètre uniforme sur toute la longueur	—	0,110
— Entr'axe	—	1,300
Roues. — Diamètre	—	0,750
Capacité des soutes à eau	mèt. cub.	0,7416
Poids de la machine vide	kil.	7 000
Poids de la machine en service	—	8 750

2. Sur les lignes d'inclinaison moyenne (0,01) et en rail mouillé, ces machines remorquent des trains de 150 tonnes de poids brut.

L'abaissement des pontons sous le poids de 60 tonnes réparti sur 24 mètres de longueur, ne dépasse pas $0^m,20$ au point le plus chargé.

Il résulte d'un relevé statistique, fait par M. Barler, ingénieur en chef au chemin de fer du Palatinat, que les frais de trajet entre les deux stations de terre ferme, à Manheim, par bateaux transbordeurs, sont de 1/3 plus élevés que ceux du trajet à Maxau [1].

Cette solution du problème du transbordement des vagons sur pontons flottants est intéressante à mentionner. Elle peut, sans doute, trouver d'utiles applications sur d'autres points présentant des conditions analogues : telles, par exemple, que l'établissement d'un chemin de fer provisoire en traversant un cours d'eau, pendant la construction ou la reconstruction d'un pont ou la liaison de deux lignes disposant d'un capital trop faible pour supporter les frais de construction d'un pont fixe.

1. *Organ für die Fortschritte des Eisenbahnwesens*, VI Cahier, 1865.

ANNEXES

A. — EMPLOI DE LA CONTRE-VAPEUR.
— Chap. IV, § II, 260 —

INSTRUCTIONS DE LA COMPAGNIE DES CHEMINS DE FER DE PARIS-LYON-MÉDITERRANÉE.

1° *Manœuvre à effectuer pour obtenir l'arrêt* :

Pour arrêter un train, le mécanicien doit :

1° Laisser le régulateur ouvert ;

2° Ouvrir le tiroir d'injection de vapeur ;

3° Renverser la distribution jusqu'à fond de course de la marche inverse ;

4° Ouvrir lentement le tiroir d'injection d'eau, jusqu'à ce que la vapeur qui s'écoule par la cheminée soit légèrement humide ;

En cas de danger imminent, le mécanicien, pour obtenir un effet plus prompt de la contre-vapeur, commence par renverser la distribution jusqu'à fond de course, il ouvre ensuite, successivement, les tiroirs d'injection de vapeur et d'eau.

2° *Manœuvre à faire après l'arrêt*. — Une fois l'arrêt obtenu, le mécanicien fait serrer les freins du tender, ferme le régulateur, les tiroirs d'injection de vapeur et d'eau, ouvre les purgeurs et met la distribution au point-mort.

Limite de l'effort résistant. — Lorsque dans la marche inverse la réaction de la vapeur sur les pistons est supérieure à l'adhérence des roues motrices et accouplées, la machine patine ; le mécanicien doit alors diminuer l'introduction en ramenant le curseur vers le point-mort jusqu'à ce que le patinage soit arrêté.

Modération de la vitesse sur les pentes. — Pour modérer la vitesse des trains sur les pentes dont l'inclinaison est supérieure à la résistance que développe la vitesse, le mécanicien effectue les mêmes manœuvres que celles indiquées pour l'arrêt ; il règle l'admission de vapeur en raison du travail à vaincre, mais en restant au-dessous de l'admission qui produirait le patinage.

Caractères apparents qui servent de guide au mécanicien pour régler l'injection de vapeur et d'eau dans les tuyaux d'échappement. — Le volume de vapeur à injecter dans les tuyaux d'échappement, pour empêcher l'aspiration des gaz dans les cylindres, doit toujours excéder d'une petite quantité le volume aspiré par les pistons. Le mécanicien doit, en conséquence, régler la position du tiroir d'injection de vapeur, de telle façon qu'il aperçoive constamment un léger nuage de vapeur sortir à jet continu par l'orifice de la cheminée. L'insuffisance du volume de vapeur injectée dans les tuyaux d'échappement se manifeste par les phénomènes suivants :

1° Il ne sort pas de vapeur d'eau par la cheminée ou la vapeur s'échappe par jets intermittents ;

2° La pression s'élève rapidement dans la chaudière ;

3° L'injecteur Giffard s'arrête, s'il fonctionne ; il ne s'amorce pas, s'il était arrêté.

Le mécanicien reconnaît que l'eau est injectée en quantité suffisante, lorsqu'une petite partie s'échappe par la cheminée, et produit, en retombant, une pluie fine comme fait une machine qui prime très légèrement.

Si le poids d'eau injectée est insuffisant, la pression s'élève brusquement dans la chaudière, si cet état se prolonge pendant quelques minutes seulement, les garnitures des tiroirs et des pistons s'échauffent et se brûlent rapidement.

Précautions à prendre en marche. — Le mécanicien doit, pendant la marche à contre-vapeur sur les pentes, porter tout particulièrement son attention sur le manomètre. Lorsque la contre-vapeur est employée pour modérer la vitesse des trains sur un parcours de plus d'un kilomètre, les soupapes sont desserrées d'un kilog. au-dessous de leur tension normale, afin de prévenir en temps utile le mécanicien de l'accroissement de pression et de limiter cet accroissement.

Le calage des soupapes, absolument interdit dans tous les cas, serait excessivement dangereux pendant la contre-vapeur; la pression croissant très vite pourrait produire l'explosion.

Lorsque l'orifice d'injection de vapeur est ouvert, de la quantité qui convient pour empêcher l'aspiration des gaz extérieurs, il n'est plus nécessaire, en général, de le faire varier qu'à de rares intervalles; mais, le tiroir d'injection d'eau doit être manœuvré fréquemment pour maintenir la pression constante dans la chaudière et empêcher l'échauffement des cylindres et des tiroirs.

Si l'injecteur Giffard s'arrête ou s'il ne peut être amorcé, le mécanicien augmente l'injection de vapeur et d'eau dans les cylindres, et ramène la distribution dans le voisinage du point-mort, en ayant le soin de faire serrer les freins pour maintenir la vitesse uniforme.

Si ces moyens sont insuffisants, le mécanicien fait arrêter le train, ouvre le robinet souffleur, et l'injecteur Giffard fonctionne immédiatement, s'il est en bon état.

Afin d'éviter les inconvénients que peuvent amener les difficultés d'alimentation, le mécanicien doit toujours maintenir l'eau dans la chaudière à un niveau élevé.

On voit par les indications qui précèdent que la manœuvre des appareils de prises d'eau et de vapeur est une opération délicate; la disposition de l'appareil Le Chatelier offre l'avantage de faciliter beaucoup cette règlementation, la tige de chaque tiroir étant filetée et manœuvrée par une manivelle dont un secteur divisé, placé au-dessous, indique les dixièmes de tours.

Voici en millimètres les dimensions principales adoptées pour l'appareil.

	Tiroirs d'eau.	d'injection de vapeur.
Course totale du tiroir	$30^m/^m$	$30^m/^m$
Recouvrement	5	5
Course utile.	25	25
Largeur des lumières	4	20
Pas de la vis	2.5	15
Nombre de tours pour effacer le recouvrement. .	2	
Surface des lumières découvertes par tour de vis.	$10^m/^{m2}$	$100^m/^{m2}$
Surface des lumières découvertes, pour une division du secteur	$1^m/^{m2}$	$10^m/^{m2}$

Le tableau suivant, indiquant les quantités d'eau et de vapeur qui s'écoulent par minute, à différentes pressions, par un orifice de 1c.^{m2} a été dressé par l'ingénieur en chef du matériel et de la traction de la Cie de Lyon, pour servir de base aux calculs de la dépense d'eau et de vapeur dans l'appareil précédent [1].

Pressions effectives en kilog. p. c.^{m} 2.	Poids de l'eau [2] en kilog. — densité = 1	Volumes Litres	Vapeur densités	Poids kilog. [3]
100	54 600	1979	0,000 576	1140
1500	62 712	1816	0,000 839	1524
2000	76 986	1746	0,001 093	1908
2500	86 268	1727	0,001 341	2316
3000	94 458	1719	0,001 585	2724
3500	102 102	1686	0,001 826	3078
4000	109 200	1663	0,002 064	3432
4500	115 752	1638	0,002 297	3762
5000	122 304	1616	0,002 530	4092
5500	128 310	1602	0,002 760	4422

1. Chemin de fer de Paris à Lyon.— Service du matériel de la traction. —Note sur l'emploi de la contre-vapeur pour modérer la vitesse des trains.

2. Calculé par la formule de Torricelli $Q = 0{,}65 \times 84\sqrt{\pi}$ π étant la pression par $^c/^{m2}$. et Q le poids de l'eau.

3. Calculé par la formule empirique de M. de Resol

$$Q' = 60\sqrt{\frac{\pi d}{2{,}37 \log(\pi + 1) + 0{,}904}}$$

dans laquelle π est la pression par $^c/^{m2}$, Q' le poids de la vapeur à la densité de la vapeur.

Pressions effectives en kilog. p. c.m 2	Poids de l'eau 2 en kilog. — densité = 1	Volumes Litres	Vapeur densités	Poids kilog. 3
6000	133770	1589	0,002 985	4740
6500	139230	1577	0,003 212	5064
7000	144144	1565	0,003 436	5376
7500	149604	1554	0,003 657	5682
8000	154518	1545	0,003 876	5988
8500	159432	1536	0,004 095	6288
9000	163800	1527	0,004 315	6588
9500	168168	1518	0,004 530	6876
10000	175596	1510	0,004 745	7170

B. — NOTE SUR L'AUTOMATICITÉ.

(Communication de la Cie du frein Westinghouse)

Le terme *Automaticité*, employé en matière de freins, ne désigne pas simplement la propriété de l'application des sabots, en cas de rupture d'attelage. Restreint dans ces limites, on comprendrait difficilement la valeur qu'on lui attribue.

Afin d'éviter toute équivoque à ce sujet, il importe donc d'en fixer la signification. Dans la terminologie des freins, en effet, la signification du mot « automatique » s'étend au-delà de sa valeur littérale et sert à désigner un ensemble de conditions et de propriétés dont voici brièvement les principales.

I.— On appelle *automatiques* les systèmes de freins dans lesquels la force motrice est emmagasinée sous chaque véhicule, qui constitue ainsi une unité de frein séparée, toujours prête à fonctionner dès que l'occasion s'en présente.

Les systèmes *non automatiques* sont ceux au contraire où l'agent moteur est produit à un endroit unique du train, le plus souvent sur la machine, pour être, de là, distribué de proche en proche et successivement sur toute la longueur du train.

a) Une conséquence immédiate de cette *automaticité*, c'est que la destruction totale ou partielle des organes du frein, soit sur la machine, soit sur un ou plusieurs véhicules, n'empêche pas l'action du système sur les autres voitures.

b) Une seconde conséquence de cette adaptation, d'un réservoir de force à chaque voiture, c'est que le trajet que cette force doit effectuer pour agir, et par conséquent le temps nécessaire pour son action, se trouvent réduits au point qu'on peut la considérer en pratique comme instantanée.

Dans le cas de la force produite en un point unique, au contraire, le trajet que celle-ci doit faire, et par conséquent le temps nécessaire pour l'application, est proportionnel à la longueur du train et à la pression du fluide employé.

II. — L'*Automaticité* suppose également l'application des freins sans l'intervention du mécanicien ou des gardes, toutes les fois qu'un accident de nature à compromettre le fonctionnement d'un système *non automatique* viendrait à se produire.

Cette condition se trouve entièrement réalisée dans le système *Westinghouse*. En effet l'application des sabots ayant lieu dès qu'une perte d'air ou une dépression a lieu dans les tuyaux, il en résulte que les freins s'appliquent également, toutes les fois que cette dépression, au lieu d'être produite *intentionnellement* par le mécanicien ou les gardes, est produite *accidentellement* pour quelque cause que ce soit.

Les avantages dérivant de cette action automatique sont considérables au point de vue de la sécurité qu'elle donne.

L'emploi de moyens d'arrêt aussi puissants que les freins continus constitue un danger sérieux, si ce moyen peut venir à manquer et devenir caduc entre les mains des agents sans qu'ils en soient avertis. Cet avertissement qui fait absolument défaut dans les systèmes *non automatiques* est donné immédiatement, en cas de perturbation, par l'application des sabots, dans le système Westinghouse.

C'est ce qui a lieu par exemple :

1°. Si la conduite est interrompue soit par un découplement simple des boyaux (sans rupture d'attelage), cas qui se présente assez fréquemment avec certains systèmes d'accouplement ;

2° Si ce découplement des boyaux ou leur rupture se produit par rupture d'attelages, soit simple, soit dans un déraillement ou une collision ; dans ces derniers cas, il est très important de détruire la force vive aussi promptement que possible sans compter sur l'intervention du mécanicien ou du chauffeur, ces derniers n'ayant souvent pas le temps ou étant dans l'impossibilité de faire jouer les freins ; d'autres fois la machine étant endommagée la première, l'appareil qui sert à produire la force motrice est aussitôt détruit ou hors de service ; tel serait le cas de l'éjecteur du frein à vide par exemple.

3° Il est à remarquer que les freins *automatiques* s'appliquent d'eux-mêmes ou restent appliqués dans ces diverses hypothèses ; il n'en est pas de même pour les freins *non* automatiques ; s'ils ne sont pas appliqués ils ne s'appliquent plus, et s'ils le sont, ils se desserrent, si les organes sont dérangés par négligence ou malveillance, ou si une fuite importante vient à se produire pour quelque cause que ce soit.

— Au point de vue de la surveillance, toute perturbation ou défaut dangereux se révélant dans le système *Westinghouse* par l'application des freins, il en résulte de grandes facilités pour la surveillance des agents. C'est ainsi qu'il leur suffit, avant le départ des trains, de constater que l'air sort par le dernier robinet, pour qu'on soit assuré que les freins sont prêts à fonctionner ; en effet le train étant chargé, si tout n'était pas en bon état de fonctionnement, les freins s'appliqueraient et rendraient le départ impossible.

En épuisant ces diverses hypothèses pour constater ce qui arriverait dans des cas semblables, avec des trains *non automatiques*, on verra facilement que dans ces différents cas ils ne fonctionneraient pas ou imparfaitement, et seraient au contraire l'occasion de dangers sérieux.

Ces quelques notes sont suffisantes pour faires apprécier la signification qui s'attache au terme *Automatique* en tant qu'appliqué aux freins, et pour en faire apprécier l'importance et les avantages.

NÉCESSITÉ DE COMPARER LES FREINS AU MOYEN DES DIAGRAMMES.

Pour apprécier la valeur pratique des différents système de freins continus, il ne suffit pas *seulement* de tenir compte de la distance et du temps nécessaires pour arrêter un train lancé à une certaine vitesse; on doit encore considérer de près les phases intermédiaires, pour se rendre compte de la rapidité de la mise en action et de la puissance dès le début, qui sont des facteurs très importants de tout arrêt.

Cela étant ainsi, cet examen ne peut être fait d'une façon complète qu'au moyen de diagrammes, comme nous allons l'exposer brièvement.

Supposons, par exemple, un train animé d'une vitesse de 64 kilomètres à l'heure et considérons-le au moment où le frein est mis en action; représentons alors en ce point la force vive du train, correspondant à cette vitesse, par une hauteur verticale à une certaine échelle.

L'action des freins réduit constamment la force vive du train; représentons maintenant en chaque point du parcours, la force vive correspondante par des hauteurs verticales, toujours à la même échelle; alors en réunissant les sommets de ces verticales nous obtiendrons une courbe qui indiquera clairement la *manière* dont on a varié la force vive du train, ou en d'autres termes, qui donnera une *biographie* exacte de l'arrêt.

Supposons maintenant que l'arrêt produit par un frein continu soit représenté par une certaine courbe, arrêtant le train en 300 mètres; et qu'un autre frein continu arrête le même train, lancé à la même vitesse, sur la même distance de 300 mètres, mais suivant une courbe dont les ordonnées intermédiaires soient plus petites que les ordonnées correspondantes de la première. Alors nous voyons que, si le point du danger s'était trouvé à une distance de 150 mètres par exemple, le premier aurait eu encore une vitesse plus grande que celle du second, double par exemple, et, en admettant que la violence de la collision varie en raison des carrés des vitesses, la collision aurait été quatre fois plus désastreuse avec le premier frein qu'avec le second.

Il résulte donc de ceci que le meilleur des deux freins, toutes choses égales d'ailleurs, sera celui qui abattra plus rapidement la force vive et atteindra le plus tôt une vitesse peu dangereuse, sans qu'il faille nécessairement faire entrer en ligne de compte la distance parcourue, ou le temps nécessaire pour atteindre l'arrêt complet.

C. — EXTRAIT DU RAPPORT GÉNÉRAL

AU « BOARD OF TRADE » SUR LES ACCIDENTS DE L'ANNÉE 1876

. . . .

Le dernier point mentionné ci-dessus (le manque de freins suffisamment puissants) est en réalité plus important que ne l'indique le nombre de 21 ; et cela parce qu'il y a eu beaucoup d'autres cas encore où des collisions, ou du moins leurs désastreuses conséquences, auraient pu être évitées, si les machinistes et les gardes avaient eu en main les moyens d'arrêter promptement leurs trains, ou bien si les freins avaient agi automatiquement au moment de l'accident.

Il ne nous paraît pas y avoir de progrès plus efficace à réaliser pour prévenir les accidents ou atténuer la gravité de leurs conséquences, que l'emploi des *freins continus ;* le temps est arrivé maintenant où il est du devoir des Compagnies de chemins de fer de s'entendre entre elles, pour adopter celui des différents systèmes de freins continus, qui ont été produits dans ces derniers temps, qui se prête le mieux à une adoption générale. C'est aux Compagnies à voir quelles sont les différentes conditions que de pareils freins doivent réunir et à décider quel est le système qui les remplit le mieux. Un exemple instructif a été donné à cet égard par le gouvernement Belge, lequel a récemment, à la suite du rapport d'une Commission spécialement instituée pour cet objet, adopté un frein continu pour le réseau des chemins de fer de l'État Belge; et il est très regrettable que les Compagnies de chemins de fer de ce pays ne se soient pas encore entendues dans le même but.

1. *Freins continus mis en action par les machinistes.*—L'emploi de freins continus pouvant être mis en action par les machinistes est de la plus grande importance, en ce sens qu'ils seraient applicables dans la plupart des accidents, parce que c'est généralement le machiniste qui s'aperçoit le premier de l'existence d'un danger, ou voit ce qu'il faut faire pour l'éviter.

Si le machiniste voit un obstacle ou une obstruction dans son chemin, soit un mouvement dans un remblai, un éboulement de terre ou de rocher dans une tranchée, un cheval ou une vache sur la voie, un véhicule à un passage à niveau, une autre machine ou un autre train sur la ligne, à une jonction ou à une station, un véhicule ou une partie du chargement d'un train qui l'a précédé en sens inverse, qui encombre la voie sur laquelle il est lancé; ou bien encore s'il s'aperçoit qu'un organe de sa propre machine vient à manquer, ou si elle quitte les rails sur aiguilles en pointe ou autrement; s'il découvre un défaut dans la voie; si dans ces différents cas le machiniste, disons-nous, a les moyens d'appliquer aussitôt les freins à la machine et à toutes les voitures de son train, les risques seront considérablement réduits, et il pourra même éviter entièrement un fatal et sérieux accident; et la rapidité, avec laquelle il pourra appliquer cette force retardatrice à tout son train, est un élément de la plus haute importance, spécialement en temps de fin brouillard ou pendant des tempêtes de neige, de fortes averses, dans l'obscurité, ou lorsque sa vue est obstruée par une cause ou une autre.

Si l'on se réfère aux rapports des différents fonctionnaires chargés de l'inspection, les accidents sont continuellement attribués à un manque de prudence des machinistes, qui approchent les signaux à distances ou autres, ou les dépassent en arrivant, avec des vitesses trop grandes, à des points connus comme plus ou moins dangereux ou pouvant être obstrués ; d'autres fois c'est à l'état glissant des rails ou à des circonstances qui les ont empêchés de voir, que l'accident est attribué. Et de temps en temps, en effet, on trouve réellement des mécaniciens bien en défaut. Mais en réalité cependant, le fait est qu'ils ont été plus ou moins poussés à courir de pareils risques, par la limite de temps qui leur est imposée, et les oblige à mener leurs trains à des vitesses excessives qui ne leur permettent souvent pas de les arrêter sur 1,200 yards et même plus. Et après, quand une collision arrive, on leur dit qu'ils ont roulé sans précaution, et qu'ils auraient dû rester maîtres de leur train. En réalité, pour qu'ils eussent pu l'être, il aurait fallu qu'ils marchassent sur plusieurs parties du trajet, à des vitesses qui ne leur auraient pas permis d'arriver à l'heure, surtout s'il fait du mauvais temps et du brouillard, si les rails sont glissants et les trains chargés.

Ces difficultés peuvent être plus ou moins évitées par l'emploi des freins continus, qui permettent d'arrêter un train sur 300 au lieu de 1,200 yards. Avec ces appareils, les machinistes pourront rouler avec plus de confiance et sans courir un risque continuel ; ils pourront obéir à la règle qui leur dit d'être toujours maîtres de leur train ; ils pourront ne pas perdre tant de temps en diminuant la vitesse, comme le prescrit la prudence, en certains endroits ; on pourra maintenir une meilleure discipline parmi eux, et laisser de côté les excuses ou les circonstances atténuantes qu'on invoque quelquefois avec une certaine justice en leur faveur, mais dont ils ne recueillent pas toujours le bénéfice. Leur vie aussi bien que celle des voyageurs sera préservée, au lieu d'être sacrifiée lorsque se présente un danger imprévu.

2. *Freins continus manœuvrables par les Gardes.* — La

possibilité d'application des freins par les gardes est également d'une haute importance dans un grand nombre d'accidents :

Lorsqu'un machiniste dépasse la vitesse réglementaire ou ne tient pas compte des signaux ; lorsqu'une voiture du train quitte les rails, ou se trouve mise hors d'état par la perte d'un bandage ou la rupture d'un essieu, et que dans cet état elle est traînée hors de la voie à l'insu du machiniste, mais non de l'un ou l'autre des gardes ; lorsqu'une des voitures prend feu, lorsque le machiniste brûle une station à laquelle il doit s'arrêter, ou qu'il s'engage à tort sur une ligne à simple voie sur laquelle il court risque de rencontrer un autre train venant en sens inverse ; lorsqu'un garde a vu un signal qui lui est fait, soit sur la ligne, soit d'une cabine à signaux, soit dans une station, soit d'un train qui passe, dans tous ces cas, les gardes peuvent utilement être pourvus des moyens d'amener la machine et le train à l'arrêt complet en appliquant les freins continus. Et c'est là, en fait, le meilleur moyen qu'on puisse mettre à leur disposition, pour appeler l'attention des machinistes. Il y a eu plusieurs cas de ce genre parmi les accidents de 1876, sans compter ceux, et ils sont nombreux, qui n'ont pas été l'objet d'une enquête.

3. *Freins continus avec action automatique.* — Pour pouvoir employer des freins continus automatiques, il est nécessaire d'avoir les freins de la machine, de chaque voiture, et les agencements convenables sur chaque véhicule d'un train de voyageurs, aménagés de telle façon que les freins s'appliqueront d'eux-mêmes dans toute la longueur du train, au *moment même* où un accouplement vient à se rompre dans n'importe quelle partie du train, pour parer ainsi à certaines circonstances qui se présentent trop souvent.

Ainsi, par exemple, un train déraille subitement et la machine, ce cas n'est pas rare, tombe de côté, ou se retourne devant-derrière et les roues en l'air, le machiniste et le chauffeur n'ont pas le temps de faire quoi que ce soit, même de penser à leur propre salut ; et c'est alors une question de vie ou de mort pour les passagers d'avoir les freins appliqués automatiquement à l'instant même sur chaque véhicule, de façon à détruire leur impulsion au même moment et de prévenir la destruction des voitures de tête par la force vive de celles de queue. Les accidents arrivés pendant l'année dernière : à Lowestoft sur le Great-Eastern, à Claverdon sur le Great-Western, à Long Ashton sur le Great-Western, à Calne sur le Great-Western, près de Croydon sur le Brighton, à Cornbrook sur le Manchester-South-Junction et Altrincham, sont des exemples de pareilles éventualités.

Dans d'autres cas encore, lorsque par suite de défauts ou d'accidents arrivés à la voie ou au matériel, il se produit une rupture d'attelage, l'application instantanée et *automatique* des freins est très désirable pour éviter les accidents eux-mêmes ou empêcher leurs conséquences de devenir désastreuses. Tel fut le cas, par exemple, dans les deux désastres trop funestes et trop connus de Wigan et de Shipton, où les premières voitures du train continuèrent leur course en avant, tandis que les dernières étaient réduites en pièces ; dans l'accident de Hatfield sur le Great-Northen en Septembre dernier, où à la suite du bris d'une manivelle, le train ne put être arrêté qu'après avoir parcouru 927 yards et avoir été fractionné en trois tronçons; dans celui de Ballyshannon, l'année dernière, où une voiture mixte se sépara des autres voitures et roula à bas d'un talus ; dans le cas où les voitures se séparèrent de la machine comme dans le tunnel de Calton, près d'Edimbourg, ou bien quand les machines se séparent des voitures, ou bien les voitures les unes des autres, comme ce fut le cas lors d'une collision aussi violente, sans que rien l'annonçât, que la première rencontre sur le Great-Northern à Abbott's Ripton.

Un autre exemple se produisit encore durant l'année dernière à Killarney-Junction sur le Great-Southern et Western of Ireland, où une machine, montant sur des « facing points » se sépara du train et tomba sur le côté en écrasant son machiniste. Un autre encore à Drem, sur le North-British, où, à une vitesse de 40 milles à l'heure, les deux dernières voitures du train déraillèrent et se séparèrent du train à l'insu du machiniste. Un grand nombre d'autres accidents du même genre dans lesquels on aurait évité bien des risques si les trains avaient été munis de freins automatiques, ont été rapportés au Board of Trade.

D'autre part il y a eu déjà trois exemples, dont les détails sont rapportés dans le Mémoire, qui démontrent les avantages des freins continus à action automatique. Tous trois se sont présentés sur le Midland : le premier à Heeley, où les roues de devant du truc d'une voiture Pulman s'étant engagées entre les rails, la voiture se sépara de la partie antérieure du train qui allait à 60 milles à l'heure et qui continua sa marche, tandis que le restant se trouvait arrêté par l'action des freins automatiques ; le deuxième à Ormside, ou quelques vagons, en tombant sur un train de voyageurs, amenèrent la rupture de ce train, et le troisième à Whitehall-Junction, près de Leeds, où, dans une collision, une machine fut séparée de son train, et les voitures furent aussitôt arrêtées par l'application automatique des freins. Pour ces motifs, il est bon de rappeler qu'en cas de collision et lorsque des voies réservées aux trains à voyageurs sont subitement obstruées par des véhicules venant d'autres voies ou par toute autre cause, aussi bien que lorsque des trains ou des parties de trains viennent à dérailler par suite de vices dans la voie ou le matériel, l'automaticité des freins, ou en d'autres termes, les freins qui s'appliquent d'eux-mêmes, aussitôt qu'un accident se produit, sont des éléments de grande valeur.

Mais, que les freins soient appliqués par le machiniste, par un garde ou par tous les deux, ou bien qu'ils agissent automatiquement, *il est essentiel que leur action soit instantanée,* de façon qu'ils soient appliqués, en cas de danger, dans le plus court espace de temps possible ; et, de plus, il est également essentiel que, quel que soit le système de freins continus adopté, il y ait uniformité dans leur adoption ; de sorte que, si les véhicules d'une ligne sont attelés aux véhicules d'une autre Compagnie, les freins soient applicables sur les uns et sur les autres.

D. — LETTRE-CIRCULAIRE

DU « BOARD OF TRADE » AUX COMPAGNIES DE CHEMINS DE FER.

MONSIEUR,

D'après les instructions du *Board of Trade*, je viens vous inviter à appeler l'attention des Directeurs de votre Compagnie sur le mémoire qui a été soumis dernièrement au Parlement, et qui contient la correspondance échangée entre le *Board of Trade* et l'*Association des chemins de fer*, au sujet de l'emploi des freins continus. Dites-leur que notre Département a continué à examiner avec soin et sollicitude cette importante question, comme vous le verrez d'ailleurs dans le Rapport général sur les Accidents de chemins de fer en 1876, qui vient d'être récemment soumis au Parlement.

Dans ce Rapport se trouvent consignés les détails et les particularités de tous les accidents qui ont été examinés par les fonctionnaires du *Board of Trade* pendant l'année dernière. De l'examen approfondi de ces accidents, aussi bien que de l'expérience des dernières années, le *Board of Trade* est amené à conclure que les *trois quarts* de ces accidents auraient probablement été évités, ou que leurs conséquences auraient été considérablement amoindries, si les trains de voyageurs qui les ont éprouvés avaient été munis de freins continus.

Dans la lettre de M. Leeman, en date du 18 avril, contenue dans la correspondance précitée, il est dit « qu'il n'est pas essentiel qu'une seule espèce de frein soit invariablement adoptée. » Si on entend par là qu'il est désirable que tout système de frein soit essayé, et qu'il ne faut pas que l'adoption exclusive d'un système empêche l'essai et l'introduction de systèmes meilleurs, le *Board of Trade* est entièrement du même avis. Mais, si on interprétait cette phrase en ce sens, qu'il n'y a pas d'avantage à ce qu'un système uniforme de freins soit employé sur toutes les lignes qui communiquent entre elles, l'opinion du *Board of Trade* serait absolument différente. Il lui paraît évident, en effet, que si dans l'échange du matériel roulant, lequel comprend les voitures ordinaires, les voitures-salons et de famille, les boxes pour chevaux, les trucs à voitures et à poissons, et toutes les autres espèces de véhicules qui peuvent faire partie d'un train de voyageurs, les freins ne sont pas semblables, leur efficacité se trouve proportionnellement diminuée; et que tel doit être spécialement le cas lorsque les lignes de deux ou de plusieurs Compagnies se continuent mutuellement.

Le London et North Western, le Great Northern et le Midland expédient tous des trains directs vers l'Écosse : ces trains passent sur le Caledonian, le North Eastern, le North British, le Glascow et South Western et le Highland. Il est, par conséquent, évident que tout l'avantage à retirer de n'importe quel système de freins continus appliqué sur l'une ou l'autre de ces lignes, sera réduit ou neutralisé, si à une station comme Carlis, Glascow, York, Edimbourg, Perthes et Inverness, le trafic se trouve aménagé de telle façon, que des voitures munies d'un système de freins se trouvent attelées à des voitures munies d'un système différent. Cette alternative ne peut être évitée qu'autant que les Compagnies qui ont un trafic commun adoptent d'une façon générale un seul et même système de freins.

Pour ces motifs, le *Board of Trade* regrette de voir qu'il résulte de la correspondance citée plus haut, que non-seulement il n'y a pas lieu de prévoir l'adoption immédiate et générale d'un système de ce genre, même par les Compagnies qui exploitent des lignes se prolongeant les unes par les autres, mais encore que beaucoup de Compagnies ne prennent pas et paraissent même se refuser à prendre des mesures propres à atteindre ce résultat.

Quant aux mérites des différents freins actuellement en usage ou en essai, si l'on se reporte aux réponses faites aux questions posées par le *Board of Trade*, il est à remarquer que les assertions des différentes Compagnies varient considérablement et se contredisent même entre elles. C'est ainsi que le London-and-North-Western se déclare satisfait d'un frein continu mécanique, dont l'emploi est limité aux cas de danger, et qui ne peut être appliqué le long du train qu'au moyen d'une corde de communication, actionnée par le machiniste ou par les gardes. Or, aucune grande Compagnie ne paraît même avoir essayé ce frein. D'autre part, plusieurs Compagnies parlent en termes chaleureux de freins à air ou à vide, lesquels sont rejetés d'une façon absolue par le London-and-North-Western. Le Great-Northern a adopté un frein à vide qu'il prise très haut et qui, dit-on, peut être rendu automatique, quoique, pour autant qu'on peut en juger par la correspondance, ce frein ne possède pas encore actuellement cette qualité.

Le Midland, le North-Eastern, le North-British, et quelques autres Compagnies paraissent avoir essayé ou adopté des freins automatiques.

D'un autre côté, le Manchester-Sheffield-and-Lincolnshire paraît croire que de nouveaux éléments de danger sont produits par l'application et la manœuvre de freins continus ; il s'abstient toutefois de dire en quoi ces nouveaux dangers consistent.

Il serait facile, mais cela est à peine nécessaire, de multiplier les exemples de divergence et même de contradiction dans les réponses faites par les différentes Compagnies.

Dans ces circonstances, le *Board of Trade*, tout en reconnaissant les efforts que font certaines Compagnies en essayant ou en adoptant des systèmes de freins perfectionnés, ne peut pas considérer l'état de choses révélé par ces documents comme satisfaisant, en ce sens qu'il accuse une diversité d'opinion et d'action, et en certains cas une absence du désir de progresser, qui, si on leur permettait de se prolonger plus longtemps, seraient de nature à porter la plus sérieuse atteinte au caractère des Compagnies et aux intérêts du public. Il paraît qu'aucune tentative n'a été faite par les différentes Compagnies, pour poser les premiers jalons d'une entente sur les qualités que, suivant elles, un bon frein continu devrait essentiellement posséder.

Dans l'opinion du *Board of Trade*, ces conditions seraient les suivantes :

a. Les freins, pour être employés efficacement à arrêter les trains doivent être *instantanés* dans leur action, et *applicables sans difficulté par les machinistes ou les gardes ;*

b. En cas d'accident ils doivent s'appliquer *d'eux-mêmes et instantanément ;*

c. Les freins doivent pouvoir être appliqués et relâchés avec facilité, tant sur la machine que sur chaque véhicule du train ;

d. Ils doivent être employés régulièrement pour la manœuvre journalière ;

e. La matière employée doit être d'une nature DURABLE, de façon qu'ils soient entretenus facilement et maintenus en bon état.

Les enquêtes et les expériences faites par la *Commission Royale des accidents,* ainsi que les récentes recherches sur les causes des accidents de chemin de fer qui se sont produits pendant ces dernières années, paraissent au *Board of Trade* de nature à ne laisser subsister aucun doute quant à l'importance des conditions ci-dessus énoncées, et l'expérience acquise jusqu'ici par les Compagnies lui paraît suffisante pour leur permettre d'arriver à une conclusion générale et unanime. Il ne peut donc y avoir de motif pour attendre une solution ; et le *Board of Trade* croit de son devoir de presser de nouveau les Compagnies de chemin de fer, d'obéir à la nécessité d'une décision immédiate et d'une action commune en cette matière. Les Compagnies et leurs fonctionnaires, qui ont autant d'intérêt que le public lui-même à ce que leurs lignes soient exploitées avec sécurité et efficacité, et de qui dépend l'adoption de systèmes de freins convenables aussi bien que de tous autres perfectionnements dont la nécessité dans l'intérêt de la sécurité publique aura été établie par l'expérience, feraient bien de réfléchir, que si le doute venait à surgir qu'ils ne font pas tous les efforts désirables, soit à cause de conflits d'intérêts ou d'opinions ou par tout autre motif, il est évident qu'ils provoqueront contre eux une intervention que le *Board of Trade* n'a pas un moindre désir d'éviter que les Compagnies elles-mêmes.

Pour terminer, je dois appeler votre attention sur l'avis qui a déjà été donné par le *Parlement* pour que pendant la session prochaine toute nouvelle correspondance ayant rapport à l'extension des freins continus soit mise sous les yeux du *Parlement*; et afin que le *Board of Trade* soit en position de fournir au *Parlement* les informations demandées, je viens vous prier de rendre compte de temps à autre au *Board* de tous nouveaux essais qui seraient faits aussi bien que les mesures qui seraient prises en vue de l'adoption ou de l'extension de systèmes de frein perfectionnés.

E. — DES VÉHICULES DE CHEMIN DE FER

EXPÉRIENCES SUR LES FREINS.

Revue générale des chemins de fer. — (Nos 2 et 5 de 1879.)

1° *Expériences de M. Douglas Galton.* — Les expériences exécutées à Brighton, en 1878, par le capitaine Douglas Galton et M. Westinghouse, ont fourni quelques données sur les effets des freins continus.

Ces expériences ont vérifié un principe déjà établi par les expériences des ingénieurs français, savoir : que le coefficient de frottement diminue quand la vitesse augmente.

Elles ont démontré que l'adhérence des roues sur le rail est indépendante de la vitesse de roulement; que le coefficient de frottement des roues calées par les sabots de freins est moindre que celui des roues continuant à rouler.

Coefficient de frottement f_1 du sabot sur les roues. — Ce coefficient f_1 diminue beaucoup quand la vitesse augmente : il est de 0,33 au départ et pour une vitesse très faible; il descend jusqu'à 0,07 à la vitesse de 100 kilomètres à l'heure; si P est la somme des pressions des sabots agissant sur un essieu, le produit P f_1 mesure l'énergie du frein agissant sur cet essieu; si donc P est constant, l'énergie du frein est d'autant plus faible que la vitesse est plus grande.

Coefficient de frottement f_2 des roues enrayées glissant sur le rail. — Si le frein est assez puissant pour caler les roues de l'essieu, la force retardatrice créée est égale au poids transmis par la roue au rail, multiplié par le coefficient de frottement f_2 des roues enrayées glissant sur le rail; f_2 est égal à 0,25 pour des vitesses faibles et à 0,03 seulement à la vitesse de 100 kilomètres. — Ces deux valeurs de f_2 ont été déterminées un jour d'expériences favorisées par un beau temps, le rail étant bien sec; on aurait trouvé probablement des valeurs plus faibles, avec un rail gras.

Adhérence f_3 des roues sur les rails. — Lorsqu'un train est lancé et qu'on exerce sur les roues une pression de sabots allant en croissant, il arrive un moment où les roues s'arrêtent; elles ne sont pas calées instantanément; au moment où elles vont s'arrêter, elles commencent à glisser sur les rails; on appelle *adhérence* des roues sur le rail la valeur de ce frottement de glissement au moment où il va *commencer* à se produire; c'est le maximum de la réaction que le rail peut exercer sur les roues sans les faire glisser; l'adhérence est donc, en quelque sorte, un frottement à vitesse nulle et on conçoit que sa valeur soit indépendante de la vitesse de roulement des roues; c'est, en effet, ce qui a été constaté par le capitaine D. Galton.

Soit F la valeur de l'adhérence et p la pression des roues sur les rails, F est le coefficient d'adhérence désigné par f_3, les expériences ont montré que f_3 *est indépendant de la vitesse de roulement* et égal à 0,25 si le rail est sec ou très mouillé. Si le rail est gras, f_3 peut descendre jusqu'à la valeur 0,18 et même, dans quelques cas exceptionnels, jusqu'à 0,15.

Influence de la durée sur les coefficients f_1 et f_2. — Après quelques secondes d'application des sabots sur les roues, on a observé une diminution de la valeur de f_1 ; réduit aux 2/3 environ de sa valeur après 10 secondes, il tombe à la moitié de sa valeur primitive après 20 secondes et au delà. Au contraire, la durée n'a pas d'influence sensible sur la valeur de f_3 ; la chaleur interviendrait-elle dans le phénomène ?

Pression des sabots nécessaire pour caler les roues. — A une vitesse donnée, la pression de sabot P nécessaire pour caler les roues d'un essieu est égale à $p\frac{f_3}{f_1}$; ainsi $\frac{P}{p} = \frac{f_3}{f_1}$

Energie maxima du frein. — L'énergie maxima du frein, à une vitesse donnée, ne s'obtient pas en calant les roues, car le frottement des roues sur les rails est très faible surtout à grande vitesse. (Nous connaissions déjà ce fait signalé par nous dans la seconde partie, chap. VII). L'énergie du frein est égale à $P \times f_1$, f_1, étant fonction de la vitesse et de la durée d'application des sabots ; cette énergie ne peut être supérieure à $p \times f_3$ (ou $p \times 0,25$ par un beau temps) limite imposée par l'adhérence.

Serrage des freins pour arrêter un train. — Quand on arrête un train en serrant les freins, la vitesse diminue rapidement. Supposons que la pression P reste constante pendant toute la durée de l'arrêt.

Le frottement $P \times f_1$ augmente d'une part parce que la vitesse décroît, mais d'autre part, il diminue avec la durée de l'application des sabots ; il est donc possible que, en pratique, il se maintienne à peu près constant dans certains arrêts. Prenons un exemple numérique : Si la vitesse du train est de 80 kilomètres, au début, P f_1 est égal à $P \times 0,11$. Au moment de l'arrêt, P f_1 devient égal à $P \times 0,11 \times \frac{3}{2} = P \times 0,16$, car l'arrêt met alors plus de 20 secondes à se faire. Si P est égal à une fois et demie p, le maximum du frottement est $P \times 0,16 = p \times 1,5 \times 0,16 = p \times 0,24$. Or, le calage des roues n'a lieu que quand on a $p f_1 > p \times 0,25$.

Voilà pourquoi on ne cale pas les roues dans les arrêts à grande vitesse, dans le cas même où $P > p$.

En pratique, on peut avoir une énergie voisine de l'énergie maxima du frein, pendant toute la durée de l'arrêt, bien que la pression des sabots soit constante. Une pression des sabots égale à 1,50 p est très convenable pour les arrêts à grande vitesse ; elle serait trop forte pour les arrêts à faible vitesse.

2. *Expériences de M. G. Marié au chemin de fer de Lyon.* — La Compagnie de Lyon a monté deux trains d'essai de 24 voitures ; l'un de ces trains a été muni du frein Westinghouse et l'autre du frein à vide. La plupart des voitures à voyageurs de cette Compagnie ayant trois essieux, pour éviter une disposition de leviers très compliquée, on n'a muni de sabots que les roues des essieux extrêmes, avec une pression de 150 pour cent, environ, du poids qui agit sur chaque essieu. Enfin les roues motrices de la machine n'ont pas été munies de frein. On a conservé la contre-vapeur, appareil qui fonctionne depuis longtemps sur tout le réseau de la Compagnie.

Chaque train était pourvu du vagon d'expériences employé par le capitaine D. Galton. Ce vagon contient tout un ensemble d'appareils dus à MM. Westinghouse et Stroudley, ingénieur en chef du chemin de fer de Brighton, — et destinés à mesurer la vitesse, le chemin parcouru et la pression des sabots, qui sont les éléments essentiels pour se rendre compte de l'énergie d'un frein.

L'indicateur de vitesse de M. Westinghouse repose sur le principe suivant : Deux petites pompes, dont les pistons sont mus par l'essieu libre du fourgon dynamométrique, refoulent de l'eau dans un tuyau terminé par une valve. Cette valve est elle-même mise en mouvement par le manchon d'un régulateur à force centrifuge entraîné par l'essieu libre du fourgon. Entre les pompes et la valve, le tuyau de refoulement porte un branchement en communication avec le piston d'un indicateur de Watt, dont le cylindre recouvert d'un papier est mis en mouvement par un engrenage placé sur l'axe du régulateur. La valve est d'autant plus resserrée, et par suite offre à l'écoulement de l'eau d'autant plus de résistance, que les boules du régulateur s'écartent davantage. Ces résistances sont directement accusées par le piston de l'indicateur qui trace ainsi des ordonnées proportionnelles au carré de la vitesse du train ; ces indications sont reçues sur le papier enroulé autour du cylindre qui tourne avec une vitesse proportionnelle à celle du train ; on a donc la force vive du train en fonction du chemin parcouru. Ce sont les éléments les plus convenables pour la comparaison des freins.

Les dynamomètres auto-enregistreur permettent de mesurer la pression des sabots sur les roues de l'essieu d'avant du fourgon d'expériences. Ils sont fondés sur le principe suivant : La force à mesurer agit sur la tige d'un piston qui se meut dans un cylindre plein d'eau, et la pression qu'il exerce est mesurée au moyen d'un indicateur Richards communiquant par un tuyau avec son cylindre. Grâce au mouvement de rotation imprimé au tambour de l'indicateur, on obtient des diagrammes donnant, à chaque instant, l'intensité de la force qui agit sur le piston pendant la durée d'une observation.

La force retardatrice due aux freins a été déterminée par la formule suivante : Soit F la somme des forces retardatrices de tous les freins du train, supposée constante pendant toute la durée de l'arrêt, v la vitesse du train, en mètres à la seconde, au moment où l'on serre le frein et e le chemin parcouru par le train avant l'arrêt. La force vive du train est égale à $\frac{1}{2}\frac{P}{g}v^2$; elle est détruite par le travail du frein ou $F \times e$, ainsi :

$$F = \frac{1}{2}\frac{P}{g}\frac{v^2}{e} = 0,0039\,\frac{V^2}{e}\,.\,P$$

en désignant par V la vitesse en kilomètres à l'heure.

On a calculé la valeur de F en millièmes du poids total P du train pour tous les arrêts ; ce chiffre permet de comparer l'énergie du frein dans des arrêts faits à différentes vitesses. On a retranché de cette valeur de F la valeur de la pente et celles des résistances du train ; enfin on a déterminé l'énergie F'' que le frein aurait si toutes les roues étaient également munies de freins. Les courbes des pressions tracées sur les diagrammes obtenus indiquent que le degré du vide dans les cuvettes Hardy va en augmentant progressivement d'intensité jusqu'à la fin de l'arrêt. Avec l'air comprimé, au contraire, sa pression est maxima au début ; puis elle diminue par suite du jeu de la valve de réduction montée sur le frein du vagon d'expériences.

La comparaison de l'énergie de la contre-vapeur avec l'énergie des freins continus a donné les résultats suivants : l'énergie F'' a été de $\frac{162}{1000}$ du poids du train avec le frein à vide avec environ 180 p. 100 de pression des sabots; $\frac{154}{1000}$ avec le frein Westinghouse avec 147 p. 100 de pression des sabots; et de $\frac{131}{1000}$ avec la contre-vapeur toute seule.

Il en résulte que la contre-vapeur est aussi puissante qu'un frein à vide ayant $180 \times \frac{131}{162} = 145$ p. 100 de pression de sabots, ou bien qu'un frein Westinghouse ayant $147 \times \frac{131}{154} = 131$ p. 100 de pression de sabots.

Comme il est presque impossible de produire sur les roues motrices des pressions de sabots aussi élevées que 131 et 145 p. 100, il résulte de ces expériences que la contre-vapeur est un frein plus énergique que les freins pneumatiques qu'on pourrait *pratiquement* appliquer sur les roues motrices.

Observation. Nous devons faire remarquer que le rapport de M. G. Marié ne parle pas du cas où la contre-vapeur elle-même arriverait à manquer. Que deviendra le train dans le cas de détresse ?

F. — LANTERNE-SIGNAL

POUR LOCOMOTIVES ET VAGONS.

Cette lanterne (fig. 3 à 5, pl. XXXI), exposée par le chemin de fer Empereur-Ferdinand, est munie d'un brûleur à mèche ronde, et emploie de l'huile de pétrole. Cet appareil se distingue par la vive intensité de la lumière qui équivaut à neuf bougies, par une économie marquée dans la consommation, et par la facilité de son usage.

Grâce aux précautions prises pour les détails de construction, la flamme ne s'éteint jamais par les coups de vent ou les secousses ; elle est à l'abri de l'introduction de l'eau à l'intérieur et ne gèle pas.

On la trouve appliquée sur la plupart des chemins de fer allemands, autrichiens et hongrois.

(Note de la Cie du chemin de fer Empereur-Ferdinand.)

G. — MACHINE-TENDER DE L'OUEST

A 2 ESSIEUX MOTEURS.

Conditions d'établissement.

(Ce tableau, omis par erreur, se rapporte à la machine indiquée au chap. VI, § V, n° 309 et représentée par les planches XVI et XVII).

Diamètre des cylindres		mèt.	0,420
Ecartement des axes des cylindres		—	0,750
Course des pistons		—	0,560
Ecartement des axes des tiges des tiroirs		—	0,140
Introduction moyenne au maximum		—	0,70
— — au minimum		—	0,15
Epaisseur des bandages à l'état neuf.	des roues d'arrière et du milieu	—	0,055
	des roues d'avant	—	0,060

Diamètre des roues à la jante.	des roues d'arrière et du milieu	mèt.	1,540
	des roues d'avant. . .	—	1,000
Ecartement des essieux.	d'arrière et d'avant .	—	3,440
	d'arrière et du milieu .	—	1,730
	du milieu et d'avant .	—	1,710
Longueur de la machine de tampons en tampons		—	8,125
Ecartement des axes des tampons de choc d'avant et d'arrière.		—	1,730
Hauteur de l'axe de traction au dessus du rail, machine vide		—	1,020
Timbre de la chaudière (pression effective par centimètre carré)		kil.	8,5
Diamètre intérieur du corps cylindrique de la chaudière, grande virole		mèt.	1,080
Longueur extérieure de la boîte à feu		—	1,200
Largeur — —		—	1,190
Longueur intérieure du foyer.	Haut	—	0,975
	Bas	—	1,029
Largeur intérieure du foyer.		—	1,017
Hauteur du foyer au-dessus de la grille . . .		—	1,272
Longueur des tubes entre les plaques tubulaires.		—	3,890
Diamètre extérieur des tubes		—	0,050
Nombre de tubes.			149
Surface de chauffe.	du foyer.	mèt. car.	6, 00
	des tubes	—	91, 00
	totale.	—	97, 00
Surface de grille		—	1, 04
Hauteur du cadre du foyer au-dessus du rail. .		mèt.	0,555
Hauteur du dessous du cendrier au-dessus du rail.		—	0,275
Longueur de la boîte à fumée		—	0,905
Diamètre de la cheminée		—	0,420
Hauteur maxima de la cheminée au-dessus du rail.		—	4,250
Hauteur de l'axe de la chaudière au-dessus du rail.		—	1,795
Volume de l'eau dans les caisses		mèt. cub.	3,800

FIN DU QUATRIÈME VOLUME.

TABLE DES MATIÈRES

SECONDE PARTIE

SERVICE DE LA LOCOMOTION

SECONDE SECTION

TRACTION

CHAPITRE I. — INTRODUCTION.

§ I. *Conditions générales.*

§ II. *Généralités sur la chaleur.*

§ III. *Notions historiques.*

§ IV. *Description sommaire de la locomotive.*

CHAPITRE II. — La machine a vapeur.

§ II. *Construction de la chaudière.*

§ II. *Accessoires de la chaudière.*

§ III. *Mécanisme.*

§ IV. *De la stabilité des locomotives en mouvement.*

CHAPITRE III. — Le train de locomotive

§ I. *Châssis.*

§ II. *Suspension.*

§ III. *Essieux montés.*

§ IV. *Dispositions pour le parcours en courbe.*

CHAPITRE IV. — Le tender.

§ I. *Construction de la caisse.*

§ II. *Train du tender.*

§ III. *Peinture et outillage.*

CHAPITRE V. — DE LA PUISSANCE DES MACHINES.

§ I. *Résistances des locomotives.*

§ II. *Conditions du travail des locomotives.*

§ III. *La locomotive considérée comme frein*

CHAPITRE VI. — Classification des locomotives.

§ I. — *Machines à un essieu moteur.*

§ II. — *Machines à deux essieux moteurs.*

§ III. *Machines à trois essieux moteurs.*

§ IV. *Machines à quatre essieux moteurs.*

§ V. *Machines-tenders.*

CHAPITRE VII. — MOTEURS DIVERS.

§ I. *Moteurs funiculaires.*

§ II. *Moteurs pneumatiques.*

§ III. *Moteur hydraulique.*

§ IV. *Moteurs à rail auxiliaire.*

§ V. *Transbordeurs de véhicules.*

ANNEXES.

FIN DE LA TABLE DES MATIÈRES DU TOME QUATRIÈME.

Tours, imp. Mazereau.

TRAITÉ PRATIQUE

DE L'ENTRETIEN ET DE L'EXPLOITATION DES CHEMINS DE FER

Par CH. GOSCHLER

TOMES I ET II

PREMIÈRE PARTIE

SERVICE DE LA VOIE

Deux volumes in-8° avec Atlas de 35 planches.

Prix : 32 francs.

TOME III

DEUXIÈME PARTIE

SERVICE DE LA LOCOMOTION

Première Section

MATÉRIEL DE TRANSPORT

Un volume in-8° avec Atlas de 39 planches in-folio.

Prix : 25 francs.

TOMES IV ET V

DEUXIÈME PARTIE

SERVICE DE LA LOCOMOTION

Seconde Section

TRACTION

Deux volumes in-8° avec Atlas de 61 planches in-folio.

Prix : 52 francs.

TOME VI

TROISIÈME PARTIE

EXPLOITATION

QUATRIÈME PARTIE

ADMINISTRATION

Un volume in-8° (sous presse)

Tours. Imp. E. Mazereau.

www.ingramcontent.com/pod-product-compliance
Lightning Source LLC
LaVergne TN
LVHW050122060726
842524LV00001B/71

* 9 7 8 2 0 1 3 7 2 0 9 2 2 *